"十二五"普通高等教育本科国家级规划教材

发 育 生 物 学

（第二版）

安利国　主编

科学出版社

北　京

内 容 提 要

本书内容包括生殖细胞的发生、受精、卵裂、囊胚、原肠胚、神经胚、器官发生、胚后发育、植物发育、发育与进化等重要发育过程，涉及动物与植物发育，突出人体发育。本书以发育过程为主线，以形态发生为基础，结合发育的主要事件，介绍发育原理与机制，便于学生系统地认识生物的基本发育过程、发育规律和发育机制。本书文字精炼，内容简洁，图文并茂，使用方便。

本书是生物科学与生物技术专业的教材，特别适合高等院校的生物科学专业选用，也可供医学、农学、林学及其他与生命科学相关专业的学生和科研技术人员参考。

图书在版编目(CIP)数据

发育生物学/安利国主编.—2版.—北京：科学出版社，2017.3

"十二五"普通高等教育本科国家级规划教材

ISBN 978-7-03-052030-2

Ⅰ.①发… Ⅱ.①安… Ⅲ.①发育生物学-高等学校-教材 Ⅳ.①Q132

中国版本图书馆CIP数据核字(2017)第047545号

责任编辑：朱 灵
责任印制：黄晓鸣 / 封面设计：殷 靓

科学出版社 出版
北京东黄城根北街16号
邮政编码：100717
http://www.sciencep.com

南京展望文化发展有限公司排版
广东虎彩云印刷有限公司印刷
科学出版社出版 各地新华书店经销

*

2010年11月第 一 版　开本：A4(890×1240)
2017年 4 月第 二 版　印张：13 1/4
2025年 2 月第十八次印刷　字数：418 000

定价：62.00元
(如有印装质量问题，我社负责调换)

《发育生物学》(第二版)编委会

主　编　安利国

副主编　杨桂文

编　者（按姓氏笔画排序）

王学斌　安利国　杨桂文　李国荣

肖亚梅　张彦定　张永忠　孟小倩

袁金铎　徐志祥

第二版前言

发育生物学是从细胞与分子水平上研究生物个体发育机制的学科，它所涉及的生殖、生长、衰老、死亡和发育模式等都是生命科学研究中的核心问题。发育生物学对生物学其他学科的研究具有重要的指导作用，是生物科学、生物技术、生物工程以及医学、农学等的专业核心课程。为适应高校发育生物学教学的需要，我们组织编写了本教材。

本书编写在下述几个方面试图有所创新。

1. 以形态发生为基础。随着现代生命科学的发展，人们在分子水平和细胞水平上对发育的认识越来越深入，但是形态结构始终是发育生物学研究的基础和平台，基因的调控与细胞的分化最终都要体现在形态结构的变化上。本书在编写中，对每个发育过程都是首先描述形态发生，结合发育的主要事件，分析发育原理与机制，便于学生系统地认识生物的基本发育过程、基本发育规律和发育机制。

2. 以发育过程为主线。生物的发育是自然界最为高度有序的变化，是一个连续的、系统的过程。本书以发育过程为主线安排章节内容，从胚前发育、胚胎发育到胚后发育，从配子形成、受精、卵裂、囊胚、原肠胚、神经胚、胚层分化到器官形成，便于学生对发育过程获得完整系统的认识。

3. 突出人体发育。本书特别注重对人的发育的介绍，尤其是对人的器官形成、常见先天性畸形和青春期发育等内容作了比较系统的介绍，以适应中学生物学教学的需要，也满足学生对了解人类自身发育奥妙的渴求。

4. 综合介绍动物与植物发育。本书虽然以动物发育为主，但是，设立了专门章节介绍植物发育的相关内容，通过分析比较动物与植物发育的不同特征，使学生能全面了解生物发育的本质。

5. 力求简明扼要。发育生物学涉及面广，内容庞杂。本书精选材料，精简文字，力求做到简明扼要，图文并茂，方便学生学习使用。

本教材最初是在国家教委"面向二十一世纪高等教育教学改革"项目的支持下于1997年着手编写的，历时20余年，几经修改，内容不断充实，体系不断完善，出版后深受欢迎，先后入选普通高等教育"十一五"国家级规划教材和"十二五"普通高等教育本科国家级规划教材。本次再版除了对书中错谬进行勘误外，还对内容进行了较大幅度的修订。考虑到细胞分化在发育机制中的核心作用，增加了"胚胎发育的细胞分化与基因调控"一章，从分子水平和细胞水平上对细胞分化进行了系统性的阐述。为了更好地体现发育的时序性和层次性，将第一版中第5~8章的内容按胚层分化和器官形成顺序进行了调整组合。另外，还增加了基因组印记、发育生物学的应用等内容。

编写和修订过程中参考了国内外大量的文献资料，听取了不少老师和同学的意见和建议，得到了不少同事和朋友的关心和指导，科学出版社对本教材的编写和出版给予了大力支持。在此，一并致谢。由于作者水平所限，加上本书涉及范围较广、研究进展快，对学科知识的把握和内容的处理都难以全面驾驭，定有不少疏漏，甚至谬误，敬请各位读者不吝赐教，批评指正，作者将不胜感激。

安利国

2017年2月25日

目 录

第二版前言
绪 论 / 1
第一节 发育的基本过程 / 1
 一、动物的发育过程 / 1
 二、植物的发育过程 / 2
第二节 发育的基本机制 / 3
 一、细胞分裂 / 3
 二、细胞分化 / 3
 三、图式形成 / 3
 四、形态发生 / 3
 五、生长 / 4
第三节 研究发育生物学的模式生物 / 4
 一、植物发育的模式生物 / 4
 二、无脊椎动物发育的模式生物 / 5
 三、脊椎动物发育的模式生物 / 6
第四节 发育生物学的研究历史 / 8
 一、胚胎发生的后成论与先成论之争（公元前 5 世纪~公元 18 世纪）/ 8
 二、细胞学说促进了胚胎学的发展（公元 19 世纪中期~公元 19 世纪末）/ 9
 三、实验胚胎学的兴起（公元 19 世纪末~公元 20 世纪初）/ 9
 四、分子生物学催生了发育生物学（公元 20 世纪中期）/ 9
第五节 发育生物学的应用 / 10
 一、发育生物学在农业上的应用 / 10
 二、发育生物学在医学上的应用 / 11

第1章 生殖细胞的发生 / 13
第一节 精子的发生 / 13
 一、精子发生 / 13
 二、精子形成 / 15
 三、精子发生过程中的基因表达与调控 / 15
第二节 卵子的发生 / 17
 一、卵子发生的过程 / 17
 二、昆虫卵子的产生 / 19
 三、两栖类卵子的产生 / 19
 四、人类卵子的产生 / 20
 五、卵子发生过程中的基因表达与调控 / 22

第2章 受精作用 / 24
第一节 生殖细胞的结构 / 24
 一、精子的结构 / 24
 二、卵子的结构 / 25
第二节 受精过程 / 27
 一、无脊椎动物的受精 / 27
 二、哺乳动物的受精 / 32
第三节 受精后卵质的重排 / 35

第3章 卵裂与囊胚形成 / 37
第一节 卵裂方式与囊胚形成 / 37
 一、完全卵裂 / 37
 二、不完全卵裂 / 42
第二节 卵裂机制 / 46
 一、卵裂细胞周期及调控 / 46
 二、细胞质分裂 / 47

第4章 原肠胚形成 / 50
第一节 海胆的原肠胚形成 / 50
 一、初级间质细胞内移 / 51
 二、原肠内陷 / 51
第二节 两栖类的原肠胚形成 / 53
 一、爪蟾囊胚的发育命运图 / 53
 二、原肠胚形成过程 / 54
 三、中期囊胚转换 / 55
 四、原肠胚形成中的细胞运动 / 55
第三节 鸟类和哺乳类的原肠胚形成 / 58
 一、鸟类 / 58
 二、哺乳类 / 60

第5章 胚胎发育的细胞分化与基因调控 / 62
第一节 胚胎细胞的发育潜能与细胞分化的决定 / 62
 一、胚胎细胞的发育潜能 / 62
 二、细胞发育命运的决定 / 62
第二节 胚胎细胞分化的诱导 / 63
 一、胚胎诱导 / 63

二、初级胚胎诱导、次级胚胎诱导与三级胚胎诱导 / 65
　　三、胚胎诱导信号 / 66
第三节　胚胎细胞分化的基因调控 / 67
　　一、细胞分化过程中基因组保持恒定性 / 67
　　二、细胞分化是特异性基因差异表达的结果 / 69
　　三、细胞分化的基因表达调控 / 70
　　四、基因表达的稳定性依赖于调控蛋白和染色质的分子结构和化学修饰 / 73
　　五、转分化可以改变分化细胞的基因表达模式 / 74
第四节　肌细胞和血细胞分化的基因调控 / 75
　　一、肌细胞的分化 / 75
　　二、血细胞的分化 / 76
第五节　胚轴建立中的细胞分化与基因调控 / 78
　　一、果蝇胚轴的建立 / 78
　　二、两栖类胚轴的建立 / 81
　　三、鸟类胚轴的建立 / 83
　　四、哺乳类胚轴的建立 / 85
第六节　干细胞 / 86
　　一、胚胎干细胞 / 86
　　二、成体干细胞 / 87
　　三、肿瘤干细胞 / 88

第6章　外胚层分化与器官发生 / 89
第一节　神经系统的发生 / 89
　　一、神经管的形成 / 89
　　二、神经嵴的发育 / 96
　　三、神经细胞的增殖、分化与迁移 / 99
　　四、神经连接的形成 / 101
　　五、大脑和小脑皮质的发生 / 104
　　六、脊髓的发生 / 105
第二节　感觉器官的发生 / 107
　　一、视泡与眼的发生 / 107
　　二、外胚层板与耳和嗅觉器官的发生 / 111
第三节　人类常见先天性畸形 / 112

第7章　中胚层分化与器官形成 / 114
第一节　中胚层分化与体节形成 / 114
　　一、体节形成与分化 / 114
　　二、体节分化中的诱导作用 / 115
　　三、脊椎动物体节分化中Hox基因的作用 / 117
　　四、果蝇体节分化的基因调控 / 119
第二节　四肢的发生 / 123
　　一、肢芽的形成 / 124
　　二、肢体远近轴的图式形成 / 127
　　三、肢体前后轴的图式形成 / 129
　　四、肢体背腹轴的图式形成 / 131
　　五、肢芽发育过程中的形态发生 / 131
第三节　心血管系统的发生 / 133
　　一、血管的形成 / 133
　　二、心脏的发育 / 135
　　三、血细胞的发育 / 137
　　四、胎儿血液循环 / 138
第四节　肾脏和生殖器官的发生 / 138
　　一、肾脏的发生 / 138
　　二、生殖器官的发生 / 141
第五节　人类常见先天性畸形 / 149
　　一、四肢常见先天性畸形 / 149
　　二、心血管系统常见先天性畸形 / 150
　　三、泌尿系统常见先天性畸形 / 150
　　四、生殖系统常见先天性畸形 / 151

第8章　内胚层分化与器官发生 / 152
第一节　消化系统的发生 / 153
　　一、咽囊的演变 / 153
　　二、食管和胃的发生 / 153
　　三、肠的发生 / 153
　　四、肝和胆囊的发生 / 153
　　五、胰腺的发生 / 154
第二节　呼吸系统的发生 / 154
　　一、喉气管憩室的发育 / 154
　　二、肺芽的发育 / 154
　　三、人类呼吸系统发育机制 / 154
第三节　人类常见先天性畸形 / 155
　　一、人类消化道常见先天性畸形 / 155
　　二、人类呼吸系统常见先天性畸形 / 156

第9章　胚后发育 / 157
第一节　生长 / 157
　　一、动物的生长发育 / 157
　　二、人的生长发育 / 159
第二节　变态 / 160
　　一、昆虫的变态 / 161
　　二、两栖类的变态 / 166
第三节　再生 / 171
　　一、变形再生 / 171
　　二、新建再生 / 173
第四节　衰老 / 174
　　一、衰老由遗传决定 / 175

二、环境影响衰老 / 176

第 10 章 植物发育 / 178
第一节 植物的胚胎发育 / 178
 一、植物胚胎发生过程 / 178
 二、植物胚胎发育机制 / 181
 三、体细胞胚的发生 / 184
第二节 植物器官发育 / 184
 一、根的发育 / 185
 二、茎的发育 / 185
 三、叶的发育 / 187
 四、花的发育 / 188
第三节 植物的生长 / 190

第 11 章 发育和进化 / 192
第一节 胚胎发育与动物进化 / 192
第二节 同源器官与动物进化 / 193
第三节 同源异型框基因与动物进化 / 195
 一、Hox 基因倍增与动物进化 / 195
 二、Hox 基因与附肢的进化 / 196
 三、Hox 基因与躯体发育模式的进化 / 197

主要参考书目 / 198
英文专业名词索引 / 200

绪 论

发育(development)包括个体发育(ontogeny)和系统发育(phylogeny)。个体发育是自受精卵开始到形成成熟个体所经历的一系列变化过程；系统发育是同一起源的生物群的形成历史。发育生物学是从细胞水平和分子水平上研究生物个体发育机制的学科，它涉及基因如何控制胚胎细胞的行为、如何决定发育的模式以及胚胎的形态变化等重要问题，是生命科学的核心学科。

发育是生物界普遍存在的生物学现象，不同生物的发育既有差异，又具有相似性，因此，对包括动物、植物和微生物在内的生物的发育过程进行比较和综合，有助于了解生物之间在发育上的共同规律和特殊性，有助于把握和理解发育的生物学本质。

第一节 发育的基本过程

尽管不同种类生物的发育差别很大，但是，它们的主要发育过程是相似的，多数生物都具有胚前发育、胚胎发育和胚后发育几个主要阶段。

一、动物的发育过程

动物的胚胎发育比较复杂，不同动物的胚胎发育情况也不尽相同，但是早期胚胎发育的几个主要阶段却是相同的。高等动物的发育过程包括胚前发育、胚胎发育和胚后发育几个主要阶段，其中胚胎发育包括受精、卵裂、囊胚、原肠胚、中胚层及体腔形成、胚层分化等主要阶段，而低等动物因进化地位的不同，其胚胎发育则缺少相应的后期几个阶段。

1. 胚前发育

由雌雄个体产生雌雄生殖细胞，雌性生殖细胞称为卵，雄性生殖细胞称为精子。卵细胞较大，里面一般含有大量的卵黄。根据卵黄多少可将卵分为少黄卵、中黄卵和多黄卵。卵黄相对多的一端称为植物极(vegetal pole)，另一端称为动物极(animal pole)。精子个体小，能活动。

2. 胚胎发育

(1) 受精(fertilization)

精子与卵结合形成受精卵，这个过程就是受精。

(2) 卵裂(cleavage)

受精卵进行卵裂，它与一般细胞分裂的不同点在于每次分裂之后，新的细胞未长大，又继续进行分裂，因此分裂成的细胞越来越小。这些细胞也叫分裂球(blastomere)。由于不同类动物卵细胞内卵黄多少及其在卵内分布情况的不同，卵裂的方式也不同(图0-1)。

1) 完全卵裂　整个卵细胞都进行分裂，多见于少黄卵。卵黄少、分布均匀，形成的分裂球大小相等的叫等裂，如海胆、文昌鱼。如果卵黄在卵内分布不均匀，形成的分裂球大小不等的叫不等裂，如海绵动物、蛙类。

2) 不完全卵裂　多见于多黄卵。卵黄多，分裂受阻，受精卵只在不含卵黄的部位进行分裂。分裂区只限于胚盘处的称为盘状卵裂，如乌贼、鸡卵。分裂区只限于卵表面的称为表面卵裂，如昆虫卵。

(3) 囊胚形成(blastulation)

卵裂的结果，分裂球形成中空的球状胚，称为囊胚(blastula)(图0-1)。囊胚中间的腔称为囊胚腔(blastocoel)，囊胚壁的细胞层称为囊胚层(blastoderm)。

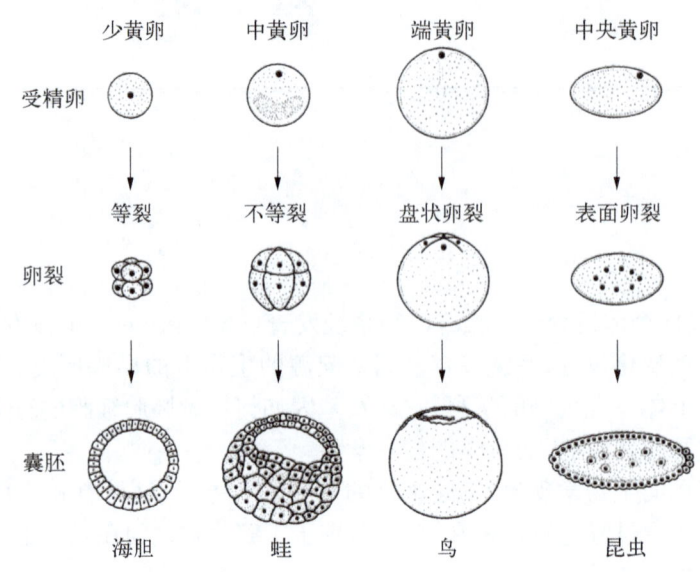

图 0-1 卵裂和囊胚

(4) 原肠胚形成(gastrulation)

囊胚进一步发育进入原肠胚形成阶段,此时胚胎分化出内、外两胚层和原肠腔。绝大多数多细胞动物除了内、外胚层之外,还进一步发育,在内外胚层之间形成中胚层(mesoderm)。在中胚层之间形成的腔称为真体腔。

(5) 胚层分化与器官形成(germ layers differentiation and organogenesis)

动物体的组织、器官都是从内、中、外三胚层发育分化而来的。例如,内胚层分化为消化管的大部分上皮、肝、胰、呼吸器官、生殖与排泄器官的小部分;中胚层分化为肌肉、结缔组织(包括骨骼、血液等)、生殖与排泄器官的大部分;外胚层分化为皮肤上皮(包括上皮种种衍生物如皮肤腺、毛、角、爪等)、神经组织、感觉器官、消化管的两端。

3. 胚后发育

胚后发育是指个体出生或胚胎孵化后的生长与发育,主要包括生长、衰老与死亡,在部分动物中还存在变态、再生等特殊发育现象。

二、植物的发育过程

植物与动物发育的最大不同在于:动物的各种器官在胚胎期形成,出生后各种器官已基本齐全;而植物的胚胎只形成少数器官或器官的雏形,种子萌发后各种器官才陆续形成,细胞与组织的分化、器官的形成贯穿植物的一生。植物的发育过程也可分为胚前发育、胚胎发育和胚后发育三个主要阶段。

1. 胚前发育

胚前发育是指生殖细胞的发生过程,在低等植物中,单倍体个体可以直接形成配子;在高等植物中,单倍体的性细胞在二倍体的孢子体内发育成熟。

2. 胚胎发育

低等植物雌雄配子经结合形成合子,合子发育后经减数分裂再形成新的单倍体个体。高等植物的雄蕊的花粉进入雌蕊的柱头,通过双受精过程形成受精卵(合子)和胚乳。胚胎发育就是指从受精卵发育成胚胎的过程。苔藓、蕨类及种子植物为有胚植物,均具有胚胎发育。

苔藓植物的胚胎在配子体中发育,受精卵首先分裂为顶细胞和基细胞,最后发育成具孢蒴、蒴柄和基足的孢子体。

蕨类植物的受精卵也是首先分裂产生顶细胞和基细胞,顶细胞进一步发育为胚的主体,基细胞发育成胚柄。胚体在四细胞期或八细胞期开始分化为具有茎、叶、根及基足的孢子体。

裸子植物胚胎发生早期阶段具游离核,胚胎中各种器官和组织已开始分化。

被子植物中,双子叶植物与单子叶植物的成熟胚差别很大,但胚胎发育早期却很相似。受精卵最初都是分裂为顶细胞和基细胞,顶细胞形成胚体,基细胞形成胚柄。胚胎发育可以分为不同时期,如双子叶胚胎发育包括原胚期、心形期和成熟期。

3. 胚后发育

胚胎完全形成之后,遇到合适条件即开始生长,从胚根长出新根,从胚芽长出茎和叶,苗端分生组织开始分化花原基,向有性生殖过渡。

第二节 发育的基本机制

由一个单细胞受精卵发育为一个多细胞的生物,是生物界最为复杂的过程,也是发育生物学最具魅力和挑战性的地方。对复杂多样的生物发育来说,只有很少的原理是所有生物或多数生物都可以遵循的,但是,这些少数的普遍原理却是极为重要的,它不仅帮助我们理解发育的本质问题,也可以进一步指导我们进行发育生物学的新探索。

发育通常包括5种主要的机制:细胞分裂、细胞分化、图式形成、形态发生、生长。

一、细胞分裂

细胞分裂(cell division)是胚胎发育的基础,细胞分化、图式形成、形态发生、生长都是在细胞分裂的基础上完成的。生物通过减数分裂形成生殖细胞,受精以后受精卵接着进行细胞分裂,形成一群小的细胞,这种分裂称为卵裂。

二、细胞分化

个体发育中,由一种相同的细胞类型经细胞分裂后在形态、结构和功能上形成稳定性差异,从而产生不同类群细胞的过程称为细胞分化(cell differentiation)。细胞分化是发育的核心与基础,在多细胞生物的个体发育中,通过细胞分裂增加细胞数量,通过细胞分化增加细胞类型,进而由不同类型的细胞构成不同的组织与器官,执行不同的生理功能。不同类型的体细胞在形态、结构和功能上尽管千差万别,但细胞的基因组确是恒定的,与合子含有相同的遗传信息,细胞之间的差异源于基因的差异表达。细胞分化过程也就是基因选择性表达的过程。

三、图式形成

图式形成(pattern formation)是指胚胎通过细胞活动的空间和时间样式的建立,使结构得到高度有序的发育。

图式的形成首先是要铺开总体的躯体蓝图(body plan),也就是确立胚胎的主轴,从而决定身体的前后端和背腹面。在所有多细胞生物中,至少存在一个主要的体轴。在动物中,这个主轴是指从头部到尾部的前后轴;在植物中,这个主轴是从茎尖到根部。许多动物还具有背腹轴,背腹轴垂直于前后轴,可以把它们看作是身体的坐标系。

在动物中,图式形成的另一个阶段是细胞在不同胚层中的分配。外胚层、中胚层和内胚层的细胞获得不同的特性,从而形成细胞分化的空间样式,如四肢发育中皮肤、肌肉和软骨组织的排列,神经系统中神经细胞的排列。

四、形态发生

形态发生(morphogenesis)阶段,胚胎在三维结构上发生了明显的变化,原肠胚形成是形态变化最剧烈的时期。所有具有三胚层的动物的胚胎都要发生原肠胚形成。在原肠胚形成过程中,形成消化道,主要的躯体蓝图显现出来,通过原肠胚形成,胚胎外部细胞移到内部。在海胆等动物中,经过原肠胚形成,胚胎由中空球状的囊胚转化为具有贯穿身体中线的消化道的原肠胚。

动物胚胎的形态发生与多种细胞的活动相关,如细胞信号转导、细胞形态变化、细胞迁移、细胞增殖和细胞凋亡等。

五、生　　长

在早期胚胎发育中,只有很少的生长(growth),最基本的模式往往只在数毫米长的胚胎上形成。中后期胚胎的生长可以不同的方式实现,如细胞的扩增、细胞体积的增加、细胞外物质的积累等。器官和身体不同部位的生长速率的差异可以产生身体整体外形的变化。

上述5种发育作用机制彼此之间绝不是相互独立的,一般来说,可以认为早期发育中的图式形成使细胞之间产生差异,从而导致了胚胎形态的改变、细胞的分化和生长。但是,在任何实际的发育系统中,这些事件发生的顺序将会有许多的变化。

第三节　研究发育生物学的模式生物

尽管已经对多种生物的发育进行了研究,但是关于发育机制的知识却来自少数几种生物,我们可以将这些少数生物称为研究发育问题的模式生物(model organism)。

模式生物的选择,部分是由于历史的原因。一旦一种生物被研究后,人们在此基础上继续研究比选择另一种生物再从头开始更有助于研究的进行和深入。由于海胆和青蛙的胚胎容易得到,且青蛙胚胎的体积较大足以满足实验操作的需要,它们成为最早用于胚胎研究的实验动物。在脊椎动物中,爪蟾、小鼠、鸡以及后来引起注意的斑马鱼是主要的模型生物。在无脊椎动物中,果蝇和线虫成为近年来人们青睐的模式生物,主要是由于对它们发育的遗传控制机制了解比较多,同时,它们易于被人为地进行遗传改变。

作为研究发育的材料,每种模式生物都有它的优势和劣势。例如鸡胚作为研究脊椎动物发育模式材料的优势在于容易得到受精卵,胚胎可以很好地承受实验性显微手术操作,它可以从蛋中取出培养。但它也有劣势,对鸡胚发育的遗传基础了解很少。然而,我们对小鼠发育的遗传基础了解就较多,尽管它的胚胎整个过程都是在体内,给研究带来很多困难。小鼠是研究包括人类在内的哺乳动物发育的最佳实验模型。斑马鱼是较晚被选作发育模式生物的,它易于大量培养,胚胎透明,它的细胞分裂和组织运动肉眼可见,易于追踪观察,它在发育基因的研究中具有很大的潜力。

对果蝇的遗传学研究从20世纪就开始了,但是对它的发育遗传的研究却是在分子生物学技术发展起来以后。线虫被用作发育模型生物主要是由于它的身体结构非常简单,组成它的胚胎的细胞数目低于1 000,再加上它的细胞谱系比较稳定,胚胎透明,所以,很容易逐个细胞地观察它的胚胎发育过程,每一个细胞都可以循着细胞分裂的线索在合子中找到祖先。另外,线虫易于进行遗传分析和遗传修饰。

在植物中,一种小型的十字花科植物拟南芥在开花植物的发育研究尤其是发育的分子机制研究中扮演越来越重要的角色。

一、植物发育的模式生物

拟南芥(*Arabidopsis thaliana*)在植物发育研究中的地位类似于动物发育研究中的果蝇,它非常适于进行遗传学研究。

拟南芥的每朵花由4片花瓣和4片萼片组成,在花瓣里边有6条雄蕊,由含有胚珠的两心皮构成的子房位于中央,每一个胚珠含有一个卵。受精后,胚胎在胚珠中发育,形成成熟的种子大概需要两周。种子萌发后3~4周形成花芽,整个生命周期为6~8周。在胚珠中,受精卵四周为胚乳(endosperm),它为受精卵的发育提供营养(图0-2)。

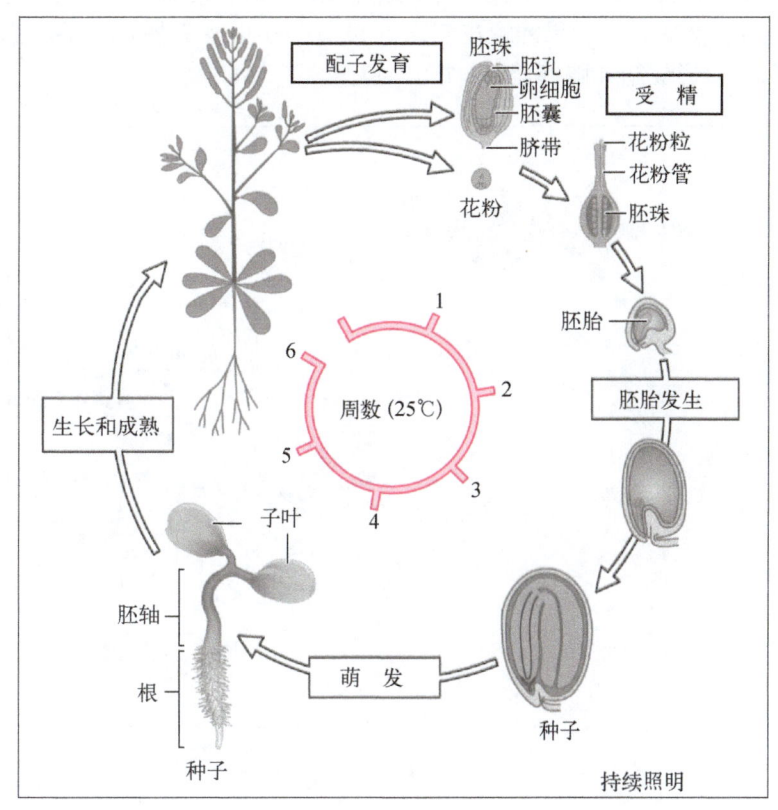

图 0-2　拟南芥的生命周期(仿自 Wolpert,2002)

二、无脊椎动物发育的模式生物

1. 线虫(Caenorhabditis elegans)

自由生活的土壤线虫作为模式动物的优点在于:它由数量较少的细胞构成(第一幼虫期为 558 个),细胞谱系比较稳定,身体透明,使每一细胞的发育分化都容易被观察。线虫非常适合进行遗传分析实验。线虫的身体结构非常简单,它的体长约 1 mm,直径约 70 μm(图 0-3)。它可以在琼脂培养基上进行大量培养,它的早期幼虫可以冻存,使用时再复苏。线虫主要进行自体受精,在特殊条件下也能发育为雄虫。线虫的胚胎发育很快,20℃条件下受精后 15 h 就能孵化,由幼虫发育到成虫约需 50 h。

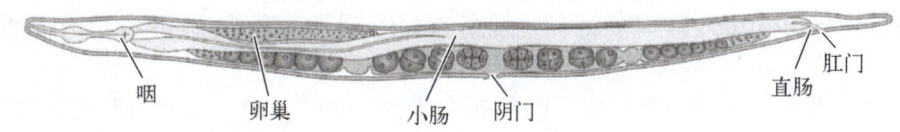

图 0-3　秀丽隐杆线虫成虫(引自 Pines,1992)

刚孵化的幼虫在结构上与成体相似,但是性不成熟,缺少生殖腺及生殖器官。胚后发育要经过四次蜕皮。幼虫含有 558 个细胞,而成体含有 959 个体细胞和数目不定的生殖细胞。

2. 果蝇(Drosophila melanogaster)

由于丰富的遗传学研究,加上分子生物学与显微手术操作技术的结合,使小小的果蝇成为发育机制了解最清楚的动物。

果蝇的卵呈腊肠状,其前端具有乳头状的卵孔,精子通过卵孔进入卵的前端。受精后,精卵核融合,合子紧接着进行了一系列的有丝分裂,每 9 min 分裂一次,但细胞质并不分裂,其结果是产生了多核的合胞体(syncytium),在早期发育中,胚胎始终是一个细胞。在 9 次分裂后,细胞核向四周迁移形成合胞性胚盘(syncytial blastoderm),它等同于其他动物的囊胚。受精后约 24 h 幼虫开始孵化,在孵化前数小时幼虫躯体的各个部分结构就已经清楚了。头部是一个复合结构,孵化前,其大部分结构被隐藏。与头部最前端相关的结构称为原头区,最后端的结构称为尾节,中间3个胸部体节和8个腹部体节可根据其角质的特化加以区别。随着幼虫的进食、生长,然后蜕皮。果蝇蜕皮三次。果蝇的幼虫既无翅,又无腿,在第三次蜕皮后,幼虫经过变态(metammorphosis)形成翅和腿等器官(图0-4)。

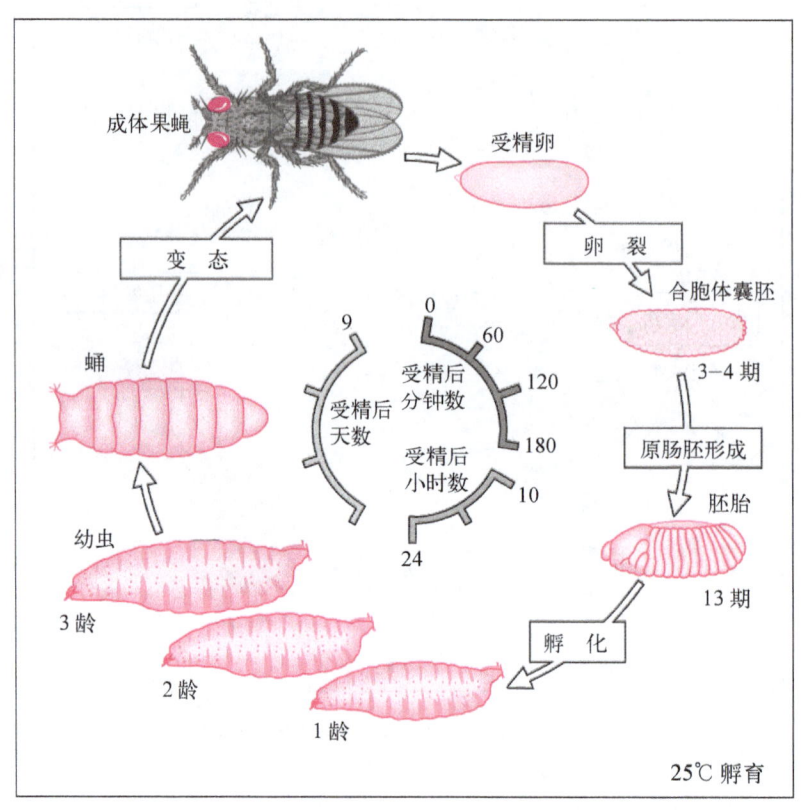

图0-4　果蝇的生命周期(引自Wolpert,2002)

三、脊椎动物发育的模式生物

所有脊椎动物的胚胎具有相似的发育过程。受精后,合子进行卵裂,经过卵裂,胚胎的细胞数目增多,但胚胎的体积并未增大。卵裂后是原肠胚形成,细胞的运动导致了胚层的产生,外胚层覆盖在胚胎表面,中胚层和内胚层移动到胚胎内部。最早见到的中胚层是棒状的脊索,它沿身体前后轴方向分布。在脊索两侧的中胚层形成前后顺序排列的体节,由体节进一步分化为脊椎和躯干与四肢的肌肉。脊索上面的外胚层形成神经管,最后分化为脑和脊髓。尽管在发育的细节上有所不同,但所有脊椎动物都要形成此类结构。

脊椎动物在发育上存在的差异主要是由于胚胎提供营养方式的不同。胚胎的形态受到卵内卵黄物质多少的影响,胚胎要发育一些结构去利用这些营养。哺乳类动物的卵中没有卵黄,它不得不发展胚外结构——胎盘。原肠胚形成后,所有脊椎动物的胚胎都要经过一个系统发育阶段(phylotypic stage),在这一时期,各种动物的胚胎都多少有点相似,都具有脊索、体节和神经管等脊索胚胎的结构特征。

1. 鱼类的模式生物:斑马鱼(*Danio rerio*)

斑马鱼(图0-5)作为发育生物学的模式生物日益受到人们的重视,它具有两个优越性:一是生命周期很短,仅有12周,这给基因分析工作带来很大便利;二是它的胚胎透明,可以很容易地追踪观察细胞在胚胎发育中的变化。

图0-5　斑马鱼

斑马鱼卵的直径约0.7 mm,细胞质与细胞核位于动物极,植物极有大量的卵黄物质。受精后,合子开始不完全卵裂,在卵黄之上形成分裂球。前5次卵裂为纵裂,受精后约2 h发生的卵裂产生64个细胞。进一步的卵裂产生胚盘,胚盘以外包的方式将卵黄包起,受精后约5.5 h胚盘已将一半的植物半球包围。受精后约9 h,脊索变得明显,在 10 h 左右原肠胚形成完成。紧跟着是神经胚和体节形成。受精后 18 h,身体开始颤动。到 48 h,胚胎孵化,幼鱼开始游泳和进食。

2. 两栖类模式生物:非洲爪蟾(*Xenopus laevis*)

在两栖类发育生物学研究中,最常用的模式生物是非洲爪蟾。但是,经典的胚胎学工作都是用蝾螈完成的。蝾螈与爪蟾属于不同目,所以,它们的胚胎发育也不完全相同。非洲爪蟾作为模式生物的最大优势在于:只要将雌雄爪蟾注射入绒毛膜促性腺激素后放在一块过夜后,就可以得到受精卵。也可以将卵放在平皿中,然后将精子加入进行人工授精。爪蟾的胚胎与其他两栖类一样非常硬,在显微手术后具有较强的抗感染力。

成熟后的爪蟾卵有一个多色素的颜色深的动物区(animal region)和一个含卵黄较多的颜色浅的植物区(vegetal region)。动物区含有较多色素利于吸收阳光,提高温度,促进发育。受精前,卵细胞外包卵黄膜(vitelline membrane)。此时,卵子的减数分裂还没完成,第一次减数分裂产生的极体(polar body)位于动物极(animal pole),只有受精后,卵子的第二次减数分裂才得以完成,在动物极处产生第二极体。极体实际上是卵细胞发生时产生的体积很小的细胞,它们对发育没有意义。

受精时,一个精子由卵子的动物区进入,卵子完成减数分裂,卵子与精子的细胞核融合,形成二倍体的合子。受精卵经过卵裂形成囊胚。

原肠胚形成开始,胚胎就称为原肠胚(gastrula)。位于边缘区的中胚层和内胚层预成区通过囊胚孔的背唇卷入,外胚层的动物区向下扩展,覆盖整个胚胎。

在原肠胚形成结束时,原肠的内层完全由内胚层覆盖,形成消化道,外胚层通过外包将胚胎整个表面覆盖。卵黄仍大量存在,它为胚胎提供营养,直到蝌蚪期能进食为止。原肠胚形成之后是神经胚的形成。随着脊索和体节的发育,其上的外胚层形成神经板(neural plate),再由神经板两端上翘形成神经褶(neural folds),最后神经褶愈合形成神经管(neural tube)。神经管沉入皮层之下,前端分化为脑,后边覆于脊索之上的部分分化为脊髓。神经胚之后,胚层就开始分化为各种组织和器官。器官生成完成后,成熟的蝌蚪孵化出来,开始进食和游泳。以后蝌蚪经过变态形成成蛙,尾部退化,四肢形成(图 0-6)。

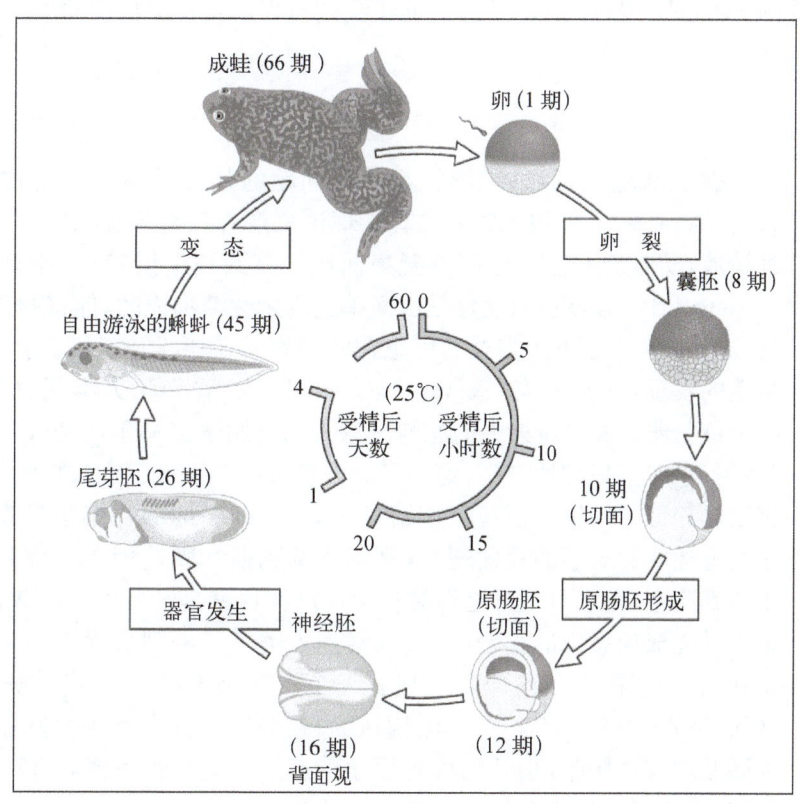

图 0-6 非洲爪蟾的生命周期(引自 Wolpert,2002)

3. 鸟类的模式生物：鸡(*Gallus gallus*)

鸟类的胚胎发育在形态的复杂性和发生的一般过程上与哺乳动物非常相似，尤其是鸡胚的后期发育与小鼠极为相似，所以鸡的后期胚胎研究可以为小鼠胚胎的研究提供有价值的补充。但是，鸡胚比哺乳动物胚胎更易得到和观察。简单地打开蛋壳就可以进行许多实验和观察，也可以将鸡胚取出在体外培养，非常方便进行实验性显微手术操作和观察化学物质等因子对胚胎的影响。

卵受精后在输卵管中就已经开始了卵裂。鸡的卵裂为不完全卵裂，通过卵裂形成了数层细胞厚的圆形胚盘(blastodisc)。它通过输卵管大概需要 20 h，在这期间被卵清所包绕，外覆卵膜和卵壳。鸡蛋产下时，胚盘大约由 60 000 个细胞构成，这一时期相当于两栖类的囊胚。

鸡蛋产出 2 d 时，胚胎已经发育到 20 体节期。鸡蛋产出 3 d 时，已形成 40 个体节，头部已发育得很好，心脏也已形成，四肢开始发育。鸡卵的孵化期为 21 d。

4. 哺乳类模式生物：小鼠(*Mus musculus*)

小鼠从受精到成熟需要 20 周，这在哺乳动物是相对较短的，这也是小鼠作为研究哺乳动物发育的模式动物的一个重要原因。另一个原因是小鼠具有的丰富的经典遗传学分析资料和利用基因修饰而产生的大量突变。但是，同所有哺乳动物一样，小鼠的胚胎在母体内发育，所以很难对胚胎进行实验操作或连续性观察。小鼠胚胎只能在体外进行短期培养。对小鼠胚胎发育的进一步研究，有助于我们对人类胚胎发育的基本问题的理解。

小鼠的卵在输卵管中受精，完成第二次减数分裂，产生第二极体。卵的体积较小，直径约 70 μm，四周被透明带(zona pellucida)所包围。透明带由黏多糖和糖蛋白组成，对卵细胞有保护作用。卵裂在输卵管中发生，4 d 半后胚胎由透明带中释放出来植入子宫壁。随后几天中进行原肠胚形成，大约在受精后第 10 d 所有器官开始发育。出生前 9 d 中，继续器官生成，胚胎体积增大。哺乳类的胚胎通过胎盘从母体获得营养。

第四节　发育生物学的研究历史

关于生物个体是如何发育而来的问题在古代就引起了人们的兴趣，对它的不断探索和认识导致了胚胎学的诞生和发展。对胚胎学的研究历史加以回顾，有助于我们对当今发育生物学的理解。

一、胚胎发生的后成论与先成论之争 （公元前 5 世纪～公元 18 世纪）

图 0-7　先成论者想象的人精子中的胚胎（引自 Nicholas Hartsoeker, 1694）

据文献记载，最早试图解释发育问题的是公元前 5 世纪古希腊的希波克拉底(Hippocrates)。他用当时的物理学理论来解释发育现象，认为身体各部分能产生各种精液，幼体是由各部分精液凝集而成。直到一个世纪后，希腊哲学家亚里士多德(Aristotle)认为鸡胚的发育是由简单到复杂逐渐形成的，他将此称为渐成论或后成论(epigenesis)。亚里士多德的思想在欧洲影响了近 2 000 年，到 17 世纪后叶，随着显微镜的发现，列文虎克(A. van Leeuwenhoek)看到了人类活动的精子，格拉夫(R. Graaf)发现了人类卵巢中的滤泡。意大利胚胎学家马尔比基(M. Malpighi)不仅对鸡胚进行了非常仔细地观察，绘制了非常精致的鸡胚图，而且在植物种子中也发现了与植物体相似的结构。斯瓦默达姆(Jan Swammerdam)在蛹中发现了蝴蝶的结构。基于对上述实验观察的片面理解，马尔比基和斯瓦默达姆等认为胚胎预先就已经存在于卵细胞中，发育只不过是继续长大而已。这就是胚胎发生的先成论(prefomation)。由于受先成论思想的影响，首先观察到人类精子的列文虎克也声称在精子中也看到了胚胎，甚至在人类精子中发现有一个微型小人（图 0-7）。先成论的极端是博内(Ch. Bonnet)的套装学说，该学说认为，在胚胎中存在更小的胚胎，犹如俄罗斯套娃，大胚胎内有小胚胎，小胚胎内有更小的胚胎。先成论思想在 17、18 世纪占据了统治地位，可能与机械论在当时哲学界的主导作用有关。在 18 世纪，先成论与后成论两个学派争论不休，直到细胞学说建立之后，这一争论才得以解决。

二、细胞学说促进了胚胎学的发展(公元19世纪中期~公元19世纪末)

1838~1839年间,德国植物学家施莱登(M. Schleiden)和生理学家施旺(T. Schwann)提出了细胞学说,认为所有生物都是由细胞构成的,细胞是生命的最基本单位。这是生物学中最伟大的成就之一,它对正确理解胚胎发育具有重要作用。以细胞学的观点来审视胚胎发育,胚胎绝对不是先天就存在的,它是由受精卵细胞分裂产生的。德国生物学家魏斯曼(August Weismann)发现动物的细胞可以分为体细胞(somatic cells)和生殖细胞(germ cells),他认为后代的遗传特征不是来自体细胞,而是来自生殖细胞,生殖细胞并不受体细胞的影响。在动物的一生中,由身体获得的特征不能传递给生殖细胞。就遗传性来说,身体只不过是生殖细胞的载体。赫特维希兄弟(Oscar Hertwig 和 Richard Hertwig)对受精现象进行了深入研究,提出受精的本质是雌雄配子细胞核的融合。

海胆卵的工作证明,卵在受精后含有两个细胞核,一个属于卵细胞,另一个来自精子。后来,人们发现合子(zygote)的染色体半数来自父亲,半数来自母亲,这就为遗传特性按孟德尔(Gregor Mendel)规律进行遗传提供了物理基础。体细胞中的染色体之所以在代代相传中保持恒定,是由于在生殖细胞形成时通过减数分裂染色体数目减半,成为单倍体(haploid),受精时,精、卵两个单倍体融合为一个双倍体(diploid)的合子。

三、实验胚胎学的兴起(公元19世纪末~公元20世纪初)

一旦弄清了胚胎细胞是由合子经细胞分裂产生的,紧跟着的问题就是细胞是如何变得彼此不同的?魏斯曼19世纪80年代就提出了核决定子假说(determinants),他认为合子的核中含有决定身体性状的许多决定子,当卵裂时,这些决定子将会不均等地分配到子细胞中去,因此每一子细胞的发育命运是由不同决定子所决定的,这种发育模式称为镶嵌型(mosaic),因为卵细胞可以看作是由分离的区域化的决定子构成的镶嵌体。镶嵌型发育理论的中心是早期卵裂必须是非对称的,从而使子细胞由于细胞核物质的不对称分配而产生差别。19世纪80年代末期德国胚胎学家卢斯(Wilhelm Roux)将蛙卵第一次卵裂后的两细胞中的一个细胞用热针刺死,结果剩下的细胞发育为半个身体的胚胎。这是对镶嵌型理论的最有力的支持,也是首次采用实验手段研究胚胎发育,使胚胎学由形态研究发展到了对发育本质的实验研究。但是,后来赫特维希(Oscar Hertwig)重复卢斯的实验时,将刺死的一个细胞移去,发现剩下另一个细胞不是发育成了半个胚胎,而是一个完整胚胎。证明卢斯的实验在设计上是有缺陷的,他没有考虑杀死的细胞的存在对另一卵裂球发育的影响,因而得出的结论是错误的。

1891年,卢斯的同胞杜里舒(Hans Driesch)在用海胆卵重复卢斯的实验时,将二细胞期的卵裂球的两个细胞分开后发现每一个细胞都能发育为一个完整的幼虫,只不过体积稍微小些。他将这种发育称为调整型(regulative),即卵子中决定器官形成的物质是可以经过调整而改变的,某一部分被去除或重新排列后,剩余的胚胎能通过调整而发育为正常的胚胎。

尽管调整型理论认为胚胎发育过程中,细胞之间是需要相互作用的,但是,细胞之间的相互作用在胚胎发育中的意义并不清楚。1924年德国著名实验胚胎学家施佩曼(Hans Spemann)和他的助手孟戈尔得(Hilde Mongold)在两栖类胚胎上进行了著名的组织者(organizer)移植实验。他们将蝾螈胚胎胚孔背唇移植到另一胚胎的腹面,结果发育出了第二胚胎,他们将胚孔背唇称为组织者,它可以诱导一个完整胚胎的产生。由于他们这一出色工作,揭示了诱导在胚胎发育中的重要作用,开创了胚胎学研究的新时代,被授予诺贝尔奖。

19世纪末到20世纪上半叶,实验胚胎学蓬勃发展,为发育生物学研究奠定了坚实的实验基础。

四、分子生物学催生了发育生物学(公元20世纪中期)

在20世纪的早期,胚胎学与遗传学几乎没有发生联系。当1900年孟德尔的遗传规律被重新发现时,人们的兴趣主要集中于遗传机制,特别是遗传与进化的关系上,很少关注遗传与发育的关系。在当时,遗传学主要研究遗传因子是如何从上一代向下一代传递的;而胚胎学是研究个体是如何发育的,尤其是在早期的发育中,细胞是如何分化的。这样看来,遗传学似乎与发育没有关系。

使遗传学与胚胎学联系在一起的一个重要进展是关于基因型(genotype)和表现型(phenotype)理论的

提出。1909年,丹麦生物学家 Wilhelm Johannsen 将生物从父母处获得的遗传特性称为基因型,发育不同时期生物的结构和生化代谢是基因型的具体表现,称为表现型。基因型控制胚胎的发育,它与环境因子一起相互作用影响表现型。同卵双胞胎尽管具有相同的基因型,但随着生长,他(她)们的表现型会出现很大差别。发育的问题可以认为是基因型与表现型的关系,也就是在发育过程中基因是如何被转录和表达为生物的各种功能的。

遗传学与胚胎学的结合过程是非常缓慢的,在对基因的本质和功能弄清之前几乎没有进展,在20世纪40年代,基因编码蛋白质的发现是一个转折点。那时,人们已经知道细胞特征是由它所含有的蛋白质决定的,通过控制蛋白质的合成,基因便能控制发育过程中细胞特性和行为的改变。沃森(James D. Watson)和克里克(Francis Crick)于1953年提出 DNA 双螺旋结构模型后,生命科学进入了分子生物学时代。分子生物学极大地促进了生命科学的发展,也催生了发育生物学。分子生物学与胚胎学的成功结合,赋予了胚胎学新的内涵,对胚胎发育的认识由形态结构深入到了分子水平,胚胎学也逐渐发展到了发育生物学。

第五节　发育生物学的应用

发育生物学既是一门基础学科,又是一门应用学科。以发育生物学为基础发展起来的胚胎工程等技术在农业和医学上得到了广泛的应用,产生了巨大的经济与社会效益。

一、发育生物学在农业上的应用

1. 发育生物学在畜牧育种中的应用

以动物胚胎发育研究为基础,体外受精、性别控制、胚胎移植、动物克隆等胚胎工程技术得到了快速发展,在畜牧业育种中实现了产业化。

(1) 体外受精

体外受精(*in vitro* fertilization,IVF)是指哺乳动物的精子和卵子在体外人工控制的环境中完成受精过程的技术。体外受精技术可用于研究哺乳动物配子发生、受精和胚胎早期发育机制,对动物生殖机制研究、畜牧生产、医学和濒危动物保护等具有重要意义。

(2) 胚胎移植

胚胎移植(embryo transfer)是指将良种母畜配种后,从其生殖道(输卵管或子宫角)取出受精卵或早期胚胎,移植到同种生理状态的相同普通母畜体内,使之继续发育成为新个体的技术,所以也称为"借腹怀胎"。

胚胎移植可以充分发挥优良母畜在品种改良和育种中的作用。用人工授精方法可以最大限度地利用优良公畜,但是良种畜群的增加,不仅有赖于公畜,同时也取决于母畜的数量。胚胎移植技术就是提高母畜潜力的一个有效方法,它可以发挥优良母畜的繁殖力,迅速扩大优良畜种数量。20世纪80年代后期,随着我国牛羊胚胎移植技术水平的提高,一些省市先后在中国荷斯坦牛、西门塔尔牛、安哥拉山羊、优质细毛羊的扩繁上应用超数排卵和胚胎移植技术,使这些优良品种的后代数量大大增加,为提高我国牛羊品种改良的整体水平起到了积极的作用。胚胎移植技术还可以促进家畜改良速度,加速优良畜种的推广应用。据报道,应用胚胎移植技术,牛、羊生长性状的年遗传进展可比正常繁殖法分别提高80%和70%,瘦肉率的年遗传进展分别提高100%和80%,牛的产奶性状和羊的产羔数的年遗传进展分别提高33%和62%。将胚胎移植技术应用于珍稀动物繁育,对挽救濒临灭绝的野生动物、保护动物的遗传资源和生物多样性也具有重要意义。

(3) 细胞核移植

细胞核移植的构想最早由德国胚胎学家 Spemann 于1938年提出,他认为早期胚胎细胞具有高度的发育潜能,将胚胎的细胞核移植到去核卵母细胞中可以发育为新的胚胎。1952年 Briggs 和 Kings 将非洲豹蛙囊胚的细胞核移入去核的卵母细胞中,获得了非洲豹蛙的胚胎克隆后代,证实了 Spemann 的伟大设想。1962年 Gurden 将南非爪蟾蝌蚪肠上皮细胞核移植到被紫外线破坏了细胞核的卵母细胞内,得到了发育正常的个体。哺乳动物的胚胎细胞核的移植实验开始于1975年 Bromhall 在家兔上所做的工作,其后相继获得了小鼠、绵羊、牛、家兔、山羊和猪的胚胎细胞核克隆后代。1996年绵羊"多莉"的诞生,标志着哺乳动物的体细胞核克隆时代的到来,小鼠、牛、猪、骡子等许多动物都获得了体细胞的克隆后代。

(4) 性别控制

性别控制(sex control)是指通过人为干预,使动物按人们的愿望繁衍所需性别后代的技术。性别控制在畜牧业生产上有着重要的经济意义,它可以按照生产需求控制动物的性别以提高动物生产的经济价值,如奶牛繁育中的雌性需求,肉牛繁育中的雄性需求。

2. 发育生物学在作物育种中的应用

(1) 植物组织培养

植物组织培养(plant tissue culture)就是将植物组织分离,在适当的培养基上进行培养,通过脱分化和再分化重新形成具有根、茎、叶的完整植株。自然界中,许多植物是用无性繁殖的,但繁殖速度慢,不能适应现代化生产要求。利用植物组织培养技术可以使植物实现快速无性繁殖,在短期内获得大量遗传性一致的植株,使植物繁殖不受大自然的干扰,达到工厂化育苗的目的。

(2) 转基因植物

转基因植物(transgenic plant)技术是通过基因工程技术将外源的目的基因导入植物细胞后直接进行诱导培养,再生出转基因植株。当这些转基因植株开花结果时,所改变的遗传性状就可以通过种子遗传给下一代植株了。抗虫、抗除草剂、抗病、抗逆的转基因植物已相继问世,我国的转基因 Bt 抗虫棉取得了巨大的成功,使农药的使用量减少了 70%~80%,大幅度降低了生产成本,减少了环境污染。能够生产某些重要蛋白质和次生代谢产物的转基因植物称为植物生物反应器,目前研究最多的是生产抗体和疫苗的植物生物反应器。

二、发育生物学在医学上的应用

1. 转基因动物

转基因动物是将有价值的体外重组 DNA 移植到胚胎细胞中,使其发育为动物个体,被移植的重组 DNA 被整合到受体的基因组中并高效表达。通过转基因技术可以将人类凝血因子、α 抗胰蛋白酶、胰岛素、人白蛋白、干扰素等活性多肽和蛋白质的基因移植到羊或牛中,获得能在乳腺高效表达这些产物的转基因动物,用于大批量生产高附加值的药物和生物制品。以转基因动物或转基因植物为基础的生物反应器在生物医药生产中展现了诱人的发展前景。

2. 试管婴儿

英国学者 Edward 和 Steptoe 最早开展了人类体外受精和胚胎技术的研究,他们将体外受精后发育到 8 个细胞时期的人早期胚胎移植到母亲子宫内继续发育,于 1978 年 7 月 26 日诞生了世界第一例"试管婴儿"。此后,人的体外受精和胚胎移植技术得到进一步发展和应用,以单精显微注射和胚胎遗传学筛查与遗传病诊断的第三代试管婴儿技术已经成熟,为广大不孕症患者来了福音。

3. 优生优育

胎儿畸形是胎儿发育异常所造成的,它的病因研究和早期检查都与发育生物学相关。医院常规的孕前检查、胎儿遗传学检查和遗传病筛查、孕期保健都是以胚胎发育知识为基础的,发育生物学为优生优育提供了科学依据和手段,对推动优生学发展有重大意义。

4. 干细胞与组织工程

干细胞(stem cell)是动物体内具有分化潜能并能自我更新的细胞,它分为胚胎干细胞和组织干细胞。胚胎干细胞来自囊胚期的内细胞团,属于全能干细胞,每个细胞都可以发育为一个完整个体。组织干细胞存在于成体组织中,数量很少,属于单能或多能干细胞,可以定向分化为一种或几种不同的组织。由于干细胞在体外可以诱导分化为不同的组织,为临床移植和细胞治疗带来了希望。骨髓和皮肤干细胞已应用到了临床,挽救了无数的生命,提高了无数患者的生存质量。神经干细胞和胰岛干细胞即将走上临床。组织工程是在干细胞基础上发展起来的,它将干细胞与材料科学相结合,将自体或异体组织的干细胞经体外扩增后种植在预先构建好的聚合物骨架上,在适宜的生长条件下干细胞沿聚合物骨架迁移、铺展、生长和分化,最终发育形成具有特定形态及功能的工程组织。目前已成功地在体外培养了人工软骨、皮肤等多种组织。

5. 肿瘤研究与治疗

肿瘤细胞的最主要特征是增殖失控。正常细胞的增殖受到严格控制，细胞发育到一定时期就会死亡；而肿瘤细胞则脱离了正常的发育进程，细胞分裂失去控制，恶性增殖，成为不死的永生细胞。从发育生物学角度看，肿瘤是一群增殖失控的分化异常的细胞。近年来关于肿瘤干细胞的研究，为癌症的发生与转移的机制研究带来了希望，也为其临床诊断与治疗提供了新的途径。

第 1 章　生殖细胞的发生

动物有性繁殖的最早阶段是配子发生(gametogenesis)，配子发生是个体发育的前奏。配子包括雄性配子(精子)和雌性配子(卵子)，是由原生殖细胞(primordial germ cells, PGCs)分化而来。原始生殖细胞在雄性动物中分化为精原细胞(spermatogonium)，在雌性动物中分化为卵原细胞(oogonium)，然后分别经过精子发生(spermatogenesis)和卵子发生(oogenesis)形成成熟的精子和卵子。

第一节　精子的发生

一、精子发生

精子发生(spermatogenesis)是指由原始生殖细胞发育到精原细胞，再发育到精子成熟并排出体外这一完整过程，一般分为原始生殖细胞、精原细胞增殖期、初级精母细胞生长期、成熟分裂期和精子形成5个发育阶段。

在胚胎发育早期，脊椎动物的PGCs迁移到雄性胚胎的生殖嵴后成为性索一部分，并停留在那里直到成熟。在成熟过程中，性索发育成为曲精小管(seminiferous tubules)，其管上皮细胞分化成支持细胞(sertoli cell)(图1-1)，支持细胞起滋养和保护作用。

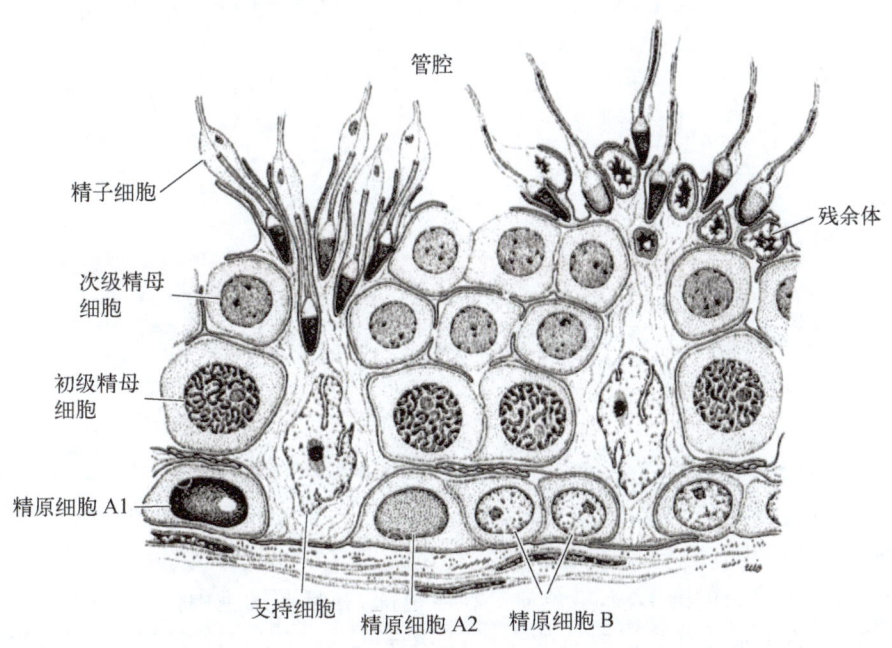

图1-1　哺乳动物曲精小管切面模式图(引自Dym,1994)

在哺乳动物中，当PGCs到达生殖腺之后，PGCs分裂形成精原细胞A1(type A1 spermato-gonium)。精原细胞A1位于邻近性索的基膜外附近，比PGCs小，具有卵圆形细胞核，核内包含与核膜相连的染色质。精原细胞A1是能够分裂复制自身并产生另一类细胞的生殖干细胞。成熟时，精原细胞A1分裂形成另一个精原细胞A1和一个着色较浅的精原细胞A2。精原细胞A2分裂形成精原细胞A3，后者经分裂形成精原细胞 A4。此时期每种精原细胞 A 可能都是干细胞,具有自我更新能力。精原细胞 A4 有 3 种命运:一是可以形成另外一个精原细胞 A4(自我更新);二是经历细胞凋亡;三是形成精子发生过程中的第一个专能干细胞,即过渡型精原细胞(intermediate spermatogonium)。这些过渡型精原细胞分裂形成精原细胞 B。精原细胞 B 通过有丝分裂产生初级精母细胞(primany spermatocyte),初级精母细胞将进入减数分裂(图1-2)。目前既不清楚何种因素导致初级精母细胞进入分化途径而不是自我更新,也不清楚是什么因素刺激这些细胞进行减数分裂而不是有丝分裂。

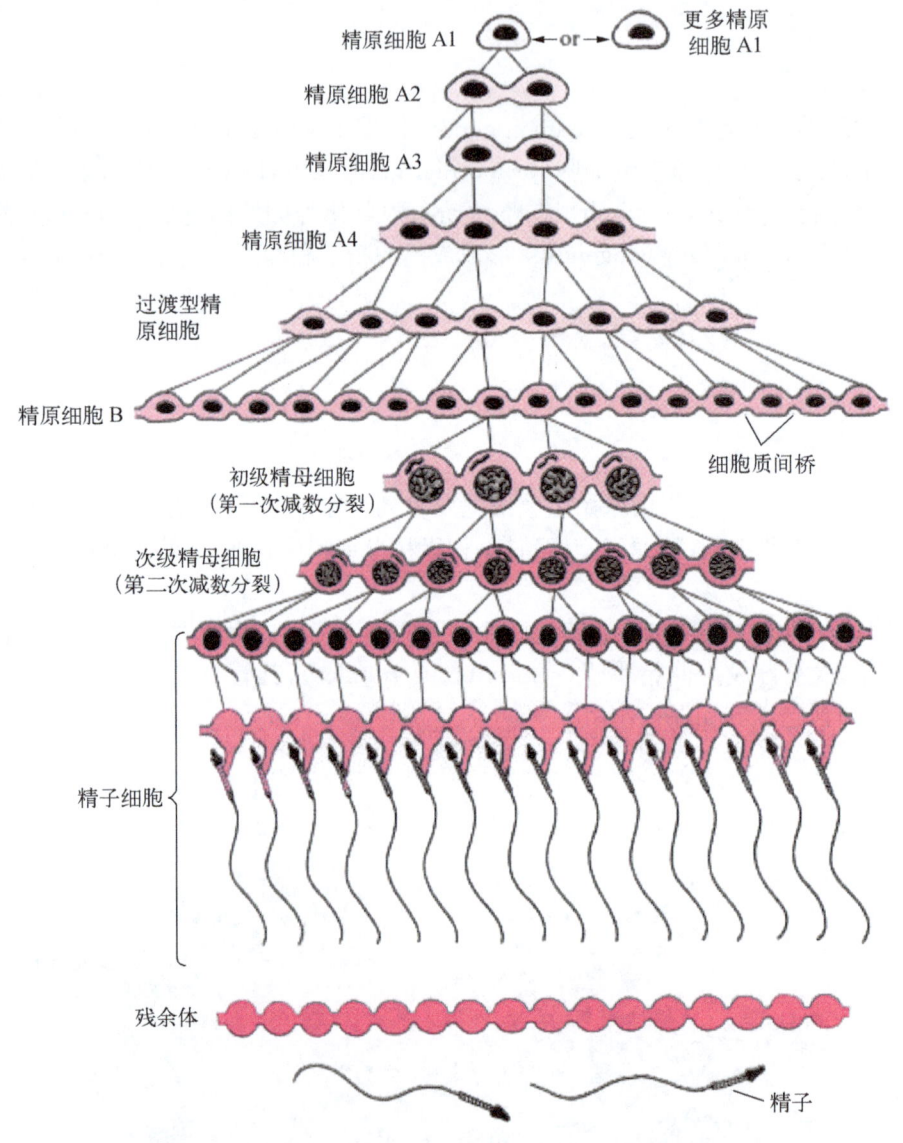

图 1-2 哺乳动物精子发生过程(仿 Bloom 和 Fawcett,1975)

从精原细胞的分裂开始,生殖细胞分裂过程中细胞质的分裂是不完全的。多个细胞形成合胞体,细胞之间通过直径 1 μm 的细胞质桥进行信息交流。持续的分裂产生一个相互间连接的细胞克隆,并且细胞间离子和分子能通过细胞质间桥而相互影响,因而每群细胞都是同步成熟(图 1-2)。

初级精母细胞,有一个较大的圆形核,染色质颗粒着色深,在精原细胞内侧,约有二三层。随着细胞体积的逐渐增大,完成 DNA 的复制和有关蛋白质的合成,即染色体进行了一次复制。此后,初级精母细胞开始进入减数第一次分裂,在这期间染色体发生一系列动态变化,减数第一次分裂前期,细胞内的同源染色体联会形成四分体,同源染色体间的非姐妹染色单体之间发生交叉,互换一部分基因。减数分裂第一次分裂中期同源染色体着丝点对称排列在赤道板上。减数第一次分裂后期同源染色体随纺锤丝牵引向细胞两极移动,同源染色体间彼此分离,非同源染色体自由组合。随后细胞膜向内凹陷,一个初级精母细胞分裂为两个次级精母细胞(second spermatocyte)。次级精母细胞核呈圆形,细胞和细胞核均较初级精母细胞小。由于次级精母细胞的间期很短,它们很快就进行第二次成熟分裂而形成两个精子细胞。

二、精子形成

哺乳动物单倍体的精子细胞是圆形、无鞭毛的细胞,形态上与成熟精子有很大的区别。精子细胞还必须经过由圆形到延长形等进一步的分化才能成为成熟的精子,从精子细胞到成熟精子的分化过程称为精子形成(spermiogenesis)。通过精子形成,使精子具备运动能力和与卵子相互作用的能力。哺乳类精子的分化过程的第一步是顶体(acrosome)的形成。顶体是由高尔基体形成的,位于精子细胞核上端,状如帽子。随着"帽子"的形成,开始鞭毛生长过程,鞭毛由中心体基部的微管蛋白单体多聚化而成,负责精子的运动。在精子形成的最后阶段是染色质凝缩和精核重构,这一过程涉及用精子特异的DNA结合鱼精蛋白替换一般细胞染色质中的组蛋白(图1-3)。

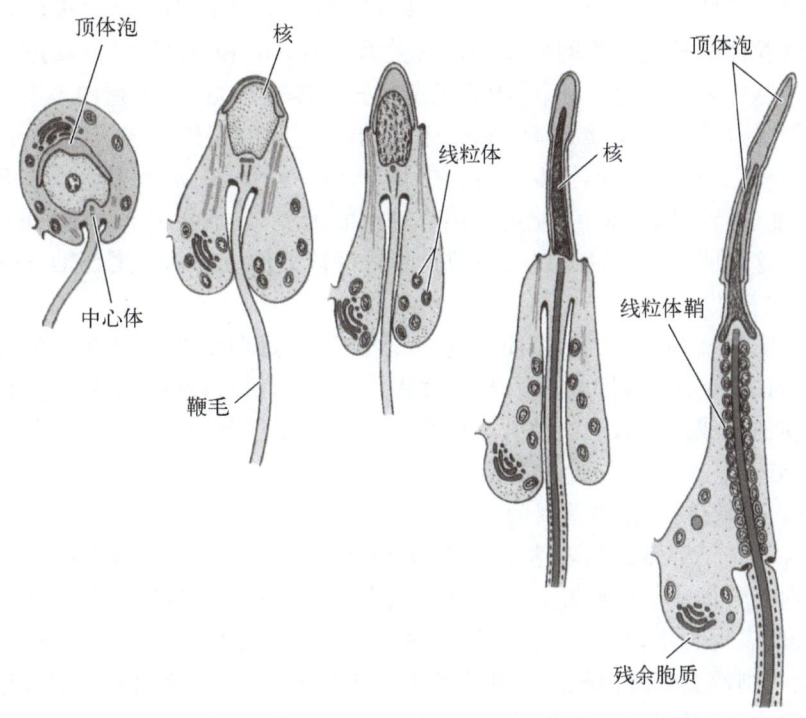

图1-3 精子形成过程示意图

小鼠从生殖干细胞到成熟精子的全部发育过程约需34.5 d,精原细胞阶段持续8 d,减数分裂持续13 d,精子形成需要13.5 d。而人类精子的发育约需要74 d才能完成。因为精原细胞A1是生殖干细胞,所以精子的发生能够持续进行。在人类睾丸中每天约产生10亿个精子,每次射精可排出20亿个精子。一个人的一生总计可产生10^{12}到10^{13}个精子。

三、精子发生过程中的基因表达与调控

1. 精子发生过程中的基因表达

在精子发生过程中,从精原细胞分化为成熟精子细胞,经过了减数分裂和精子形成等事件,不仅细胞形态发生了很大变化,基因组也从双倍体成为单倍体,基因的表达与调控也表现出高度的时空特异性。

(1) 减数分裂前精原细胞的基因表达

精子发生的启动,需要精原细胞内合成骨形态建成蛋白8B(bone morphogenetic protein 8B,BMP8B)。只有当BMP8B积累达到一定浓度时,精原细胞才能开始发育,并最终生成圆形的精子细胞。发育过程中的生殖细胞产生高水平的BMP8B,它们又可以刺激其他精原细胞的分化。不能产生BMP8B的小鼠到青春期后生精过程不能起始。人类的 DAZ 基因位于Y染色体的长臂上,在许多不育者细胞内此基因缺失,缺少该基因的患者几乎根本不产生精子。DAZ 基因特异性地在雄性生殖细胞,特别是精原细胞中表达,它可能编码一种RNA结合蛋白。果蝇的 Rb97D 和 boule 基因与 DAZ 基因同源,它们也是编码RNA结合蛋白的基

因，而且特异性地在精子发生过程中表达。缺乏 *R697D* 基因，果蝇的精原细胞退化；缺乏 *boule* 基因，果蝇的精原细胞不能进入减数分裂。RNA 结合蛋白在精子发生过程中是一种关键性的蛋白质，因为精子中表达的许多基因都在翻译水平受到调控，也就是说 RNA 结合蛋白的存在与否以及含量的多少决定了细胞中的 mRNA 能否有机会翻译为蛋白质。

在果蝇中，*roughex* 基因在减数分裂前的果蝇精母细胞中表达，控制进入减数分裂的次数。缺乏该基因或该基因功能缺失的雄性果蝇，在正常的两次减数分裂之外出现一个多余的减数分裂中期。如果人为地增加该基因产物 Roughex 的浓度，则会使减数分裂 Ⅱ 无法完成。

(2) 减数分裂过程中精母细胞的基因表达

精子发生过程中的基因转录大多发生在减数分裂前期中的双线期。在精子发生过程中特异性表达的基因，其产物都是精子运动或精子与卵结合所必需的蛋白质。在果蝇的精子发生过程中特异性表达的基因之一是 β2-微管蛋白基因。它是 β-微管蛋白的异构体，只有在精子发生过程中才出现，与减数分裂纺锤体、精子尾部轴丝以及促使线粒体拉长的微管的形成等都有关系。Hoyle 和 Raff(1990) 的实验证明，正常情况下在中胚层细胞和上皮细胞中表达的另一种 β-微管蛋白的异构体——β3-微管蛋白不能代替 β2-微管蛋白的功能。他们把 β2-微管蛋白基因的 5′-调节区与 β3-微管蛋白基因的编码区连接起来，使 β3-微管蛋白基因在精子发生过程中也能得以表达。当精子发生过程中只有 β3-微管蛋白基因表达而没有 β2-微管蛋白的基因表达时，精母细胞不能进行减数分裂，不能进行尾部轴丝的组装，也不能调节细胞核的形态，只是线粒体伸长过程没有受到影响。这表明 β2-微管蛋白在减数分裂纺锤体的形成和精子尾部轴丝的组装中作用是特异的，不能用其他微管蛋白替代。

精子与卵子的结合需要某些特殊的蛋白质参与，而表达这些蛋白质的基因也是在精子发生过程中才被转录的。海胆的结合蛋白(bindin)基因在精子发生过程中的表达相对较晚，而它表达的 mRNA 合成后，马上就被用来指导蛋白质的合成。新合成的结合蛋白在一些小泡中积累，这些小泡后来相互融合形成海胆成熟精子中单一的顶体泡。

(3) 减数分裂后精子细胞的单倍体基因的表达

精子生成过程中除了二倍体基因的表达之外，精子细胞中的某些单倍体基因也可以表达。这种单倍体基因表达的证据来自对杂合体小鼠的研究。在这种小鼠中可见有两个不同的精子群体存在。一个群体表现突变型性状，另一个群体表现野生型性状。这说明基因的表达发生在单倍体时期，若是基因的表达发生在二倍体时期，那么所有精子则都会表现出相同的性状类型。研究发现，鱼精蛋白基因的表达发生在早期的单倍体细胞(圆形精子细胞)中，使精子与透明带结合的 β1,4-半乳糖苷转移酶(β1,4-galactosyltransferase)的基因在小鼠精子成熟时的单倍体时期表达。

(4) 基因表达的关闭

随着精子细胞核中的组蛋白被鱼精蛋白或特异性修饰了的组蛋白所取代之后，单倍体的染色质最后变得高度浓缩。在转基因小鼠中，鱼精蛋白的提前表达可导致细胞核凝集提前发生导致圆形精子细胞的分化被阻滞。精子中组蛋白的修饰或替代主要发生在精子细胞时期，这些修饰，如某些组蛋白 N 端的去磷酸化(dephosphorylation)引起染色质浓缩。浓缩的结果极大地降低了转录的可能性，从而在精子中检测不到转录的发生。

2. 精子发生过程中基因表达的调控

精子发生过程中基因表达的调控主要发生在转录和翻译两个水平上。

(1) 转录水平上的调控

在转录水平上的调节主要包括两个方面：一是 DNA 甲基化(DNA methylation)的影响；二是转录因子的调节。

1) DNA 甲基化　　DNA 甲基化主要特异性地发生在胞嘧啶的 5′端，它几乎贯穿于精子发生的全过程，与基因表达密切相关，基因在它不表达的组织中被甲基化，而在特异表达的组织中去甲基化，发生甲基化的单拷贝基因既不能复制也不能转录。研究表明，在精子发生的不同时期，DNA 甲基化有明显差别。延长形后期的精子细胞 5′-甲基-胞嘧啶明显少于延长形早期的精子细胞，在圆形精子细胞中的转位蛋白 TP2、鱼精蛋白 Protamine 1 和 Protamine 2 基因总是处于甲基化程度较高的 DNA 区域，这些基因的转录主要在初级精母细胞时期,到圆形精子细胞阶段它们的转录活性就被甲基化抑制了。

在哺乳动物染色体中,父方来源的DNA与母方来源的DNA由于甲基化不同,产生了相互不同的印记(imprinting)。例如,父源效应基因(paternal effect gene)只有存在于父方来源的染色体(如Y染色体)上时才能表达,一旦这条染色体上的某个这种基因突变了,其同源染色体上即使有该基因的正常拷贝,也无法执行该基因的正常功能。只要父方来源的该基因发生了突变,即使母方来源的相应等位基因是野生型的,受精后所得到的胚胎也不能正常发育。而反过来,如果父方来源的基因是野生型基因,母方来源的是突变的等位基因,那么由这两种基因型的配子受精后,所得到的胚胎则能正常发育。秀丽隐杆线虫 C. elegans 的 spe-11 基因就是父源效应基因,精子在该位点上含有突变的等位基因时,则不能在胚胎细胞有丝分裂时指导染色体运动,结果显示突变影响了微管组织区如中心粒等的功能。染色体印记问题是在20世纪80年代哺乳动物细胞核移植实验中被发现的。当把小鼠受精卵的细胞核去除后,以一对精子来源的单倍体核或卵子来源的单倍体核取代,尽管从染色体数目上看都是"正常的"二倍体了,但是都无法得到能正常发育的胚胎。只有当染色体的一半得自母方,另一半得自父方时,胚胎才能正常发育。

2) 转录因子的调节　　研究表明,基因的转录因子在生精细胞和体细胞的组成和调节是不同的。TATA-Box是最具有代表性的顺式作用元件,目前在所有发现的鱼精蛋白基因中都含有此序列。TATA-Box在基因转录起始中发挥着重要的作用,它主要通过介导转录因子与启动子的结合而发挥功能。如在啮齿类动物中TBP(TATA-Box binding protein)和聚合酶Ⅱ的表达在睾丸组织中丰度较高,尤其是在圆形精子细胞中表达丰富,为体细胞的1000倍。定量分析表明,TBP mRNA表达的升高是由于TBP启动子活性的升高以及2~3个睾丸特异性启动子被激活的缘故。减数分裂后,精子形成(spermiogenesis)开始的一个标志就是早期圆形精子细胞获得巨大的转录活性,大量基因被转录。为保证此转录的高效性和特异性,大量的基础和特异性转录因子的表达在圆形精子细胞中受到严格调控。TBP、TFIIB和RNA polymerase Ⅱ基因在早期圆形精子细胞中被大量表达,如脾脏和肝脏细胞中每单倍体基因组细胞中分别含有0.7和2.3个TBP mRNA,而睾丸生精细胞则含有80~200个TBP mRNA。生精细胞与体细胞基因转录的不同不仅包括这些调节因子表达水平上的差异,更重要的是生精细胞含有这些调节因子的睾丸特异性的转录本,如TFIIA。TFIIA是一个RNA polymerase Ⅱ结合因子,通过稳定TBP与启动子DNA的结合以及促进激活子依赖性的转录起始前复合物的构象变化而激活基因转录。

(2) 翻译水平上的调控

在精子的发生过程中,虽然mRNA的转录在精原细胞、初级精母细胞以及精子细胞都可以正常地进行,但是,绝大多数基因的转录发生在减数分裂阶段和圆形精子细胞时期,而在精子成形的过程中,仅有少数基因发生转录。事实上,在一些哺乳动物精子发生过程开始之后,特别是经过了第一次减数分裂前期之后,就很少再有新的基因转录产物出现,用来指导蛋白质合成的mRNA都是在精子发生之前合成并贮存下来的。在圆形精子细胞中,翻译沉默的mRNA都有长的polyA尾巴,在胞质中与RNA结合蛋白结合,以核糖核蛋白体mRNP颗粒的形式被贮存起来。研究表明,睾丸组织中70%的mRNA是以没有翻译活性的mRNP颗粒形式存在。翻译随后在延长形精子细胞和延长形后期的精子细胞开始,此时mRNA的polyA尾巴被脱腺嘌呤酶消化而缩短。转位蛋白TP和鱼精蛋白Protamine基因mRNA的polyA尾巴的长度与其翻译活性有关。Protamine基因的mRNA的长度在翻译前或翻译过程中经历了缩短的过程,如Protamine 1从0.62 kb缩短到0.45 kb,Protamine 2从0.9 kb缩短到0.7 kb。

第二节　卵子的发生

进入卵巢的原始生殖细胞称为卵原细胞(oogonium)。卵子发生(oogenesis)是指由原始生殖细胞发育成卵原细胞,再由卵原细胞发育到排出成熟卵子(egg)这一完整过程。

一、卵子发生的过程

动物卵子的发育和成熟的过程包括增殖期、生长期及成熟期三个发育期(图1-4)。

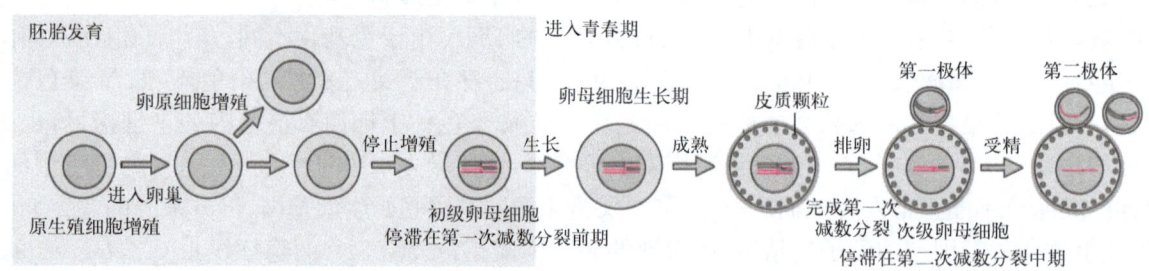

图 1-4　哺乳动物的卵子发生示意图(引自张红卫,2006)

1. 增殖期

卵原细胞经过一定次数的有丝分裂以增加同类型细胞的数量,卵原细胞间存在细胞间桥,当卵原细胞形成初级卵母细胞时,细胞间桥消失,卵原细胞分开。哺乳动物卵巢内卵原细胞增殖及形成卵母细胞都是在胎儿出生前或出生后不久完成的。例如,人胎儿发育到5个月时,卵巢中含有200万卵原细胞和500万初级卵母细胞,此后,大多数卵原细胞死亡,到胎儿出生时卵巢含有初级卵母细胞约100万,其中绝大多数已进入第一次减数分裂前期的双线期。出生后初级卵母细胞继续退化、死亡,至青春期时,初级卵母细胞只有3万～4万(图1-5)。因此,哺乳类的卵子发生是从诞生到排卵这一段时期。而雄性在性成熟后,精原细胞分裂就永不间断,一直处于成熟分裂和精子形成的连续过程。两栖类(豹蛙,*Rana pipiens*)的卵子发生则是3年一个周期,从变态后至成蛙每年都有卵原细胞发育为一组卵母细胞,因此在性成熟的卵巢中同时有三代卵母细胞,每年只产出一代成熟的卵母细胞。所以,蛙的卵母细胞的生长期为3年,到第三年卵母细胞才成熟。鱼类和无脊椎动物每年都是季节性地从生殖腺生殖上皮形成卵原细胞,经多次细胞分裂后,形成初级卵母细胞。

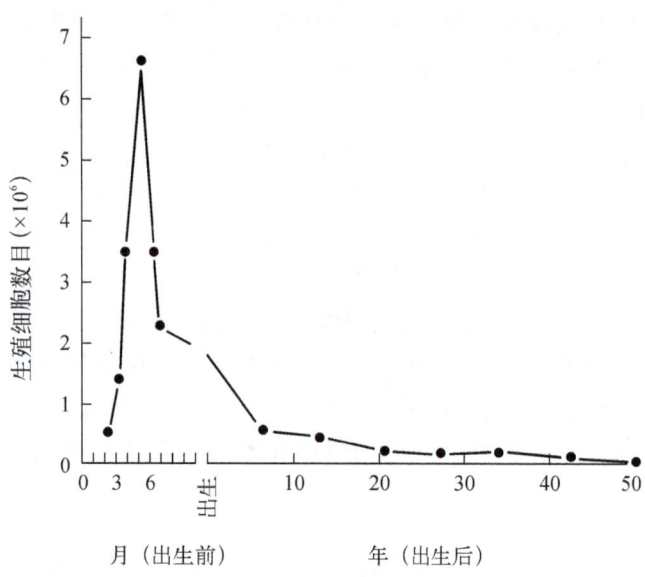

图 1-5　人类卵巢中生殖细胞数目的变化(引自 Baker,1970)

2. 生长期

初级卵母细胞积累各种营养物质,合成和贮存胚胎早期发育所需各类信息。由卵原细胞形成初级卵母细胞,首先是细胞核发生减数分裂前期染色体的变化,大多数脊椎动物初级卵母细胞的第一次减数分裂进行到前期的双线期即停止,进入延长的双线期。初级卵母细胞的生长期缓慢,可持续数日至数月,有的可长达数十年,例如胎儿期及婴儿期存活的初级卵母细胞,直至青春期至绝经期,才陆续恢复其减数分裂过程。大多数生长的初级卵母细胞尚未成熟就退化了,妇女一生中,只排出数百个成熟卵细胞。生长期的卵母细胞核内核仁增大增多、合成活跃,细胞核膨大,称为生发泡(germinal vesical)。胞质中合成并贮存核糖体及各种核糖核酸,它们结合转译为各种不同的结构蛋白,在高尔基体合成皮质颗粒。线粒体大量增加,初级卵母细胞体积增大,在多黄卵中营养物质的积累使得细胞体积可增加200倍。哺乳动物的胎儿营养是由母体供应,因此不需贮备大量营养物质。鱼类、两栖类等卵子含有大量的卵黄,所以在生长期时卵母细胞含有许多核糖体和粗面内质网,合成内源性的卵黄物质;同时,卵母细胞伸出突起,吸收外源性的卵黄物质。

3. 成熟期

初级卵母细胞完成生长后,要进行两次分裂。第一次减数分裂形成一个次级卵母细胞和一个体积很小的第一极体,第二次成熟分裂形成一个卵细胞和一个第二极体。脊椎动物在整个减数分裂过程中有两次停滞现象。第一次是在第一次减数分裂前期的双线期,通常是由激素的作用而解除,在脑垂体分泌的促性腺激素的作用下,卵泡分泌的类固醇激素活化了卵母细胞中的促成熟因子(maturation-promoting factor,MPF)。

它是 M 期蛋白激酶,能促使染色质浓缩、核膜崩解和纺锤体形成,是有丝分裂的促进因子。完成减数分裂后,MPF 活性消失。第二次停滞是在第二次减数分裂的中期,受精或人工激活卵均可解除这种停滞。卵母细胞质中含有一种蛋白质,称细胞静止因子(cytostotic factor,CSF),它能维持细胞周期蛋白(cyclin)的磷酸化,使它不被降解,从而维持 M 期蛋白激酶活性,使细胞停顿在 M 期中期。卵受精后恢复有丝分裂,细胞内 Ca^{2+} 浓度迅速增加,致使 CSF 活性消失,细胞周期蛋白被降解,MPF 活性消失。细胞离开 M 期。各类动物的受精是在卵子发生的不同时期进行:扁形动物、部分环节动物及软体动物等的受精发生在初级卵母细胞时期;部分环节动物、软体动物、多数昆虫等的受精发生在第一次成熟分裂中期;文昌鱼、脊椎动物等的受精作用发生在第二次减数分裂中期;腔肠动物、棘皮动物等的受精作用发生在第二次减数分裂完成后。

二、昆虫卵子的产生

有些昆虫(如果蝇)以滋养型方式进行卵子发生。果蝇的卵子起源于卵巢内的生殖系干细胞,每个生殖系干细胞分裂一次产生一个干细胞和一个成胞囊细胞(cystoblast)。

一个成胞囊细胞经过 4 次不完全的有丝分裂形成一个 16 细胞的胞囊(cyst),细胞之间通过细胞质桥相互连接构成合胞体(图 1-6),其中只有位于胞囊后端的一个细胞形成卵母细胞,其余 15 个细胞则形成滋养细胞。滋养细胞的核 DNA 经过多次复制,形成多倍体的核。由于滋养细胞多倍体核的高转录活性,可合成和提供卵子发育所需的 RNA 和蛋白质。这些母源性产物在卵子发生中转运到卵母细胞中去。果蝇成熟卵中的全部物质都是母体基因组的产物。这些在卵子发生过程中表达,并在卵子发生及早期胚胎发育中具有特定功能的基因称为母体效应基因(maternal-effect gene)。而在受精后才表达的胚胎基因称为合子基因(zygotic gene)。卵母细胞经过减数分裂形成单倍体的卵子。胞囊外包围着体细胞起源的滤泡细胞,由滤泡细胞产生卵黄膜和壳膜。胞囊连同包围着它的滤泡细胞称为卵室(egg chamber)。卵室与卵室之间相连,呈现出芽状的卵巢管(ovariole)结构(图 1-7)。在卵子发生后期,起源于卵室前端的 6~10 个细胞穿过滋养细胞迁移到卵子前端,称为边缘细胞(border cell)。

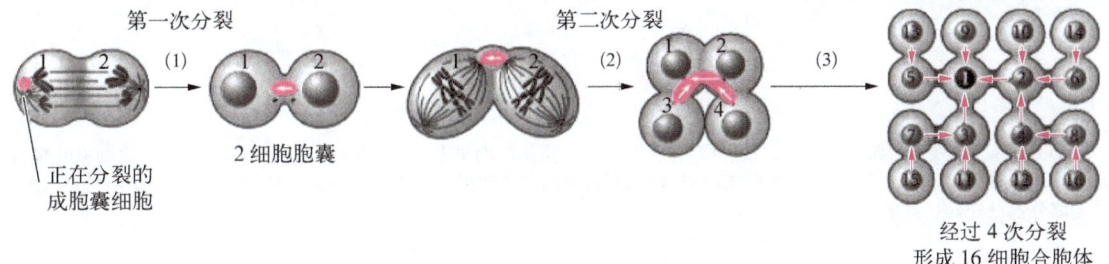

图 1-6　果蝇卵子发生初期示意图(仿 Lin 和 Spradling,1995)

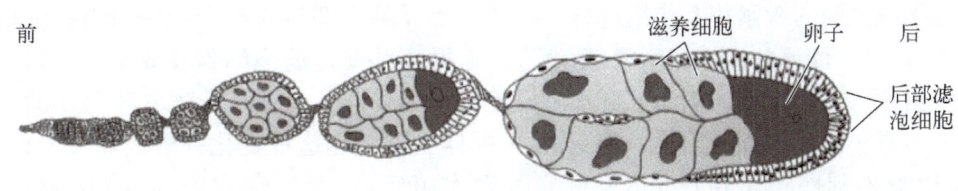

图 1-7　成体果蝇的卵巢管(仿 Ruohola 等,1991)

三、两栖类卵子的产生

鱼类和两栖类的卵子由生殖干细胞——卵原细胞分化而来,每年产生一群新卵子。豹蛙(*Rana pipiens*)卵子发生持续长达 3 年时间,在这期间卵母细胞可以得到充分的生长并进行物质积累。前两年卵母细胞的体积缓慢地长大,到了第三年,由于卵黄的迅速积累,卵母细胞的体积迅速增大。每年有一批卵子成熟。

当卵母细胞到达减数分裂前期的双线期时,卵黄发生开始,这也是卵母细胞核灯刷状染色体迅速合成 RNA 的阶段。卵黄是提供胚胎营养的一种混合物,其主要成分是卵黄蛋白原(vitellogenin),这种蛋白质主要在肝脏中合成，通过血液循环进入卵巢，再经过卵巢滤泡细胞间转运和借助胞饮作用进入卵母细胞。在成熟卵中，卵黄蛋白原被裂解成两种蛋白质——卵黄高磷蛋白和卵黄磷脂蛋白，两者包装在一起，进入膜结合的卵黄小板。卵黄中的糖原颗粒和脂质体分别贮存糖类和脂肪成分。

在卵子发生中，卵子的极性是明显的。为了研究方便，设定动物极和植物极之间的连线为卵轴（egg axis）。由于卵质内含物的不均匀分布，大多数的卵子是高度不对称的。在有的动物成熟卵中，植物极卵质中卵黄的浓度是动物极的10倍。卵子的整个表面质膜对卵黄蛋白原的摄入是均一的，产生不均匀分布的原因是卵黄小板在卵内的移动。在动物半球形成的卵黄小板向细胞的中心方向移动，而在植物极形成的卵黄小板运动不活跃，停留于卵子植物极的胞质下很长一段时间，并且体积不断增大。随着新的卵黄蛋白原由细胞表面不断摄入，许多新的卵黄小板慢慢从皮质中转移到细胞中心和植物极。由于卵黄小板在细胞内运动的差异，植物极卵黄慢慢地积累。非洲爪蟾成熟卵中75%的卵黄位于植物极，关于这种转运的机制还不清楚（图1-8）。随着卵黄的积累，细胞器也形成不对称的排列方式，这是由高尔基体转变成皮质颗粒的过程开始的。起初皮质颗粒随机分散在整个细胞质内，以后迁移到周围细胞质。此时线粒体复制也已开始，分裂形成大量的线粒体，以供卵裂时分配到不同的子细胞中去。非洲爪蟾在原肠胚形成开始之前不再形成新的线粒体。随着卵黄发生接近结束，卵质开始分层，皮质颗粒、线粒体和色素颗粒主要位于周围的细胞质中，形成卵的皮质。在内层的卵质中也出现不同的梯度分布，当卵黄小板在植物极开始积累和浓缩的同时，糖原颗粒、核糖体、脂质体及内质网等都往动物极移动，贮存mRNA的蛋白颗粒开始在卵内定位。

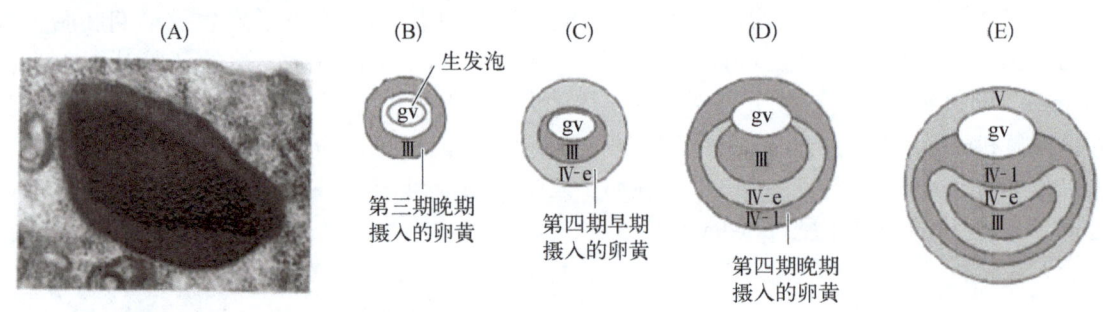

图1-8　非洲爪蟾卵母细胞卵黄小板由动物极向植物极的转运以及动植物极性的建立（仿Danilchik和Gerhart，1987）

(A)(B)第三期晚期的卵母细胞均匀摄入卵黄蛋白原；(C)至第四期早期，第三期晚期摄入的卵黄逐渐向植物极转运，而卵子表面仍有卵黄均匀摄入；(D)至第四期晚期，第三期和第四期早期摄入的卵黄都逐渐向植物极转运；(E)前期摄入的卵黄大部分都已经转运到植物极。gv. 生发泡

非洲爪蟾减数分裂的细线期持续3～7 d，偶线期5～9 d，粗线期约为3周，而双线期则能持续几年，但是仅有一部分双线期卵母细胞进入卵黄发生阶段。在卵黄发生结束后，使核膜破裂的信息产生，这是通过丘脑下部、垂体、滤泡细胞之间的激素相互作用进行调控的。当丘脑下部接收到交配季节来临的信号后，释放促性腺激素释放素，促进垂体释放促性腺激素，后者进入血循环并促进滤泡细胞释放雌激素，雌激素指导肝合成并释放卵黄蛋白原。在雌激素的刺激下肝细胞发生急剧的变化。这些变化通常于每年的交配季节产生，但在非交配季节给成年蛙（无论雌雄）注射雌激素，也同样能够引起这种变化并释放卵黄蛋白原。在雌激素释放之前，肝中检测不到卵黄蛋白原mRNA；雌激素作用后，每个肝细胞中约含50 000个卵黄蛋白原mRNA，占细胞总mRNA的一半。同时，雌激素还能特异性地提高卵黄蛋白原mRNA的稳定性，使其存活的时间由原来的16 h提高至3周。这种效应是雌激素直接作用的结果，雌激素通过转录和翻译水平的调控来控制卵黄蛋白原的合成和积累。

四、人类卵子的产生

哺乳动物卵的成熟和排卵（ovulation）主要有两种方式。一种排卵方式是通过交配生理活动的刺激而完成。对子宫颈的生理刺激导致垂体释放促性腺激素，在激素指导下大多数的交配都能形成受精卵，如家兔、水貂等动物采用这种方式。大多数哺乳动物采用周期性排卵的方式，雌体只在一年中某特定的动情期排卵。在这种情况下，环境因素，主要是光照种类与照射的时间，刺激下丘脑释放促性腺激素释放因子，后者又促进垂体释放促卵泡激素(follicle-stimulating hormone,FSH)和黄体生成素(luteinizing hormone,LH),导致滤泡细胞增殖并释放雌激素。雌激素通过神经元支配一些种群的动物发生交配行为。促性腺激素还刺激滤泡增殖并启动排卵。因此,动情和排卵基本上是同步发生。

人类具有与其他灵长类动物相同的生殖生理特征。成熟女性有排卵周期(约 29.5 d),但没有明显的动情季节。灵长类卵子的成熟和排卵的阶段性称为月经周期(图 1-9)。月经周期是以下三个方面活动的综合表现:① 卵巢周期使卵子成熟和排卵;② 子宫周期为发育中的胚泡着床提供合适的环境;③ 子宫颈周期使精子只能在某一适当的时间进入女性生殖道。这三个周期是通过垂体、下丘脑、卵巢所释放的激素综合协调控制的。

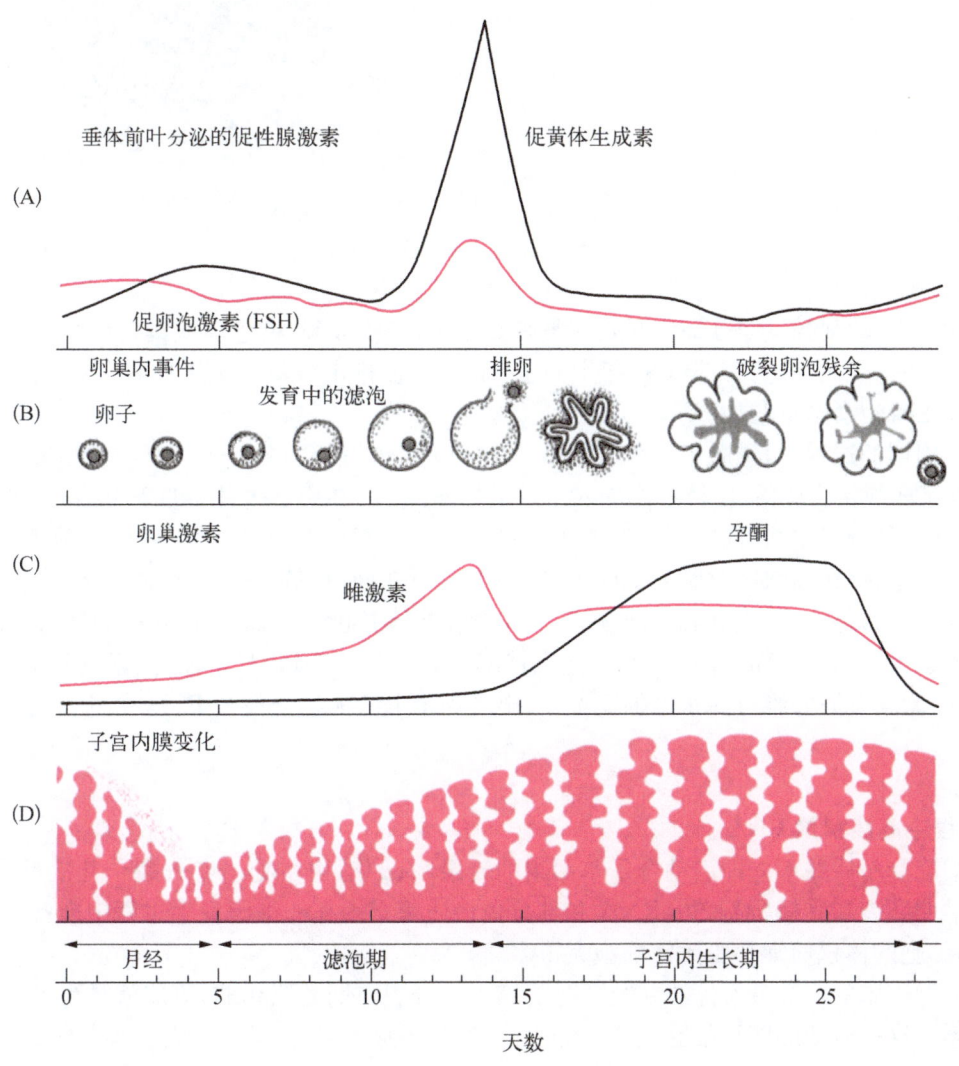

图 1-9 人类的月经周期(引自 Gilbert,2000)

在成年女性卵巢中,大多数的卵母细胞被阻断在第一次减数分裂前期的双线期阶段。每个卵母细胞都由一个初级卵泡包裹,初级卵泡是由单层滤泡上皮细胞和无规则的间质壁细胞构成。一批初级卵泡阶段性地进入卵泡生长阶段。在这个阶段,卵母细胞的体积增加约 500 倍,卵母细胞的直径由初级卵泡中的 10 μm 左右增大到充分发育卵泡中的 80 μm 左右。随着卵母细胞的生长,滤泡细胞的数目也增加,围着卵母细胞形成多层同心圆(图 1-10)。

在卵泡形成过程中,卵泡中形成一个由滤泡细胞围成的腔,其中充满蛋白质、激素、cAMP 和其他分子的混合物。发育到一定阶段的卵泡只有在适当的时间受到促性腺激素的刺激之后,卵母细胞的成熟过程才能继续。月经周期的第一阶段(即增殖期或滤泡期),垂体开始释放大量的 FSH。正在发育中的卵泡受 FSH 刺激进一步生长和进行增殖,同时 FSH 也引起滤泡颗粒细胞表面 LH 受体形成。在滤泡开始生长后不久垂

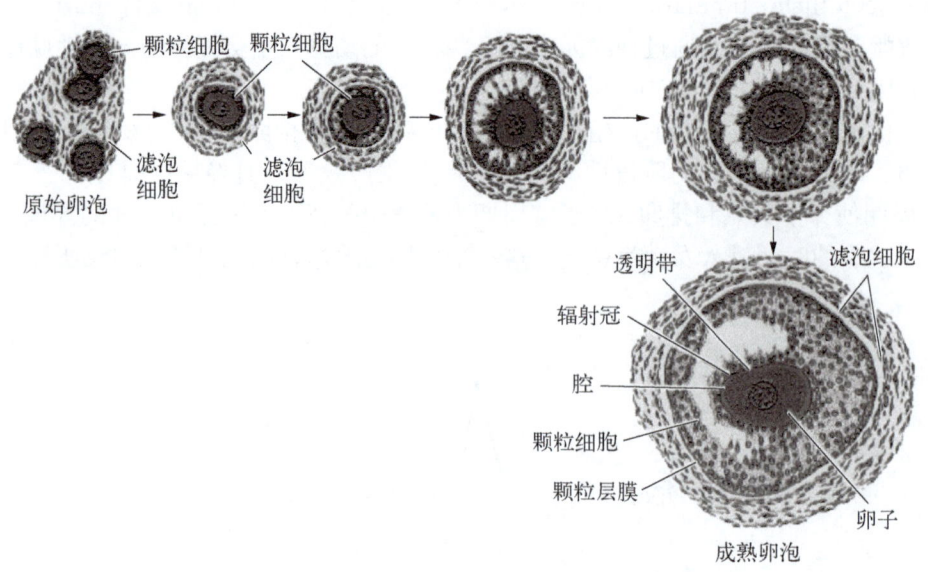

图 1-10　人卵母细胞形成(引自 Carlson,1981)

体就释放 LH,在 LH 的刺激下卵母细胞开始恢复减数分裂,核膜破裂,染色体凝集,直到完成第一次减数分裂,形成一个卵子和一个极体,两者都包在透明带内。此时卵被排出卵巢。以上两种促性腺激素协同作用,导致滤泡细胞分泌雌激素的量增加。

在调控月经周期的过程中,雌激素至少有以下 5 个方面的作用:① 引起子宫黏膜开始增殖,促进其中血管的形成;② 引起宫颈黏液变稀,使精子能进入生殖道的深部;③ 在引起垂体降低 FSH 产生的同时,使滤泡细胞表面的 FSH 受体数目增多,同时促进滤泡细胞释放多肽激素抑制因子,抑制垂体释放 FSH;④ 在低浓度时抑制 LH 的产生,但在高浓度时刺激 LH 的产生;⑤ 在长时间持续极高浓度时,雌激素作用于下丘脑,引起后者分泌促性腺素释放因子。因此,雌激素升高的结果是引起滤泡的产生和 FSH 水平的下降,而 LH 水平却随着雌激素水平的增加而升高,滤泡细胞也持续生长。从第 10 d 开始,雌激素的释放迅速升高。月经周期中期,在雌激素升高并维持高水平的情况下,出现一个 LH 大量合成和 FSH 少量合成的峰。

五、卵子发生过程中的基因表达与调控

1. 卵子发生过程中高度积累 RNA

动物的卵细胞受精后并不立即启动合子基因组的转录,有的动物在受精卵分裂十几次后合子基因组才开始转录。在早期卵裂和受精所需的 mRNA 和部分蛋白质都必须在卵细胞发生过程中准备好,储存于卵细胞质中,所以卵细胞的体积通常都要比体细胞大得多。

非洲爪蟾的卵细胞的减数分裂停滞在减数分裂第一次分裂前期的双线期,可能就是为了卵母细胞 RNA 和蛋白质的积累。这一时期的卵母细胞表现出非常高的转录活性,染色体完全去凝集,转录持续发生,疏松的染色体状如灯刷,称为灯刷染色体。包括原肠胚形成阶段的所有早期发育所需的 rRNA 和 tRNA 都在这个时期完成转录和贮存,所有母源 mRNA 也均已转录。

卵子中积累大量的核糖体使受精后能快速进行蛋白质合成。因此,在卵子发生过程中必须合成大量的核糖体成分,包括 rRNA(5SrRNA、18SrRNA、28SrRNA)和核糖体蛋白。在非洲爪蟾中,5SrRNA 基因是多拷贝的,基因数量大,合成速度很快,其含量约占为卵母细胞内 RNA 总量的 45%。18SrRNA 和 28SrRNA 的合成是通过基因扩增实现的,据推测,如果没有基因扩增,非洲爪蟾需要 400 年才能产生卵母细胞所需要的 rRNA。

tRNA 的合成与 5SrRNA 合成相平行,发生在卵黄合成前期,其含量也约为该时期卵母细胞内 RNA 总量的 45%。

2. 母源性 mRNA 活性的调控

与精子发生过程中 mRNA 的合成策略相类似,卵子发生中合成的 mRNA 也是以非活性形式贮存起来,

在发育的某一时期需要时,相应的 mRNA 被激活。对母源性 mRNA 活性的调控机制人们提出了不同的解释。

(1) 封闭的母源信息假说

该假说认为,卵质 mRNA 在受精前的翻译活性很低,是因为这些母源性 mRNA 被某些蛋白组分所封闭,使它们不能接触核糖体。卵子受精后,这些蛋白组分离开,mRNA 便可进行翻译。在海胆未受精卵中含有一些 RNP(ribonucleoprotein)颗粒,这些 RNP 颗粒中有各种非活性的 mRNA。据推测,母源 mRNA 之所以在受精后具有翻译能力,可能是因为受精时 Na^+ 的流入而导致 RNP 颗粒的稳定性降低,mRNA 从中释放出来而具有了翻译活性。爪蟾成纤维细胞生长因子 1(XFGFR1)的 mRNA 存在于卵母细胞中,无翻译活性,只有在孕酮的作用下进行成熟分裂时才开始翻译为蛋白质。研究发现,*Xfgfr1* mRNA 的翻译与一种蛋白质有关。该蛋白质结合于 *Xfgfr1* mRNA 的 3′UTR 时,可抑制其翻译;当孕酮诱导卵子进行成熟分裂时,该蛋白便与 *Xfgfr1* mRNA 解离,*Xfgfr1* mRNA 开始翻译。

(2) 聚腺苷酸尾巴假说

该假说认为,3′UTR 可通过控制 polyA 尾巴的长短而影响卵母细胞中 mRNA 的翻译效率。在卵母细胞中,polyA 的缩短并不能导致 mRNA 的降解,而仅仅是抑制它的翻译。在小鼠卵母细胞中,用于卵母细胞本身生长和代谢的 mRNA 的 polyA 始终保持其原有长度,它们一旦转录后立刻开始翻译;但那些储存在卵质中待排卵前或受精后再翻译的 mRNA,在转录后运输到胞质时将失去其 polyA 尾巴,仅保留 15～90 个腺苷酸。在卵细胞成熟或受精后,原先处于活跃翻译状态的 mRNA 失去 polyA 尾巴,不再进行翻译,而原来储存在卵质中的无翻译活性的 mRNA 的 polyA 尾巴迅速加长至 150～600 个腺苷酸,开始翻译成蛋白质。

(3) 翻译效率假说

该学说认为,卵母细胞中的蛋白质合成装置能够翻译所有 mRNA,但是由于 mRNA 与核糖体之间被某些物理或化学因素所阻隔,使翻译不能进行。例如,在海胆卵母细胞中,pH 较低,这种酸性环境可阻碍蛋白质合成。但在受精时,大量的 H^+ 被释放,导致胞质 pH 升高,蛋白质合成被激活。通过实验的方法将海胆的卵母细胞的 pH 由 6.9 提高到 7.4 时,蛋白质合成急剧增加,与受精卵中的情形很相似。

关于母源性 mRNA 活性的调控机制除了上述假说外,还有其他一些解释。在聚腺苷酸尾巴假说中,polyA 尾巴的长短可以调控 mRNA 的翻译,同样地,mRNA 的 5′端帽子的甲基化对翻译具有重要的调控作用。人们发现,为了有效地翻译,几乎所有真核生物的 mRNA 都需要在 5′端加一个 7-甲基鸟嘌呤帽子,但是,烟草天蛾的卵母细胞中储存的 mRNA 的 5′端的鸟嘌呤却没有甲基化,这种无帽 mRNA(uncapped mRNA)在所有的无细胞系统中都不能被翻译为蛋白质。但是,在受精时,这些 5′端的鸟嘌呤可迅速被甲基化,形成完整的帽子结构,与核糖体和翻译起始因子结合,开始蛋白质合成。封存 mRNA 可能是海胆等动物中存在的另外一种机制。海胆卵母细胞组蛋白 mRNA 不是储存于细胞质中而是在未受精卵的生发泡内。到受精末期雌性原核破裂,组蛋白 mRNA 才能进入细胞质开始翻译。

第 2 章　受 精 作 用

受精（fertilization）是指两性生殖细胞融合并形成具备双亲遗传潜能的新个体的过程。受精作用是发育的开端，一个新的生命从此开始。

第一节　生殖细胞的结构

一、精子的结构

雄性生殖器官精巢中，二倍体的精原细胞经减数分裂产生大量单倍体的精子细胞，并进一步发育成为精子（sperm）。早期精原细胞的结构与体细胞极其相似，但精子细胞分化形成成熟的精子后就发生了很大变化。动物的精子一般分为两种类型：鞭毛型和无鞭毛型。哺乳动物和人的精子属于鞭毛型，而一些海洋和淡水无脊椎动物的精子属于无鞭毛型。

1. 哺乳动物的精子

人的精子大约有 60 μm 长，可分为头部和尾部两个主要部分。头部主要构成是细胞核和顶体，尾部又分为颈段（neck region）、中段（middle piece）、主段（principle piece）和末段（end piece）。哺乳类动物的精子大多与人的相似（图 2-1）。

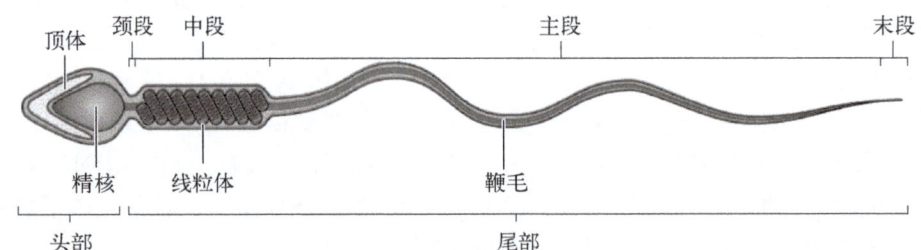

图 2-1　哺乳动物的精子（引自 Yanagimachi，1994）

头部主要由细胞核构成，为扁平结构，包括顶体（acrosome）和精核（nucleus）两部分。在电子显微镜下，精核由高度浓缩的染色质组成，几乎看不到染色质丝和核仁，整个精核成一致密结构，仅有很薄的一层原生质膜包围着。精核的这种固缩状态，不仅导致精子中所有的基因都不表达，而且有利于精核进入卵子及精子本身的运动。

在精核前端 2/3 部分覆盖着帽形样的顶体，顶体为一个囊泡状的结构，由高尔基体演化而来，位于质膜与核膜之间。靠近质膜的一层顶体膜称为顶体外膜，靠近核膜一侧的顶体膜称为顶体内膜。顶体内外膜之间有一个狭窄的腔，内含多种水解酶，这些酶将在顶体反应中被释放出来，主要作用是溶解卵子的外膜。在海胆等许多动物精子中，精核与顶体泡之间有一富含球状肌球蛋白的区域，这些蛋白在受精早期产生丝状延长，牵引精子入卵。在海胆及其他一些物种的顶体中还含有与精卵识别有关的分子。

精子尾部的颈段又称连接段，是连接头部和尾部的结构，也是尾部形成的开始。颈段中央有一对纵行中央微管，微管头部与近端中心粒相连，尾端与尾部轴丝相通。

精子尾部的中段主要由轴丝、外周致密纤维和线粒体鞘等构成。中心轴线的外周被 9 条致密的纤维所包围，不同动物致密纤维的长度和粗细有较大差别。在轴丝和致密纤维的外面，由螺旋形的线粒体鞘包围，线粒体鞘是由多个线粒体首尾相连构成的致密螺旋形鞘,其中的线粒体为精子的运动提供所需能量。中段的末端有一称为环(annulus)的结构,在环后面轴丝被纤维鞘(fibrous sheath)包围,此部分是尾部的主段。在纤维鞘的背腹各有一纵嵴,因而使精子尾部不呈圆形而成为卵圆形。纤维鞘内的9条粗纤维已成为7条,其中两条刚好为纤维鞘上的两条纵嵴所取代。随着主段进入末段,7条粗纤维也逐渐变细消失。

精子尾部主要结构为轴丝,是精子的运动装置,可使精子产生鞭毛运动,在受精过程中使精子游向卵子。轴丝由位于精核基部的中心粒发出的微管所形成,是鞭毛中起推动作用的主要部分。它的中心由两根微管组成,周围围绕着9组双微管结构。双联微管中只有一个是完整的,由13根原纤维(protofilament)组成,而另一个微管呈"C"字形,仅由10根原纤维组成(图2-2)。这些原纤维由微管蛋白(tubulin)所组成。成对微管上的臂状突起是由另一种蛋白质组成,此类蛋白称为动力蛋白(dynein),具有ATP酶活性,负责转变化学能为机械运动。从患有遗传疾病卡塔格纳综合征的个体表征中可以看出动力蛋白的重要性。这些个体的所有具有纤毛和鞭毛的细胞由于缺少动力蛋白而不能移动。此病的男性患者(由于精子不能移动)不育,(由于呼吸道纤毛不能移动)对支气管传染病敏感,并且有50%的患者的心脏位于身体右侧。另一种重要的鞭毛蛋白是组蛋白H_1。这种蛋白质通常存在于细胞核中,将染色体折叠成致密的结构。1992年Multigner和他的同事发现这种蛋白质可以稳固鞭毛微管,使其不会松散。

这种"9+2"型并附有动力蛋白臂的微管结构常见于真核生物的轴丝中。这种结构非常适于传递用于运动的能量。摆动鞭毛和推动精子所需的ATP来自精子中段的线粒体。在一些物种(尤其哺乳动物)中在线粒体鞘与鞭毛轴丝之间有一致密纤维层,可使精子尾部变硬。纤维层从基部到尖端逐渐变薄,当精子尾部剧烈摆动时此结构可防止精子头部剧烈摆动。哺乳动物精子的分化在睾丸中并没有完全完成,精子进入曲精小管管腔后,储存在附睾中,并在此获得游动的能力。运动能力的获得一方面是因为ATP生成系统的改变(可能通过动力蛋白的修饰而实现),另一方面是因为细胞膜流动性的增强。通过射精而释放出来的精子仍不具有与卵子结合并使其受精的能力。精子成熟的最终阶段称为精子获能(capacitation),直到精子在雌性生殖道内停留一定时间后才能完成。

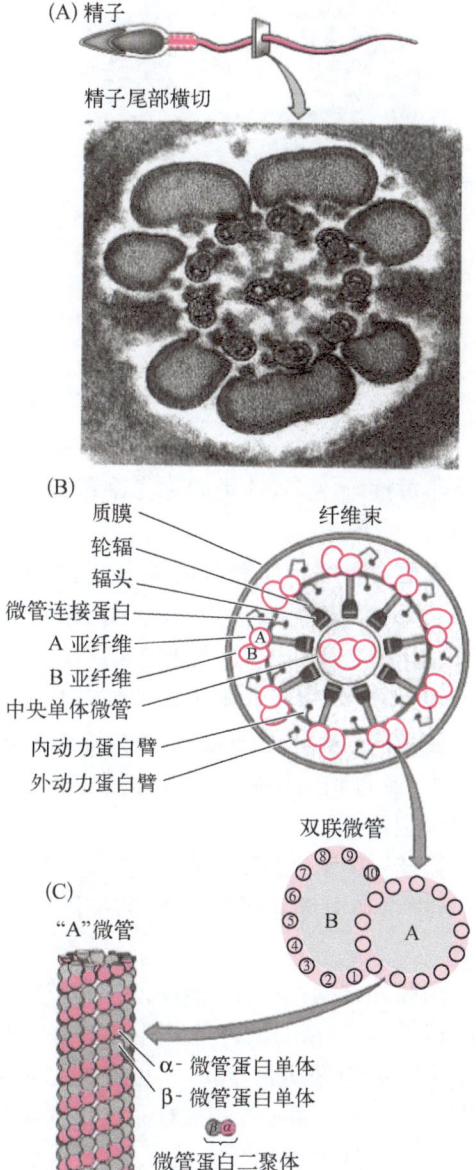

图2-2 哺乳类动物精子尾部结构(仿De Robertis 等,1975;Tilney等,1973)

2. 无脊椎动物的精子

无脊椎动物的精子一般比哺乳动物精子大。海洋和淡水无脊椎动物的精子属于无鞭毛型。无脊椎动物精子其形状相差悬殊,如低等甲壳类的精子呈圆球状或带状,比典型精子更像一个细胞。有的则长出许多细而长的突起,可能有助于附着,使其在孵化腔中不致被水流冲掉。高等甲壳类的精子形状较为复杂,除细长的突起外,还有几丁质的囊。无脊椎动物精子由于没有鞭毛,不能主动运动。有的无脊椎动物的精子,如海胆,其顶体与核之间存在一些G-肌动蛋白,当受精时这些G-肌动蛋白聚合形成顶体丝,顶体丝外翻形成长的突起,它协助精子穿入卵内。

二、卵子的结构

一般卵子的体积比精子大很多,大约是精子体积的10 000倍(图2-3)。精子仅携带极少量的细胞质,

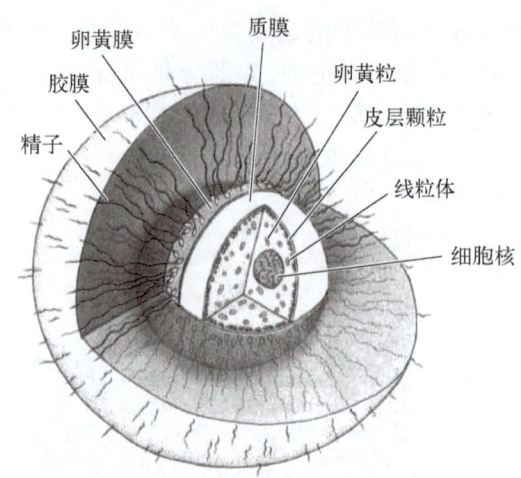

图 2-3 海胆卵子的结构（示精子与卵子的大小比例）（仿 Epel，1977）

而成熟卵子胞质中储存了大量的蛋白质、RNA、保护性化学物质和形态发生因子，像一个储存库，为以后的生长和发育奠定基础。

1. 卵细胞的结构

卵细胞具有典型的细胞器，在受精过程中担负着特殊的功能，并为胚胎发育提供能源。卵内物质沿着卵的主轴分布不均匀，形成动物极和植物极。例如，蛙或鱼的卵子，卵细胞核分布在动物极，在此进行减数分裂，极体在动物极形成。卵黄积聚在植物极，为胚胎发育提供营养来源。

卵黄：不同动物其卵内的卵黄量差别很大，根据卵黄量和分布的位置可将卵分类。卵内卵黄少而均匀分布的称为少黄卵（oligolecithal egg）或均黄卵（isolecithal egg），如文昌鱼、海胆和高等哺乳动物的卵。在另一些动物中，卵黄主要集中于植物极，使动物极和植物极之间有明显不同的结构，如爬行类、鸟类、鱼类和一些软体动物，包括头足纲和腹足纲动物，它们含大量卵黄，细胞质仅在卵黄外周形成一薄层，这类卵称为端黄卵（telolecithal egg）。还有一些动物卵子的卵黄也比较多，但比端黄卵少，从动物极到植物极卵黄逐渐增多，这类卵称为中黄卵（centrolecithal egg）。多数两栖类环节动物和某些软体动物的卵为中黄卵。

皮层：卵细胞质分为两部分，质膜下的细胞质称为皮层（cortex），呈凝胶状，内含有皮层颗粒和色素颗粒。其余部分细胞质称为内质（endoplasm），内质呈液体状态，内含线粒体和生殖质。皮层颗粒是球状结构，外有一层膜包围，内含酸性黏多糖和蛋白质。受精时，皮层颗粒的功能是排出其内含物进入卵外周区域即卵周隙，与形成受精膜和阻止多精受精有关。

生殖质：在卵母细胞发育时，细胞质内另一个组分是生殖质（germ plasm）。虽然生殖质是在卵母细胞内产生，但直到受精后才发挥作用。在合子时期，生殖质分布在合子的特定区域，在卵裂期被分割进入原始生殖细胞。

卵核：位于大量的细胞质之间。在一些物种中（如海胆），受精时卵核已经成为单倍体。在其他物种中（包括蜗虫和大部分哺乳动物）卵核仍为二倍体，精子在卵子减数分裂完成前入卵，直到受精后减数分裂才能完成。

质膜外结构：卵细胞质膜外是卵黄膜，卵黄膜能识别同一物种的精子，对受精的物种特异性有很重要的作用，在哺乳动物中卵黄膜特称为透明带（zona pellucida）。哺乳动物的卵子外围包围着滤泡细胞（follicle cell），对卵细胞具有营养作用，紧靠透明带的一层滤泡细胞称为放射冠（corona radiata）（图 2-4）。哺乳动物的精子要使卵细胞受精，首先必须穿过卵外细胞层。

2. 卵细胞内主要成分

蛋白质：胚胎必须经历很长的一段时间才能开始自己摄食或从母体获得养料。早期的胚胎细胞发育生长也需要能量和氨基酸的供给，在很多物种中，这种供给是通过卵黄中积累的蛋白质来提供的。很多卵黄蛋白是在其他细胞或器官（如肝细胞）中合成，并通过母体的血液运输到卵子。

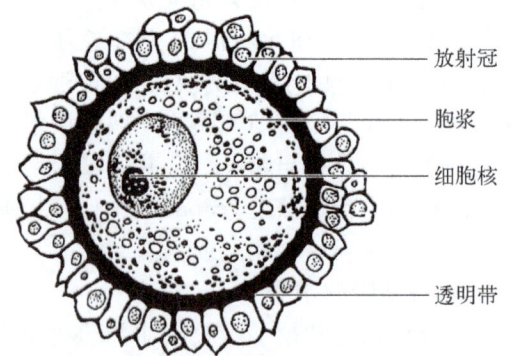

图 2-4 人成熟卵结构示意图（仿江一平和成令忠，2002）

核糖体和 tRNA：早期胚胎需要合成许多自己的蛋白质，在一些物种中，会有一个紧跟受精之后的爆发式的蛋白质合成期。其蛋白质的合成主要是通过存在于卵子中的核糖体和 tRNA 来实现的。正在发育的卵子也可通过特殊的方式来合成核糖体，某些两栖动物的卵母细胞在减数分裂的前期能够合成 10^{12} 个核糖体。

mRNA：在多数生物体中，早期发育所需 mRNA 都是母源性的，直到受精卵分裂 12~13 次，进入中期囊胚转换以后才转录自身 mRNA。估计海胆的卵母细胞中包含有 25 000 到 50 000 种不同的 mRNA。不过，这些 mRNA 受精之前一直保持休眠状态。

形态发生因子：它们是存在于卵子中的、决定不同细胞分化为特定细胞的大分子物质，定位于卵子的不同区域，并在卵裂过程中被分配到不同的细胞中。

保护性化学物质：胚胎不能躲避捕食者，也不能主动移动到一个安全的环境中，因此它们需要多种因子的保护以应付各种威胁。许多卵子中含有紫外线过滤装置和 DNA 修复酶，从而保护其不受紫外线伤害，一些卵子中含有使其可能的捕食者感到厌恶的分子，鸟卵的卵黄中甚至含有抗体。

第二节 受精过程

雌雄生殖细胞经过增殖、生长和成熟的发生过程以后，从各自的性腺中排出，成熟的精子和卵子相遇，融合而成为合子，这个过程称为受精。受精是动物个体发育的起点。动物受精可以分为体外受精（external fertilization）和体内受精（internal fertilization），绝大多数无脊椎动物和低等脊椎动物都是体外受精，而哺乳动物则为体内受精。为了达到受精的目的，成熟的精卵必须及时释放相遇，通过精卵识别，使精子附着于卵外的卵膜，经过顶体内释放的酶的作用，精子通过卵外各种卵膜导致精卵质膜融合，精子进入卵内，随后精卵细胞核发生融合，从而完成整个受精过程。

通过对海洋无脊椎动物，特别是海胆（sea urchins）的研究，已经掌握了许多有关受精机制的知识。与体外受精方式相适应，海胆等必须释放巨大数量的精子和卵子，才能弥补损失。与海胆等在海水中发生受精过程不同，哺乳动物受精发生在雌性生殖道内。尽管无脊椎动物和哺乳动物受精过程有许多不同之处，但两者在受精过程中发生的事件还是大体相似（图 2-5）。

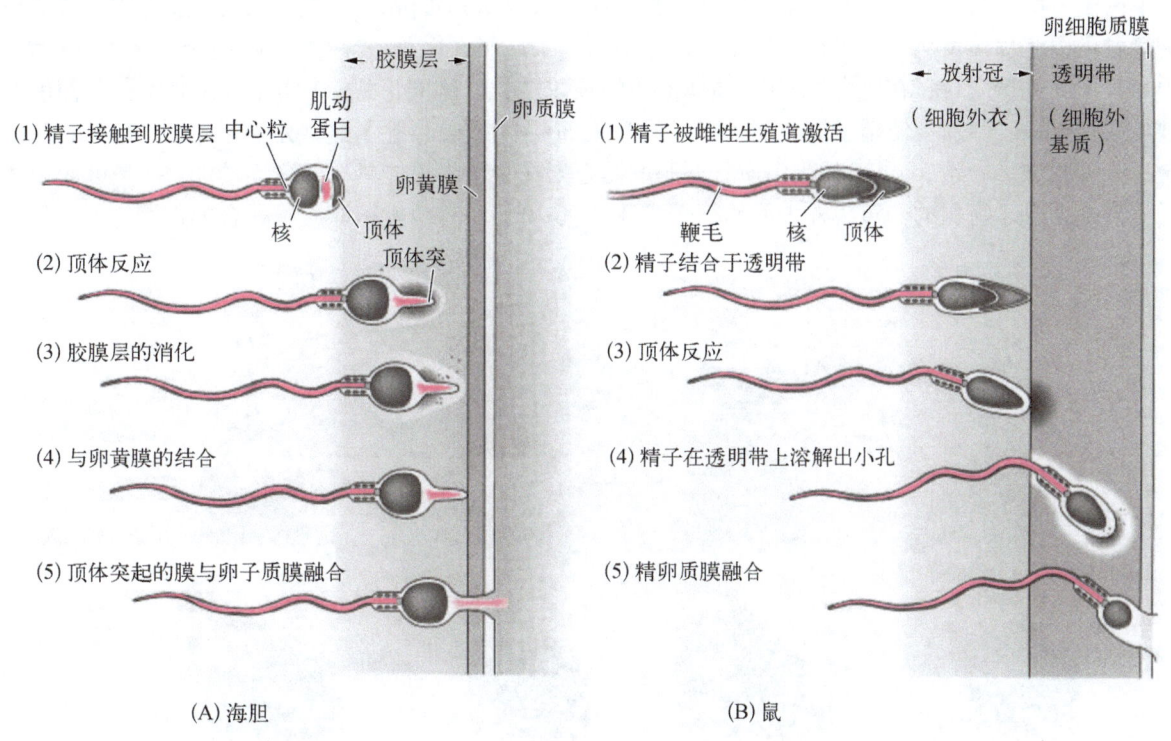

图 2-5 无脊椎动物和哺乳动物受精过程比较（引自 Vacquier，1998）

一、无脊椎动物的受精

1. 无脊椎动物的精卵识别

许多体外受精的动物在生殖季节一般是雌、雄动物同时释放出大量精卵，这些动物生存环境有的较小，有的很大。它们要面临两方面的问题：一是如何使精子与卵细胞相遇；二是如何阻止精子与其他物种的卵细胞受精，其核心就是精卵识别问题。目前主要有两种机制加以解释，即物种特异性的精子吸引机制（species-species sperm attraction）和物种特异性的精子活化机制（species-specific sperm activation）。

在很多物种中,精卵的识别是依靠物种特异性的精子吸引机制,即由此物种的卵细胞释放的一些化学物质形成浓度梯度,精子由于趋化性(chemotaxis)而被同一物种的卵细胞吸引。1978年Miller证实刺胞动物 Orthopyxis caliculata 的卵不仅可以释放一种趋化因子,而且还可以调节其释放时机。他在载玻片一端固定放置不同发育时期的卵母细胞,另一端放置成熟的精子。结果,将没有完成第二次减数分裂的卵母细胞与精子放在一张载玻片上时,卵母细胞对精子不具有吸引作用。而完成了第二次减数分裂的卵母细胞,对精子就具有吸引作用,精子才向它们游动。因此卵不仅可以决定所吸引精子的物种特异性,而且还可控制何时吸引精子。许多物种中,包括刺胞动物、软体动物、棘皮动物和尾索动物,都证明存在物种特异性的精子吸引作用。

趋化性的机制在不同动物中存在差别。1985年Ward等从海胆的卵膜中分离出一种由14个氨基酸残基组成的趋化因子,称为呼吸活化肽。呼吸活化肽在海水中极易扩散,并且将其添加到悬浮的精子中时,极低的浓度就会产生非常重要的作用。当将含有海胆精子的一滴海水滴到一张载玻片上时,精子逐渐扩散到直径为50 μm 的环状区域。在注射微量的呼吸活化肽后的几秒内,精子迁移并聚集于呼吸活化肽的注射部位。由于呼吸活化肽不断地从注射处扩散,使得越来越多的精子被吸引在一起。研究表明,呼吸活化肽特异性地吸引海胆的精子,不能吸引其他物种的精子。海胆的精子膜上有可以结合呼吸活化肽的受体,使精子可以沿着这种化学物质的浓度游向卵细胞。

呼吸活化肽同时也是一种精子活化肽。精子活化肽引起线粒体呼吸作用和精子迁移性的迅速而显著地增长。精子膜上的呼吸活化肽受体是一种跨膜蛋白,当它在细胞外侧与呼吸活化肽结合时,就会引起其细胞质侧构象的改变,从而激活受体的酶活性,使线粒体产生ATP,增强精子鞭毛的运动能力。

2. 海胆顶体反应

精子与卵细胞相互作用的第二步是顶体反应(acrosomal reaction)。在大多数海洋无脊椎动物中,顶体反应包括以下两个方面:顶体膜与精子质膜的融合和顶体突起(acrosomal process)的延长。在海胆中,精子与卵子胶膜的接触可引起顶体反应。首先在顶体顶部顶体膜与精子质膜在多处发生融合,随后融合区逐渐扩大,最后顶体膜与精子膜完全融合。在融合过程中,顶体泡中的顶体颗粒以胞吐形式释放出来,其中含有多种蛋白水解酶,可以溶解卵子表面胶膜,使精子能够到达卵子质膜表面(图2-6)。除了这些水解酶之外,海胆的顶体颗粒中还含有一种叫做结合素(bindin)的蛋白质。海胆的结合素在受精中可能具有两方面功能:一是可使顶体反应的精子特异地结合于海胆的卵黄膜外表面的精子受体,二是可能具有诱发精卵质膜融合的作用。

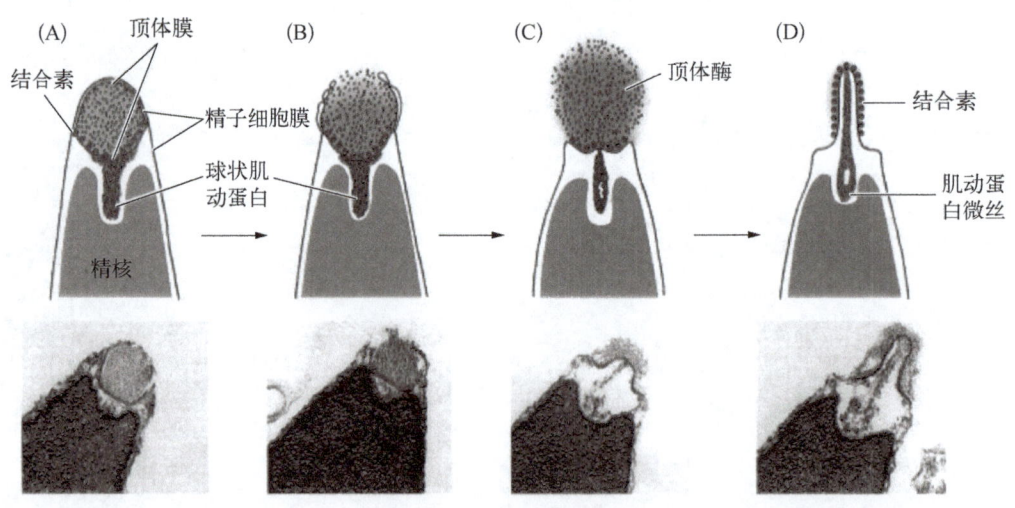

图2-6 海胆顶体反应过程(仿Summers和Hylander,1974)

海胆的顶体反应被认为是由卵胶膜中包含的由海藻糖组成的多聚糖启动的。这种多聚糖可以与精子结合并允许钙离子进入精子头部。顶体泡的胞吐作用是由钙离子介导的顶体膜与其邻近的精子膜融合引起的。

在顶体内的物质发生胞吐作用,释放其内含物的同时,在精核的前端形成一指状的突起——顶体突起。这种顶体突起是一细长、柔韧而具有弹性的结构。各种海胆顶体突起的长度不一,与所穿过的卵膜有一明显的相应关系。顶体突起的形成是由于顶体下腔内的球状肌动蛋白(G-actin)经聚合作用形成纤维状肌动蛋白(F-actin),从而组成一束微细丝,其后端固着于核膜外表面的一个特殊地点,向前伸长,在核的前端形成一指状突

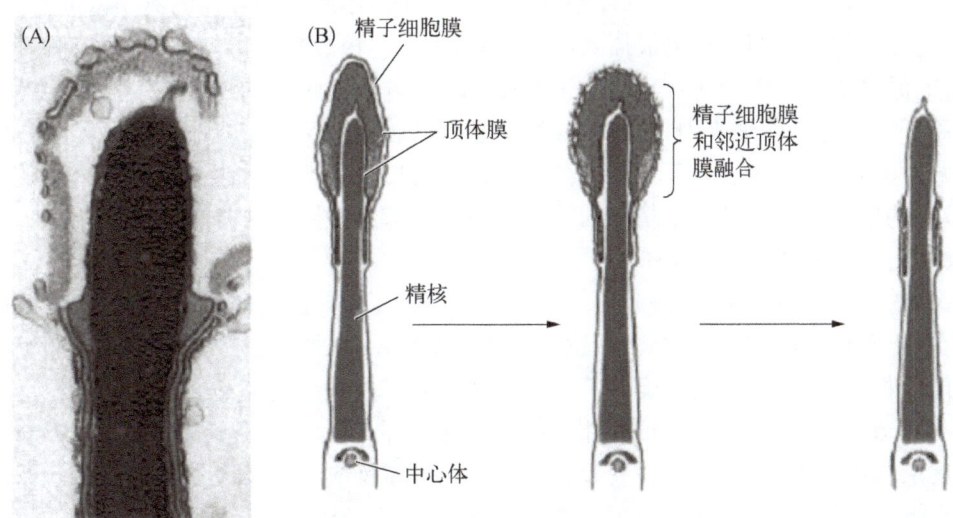

图 2-7 顶体突起的形成（仿 Yanagimachi 和 Noda，1970）

起，即顶体突起。组成顶体突起的中心是一束微细丝，原来的顶体膜就成为突起的膜，它的外面为顶体泡释放的物质所包围（图 2-7）。顶体突起不仅具有帮助精子通过胶膜和卵黄膜的作用，另外还与精卵结合有关。

3. 海胆的精卵融合

海胆精子一旦穿过卵胶膜后，就与卵表面的卵黄膜接触。研究表明，在海胆卵黄膜上存在着精子受体，用蛋白水解酶处理海胆卵，可以明显降低其受精率，这主要是因为处理后的卵上的受体发生改变而导致精卵结合力的下降，这种精子受体可以特异地识别精子顶体颗粒中的结合素，从而使精子特异地结合在海胆卵的卵黄膜表面精子受体上。精子结合于卵黄膜之后就可穿过卵黄膜。精子穿过卵黄膜一般有两种机制：一种是由于顶体突起向前不断延伸，产生一种机械力，从而穿透卵黄膜；另一种是顶体突起的顶部含有消化酶，可消化卵黄膜。

精子穿过卵黄膜后，精子的顶体突起与卵表面的微绒毛相接触，随即被许多微绒毛所包围，并扩大成一受精锥（fertilization cone），精子逐渐被"拖入"卵内。电镜观察发现，海胆卵表面有许多细小绒毛状突起，称为微绒毛（microvilli），在精卵结合时，肌动蛋白与多个微绒毛聚合形成受精锥。同时在精子顶体中，肌动蛋白单体也发生聚合并向前延伸，穿过受精锥，形成受精桥（fertiliation bridge）。精子的细胞核与尾部就可以沿着受精桥进入卵子内部。

4. 海胆皮层反应与多精受精的阻止

许多精子都可以到达卵子的表面并与之吸附，但是通常只有一个精子能完成受精，即单精受精（monospermy），如腔肠动物、棘皮动物、环节动物、硬骨鱼、无尾两栖类和哺乳类动物。这类动物的卵子一旦与精子接触，就立即被激活并产生一系列相应的变化，阻止其他的精子入卵。如果因为卵子的成熟程度不适当等原因，而有一个以上的精子进入这类卵子，即所谓的病理性多精受精（polyspermy），则卵裂不正常，胚胎畸形发育，最终导致动物在发育过程中死亡。有些卵子在正常受精情况下，可以有一个以上的精子进入卵子，但也只有一个精子的雄性原核能与卵子的雌性原核结合，成为合子的细胞核，其余的精子逐渐退化消失，称生理性多精受精，例如昆虫、软体动物、软骨鱼、有尾两栖类、爬行类和鸟类的受精。多数动物通过单精受精，保证了物种染色体数目的稳定。

动物在进化过程中形成多种方法来防止多精受精的发生，最常见的方法是阻止多个精子进入卵子。海胆有两种机制来避免多精入卵：一是通过卵细胞膜电位变化快速阻碍精子入卵；二是通过皮层颗粒胞吐作用，形成受精膜持久阻止精子入卵。

（1）卵细胞膜电位变化快速阻止多精入卵

阻止多精入卵的快速反应是通过改变卵细胞膜的电位而实现的。卵细胞膜是一层选择透过膜，由于该细胞膜对各种离子的通透性不同，造成了卵细胞膜内外之间的离子浓度存在差异。特别是钠离子和钾离子的差异尤其显著。海胆的卵子生活在海水中，海水钠离子浓度特别高，远远超过卵细胞质中的钠离子浓度。而卵细胞内钾离子浓度则远高于细胞外钾离子浓度。细胞膜不断地阻止钠离子进入卵母细胞，并且阻止钾离子从胞质泄露到外部,从而维持了离子浓度差异。正是由于卵细胞内外存在的离子浓度差异,使细胞膜上保持着稳定的膜电位。如果我们将一电极插入卵子,而将另一电极放在卵子外面,就可以测量卵细胞膜内外电位的差异。膜的静息电位一般为 -70 mV 左右(细胞内部电势为负)。在与第一个精子结合后的 $1\sim3$ s内,由于少量钠离子内流进入卵细胞内,膜电位开始向正值转换,甚至可以达到 $+20$ mV 左右。尽管精子可以与静息电位为 -70 mV 的膜融合,但不能与静息电位为正的膜融合,因此阻止了多精入卵的发生。目前还不知道钠离子渗透的增加是否与第一个精子的结合或精子与卵细胞膜的融合有关。

(2) 皮层颗粒反应慢速阻止多精入卵

防止多精入卵的快速反应机制中,海胆卵细胞膜只能维持 1 min 正值静息电位,如此短暂的静息电位的转变不足以完全阻止多精入卵,如果结合于卵黄膜的精子不能用某种方法去除,则多精入卵仍会发生。因而海胆(和很多其他动物)有第二种机制来确保不发生多精入卵。这种机制就是通过皮层颗粒反应实现的。所谓皮层颗粒反应(cortical granule reaction)是指当精卵质膜融合时卵子被激活,皮层颗粒膜与其外的卵质膜发生融合,导致皮层颗粒的胞吐作用,这种现象又称为皮层颗粒反应。该反应是阻止多精入卵的慢速机制。

海胆卵皮层是由紧邻卵细胞膜之下的 15 000 个直径约为 1 μm 的皮层颗粒组成。如图2-8,当精子进入卵子后,皮层颗粒与卵细胞膜融合并将其内容物释放到细胞膜与卵黄膜蛋白纤维层间的缝隙中。这些释放物中含有多种蛋白质,在皮层反应中发挥重要作用。其一为蛋白酶,这些蛋白酶裂解卵黄膜蛋白与细胞膜之间的连接蛋白,并且去除结合素受体及与其结合的精子;其二是从皮层颗粒释放出来的黏多糖,黏多糖可形成渗透梯度导致水进入细胞膜与卵黄膜之间的卵周隙(perivitelline space),导致卵黄膜扩张,形成受精膜(fertilization membrane)。从皮层颗粒中释放的第三种蛋白是一种过氧化物酶,借助邻近蛋白质酪氨酸残基的交联使受精膜硬化。正如图2-8所示,受精膜从精子进入点开始形成,并伸展延伸至整个卵细胞周围。

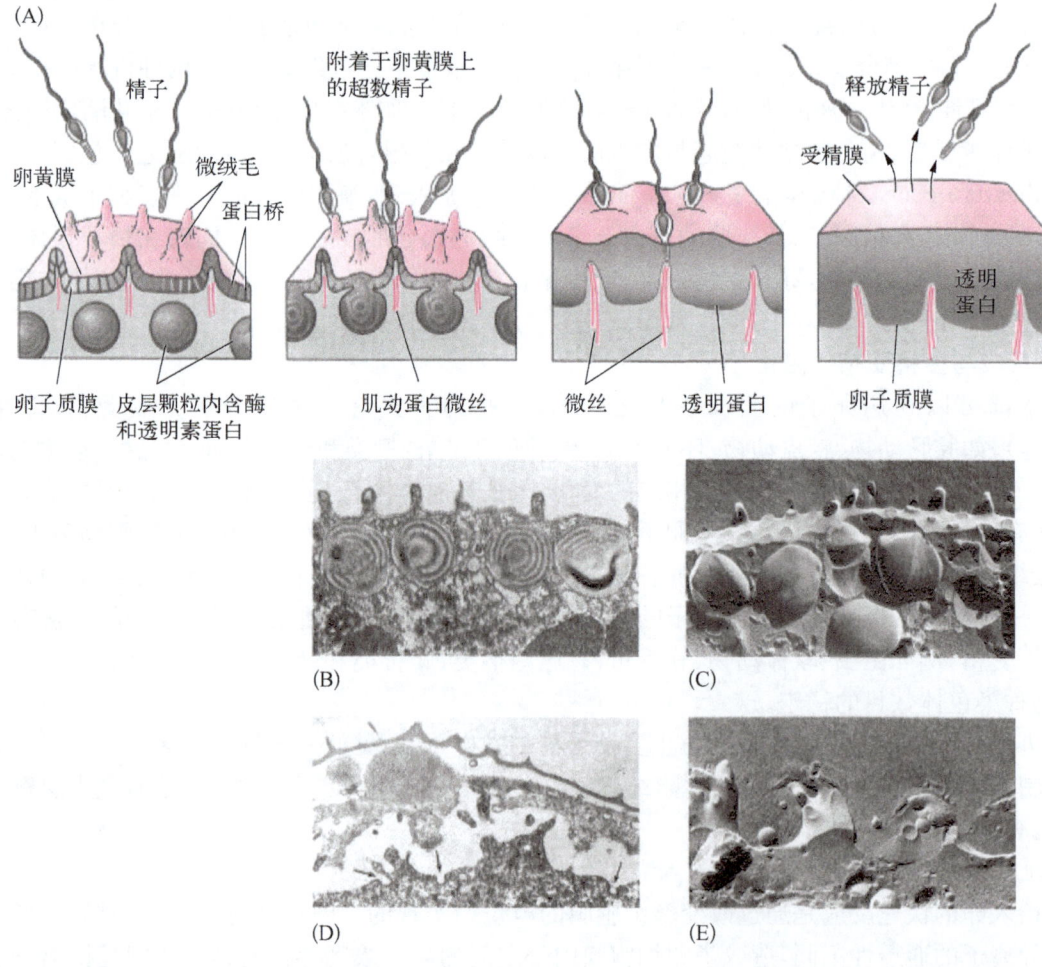

图 2-8 皮层颗粒反应(引自 Austin,1965;Chandler 和 Heuser,1979)

(A) 皮层颗粒反应过程;(B)(C) 示海胆卵黄膜下的皮层颗粒;(D)(E) 示皮层颗粒内含物释放出来。

由于它的形成,使得所有与卵黄膜结合的精子都被去除。这一过程开始于精子附着后的 20 s,直到受精后的 1 min 才完成。皮层颗粒释放的第四种蛋白为透明素蛋白(hyalin),该蛋白在卵细胞外形成一层透明层(hyaline layer),除具有阻止海胆精子入卵的功能外,还在卵裂过程中为卵裂球提供支持。

在皮层颗粒反应中,Ca^{2+} 作为细胞内信使发挥了极其重要的作用。通过受精,海胆卵细胞中的游离 Ca^{2+} 浓度明显升高。大约从受精前的 0.2 μmol/L 上升到 150 μmol/L。伴随着游离 Ca^{2+} 浓度的升高,皮质颗粒的质膜与卵膜从精子入卵的部位开始呈波动状向周围逐渐融合,并以胞吐的形式排出其内含物,最终在卵子的整个皮层发生反应。

5. 海胆卵的激活

尽管通常描述受精作用时仅认为两单倍体核的融合是非常重要的过程,但在受精过程中还存在一个卵子被激活并开始发育的重要事件。这些事件发生在卵子细胞质中,并且不需要细胞核的参与。卵子受精之前,代谢水平很低,无 DNA 的合成活动,RNA 和蛋白质的合成都极少。因此排出的卵子,如果未受精,很快就夭折。当精子与卵子表面结合时,通过信号转导激活了卵子的发育,卵子的代谢速率迅速提高,并开始合成 DNA。有关卵子激活的详细机制还不清楚,只知精子仅起到打开程序开关的作用。除了精子,一些其他非专一的化学的或物理的处理,也能使卵子激活,例如针刺蛙卵,也能使之激活。研究表明,海胆卵子的激活可分为"早期"反应和"晚期"反应两个阶段。"早期"反应指从精卵接触到发生皮层反应的数秒内发生的事件;"晚期"反应指受精开始后数分钟发生的事件。

(1) 早期反应

精子与卵子的接触激活了防止多精入卵的两道主要的封闭机制:由钠离子流入卵细胞而引起的快封闭和内源性的钙离子释放所引起的慢封闭。研究发现海胆卵细胞的激活同样依靠于细胞内钙离子浓度的增加。钙离子浓度的增加可通过两条途径实现:细胞外钙离子进入卵细胞内,或者钙离子从卵细胞内质网中释放出来。不同物种中,这两种机制发挥作用的程度不同。例如在蜗牛和蠕虫中,大量的钙离子可能从外界进入细胞;而在鱼类、青蛙、海胆和哺乳动物中,大部分钙离子可能来自内质网。无论何种情况,钙离子的释放开始于精卵融合位点并以钙离子波形式扩散到整个卵细胞。

钙离子的释放对启动胚胎发育是必需的。如果将钙离子螯合剂 EGTA 注射入海胆卵细胞,则皮层反应就不会再发生,膜静息电位也不会发生改变,也不会再引发细胞分裂。相反,将游离 Ca^{2+} 注入卵内,在无精子刺激的情况下,卵子同样可被激活(但大多数的发育因单倍性而终止在第一次有丝分裂前)。1974 年 Steinhardt 和 Epel 发现向海胆卵子中注射微量的钙离子载体 A23187,可引起正常受精卵的大部分反应。受精膜的举起,细胞内 pH 的增加,氧耗量的剧增,蛋白和 DNA 合成量的增长等都以正常顺序发生。大多数情况下,在第一次有丝分裂前,发育就会终止,因为卵细胞仍然为单倍体,缺少分裂所需的精子的中心体。

钙离子的释放激活了一系列的代谢反应。NAD^+ 激酶的激活是其中之一,NAD^+ 激酶可将 NAD^+ 转化为 $NADP^+$。由于 $NADP^+$ 可作为脂质合成的辅酶,因而这一转化对脂质代谢具有重要影响。在卵裂过程中,需要构建大量新的细胞膜,因此 NAD^+ 向 $NADP^+$ 的转化对于卵裂中新的细胞膜合成是非常重要的。

(2) 晚期反应

海胆卵细胞钙离子水平升高后不久,其细胞内 pH 也会增加。pH 的增加伴随着第二次钠离子的流入,这种钠离子的流入将会导致海水中的钠离子与细胞内的氢离子按 1 : 1 进行交换,通过这种离子交换,将海水中钠离子摄取进细胞内,而将氢离子排出胞外,从而使卵子内 pH 从 6.8 上升到 7.2。pH 的升高和钙离子浓度的增加激活了蛋白质与 DNA 的合成。如果利用实验技术将一个未受精卵的 pH 升高到与受精卵相似的水平,就会发生与受精卵中相似的 DNA 的合成以及随后的核膜的破裂。

受精卵的晚期反应包括 DNA 与蛋白质合成的激活。海胆卵子蛋白质合成的激增通常发生在精子进入后的几分钟内。这种蛋白质的合成并不依赖于新合成的 mRNA,而是利用储存在卵细胞质中的母源性 mRNA。这些 mRNA 还包括编码组蛋白、微管蛋白、肌动蛋白的 mRNA 和用于早期发育的形态发生素的 mRNA。这些母源性 mRNA 在胚胎发育早期被利用。

6. 海胆雌雄原核的形成及融合

在海胆中,精核垂直通过卵子表面进入卵内。在精子与卵子细胞膜融合之后,精核及其中心体与线粒体和鞭毛分离。线粒体和鞭毛在卵子内降解,因此在正在发育或成熟的生物体中几乎没有精子来源的线粒体。

研究表明小鼠中只有大约万分之一的线粒体来自精子。因此，尽管每个配子都为合子提供了单倍体的染色体组，但线粒体的染色体组主要来自母本。相反，在几乎所有研究过的动物中（小鼠是主要的例外），用于在随后的有丝分裂中产生纺锤体的中心体都来源于精子的中心体。

单倍性的卵核称为雌原核（female pronucleus）。精卵质膜融合后，精核一旦进入卵细胞质中，精核解凝（decondense）形成雄原核（male pronucleus）。精核经历了剧烈变化：首先核膜发生囊泡化，即核膜的内、外层多处发生融合，形成很多小囊泡，此后这些小囊泡逐渐消失；随后核膜破裂，致密染色质与卵质直接接触导致精核解凝。在海胆中，精核解凝聚似乎是通过两种精子专一性地与 DNA 紧密结合的组蛋白磷酸化来实现的。在精子接触海胆卵胶膜糖蛋白时，卵内依赖 cAMP 蛋白激酶的活性上升。这些蛋白激酶可以使精子特异性组蛋白上的若干残基磷酸化，从而干扰其与 DNA 的结合。然后精子 DNA 与卵内的组蛋白重新组合。一旦解凝聚，就可启动 DNA 的转录与复制。

精子进入卵细胞质后，雄原核旋转 180°，因此精子的中心体正好位于雌原核与雄原核之间。精子的中心体作为微管组织中心，延长自身微管，并与卵子微管一起组装形成星体。雄性原核在微管的引导下，向雌性原核方向迁移，使雌雄原核彼此靠拢。此时，雄性原核 DNA 复制开始，至两核融合前结束。最后雌雄原核融合，形成二倍性的合子核，受精结束。

二、哺乳动物的受精

哺乳动物的精子进入雌性生殖道后，它们经过一个获能（capacitation）过程，以去除某些抑制因素，便于受精。获能后的精子结合于透明带，引发顶体反应，酶从顶体泡中释放出来，破坏了透明带，从而结合于卵质膜上。精子头部的质膜与卵质膜融合，卵被激活，导致皮层反应的发生，引起皮层颗粒的释放，精核进入卵内。随后发生雌雄原核的形成及融合，完成受精过程（图 2-9）。

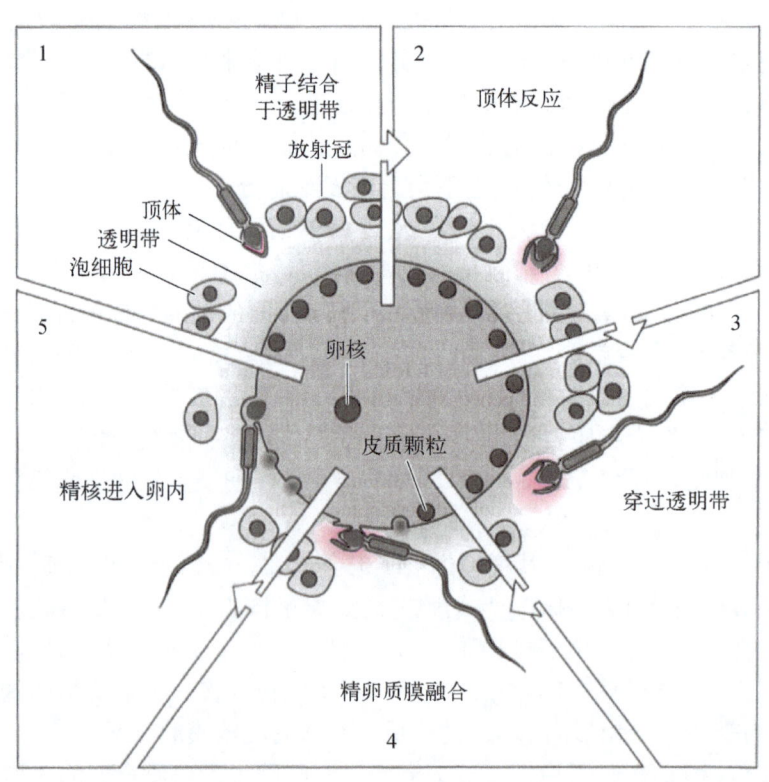

图 2-9　哺乳动物的受精过程（引自 Wolpert，2002）

1. 精子获能

精子获能是指精子在经过子宫和输卵管的途中接受雌性分泌物质的作用，从而获得受精能力的过程。1951 年 M. J. Chang（张明觉）和 Austin 最早发现兔子和大白鼠直接排出的精子不能与卵子受精，而必须在雌性生殖道内停留一段时间才能与卵子受精。Austin 把此现象称为获能。此后发现基本上所有哺乳动物精子都有获能现象。

(1) 精子获能机制

不同物种间精子获能的条件也不同。在体外可以通过在组织培养液(含有钙离子、重碳酸盐和血清蛋白)或输卵管液中培养精子来模拟精子获能过程。没有获能的精子在卵丘中被阻滞,因而不能到达卵子。在人类中,尽管性交后30 min内一些精子可到达输卵管的壶腹部,但这些精子可能很少有机会使卵子受精。1995年Wilcox和他的同事发现人类几乎所有的怀孕都是由排卵日六天前的性行为导致的。这就意味着可实现受精的精子利用6 d的时间来完成这段旅程。1995年Eisenbach提出假说:获能是一个短暂的事件,其间精子被赋予了可使卵细胞受精的能力。当精子到达壶腹部时,就获得了这种能力,但如果它们在这里停留过长时间,就会丧失能力。由于其在生殖道中位置不同,精子的存活率也不同,这就允许了一些晚到达的精子比早到达的精子有更多的成功机会。

目前还不清楚是因为哪些分子的改变才能实现精子获能,但是其中有4类分子的改变是非常重要的。第一,精子细胞膜的流动性的改变,这种改变是由雌性生殖道内白蛋白去除精子表面的胆固醇而导致。在体外实验中,如果在血清白蛋白中预先加入胆固醇,则精子不能获能。第二,在获能过程中,精子表面特定的蛋白质或糖类丢失。有可能这些成分阻碍与透明带结合的蛋白识别位点。第三,由于钾离子的流出导致精子的膜电位进一步降低。膜电位的这种改变导致钙离子通道打开,钙离子进入精子。钙离子和碳酸盐离子可能对生成cAMP的活化和促进顶体反应中膜融合是非常重要。第四,蛋白质的磷酸化。然而,对这些变化是否相互独立以及实现精子获能所需各步反应的程度目前仍不清楚。

(2) 获能精子的变化

获能的精子在结构和功能上都发生一系列特异性变化,表现在精子的超活化、精子代谢方式改变和精子膜变化。

1) 精子超活化(hyperactivation, HA)　在精子获能的最后阶段,精子运动方式明显不同于附睾成熟精子,表现为一种强有力的、尾部呈"鞭打样"(whiplash)的不对称运动,称为精子的超活化。精子超活化的生理意义为:① 精子超活化有利于精子通过输卵管黏稠介质和穿越放射冠的黏稠基质。② 增强精子摆脱输卵管上皮的能力,使精子能顺利地在输卵管管腔内前行。③ 超活化的精子强有力的鞭打样运动是精子穿越放射冠和透明带的力学基础。超活化的发生主要原因可能是精子内Ca^{2+}浓度升高所致。其证据有:① 超活化的精子内Ca^{2+}浓度显著高于附睾成熟精子,并且Ca^{2+}主要集中于精子鞭毛;② 顶体反应后,精子内Ca^{2+}浓度进一步升高,超活化的精子鞭毛弯曲幅度增大。Ca^{2+}可诱发膜脂成分改变,作用于膜融合相关蛋白,促进精子膜与顶体外膜融合。

2) 精子代谢变化　精子运动变化必然有相应的精子代谢变化,精子获能后代谢变化主要表现为:① 获能精子以葡萄糖为主要能源,具有有氧氧化和无氧酵解两种供能方式,能量代谢明显增强。② 获能精子酶系及信号系统也发生了改变。精子膜及顶体膜上的腺苷酸环化酶激活,精子内cAMP水平升高;磷脂酶激活,膜脂代谢增强,可能生成一些第二信使物质,如三磷酸肌醇(inositol 1,4,5 - triphosphate, IP3)、甘油二酯(diglyceride, DAG)等。③ 获能精子顶体素原激活为顶体素。

3) 精子膜变化　获能精子膜在分子水平上发生一系列有规律的显著性改变,精子膜结构进行重组,包括膜蛋白、糖基和膜脂成分的改变、膜流动性变化等。

2. 精子的趋化性

除了增加精子的活性导致精子获能外,输卵管中的可溶性因子还为精子运动提供指向作用。据推测在精子迁移的最后阶段,卵子(或者更可能是卵子周围的滤泡细胞)分泌趋化物质吸引精子向卵子运动。1991年Ralt和他的同事利用人卵泡液对这假说进行了验证。这些卵泡中的卵细胞被用于体外受精。他们进行了一个实验,与前面描述过用海胆所做的实验相似,将微量卵泡液滴到一大滴精子悬浮液中。他们发现一些精子改变了方向,向卵泡液的源头运动。显微注射其他物质就不会出现此现象。该结果表明,可能是类似于某些无脊椎动物的卵细胞,人类具备受精能力的卵细胞也会释放一些趋化因子。

3. 精卵的识别

越来越多的研究表明精卵识别与精子质膜及卵透明带中所含糖蛋白有直接关系。在精卵识别中存在着精子受体和卵透明带(zona pellucida, ZP)配体相互作用的糖类识别机制及精子质膜与卵子质膜的糖蛋白识别。

在哺乳动物小鼠中,通常把卵子透明带中与精子结合的蛋白(ZP)叫做精子受体,而把精子表面与ZP结合的蛋白叫做卵结合蛋白。小鼠透明带中有三种糖蛋白,命名为 ZP1、ZP2、ZP3,分子质量分别为 200、120 和 83 kDa。ZP2 和 ZP3 形成异二聚体,ZP1 与二聚体交联,形成三维网状结构。ZP3 是第一精子受体,能诱发顶体反应。用 ZP3 蛋白处理精子,则失去受精能力。

β1,4-半乳糖转移酶-I(β1,4-galactosyltransferase,GalTase-I)是精子表面负责与 ZP3 结合的蛋白。GalTase-I 能结合 ZP3 糖链末端的 N-乙酰葡糖胺(N-acetylglucosamine)残基,实验证明纯化的 GalTase-I 及其抗体均抑制精卵结合。GalTase-I 能激活 G 蛋白,引起精子顶体反应,*GalTase-I* 基因敲除的小鼠其精子缺乏顶体反应和穿越透明带的能力。

精子穿过透明带,到达卵周隙后位于精子头后部质膜的受精素(fertilin)与卵母细胞质膜上的整合素发生识别和结合,并启动精子与卵母细胞的质膜融合系统,最终实现受精过程。

4. 顶体反应

顶体反应是指精子获能后,在穿透卵子卵丘、放射冠和透明带之前或穿透这些结构时,顶体发生一系列变化,由此导致顶体内容物水解酶等的释放,酶解卵泡细胞间质、透明带和卵质膜,形成精子穿过的通道的过程。它是精子卵子结合不可缺少的条件。未发生顶体反应的精子几乎不能与卵的质膜融合;而在与透明带接触之前就发生顶体反应的精子,也不能与透明带结合。

精子发生顶体反应时,顶体首先膨胀,质膜下空间变得更加狭窄,从而使质膜与顶体外膜紧贴,继而发生质膜与顶体外膜的多点融合,融合处破裂,融合的质膜与顶体外膜形成杂合的膜泡。此时顶体通过破裂口与精子外部相通,顶体内容物——水解酶被激活并通过破口扩散出精子头部。随着顶体反应的进行,杂合膜泡逐渐脱落丢失,顶体内膜暴露。顶体反应可受多种因素诱导,如排卵期的卵泡液、孕激素、卵泡细胞间质、透明带等。顶体内的血管紧张素转移酶可能参与诱发顶体反应,并可能在受精过程中发挥重要作用。

顶体反应是精子在受精时的关键变化,并且必须在精子与卵子接触前完成。只有完成顶体反应的精子才能与卵母细胞融合,实现受精。

5. 皮层反应

哺乳动物的卵子质膜下都有一层皮层颗粒(cortical granules,CGs),不同动物皮层颗粒形成的时期也不完全一样,但都是由高尔基体合成,在此过程中与颗粒内质网密切有关,以后脱离高尔基体形成一有膜的颗粒,并于排卵前后迁移到质膜下。成熟卵的皮层颗粒通常呈圆形,外有膜包围。颗粒大小为 80~600 μm,随动物种类不同其大小差异较为明显。

精子进入卵子后,导致卵膜去极化,动作电位由受精点传至膜表面,使精子受体失活。在精子接触点上,磷脂酰肌醇信号途径启动,产生 DAG 和 IP3。DAG 激活蛋白激酶 C,启动 DNA 的复制。IP3 导致内质网中的钙离子释放,钙浓度呈有规律的跃迁,称为钙波。钙信号进而引起皮层反应(cortical reaction),即卵细胞膜下的皮层颗粒(内含酶类的囊泡),以外排的方式,进入卵质膜与透明带之间的腔隙,酶类引起透明带"硬化",其他精子不能再与透明带结合。

通常一个卵子和一个精子结合,多精进入会形成多余的分裂极和纺锤体,导致细胞异常分裂而使胚胎发育终止。同前面所述海胆相似,哺乳类动物在受精后同样通过两种机制阻止多精进入,一是膜瞬间去极化,二是通过皮层反应。

6. 原核形成和融合

精子的刺激使处于休眠状态的卵子被激活,重新回到减数分裂阶段,迅速完成第二次分裂,释放极体。此时精子和卵子的细胞核分别称为雄原核(male pronucleus)和雌原核(female pronucleus)。两个原核逐渐在细胞中部靠拢,核膜随即消失,染色体混合,形成二倍体的受精卵(fertilized ovum),又称合子(zygote)。

在哺乳动物中,原核形成和融合的过程与海胆略有不同。其一,海胆雌雄原核的迁移不需 1 h 就可完成,而哺乳动物原核的迁移过程大约需要 12 h;其二,哺乳动物精子几乎沿卵子表面切线方向进入卵子,而非垂直进入,并与很多微绒毛融合;其三,在哺乳动物中,精核也经历降解再重建的过程。但精核的 DNA 是与鱼精蛋白结合,这些核蛋白通过二硫键紧密压缩。当精核进入卵内后,谷胱甘肽减弱这些二硫键的作用,从而使精子的染色质变得疏松;其四,在卵母细胞核完成其第二次减数分裂过程中,哺乳动物的雄原核增大。伴随着雌原核的中心体形成星体(绝大部分来自储存在卵母细胞中的蛋白质),并与雄原核接近。然后每个原核都向对方迁移,并在移动过程中复制其 DNA。当两原核相遇时,两核膜就会裂解。然而并不会像海胆中一样,形成一个共同的合子细胞核,而是核染色质浓缩成染色体,定位于有丝分裂纺锤体上。因此,真正二倍体核并不是在合子中形成,而是在两细胞期首次形成。

受精后很快重新合成 DNA,一般认为 RNA 在受精后没有很快合成,而到卵裂开始才合成新的 RNA。

第三节　受精后卵质的重排

受精启动了卵子胞质的重排,这种重排对以后发育过程中细胞的分化至关重要。在卵裂过程中,胞质中含有的形态发生决定子分离到特定的细胞中去,最终导致特定基因被激活或被抑制,从而使不同的细胞获得不同的特性。在哺乳动物和海胆中这种胞质的运动并不明显,而在一些种类中,由于胞质中含有色素颗粒,因此形态决定子可以被观察到。两栖动物卵中这种细胞质的运动也很容易观察,它们的精子可在卵子动物区域的任意部位进入,当精子进入后,就会改变卵细胞质的排布。最初卵细胞在动物极—植物极轴向上呈辐射对称。然而,当精子进入卵细胞后,皮层向精子进入的方向旋转约 30°。在动物极皮层含有大量黑色素物种中,皮层旋转使精子进入位点对面的卵表面形成"新月形"的灰色区域,该区域称为灰色新月区(gray crescent)(图 2-10)。后面的章节中我们将介绍,灰色新月区的出现确定了未来原肠胚形成部位和胚胎的体轴走向。

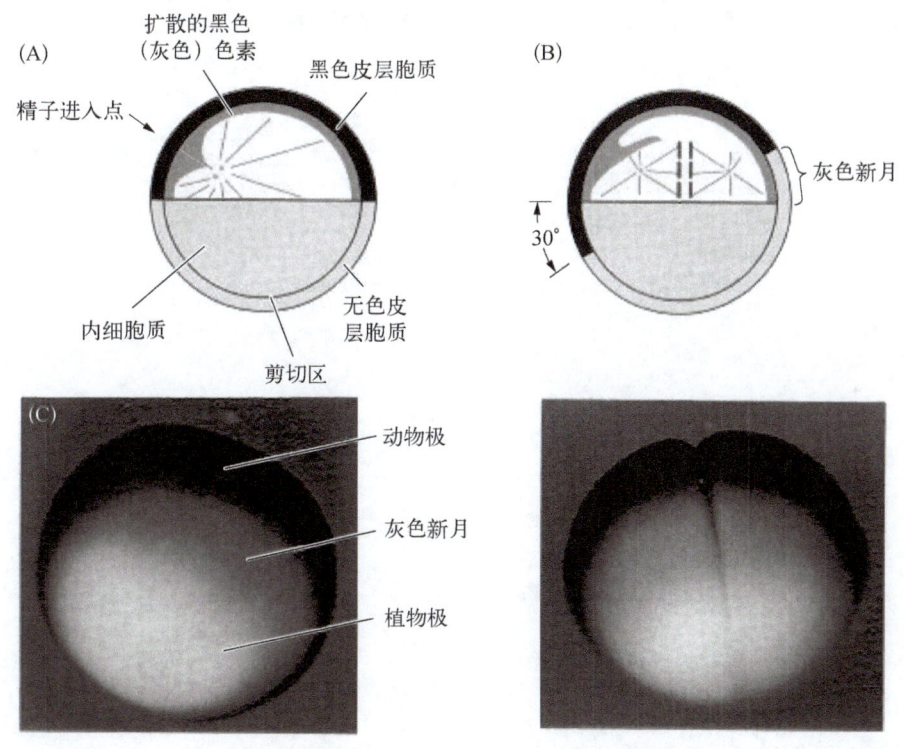

图 2-10　两栖类受精卵的细胞质重排(引自 Gerhart 等,1989)

在非洲爪蟾中,并不出现灰色新月,通过染色标记可同样观察到卵细胞皮层相对于皮层内层大约 30°的旋转现象。两栖动物卵细胞质运动的动力似乎来自植物极半球皮层细胞质与内层细胞质之间形成的平行于细胞质旋转方向的平行微管。这些微管的踪迹出现于旋转开始之前,并在旋转终止后即消失。在旋转开始时,用秋水仙素或紫外线处理卵细胞阻断这些微管的形成,将会抑制了细胞质的旋转。1991 年 Houliston 和 Elinson 利用与微管结合的抗体,发现这些踪迹是由来源于精子与卵细胞的微管共同形成的,并且精子的中心体指导这些微管的形成从而使其延伸到卵细胞的植物极。旋转可能是由具 ATP 酶活性的驱动蛋白(ATPase kinesin)提供动力。与动力蛋白和肌球蛋白类似,驱动蛋白可与微管接触,并通过水解 ATP 产生能量。这种 ATPase 定位于植物极微管上和皮层内质网的膜上。

被囊动物 Styela partita 的未受精的卵子,外周为一层含有黄色脂肪的皮质层,而细胞核及周围的透明物质集中在上端的动物极处。在受精 5 min 后,动物极的透明物质与黄色皮质层向植物极迁移。当雄原核由植物极细胞向赤道迁移时,黄色皮质层也随之迁移,形成一黄色新月状结构,从植物极延伸到赤道处。迁移也将黄色胞质携带到此处,以后此处生成肌肉细胞(图2-11)。受精卵细胞质这一运动和重排过程的实验有赖于微管动态构建和钙离子的作用。

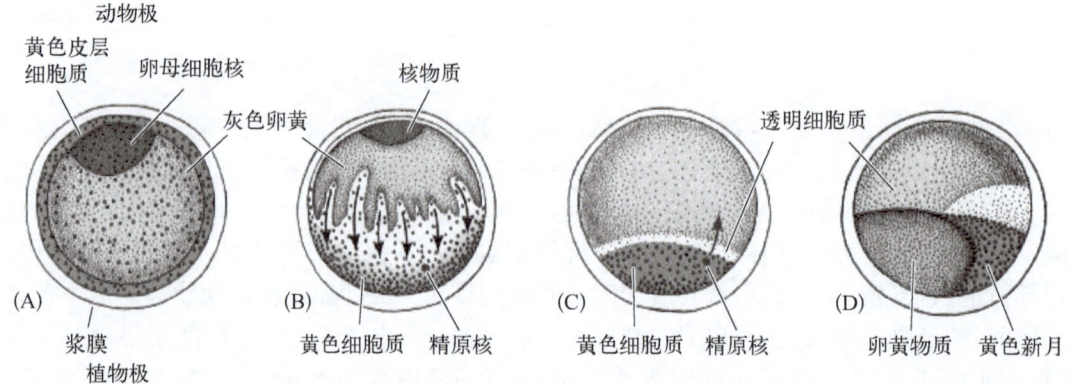

图2-11 被囊动物 *Styela partita* 受精卵细胞胞质的重排(仿 Conkein, 1905)

A. 受精前,黄色皮层细胞包围着灰色卵黄细胞质;B. 精子进入后,黄色皮层细胞质和透明细胞质从顶端的雌原核区域向下流向精子进入的区域;C. 伴随着雄原核向雌原核运动,黄色细胞质和透明细胞质也随之继续向植物极运动;D. 黄色细胞质和透明细胞质到达它们的最终位置,它们将发育为间充质细胞和肌细胞。

第3章 卵裂与囊胚形成

受精卵形成后即不断分裂成较小的细胞,这个过程称为卵裂(cleavage)。卵裂所产生的子细胞称为卵裂球(blastomere)。卵裂晚期,哺乳动物等形成实心多细胞球体,称为桑椹胚(morula),多数动物晚期的卵裂球产生卵裂腔,称为囊胚(blastula)。受精卵每一次分裂的间期非常短,有的甚至没有间期,所以几乎不存在细胞的生长,因此卵裂期细胞数目的增加速度与其他发育阶段相比要快得多,这种迅速分裂的结果导致细胞质与核的比值迅速减小。在多种生物胚胎中,核质比的成倍减少是决定某些基因定时开始转录的因素。在非洲爪蟾胚胎中,直到第12次卵裂后才开始转录 mRNA,卵裂速度减慢,卵裂球开始运动,合子基因组开始转录。这种由卵子基因型向合子基因型的转换的时间可通过改变细胞核中染色质的量而改变,因而有人认为新合成的染色质能感受卵内一些因子的变化。胚胎细胞中染色质含量愈高,这种过渡发生就愈早。如果核内染色质是正常情况的一倍,这种转换将提前一个细胞周期发生。因此,卵裂始于受精,终止于胚胎细胞到达的一个新的核—质平衡点。

第一节 卵裂方式与囊胚形成

卵裂方式与卵黄含量的多少及分布有直接关系。卵黄相对较少(少黄卵和中黄卵)而分布均匀的卵,卵裂后整个卵子被完全分割,这种卵裂方式称为完全卵裂(holoblastic cleavage);卵黄多而集中的卵受精后形成的合子卵裂时仅有一部分细胞质被分割,而卵黄部分不分裂,因而称为不完全卵裂(meroblastic cleavage)。由于卵裂方式的不同,而形成了不同类型的囊胚。

一、完全卵裂

完全卵裂一般发生在少黄卵(均黄卵)或中黄卵,如海胆、文昌鱼、蛙及哺乳动物的受精卵。根据卵黄的含量和分布以及最初几次卵裂面与胚胎对称面的关系,完全卵裂分为辐射式卵裂(radial holoblastic)、螺旋式卵裂(spiral holoblastic cleavage)、两侧对称式卵裂(bilateral holoblastic cleavage)、旋转式卵裂(rotational cleavage)等几种类型。通过完全卵裂一般形成腔囊胚(coeloblastula)或桑椹胚。

1. 辐射式卵裂

(1) 海胆

海胆(sea urchin)的卵裂为辐射式卵裂(图 3-1)。第一次卵裂面通过卵轴而与卵的赤道面垂直,将受精卵分为两个大小相同的分裂球,这种卵裂称为经裂(meridional cleavage)。第二次卵裂也为经裂,但与第一次卵裂呈垂直,也与卵的赤道面垂直,形成4个大小相等的分裂球。第三次卵裂为纬裂(latitudinal cleavage),与第一次和第二次卵裂面垂直,而与赤道面平行,结果产生上下两层各有4个分裂球。上层4个可称为动物半球,下层则称为植物半球。到第四次卵裂,动物半球与植物半球的卵裂出现了差别。动物半球4个分裂球经过均等的经裂,形成一层8个大小相同的细胞,称为中卵裂球(mesomere)。而植物半球4个分裂球则进行不均等的纬裂,结果形成4个大的分裂球,称为大卵裂球(macromere),靠近赤道面,与中卵裂球相连接。4个小卵裂球(micromere)靠近植物极(如图3-1)。第5次卵裂,中卵裂球通过纬裂形成上下两层大小相等的16个细胞。4个大卵裂球经经裂形成8个细胞,4个小卵裂球分裂形成的细胞位于植物极的最下面。第六次、第七次卵裂,所有的细胞分别进行纬裂和经裂,最终形成由128个细胞组成的囊胚。辐射式卵裂的卵裂沟有规律地互相垂直,卵裂球沿动植物极有规律地排列,从动物极看呈辐射状。

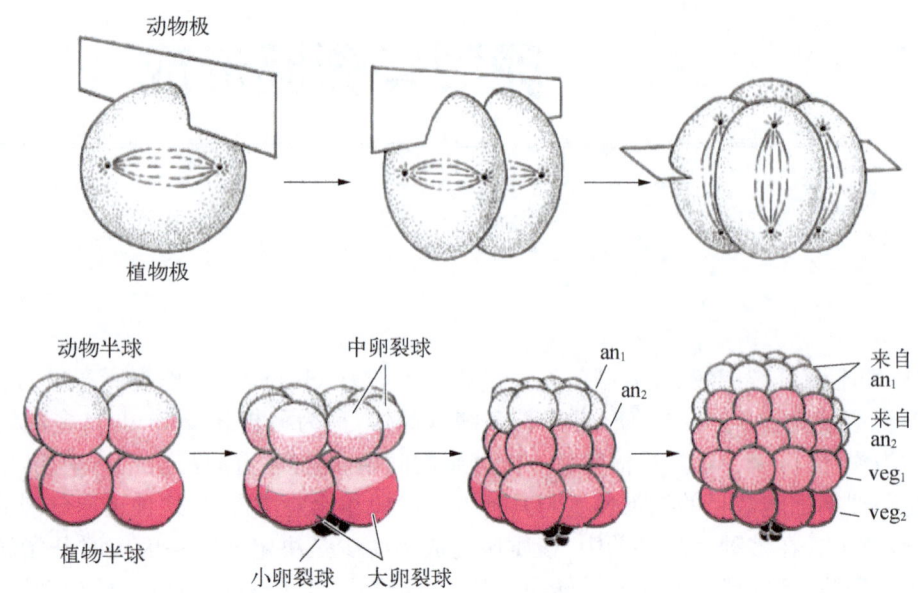

图 3-1　海胆的辐射式卵裂(引自 Gilbert,2000)

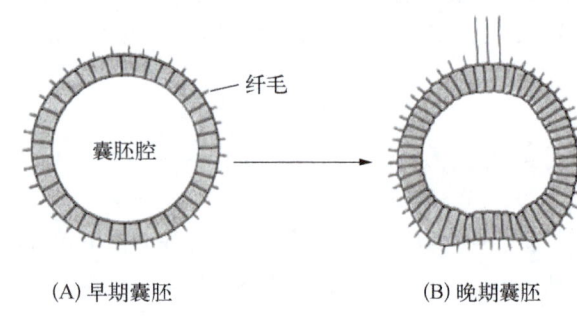

图 3-2　海胆的囊胚(引自 Giudice,1973)

海胆的囊胚期开始于128个细胞的胚胎,此时,细胞之间连接紧密,形成一个中空的球形体,即为囊胚。囊胚壁由单层细胞构成,细胞的内面与囊胚腔内的液体接触,外面与透明的受精膜接触(图 3-2)。随着卵裂的继续,囊胚腔也随之扩大。有研究者认为,囊胚腔的增大可能与腔内高渗透压使外界环境水分进入腔内有关;也有研究者认为,囊胚腔的增大与细胞和透明层之间的黏着有关。海胆囊胚的细胞外表面具有纤毛,纤毛的摆动使胚胎在受精膜内转动,并分泌孵化酶消化外面的受精膜,使胚胎能够进入外界环境,此过程称为孵化。孵化了的胚胎可自由游动,并保持球形直到原肠胚形成期。

(2) 两栖动物

与海胆一样,两栖动物的卵裂也是辐射式卵裂。然而两栖类卵中的卵黄含量较高,并且主要集中于植物极,妨碍卵裂的进行。当第一次卵裂开始于动物极并慢慢延伸入植物极时,在动物半球的卵裂速度为 1 mm/min,但在达到植物半球时其速度仅为 0.02～0.03 mm/min,因此第一次卵裂在沿经线分割植物极半球的细胞质时,第二次卵裂又从动物极开始了。第二次卵裂也为经裂,与第一次卵裂垂直。第三次卵裂为纬裂,但由于植物半球有较多卵黄,所以这次卵裂靠近动物极,结果形成动物半球4个小分裂球和植物半球4个大分裂球(图 3-3)。之后,动、植物半球的卵裂并不同步进行,靠近动物极的小卵裂球分裂迅速,而靠近植物极的大卵裂球分裂较慢。随着不断地分裂,在动物极区形成大量的小卵裂球,而植物极区则形成数量相对较少、体积大、富含卵黄的大卵裂球。

两栖类胚胎在 16 至 64 细胞期时为桑椹胚。当胚胎的细胞数目达到 128 细胞时出现囊胚腔,形成囊胚。事实上,囊胚腔的形成可以追溯到第一次卵裂。Kalt(1971)证明非洲爪蟾(*Xenopus laevis*)第一次卵裂的近动物极卵裂沟较宽,形成一个小的细胞间的腔,该腔通过细胞间的紧密连接而与外界隔离(图 3-4)。在以后的分裂过程中,该腔不断扩大而形成囊胚腔。

对于蛙胚胎而言,囊胚腔可能具备两种功能:① 在原肠胚形成过程中,囊胚腔利于细胞迁移;② 能防止上下层细胞间过早地接触。囊胚腔底部靠近植物极的细胞,是内胚层组织的前体细胞,它们可以诱导与其相邻的细胞发育为中胚层。Nieuwkoop(1973)证明如果从囊胚腔顶部取出胚胎细胞置于囊胚腔底部富含卵黄的植物极细胞旁边时,该动物极细胞发育形成中胚层而不是外胚层。因此,如果没有囊胚腔,囊胚腔顶部的动物极细胞将与底部细胞接触,就会发育为中胚层,而不会按正常发育途径形成外胚层组织。

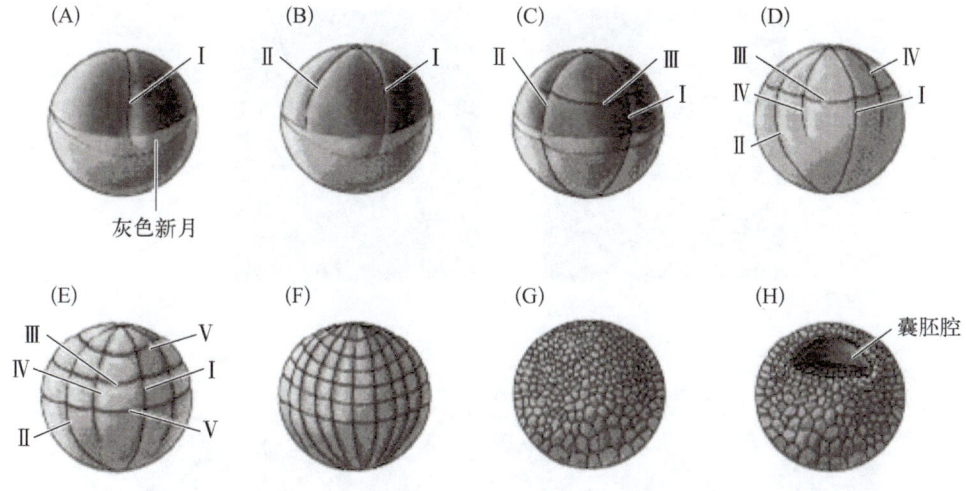

图 3-3 两栖类的卵裂（引自 Carlson，1981）

罗马数字示卵裂沟出现的顺序

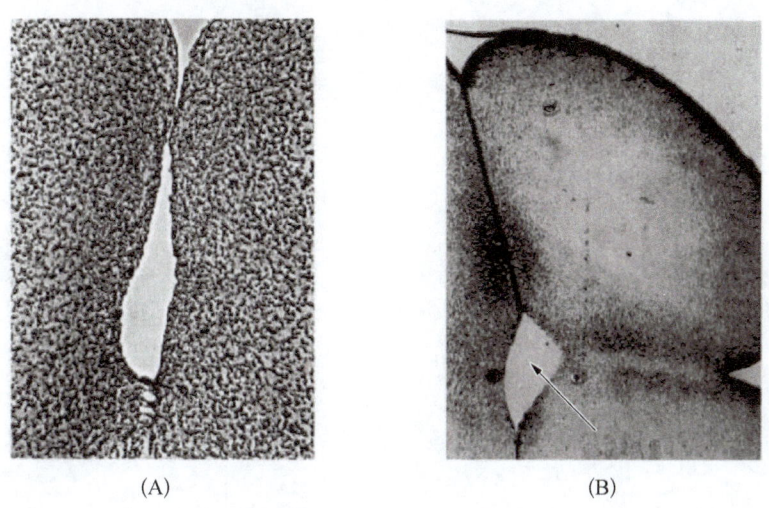

图 3-4 蛙囊胚腔的形成（引自 Kalt，1971）

A. 第一次卵裂平面形成的小裂隙以后扩大发育为囊胚腔；B. 8 细胞时期的囊胚腔

囊胚细胞在分裂时，大量细胞黏着分子使分裂球粘连在一起，其中一个重要的分子是 EP-cadherin，这种蛋白的 mRNA 来源于卵母细胞，若将这种 mRNA 的反义寡核苷酸（antisense oligonucleotides）注入受精卵中，能阻止 EP-cadherin 的合成，导致囊胚期细胞间的黏着会显著降低，囊胚腔缺失。

2. 螺旋式卵裂

很多环节动物、涡虫纲动物、纽形动物门动物和除头足纲以外的所有软体动物进行螺旋式卵裂。它与辐射卵裂不同，其卵裂方向不是与卵轴呈平行或垂直方向进行的，而是呈一定角度。图 3-5 所示是软体动物的卵裂。

螺旋式卵裂通过前两次分裂产生 4 个相同大小的大卵裂球（A、B、C、D），前两次卵裂为经裂，但方向与合子的动植物极轴呈一定方向的倾斜。在 4 细胞期，大卵裂球 A 和 C 在动物极相遇，将产生穿过动物极的卵裂沟。而大卵裂球 B 和 D 在植物极相遇，将产生穿过植物极的卵裂沟。第三次卵裂是沿纬线的高度不均等分裂，如卵裂球 A 分裂为一个大卵裂球 1A 和动物极的一个小卵裂球 1a。卵裂球 B、C、D 也类似地分裂成大卵裂球 1B、1C、1D 和小卵裂球 1b、1c、1d。如果从动物极观察 8 细胞期的胚胎，每个有丝分裂器的上端指向顺时针方向，并且上层的 4 个小卵裂球分别位于它们的姊妹大卵裂球的斜右方。这种在第三次卵裂时小卵裂球位于大卵裂球的顺时针方向或斜右方的卵裂方式称为右旋卵裂。反之，称为左旋卵裂。大多数螺旋卵裂都是右旋卵裂。以后小卵裂球进行均等分裂；而下面一层较大的细胞仍进行不均等分裂。

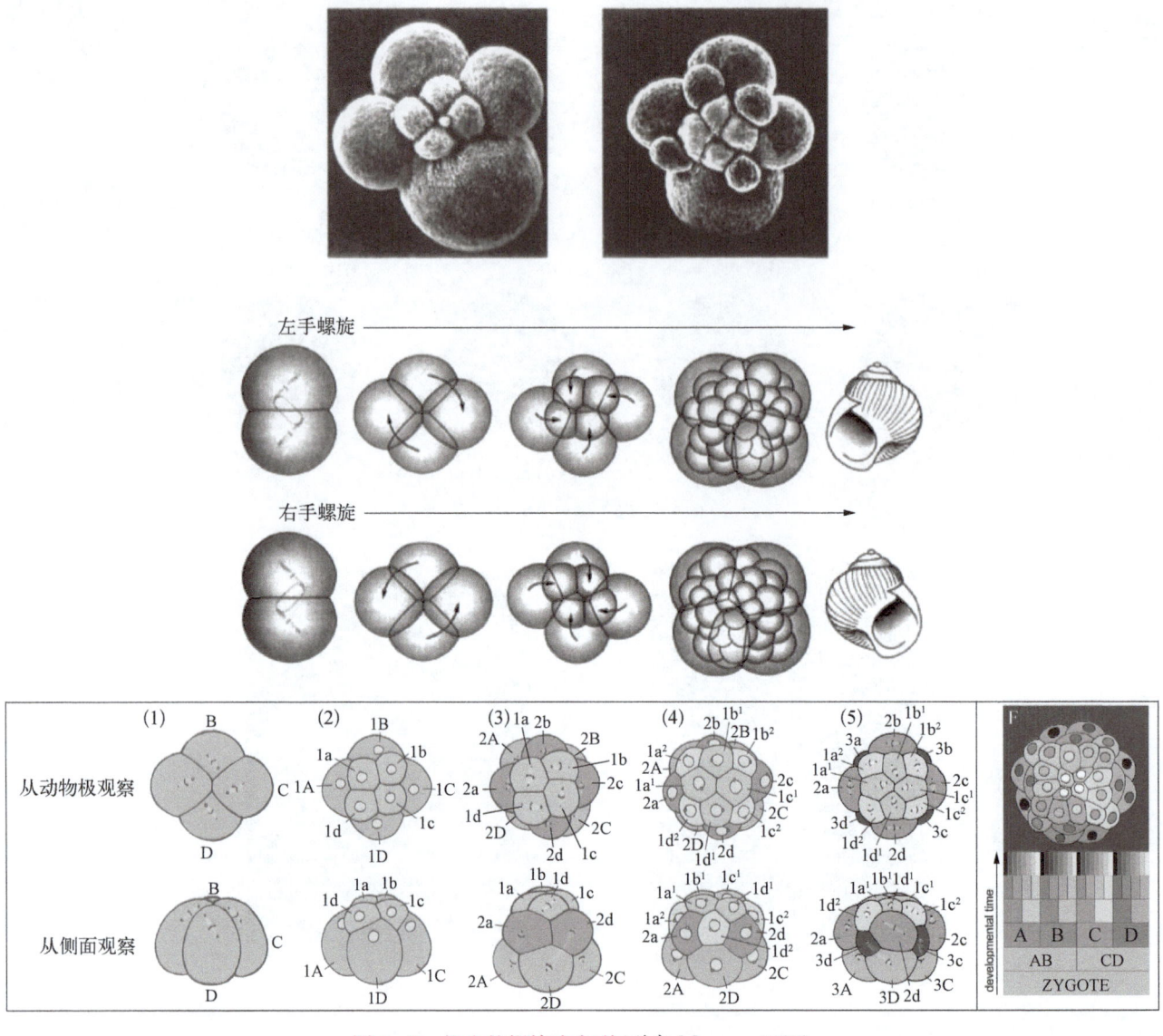

图 3-5 蜗牛的螺旋式卵裂(引自 Morgan,1927)

螺旋卵裂所产生的卵裂球排列十分有规律,每一个分裂球及其子代在不同动物中都位于相同的部位,发育的器官也是相同的。因此,人们采用按分裂球的世代、位置和特征给以系统的标号以表明其世属关系,这就是在研究无脊椎动物胚胎发育中的一种方法——细胞宗系(cell lineage)。

3. 两侧对称式卵裂

两侧对称式卵裂最早是在海鞘和水螅中发现的。这类卵裂的主要特征是:第一次卵裂平面是胚胎的左右对称面,它将胚胎划分为左右成镜像对称的两部分。以后的卵裂都围绕着这个对称面进行。第二次卵裂也是经裂,但卵裂沟并不能通过卵的中央,而是产生两个较大的卵裂球和后面两个较小的卵裂球,每侧含有一个大卵裂球和一个小卵裂球。当细胞数达到 32 个时,胚胎中间出现了囊胚腔,进入囊胚期。某些水螅(如 *Styela partita*)在卵质中有些有色的区域,随着卵裂的进行,这些有色的细胞质被分配到不同的细胞,并决定这些细胞的分化。含有透明细胞质的分裂球发育为外胚层,含黄色细胞质的则发育为中胚层,含暗灰色的发育为内胚层,亮灰色的则成为脊索和神经管(图 3-6)。

4. 旋转式卵裂

哺乳动物的卵裂无疑是最难研究的。一是由于哺乳动物的卵子是动物界中最小的卵子之一。例如,人类的受精卵,直径仅 100 μm,肉眼几乎看不见,体积仅是非洲爪蟾卵的千分之一,难以进行实验操作。二是因为哺乳动物受精卵的数目也无法与海胆和蛙相比。通常雌性哺乳动物排卵一次一般不会超过 10 个,因此很难得到足够的材料用于生化研究。此外,哺乳动物的胚胎不能在体外环境中发育。近年来,科学家们模拟

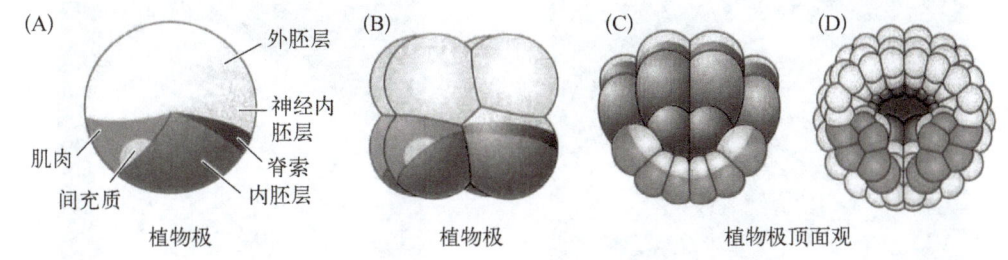

图 3-6 水螅的两侧对称式卵裂(仿 Balinsky,1981)

A. 未分裂的受精卵中各种细胞质的分布；B. 8 细胞期的胚胎；C、D. 从植物极方向观察的囊胚

某些体内条件,观察受精卵的体外发育情况,才对哺乳动物的卵裂和囊胚形成机制有了深入了解。

哺乳动物的卵裂与其他动物的卵裂方式有明显的差异。哺乳动物的卵母细胞由卵巢释放,然后进入输卵管。在靠近卵巢的输卵管壶腹部受精。减数分裂也在此时完成,排出第 2 极体。第一次卵裂在受精 1 d 后开始(图 3-7)。与其他动物相比,哺乳动物的卵裂速度缓慢,间隔 12～24 h 才分裂一次。第一次卵裂发生在胚胎被输卵管的纤毛推往子宫的过程中。

与其他类型的卵裂相比,哺乳动物的卵裂有以下特点：① 卵裂速度缓慢；② 卵裂球间排列方式很独特,第一次卵裂是正常的经裂,第二次卵裂时,其中一个卵裂球是经裂,而另一个则是纬裂(图 3-8)。这种类型的卵裂被称为旋转式卵裂(rotational cleavage)；③ 早期卵裂不同步,不是所有的卵裂球都

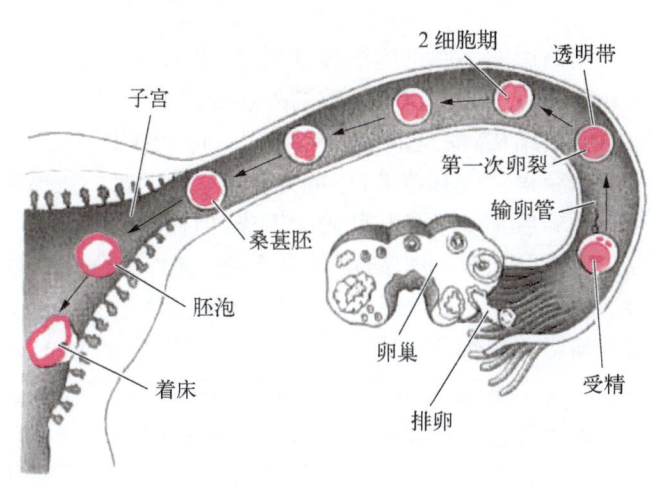

图 3-7 人类胚胎的早期发育(引自 Tuchmann-Duplessis 等,1972)

同时进行卵裂,因此哺乳动物胚胎的细胞数不是成倍增加,而通常是由奇数个细胞组成；④ 与大多数动物不同,哺乳动物在早期的卵裂过程中,合子基因组就已被激活并合成卵裂所必需的蛋白质,如小鼠和山羊在 2 细胞阶段就发生了从母型调控向合子型调控的转换；⑤ 哺乳动物与其他类型卵裂之间另一个关键的区别是其存在胚胎的紧缩(compaction)现象。从图 3-9 可见,小鼠 8 细胞阶段早期的胚胎是一个松散的结构,各个卵裂球之间有许多空隙,但到 8 细胞阶段的晚期卵裂球发生了惊人的改变,它们突然相互靠近,各卵裂球之间的接触面积增大,形成一个紧密的细胞球体。细胞球外层细胞之间有紧密连接,可将球内部的细胞与外环境隔绝,起稳定细胞球的作用。球体内部的细胞之间有间隙连接(gap junctions)相连,可以互相交换小分子和离子。

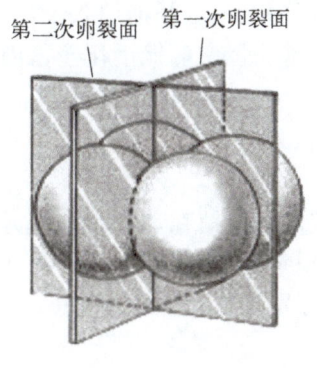

(A) 棘皮动物和两栖动物

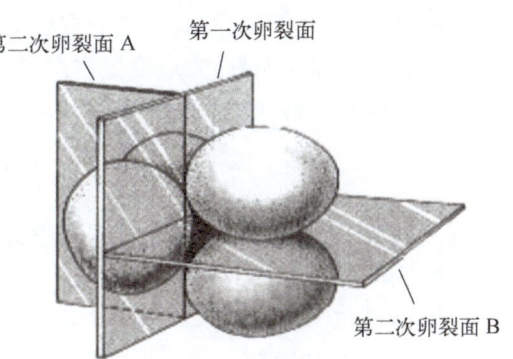

(B) 哺乳动物

图 3-8 海胆和两栖类卵裂与哺乳动物卵裂的比较(仿 Gulyas,1975)

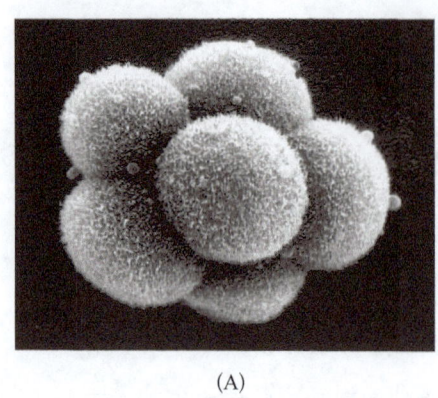 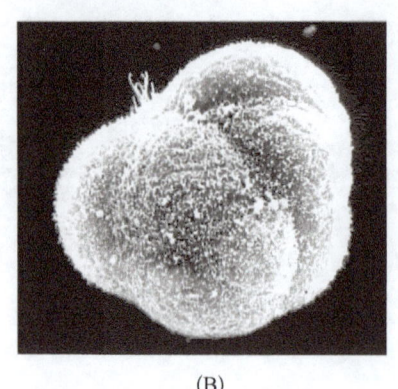

图 3-9 紧缩前后的 8 细胞小鼠胚胎的比较

紧缩后的胚胎细胞继续分裂,形成 16 个细胞的桑椹胚。桑椹胚由内部的一小团细胞和包裹着它们的一层外部细胞组成。绝大多数的外层细胞分裂产生的子细胞成为滋养层细胞(trophoblast cell),这群细胞不参与胚胎结构,而是形成绒毛膜(chorion)组织,将来发育为胎盘(placenta)的一部分。这种结构能够使胎儿从母体获得氧气和营养,还可分泌激素使胎盘能维持胚胎的生长,产生免疫调控因子,使胚胎免遭母体排斥。尽管滋养层细胞不参与胚胎的组成,但作为胚外组分,却是胚胎植入子宫所必需的。小鼠胚胎的组分主要来源于桑椹胚(16-细胞期)的内部细胞,胚外组分则来自分裂到 32 细胞时的滋养层细胞。这些内部细胞生成内细胞团(inner cell mass,ICM),将来发育成为胚胎,与卵黄囊、尿囊和羊膜相连。内细胞团的细胞不仅形态上与滋养层细胞不同,还能产生分泌性蛋白(如 FGF4)促使滋养层细胞的分裂。在 64-细胞阶段,内细胞团(约 13 个细胞)与滋养层细胞已分层,相互之间不再有细胞交换。因此滋养层细胞与内细胞团卵裂球的分离代表了哺乳动物发育中的第一个分化事件。

起初,桑椹胚内部是没有空腔的。后来在成腔作用(cavitation)过程中,滋养层细胞向桑椹胚中分泌液体产生囊胚腔,内细胞团则位于滋养层细胞环的一侧,这种结构叫胚泡(blastocyst),是哺乳动物卵裂的另一个标志。

当胚胎在输卵管中向子宫运动时,胚泡在透明带(zona pellucida)中不断扩大。滋养层细胞的细胞膜上靠近囊胚腔的一面上有钠/钾泵(Na^+/K^+—ATPase),该蛋白将 Na^+ 泵入腔内。腔内高浓度的 Na^+ 使水分渗入,使囊胚腔扩大。在这个阶段,为了防止胚胎与输卵管管壁的黏着,透明带是必需的。在人类,这种黏着作用确实会发生,进而导致异位妊娠(tubal pregnancy),胚胎在输卵管中着床,这将会导致相当危险的出血。当胚胎到达子宫后,必须从透明带中"孵化"出来才能黏着于子宫壁上(图 3-10)。

小鼠的胚泡通过蛋白酶的作用将透明带溶解出一个小洞,并随着体积的扩大挤出透明带。位于滋养层细胞膜上的胰蛋白酶样的蛋白酶 strypsin,具有把透明带的纤维基质消化出一个洞的作用。一旦"孵化"出来,囊胚直接与子宫接触。借助于胞外基质中的胶原蛋白、透明带糖蛋白、黏着蛋白、透明质酸和硫酸己酰肝素受体,子宫内膜将胚泡"捕获"。滋养层细胞膜上含有的整合蛋白与子宫上的胶原蛋白、黏着蛋白和透明带糖蛋白结合。在胚泡植入时,滋养层细胞大量合成硫酸己酰肝素蛋白聚酶。一旦胚泡植入子宫上皮组织,胚泡会释放出另一些蛋白酶,如胶原酶、血纤维蛋白溶原酶活化因子等。这些蛋白酶能消化子宫内膜组织的细胞外基质,以便于胚泡埋入子宫壁。

二、不完全卵裂

在某些含卵黄物质特别多的卵子,如端黄卵和中黄卵,卵裂时卵裂沟仅停留在动物半球或卵子中无卵黄集聚的细胞质部分,这种不通过整个卵的卵裂称为不完全卵裂(meroblastic cleavage)。此类型卵裂又分为盘状卵裂(discoidal cleavage)和表面卵裂(superficial cleavage),它们分别形成盘状囊胚(discoidal blastula)和表面囊胚(superficial blastula)。

1. 盘状卵裂

卵黄集中于卵的一端,细胞质呈盘状位于动物极,称为胚盘。卵裂只在胚盘中进行,因此称为盘状卵裂。盘状卵裂形成盘状囊胚,鸟类、鱼类和爬行类都是典型的盘状囊胚。

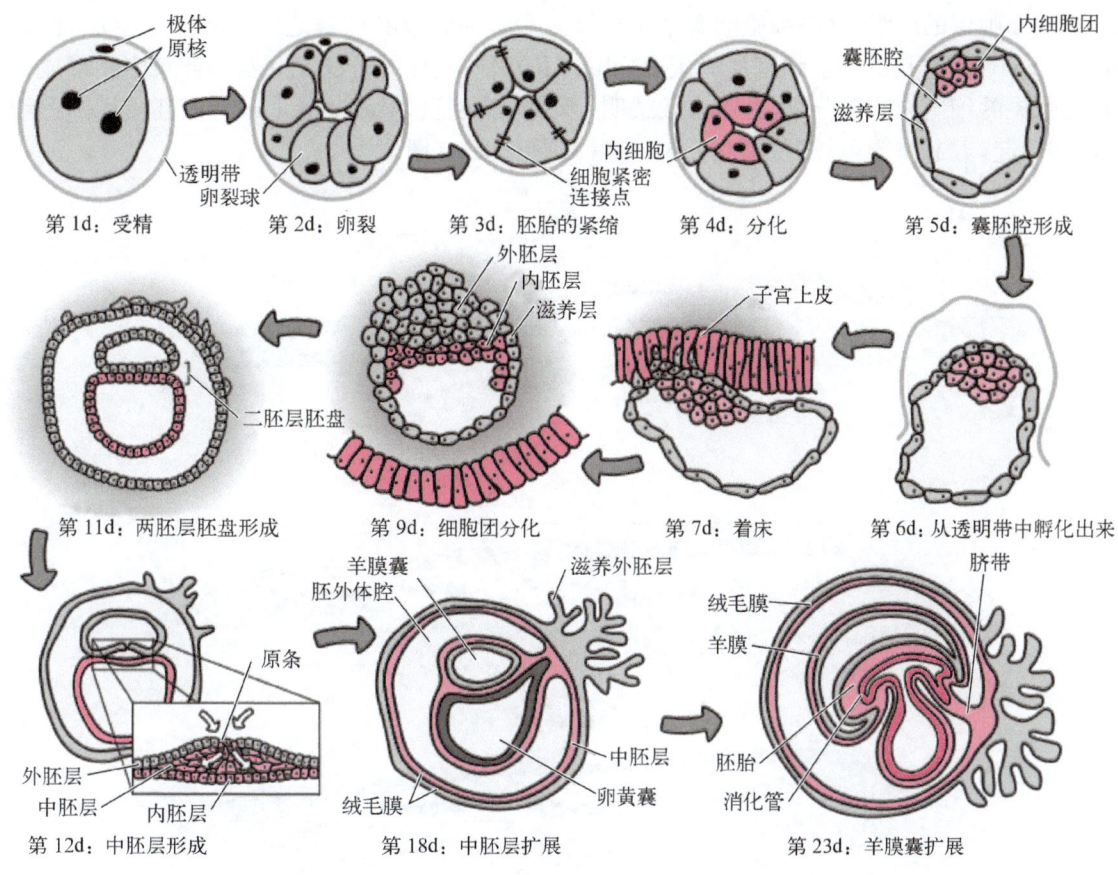

图 3-10 人胚胎发育过程（引自 http://en.wikipedia.org/）

(1) 鸟类的卵裂

自从亚里士多德首次对鸡的胚胎发育进行研究，鸡就成为胚胎学研究的一个重要的模式生物。因为它全年易得，易于饲养，而且在特定的温度下，它的发育时期能被准确地预测，因此能获得大量的在同一发育时期的胚胎。此外，鸡的胚胎还能用外科方法进行操作。由于大量鸡器官的形成方式与哺乳动物的相似，所以它经常作为人类胚胎的替代物来进行胚胎学研究。

在卵白和壳分泌出来之前，鸡卵的受精在输卵管中发生。鸡卵是端黄卵，有一小的盘状细胞质位于大量卵黄的顶部，称为胚盘，卵裂仅发生在胚盘。第一次卵裂的卵裂沟出现在胚盘的中央，随着卵裂的进行，形成一个单细胞层的胚盘（图 3-11）。起初，这个细胞层是与下层的卵黄相连的，此后，纬裂和垂直卵裂把胚盘

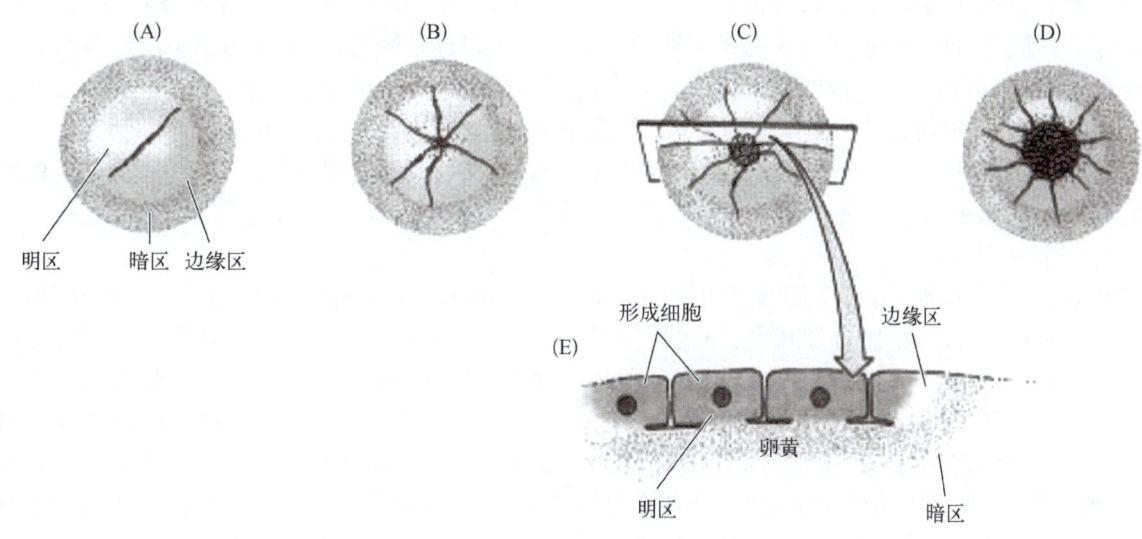

图 3-11 鸡的表面卵裂（仿 Bellairs 等 1978）

A～D 示从动物极观察鸡卵裂过程，E 示早期卵裂胚胎的侧面观

分割成5～6个细胞层的组织,这些细胞间有紧密连接。这时在胚盘和卵黄之间出现一个空腔,称为胚下腔(subgerminal cavity),它是由胚盘细胞从清蛋白(albumin)吸收液体并分泌到胚盘与卵黄之间形成的。在这个时期,胚盘中央的细胞与卵黄分离,看起来较透明,因此称为明区(area pellucida),而胚盘周围的细胞由于与卵黄仍连在一起,看起来颜色较深,因此称为暗区(area opaca)(图3-12)。

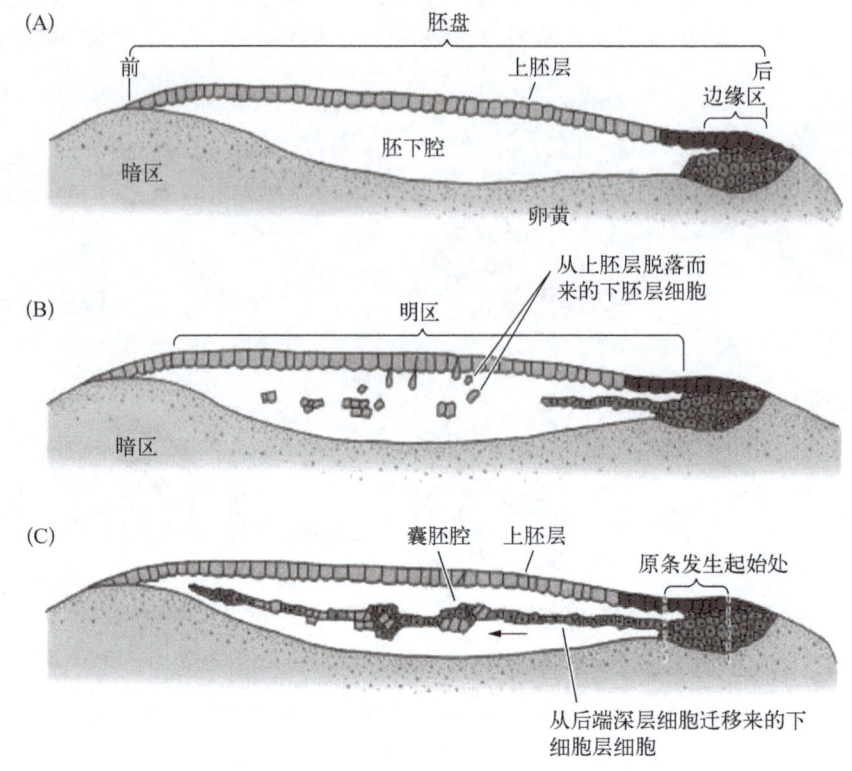

图3-12　两胚层鸡胚的形成(引自 Gilbert,2000)

在明区和暗区之间有一薄的细胞层称为边缘区(marginal zone)或者边缘带(marginal belt)。在鸡的早期胚胎中,一些边缘区细胞对于决定细胞命运是至关重要的。

(2) 鱼类的卵裂

近年来,斑马鱼(Danio rerio)已经成为研究脊椎动物胚胎发育的模式生物。这种鱼具有产卵量大、一年四季均可繁殖、胚胎在体外发育等的特点。此外,它们的发育速度极快,在受精之后24 h胚胎已经形成了几乎所有的组织和器官原基。

鱼类的卵裂仅仅在动物极胚盘(blastodisc)中发生。受精后约1 h开始第一次卵裂,第一次卵裂为经裂,卵裂沟仅停留在胚盘,两个卵裂球的底部是相通的。第二次卵裂也是经裂,卵裂沟与第一次卵裂垂直。第三次卵裂还是经裂,卵裂沟与第一次卵裂平行,与第二次垂直,分裂成8个细胞,细胞底部仍有一薄层细胞质相连。鱼类胚胎卵裂球初期大小相同,排列整齐,至第五次卵裂后出现纬裂。鱼类早期卵裂速度很快,约15 min一个周期,最初的12次分裂同步发生,在动物极顶端形成一个细胞团(图3-13)。起始所有的细胞间以及细胞和下层的卵黄细胞间保持着开放式的连接。中等大小的分子(17 kDa左右)可自由地从一个分裂球进入到另一个分裂球。

大约从第10次分裂时,开始中期囊胚转换(midblastula transition),进入由母型调控向合子型调控的过渡期:合子基因开始转录、细胞分裂减慢、细胞移动明显等。此时,可分辨出三类细胞群:① 卵黄合胞体层(yolk syncytial layer, YSL)。在第9次或第10次细胞分裂周期,位于植物极边缘的胚层细胞与其下层的卵黄细胞融合,融合后的胚层细胞核在紧挨的卵黄细胞质中排列形成核环。当胚层向植物极延伸并扩展到卵黄细胞周围,有些卵黄合胞体核将在胚层下迁移,形成内部卵黄合胞体层(internal YSL);而另一些核将向植物极移动,停留在胚层边缘的前头,形成外部卵黄合胞体层(external YSL)。卵黄合胞体层对于指导原肠胚形成中的某些细胞运动具有非常重要的作用。② 包被层(enveloping layer),位于胚层的最外层,是由单层细胞组成的表层。包被层最终形成表皮(periderm),为一种胚外保护层,随着后期胚胎的发育,该层脱落。③ 深层细胞

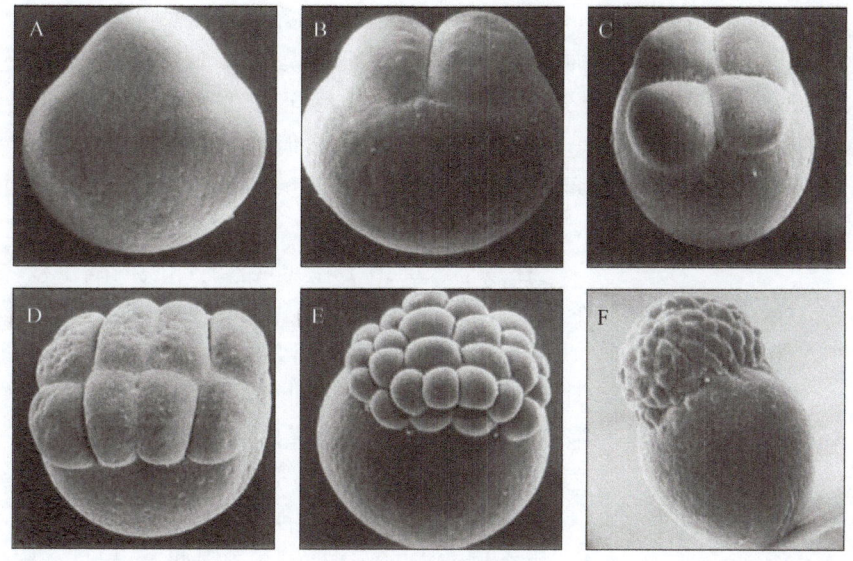

图 3-13 斑马鱼的盘状卵裂（引自 Beams 和 Kessel,1976）

A. 1 个细胞胚胎,突起细胞质形成胚盘;B. 2 细胞胚胎;C. 4 细胞胚胎;D. 8 细胞胚胎,细胞排成两排,每排 4 个细胞;E. 32 细胞胚胎;F. 64 细胞胚胎,胚胎位于卵黄细胞的顶部

（deep cells），位于外层的包被层和内层的卵黄合胞体层之间，是胚胎的主体。早期胚层的命运不确定。将不扩散的荧光染料注入早期胚层细胞中，追踪研究细胞谱系发现，卵裂过程中细胞是混合的，而且每个细胞都可发展成后代组织中不可预见的细胞类型。直到原肠胚形成开始前胚盘细胞的命运才被确定下来。这时，位于胚胎特定区域的细胞按高度可预见性的方式发育成一定的组织（图 3-14）。

2. 表面卵裂

大多数昆虫的卵都进行表面卵裂（superficial cleavage），由于大量的卵黄位于卵的中央，因此卵裂被限制在卵的外围卵质中。这种类型卵裂的一个有趣特征是，核已经分裂，但细胞质却不分裂，形成含有许多细胞核的合胞体。图 3-15 显示果蝇受精卵的卵裂情况。合子型的细胞

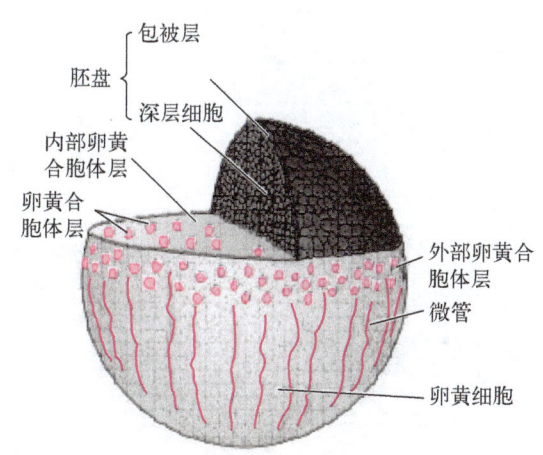

图 3-14 斑马鱼囊胚（引自 Langeland 和 Kimmel,1996）

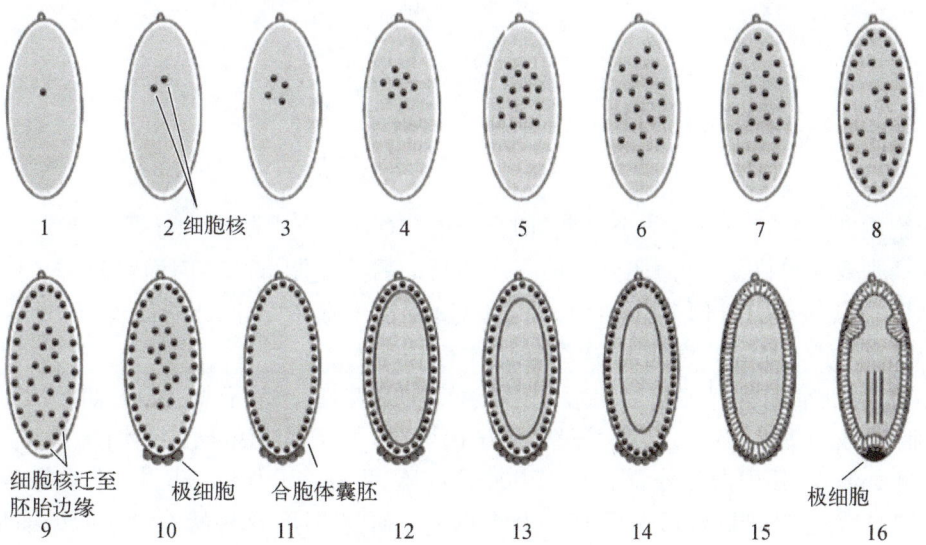

图 3-15 果蝇的表面卵裂（引自 Gilbert,2000）

图中数字示卵裂的次数

核位于卵的中央部分,平均每 8 min 进行一次核分裂,经过 8 次卵裂形成多达 256 个细胞核。在第 9 次分裂周期,大约 5 个细胞核到达胚胎后极的表面。这些细胞核由细胞膜包围,形成极细胞(pole cell),将来发育为胚胎的生殖细胞。当细胞核经过 10 次分裂后,细胞核迁移至卵的四周,形成合胞体囊胚(syncytial blastoderm)。虽然所有细胞核都位于同一个合胞体的细胞质中,但这并不意味着细胞质是均一的。Karr 和 Alberts(1986)证明合胞体囊胚的每一个细胞核都有它自己的特定细胞质区域,它们之间由细胞骨架彼此隔开。这些细胞核及它们周围的细胞质团称为活质体(energids)。

在接下来的第 13 次卵裂期,卵膜内陷于核之间,并最终包围每个核,把每个细胞核分割成单个细胞,这样就形成了细胞囊胚(cellular blastoderm)(图 3-16)。细胞囊胚属于表面囊胚,所有的细胞都围绕中央的卵黄排列成一层。同其他所有细胞形成一样,细胞囊胚也涉及微管和微丝之间的精细相互作用。果蝇在受精后 4 h 之内可形成细胞囊胚,约 6 000 个细胞。

核到达外围后,分裂所需的时间不断延长。第 1 至第 10 个周期,每个周期需 8 min;第 13 个周期,也就是合胞体的最后一个核分裂周期需 25 min 才能完成。直到果蝇胚胎第 14 次分裂时才形成细胞。第 14 次分裂是不同步的,有些细胞需 75 min 完成第 14 次分裂,而有的细胞则需要 175 min 才能完成。

从第 11 次分裂开始,核的转录活动不断增加。果蝇胚胎细胞核分裂速度减慢,RNA 转录增加,进入中期囊胚转换(midblastula transition)。中期囊胚转换在许多脊椎动物和无脊椎动物中都有发生。在非洲爪蟾、海胆、海星和果蝇的胚胎中,细胞分裂的减慢显然是受染色质/细胞质的比值的影响。Edgar 和他同事比较野生型果蝇和单倍体突变株果蝇早期胚胎的发育情况,发现在每次分裂过程中单倍体突变株的胚胎细胞只有野生型一半的染色质。因此,单倍体胚胎在第 8 次分裂时的核质比相当于野生型胚胎第 7 次分裂时的核质比。研究者发现野生型胚胎于第 13 次分裂后形成它们的细胞囊胚,而单倍体突变株则必须到第 14 次分裂时才形成细胞囊胚。野生型第 11~14 细胞分裂周期所花的时间正好与突变型第 12~15 细胞分裂周期的相当。因此单倍体突变株与野生型果蝇具备类似的早期胚胎卵裂模式,只是延迟了一次细胞分裂而已。

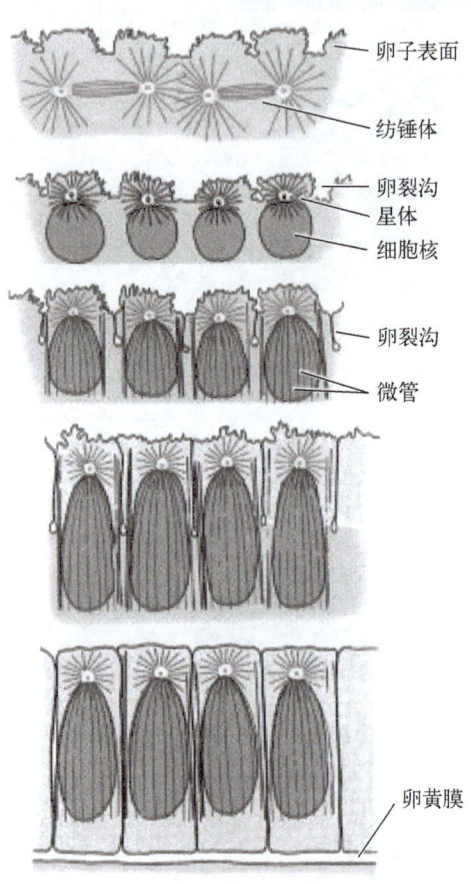

图 3-16 果蝇细胞囊胚的形成(引自 Fullilove 和 Jacobson,1971)

第二节 卵 裂 机 制

一、卵裂细胞周期及调控

体细胞的细胞周期通常可以分为 4 个时期,即合成前期(G1)、合成期(S)、分裂前期(G2)和分裂期(M)。而卵裂的细胞周期则要简单许多,如海胆是在前一次卵裂的后期复制 DNA,因而没有 G1 期;爪蟾和果蝇的早期卵裂细胞周期中只有 S 期和 M 期,没有 G1 期和 G2 期。爪蟾在 12 次卵裂后才有 G1 期和 G2 期,而果蝇则是在 14 次卵裂后才有 G2 期,直到 17 次卵裂后才有 G1 期。

与体细胞相比,卵裂细胞具有细胞周期短、分裂速度快的特性。受精以后的早期胚胎细胞分裂速度极高,并且开始细胞的数目是以 2、4、8、16 等级数方式增长,直到囊胚的后期才降下来。如豹蛙(*Rana pipiens*)的受精卵 15℃ 43 h 内即可分裂形成 37 000 个细胞;果蝇在开始的 2 h 中,平均每 10 min 便完成一次有丝分裂,而 12 h 后,总体细胞数可达到 50 000 个以上。研究表明,这种特性源于卵母细胞的特殊性。对于果蝇、蛙类和鱼这些具有较大卵子的胚胎来说,其发育和增殖所需的蛋白质、mRNA 和其他营养物质已在其卵子发生过程中预先被储存,因而在其早期卵裂时,由其雌雄原核融合而成的合子基因组几乎不需行使其功能,仅在母源性物质的驱动下,通过有丝分裂传递给所有细胞。另外,对多数物种来说,卵裂期间的胚胎体积没有增加,不像体细胞那样在两次分裂之间要有一段细胞生长期,以保持细胞核质比例的恒定;而卵裂细胞不必增加细胞质体积,只是将事先储存的大量卵质分配到不断增多的小细胞中。因此卵裂被加速,细胞周期被缩短,细胞分裂也几乎完全同步。

上面我们提到,卵裂细胞周期的调控决定于卵质,其成分是什么?又是如何调控的?通过对果蝇早期胚胎卵裂周期调控机制的研究,可以得到一些很好的线索。研究表明,其调控的主要成分仍是有丝分裂促进因子(mitosis-promoting factor,MPF)激酶及其调控因子cdc25磷酸酶。果蝇卵受精前,卵质中有丰富的细胞周期蛋白(Cyclin)和cdc25蛋白储备。因此,前7次细胞周期中,MPF激酶的活性保持恒定,因而卵裂的速度可以快到DNA合成酶允许的程度,即一旦DNA复制完成,卵裂接着完成。从第8次卵裂开始,周期蛋白开始降解,此时以母源性mRNA为模板合成的周期蛋白成为第8次分裂后的限速步骤。到第14次分裂,母源性mRNA消耗殆尽,需要从基因转录开始。而且string蛋白的降解也要求其重新合成。MPF前体虽有积累,但要string磷酸酶切除cdc2激酶Thr-14和Thr-15两个残基上的磷酸基,其活性才能表现出来(图3-17)。MPF前体才能被去磷酸化而激活,细胞才能分裂,此时细胞分裂开始由卵细胞质控制转向细胞核控制,启动中期囊胚转换。

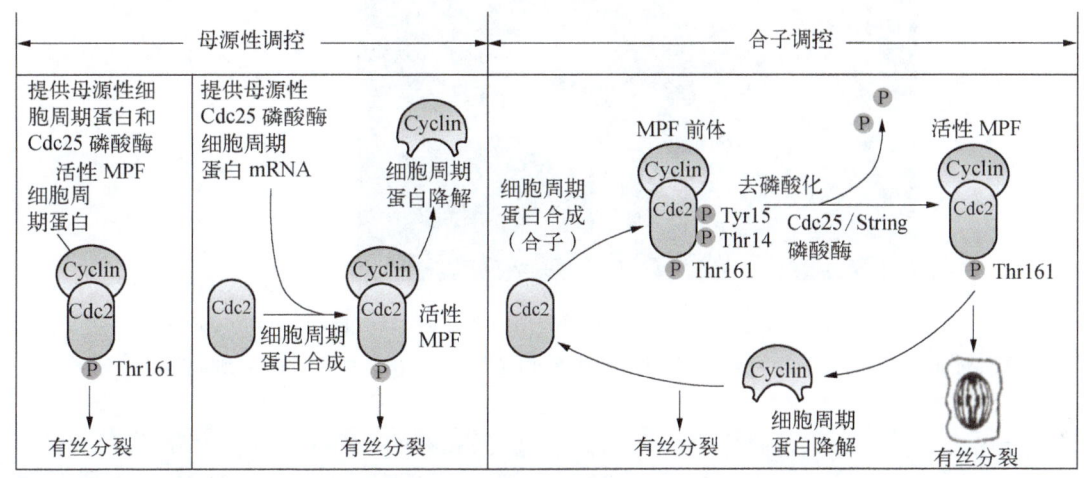

图3-17 果蝇胚胎发生中细胞周期调控机制的转变

二、细胞质分裂

卵裂实际上有两个过程:一个是细胞核分裂(karyokinesis),另一个是细胞质分裂(cytokinesis)。细胞质分裂是将细胞质和细胞膜一分为二的过程。

1. 有丝分裂的细胞骨架作用

细胞核分裂主要是有丝分裂器(星体、纺锤体和染色体)的作用,它使子细胞核分到两个细胞中;细胞质分裂乃是由位于皮层的收缩环形成的分裂沟的收缩,从而把合子分为两个子细胞。图3-18所示的是海胆第一次卵裂,纺锤体和收缩环相互垂直排列,纺锤体在内,收缩环在细胞质的表层,由收缩环产生的卵裂沟将细胞分割成2个卵裂球。

在胚胎早期发育的卵裂过程中,卵裂面的定位是细胞分裂过程中的重要问题。因为卵裂面在随后的形态发生和生长过程中意义重大,例如它决定着上皮层是继续保持单细胞层形态还是形成多细胞层结构。1961年Rappaport用一个小玻璃球将星体推向合子的一侧,第一次卵裂时卵裂沟出现在具有星体的一边,结果形成一个双核马蹄形的胚胎。这是由于星体从原来位于中央被推向一侧,所以远离星体的另一端就不产生卵裂沟。第二次卵裂时却同时产生三个卵裂沟,因为在马蹄形胚胎的每个臂中各有一个纺锤体,所以每个臂都可以产生卵裂沟。而马蹄形胚胎的弯曲处虽然没有纺锤体,但由于两个臂中的星体散射出来的星射线的作用,使弯曲处产生了第三个卵裂沟(图3-19)。这也表明,即使没有核分裂,只要有星体也可进行细胞质分裂。

星体实质上是分裂的细胞中由中心体发射出的微管。中心体是微管的组织生长中心。在许多动物细胞

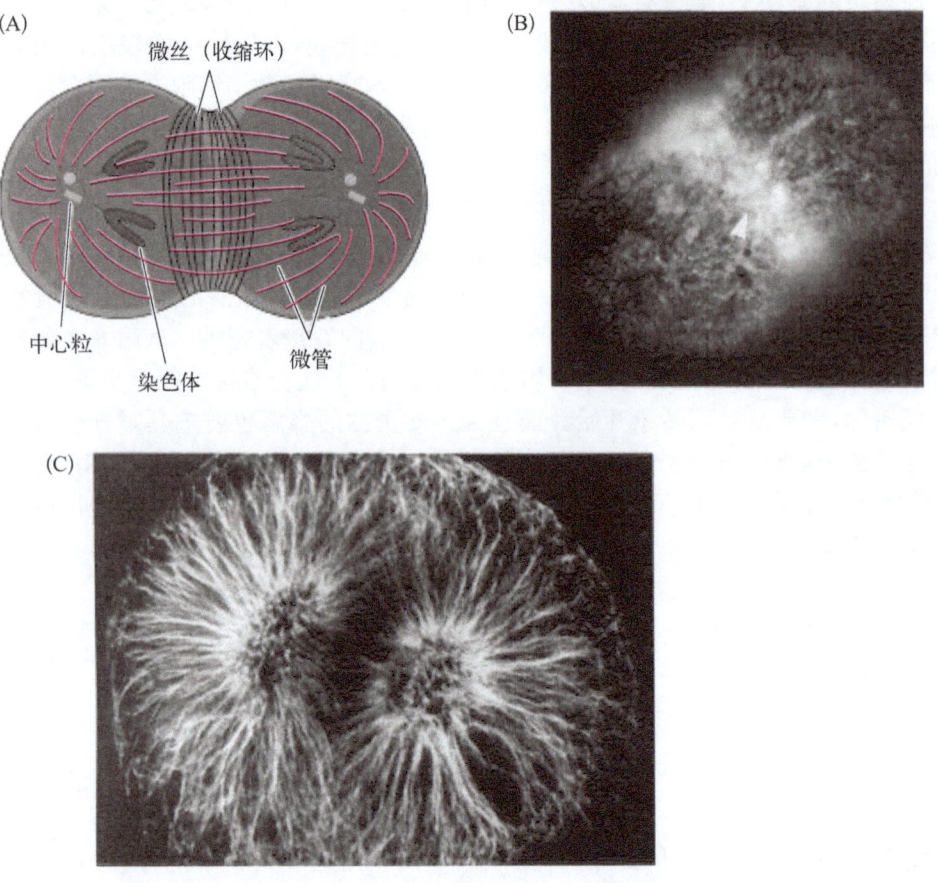

图 3-18　海胆第一次卵裂末期模式图及电镜照片（引自 Gibert，2000）

图示微管和微丝在细胞分裂中的作用，微管将染色体拉向中心粒，而由微丝形成的收缩环将细胞质分为 2 等分

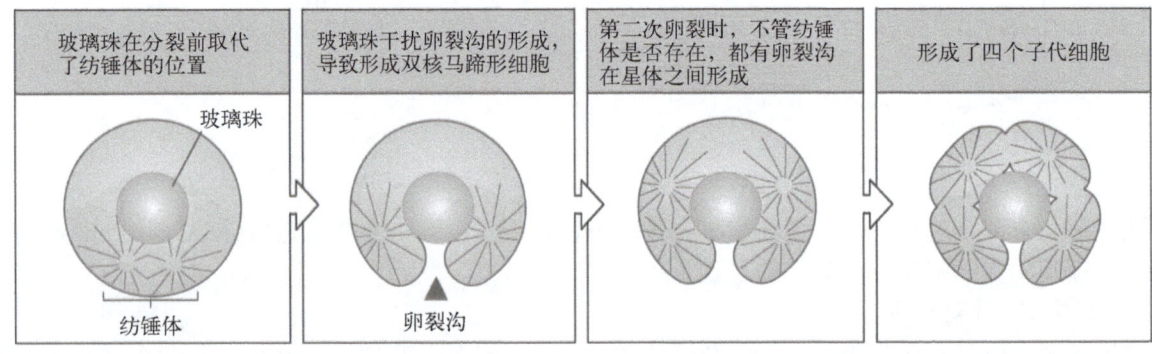

图 3-19　星体与卵裂沟的关系（引自 Wolpert，2002）

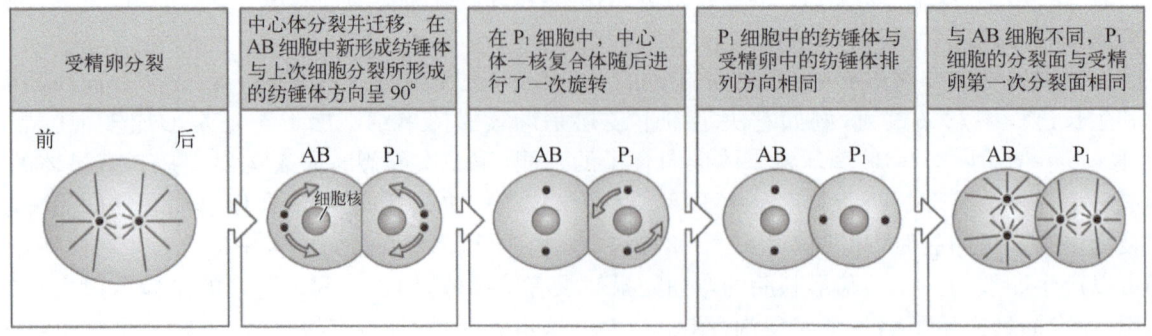

图 3-20　中心体行为的差异造成不同的细胞具有不同的卵裂平面（引自 Wolpert，2002）

中心体包括一对中心粒，由一定排列的微管组成。有丝分裂前中心体复制，在胚胎发育早期，子中心体移向核的对面，形成星体，占据合适的位置。使卵裂面同上次卵裂形成一定的角度。如图 3-20 所示，在线虫中，受精卵的第一次分裂将细胞分为前面的 AB 细胞和后面的 P_1 细胞。在第二次分裂中，两个细胞的中心体向不同的方向移动。在 AB 细胞中，加倍的中心体移动后，使得下一次分裂面与第一次分裂面成直角。在 P_1 细胞中，细胞核以及加倍的中心体旋转，使得 P_1 细胞的第二次分裂面与第一次分裂面方向相同。

卵裂平面在胚胎形成中起到很重要的作用，特别是在动物或植物的早期胚胎发育中。高等植物细胞缺少明显的中心体，它们的纺锤体缺乏星体，所以利用收缩机制将细胞一分为二，在分裂板处形成细胞壁。看上去新细胞壁形成的那个面并不是由有丝分裂的纺锤体决定的，而是在有丝分裂之前由微管和肌动蛋白丝组成的纤维板装置所决定。

2. 新细胞膜的形成

随着卵裂的进行，分裂球数量不断增加，其细胞膜的总面积远比受精卵质膜面积大得多，新的细胞膜有两个来源：一是合子膜的扩展，二是新产生的细胞膜。海胆合子表面有大量的微绒毛，在卵裂沟形成时，这些微绒毛缩短使卵的质膜得以伸展而组成新膜。这是通过合子膜的扩展形成新膜的方式。事实上，这种方式形成的新膜远远不能满足卵裂进行所需的新膜。

对两栖动物胚胎发育研究发现，新的细胞膜是在卵裂的早期合成的。在两栖类第一次卵裂中，当卵裂沟扩展形成时，位于沟内的膜是白色的新膜，而在表面的仍为有色素颗粒的原有旧膜，这两种膜的电导性是不同的。新膜的物质可由高尔基体合成，或由内质网联合形成，通过形成许多膜状小泡与原有的膜结合，或将合成的物质插入原有的膜等方式形成新膜。Byers 和 Armstrong(1986)以放射性物质标记爪蟾受精卵表面蛋白质，发现第一次卵裂将结束时，卵裂沟的前缘和原有细胞膜有很强的信号，而卵裂沟内的大部分细胞膜没有放射信号。所以沟的前缘是从原有的细胞膜伸展而来，推测卵裂沟前缘的细胞膜与其下的收缩环微丝相锚定。另外，卵裂沟前缘的细胞膜也含有短放射状排列的微管，这些微管可能起运输膜泡的作用，使新合成的膜泡整合到细胞膜中。

第 4 章 原肠胚形成

原肠胚形成(gastrulation)又称原肠形成或原肠作用,是卵裂后期囊胚细胞发生的一系列剧烈而又有序的运动。原肠胚形成过程中,囊胚细胞彼此之间的位置发生了显著的改变,预定形成内胚层和中胚层的细胞迁入胚胎内部,而预定的外胚层细胞则铺展在胚胎的表面,从而形成由外胚层、中胚层和内胚层三个胚层构成的原肠胚(gastrula)。原肠胚是三胚层动物胚胎发育的重要阶段,三胚层的形成为组织分化和器官形成奠定了基础。

原肠胚形成在各类动物有所不同,其方式有内陷、内卷、内移、分层、外包等(图4-1)。

内陷　　内卷　　内移　　分层　　外包

图 4-1　原肠胚形成过程中细胞运动方式示意图(引自 Glibert,2010)

(1) 内陷(invagination)

由囊胚植物极细胞向内陷入,最后形成两层细胞,在外面的细胞层称为外胚层(ectoderm),向内陷入的一层为内胚层(endoderm)。内胚层所包围的腔,将形成未来的肠腔,因此称为原肠腔(gastrocoel)。原肠腔与外界相通的孔称为原口或胚孔(blastopore)。

(2) 内卷(involution)

通过盘裂形成的囊胚,分裂的细胞由下面边缘向内卷,伸展成为内胚层。

(3) 内移(ingression)

是由囊胚一部分细胞移入内部形成内胚层。开始移入的细胞充填于囊胚腔内,排列不规则,接着逐渐排成一层内胚层。有的移入时就排列成内胚层。这样的原肠胚没有孔,以后在胚的一端开一胚孔。

(4) 分层(delamination)

囊胚的细胞分裂时,细胞沿切线方向分裂,这样向着囊胚腔分裂出的细胞为内胚层,留在表面的一层为外胚层。

(5) 外包(epiboly)

动物极细胞分裂快,植物极细胞由于卵黄多分裂极慢,结果动物极细胞逐渐向下包围植物极细胞,形成外胚层,被包围的植物极细胞为内胚层。

以上原肠胚形成的几种类型常常综合出现,最常见的是内陷与外包同时进行,分层与内移相伴而行。

第一节　海胆的原肠胚形成

海胆的囊胚由单层细胞围成,中间为充满液体的囊胚腔。开始只有128个细胞,细胞大小也都一致。卵裂到第9次(或第10次)后,囊胚的外表面形成纤毛,植物极的细胞开始增厚,形成植物极板(vegetal plate)。动物极的细胞合成并分泌出孵化酶,消化受精膜,形成自由游泳的囊胚。海胆的晚期囊胚大约含有1 000个细胞,呈中空的球状,植物极稍有扁平。图4-2示海胆经原肠胚形成长腕幼虫的发育过程。海胆的原肠胚形成时涉及细胞的内移和内陷。

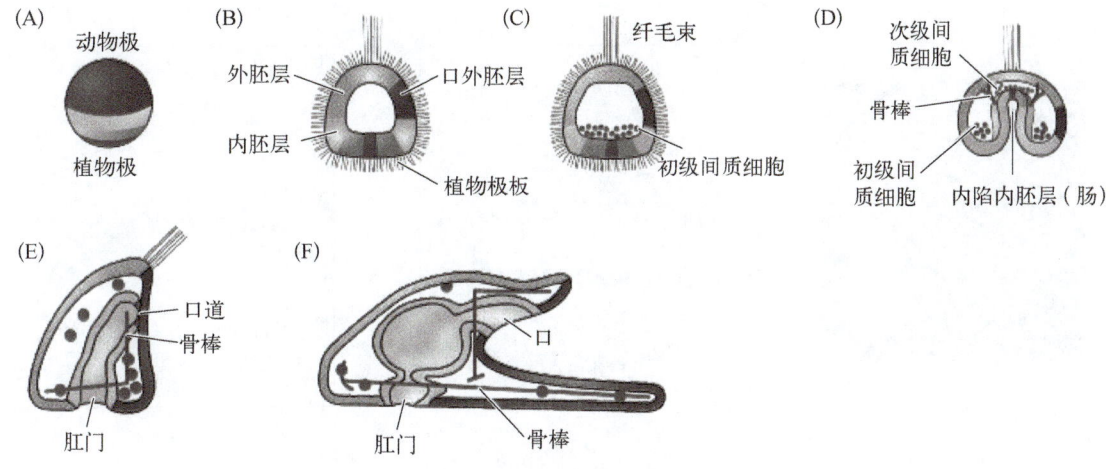

图 4-2　海胆的胚胎发育（引自 Horstadius，1939）

示囊胚不同部位的分裂球的发育命运

A. 受精卵　B. 晚期囊胚，具有顶纤毛束和扁平的植物极板，可自由游泳　C. 原肠胚，具初级间质细胞　D. 原肠胚，具次级间质细胞　E. 三棱幼虫　F. 长腕幼虫

一、初级间质细胞内移

海胆从受精膜内孵化出来不久，囊胚的植物极板中央的初级间质细胞（primary mesenchyme cells）开始变得异常活跃，不断伸出伪足，然后脱离囊胚，进入囊胚腔（图 4-3）。最初，内移的初级间质细胞沿着囊胚腔的内表面随机地移动，不断伸出和收回伪足，与囊胚腔的内表面连接；最终，这些细胞定位于囊胚腔的腹侧。初级间质细胞发生融合形成索状合胞体（syncytial cable），将来形成幼虫碳酸钙质骨针的主轴。

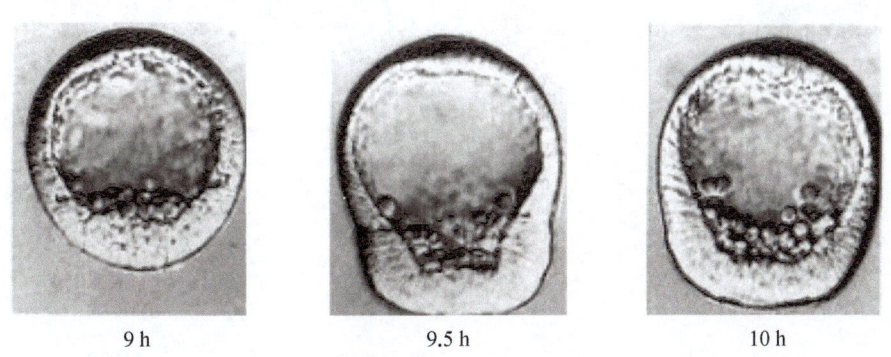

图 4-3　海胆初级间质细胞的内移（引自 Gilbert，2000）

胚胎发育 9 h，植物极开始增厚，形成植物极板。植物极板中间的细胞脱离单层囊胚细胞表面进入囊胚腔

二、原肠内陷

初级间质细胞离开植物极形成环状的索状合胞体之后，植物极板向囊胚腔内弯曲，内陷到囊胚腔四分之一到二分之一的位置，然后内陷突然停止（图 4-4A）。内陷的部分称为原肠（archenteron），原肠在植物极板的开口称为胚孔（blastopore）。

植物极板细胞内陷的机制与加热双金属片发生弯曲的机制相似。有资料表明，海胆囊胚的透明层实际上可分为两层，外层主要由透明素蛋白（hyalin protein）构成，内层主要由 Fibropellin 蛋白组成。内陷发生时，植物极板细胞向透明层内层分泌一种硫酸软骨素糖蛋白（chondroitin sulfateproteoglycan，CSPG），CSPG 吸水导致透明层内层膨胀，而透明层外层并不膨胀，最终导致透明层向囊胚腔弯曲，植物极板内陷（图4-4）。稍后，植物极板相邻细胞的运动产生的作用力促进了植物极板的内陷。

 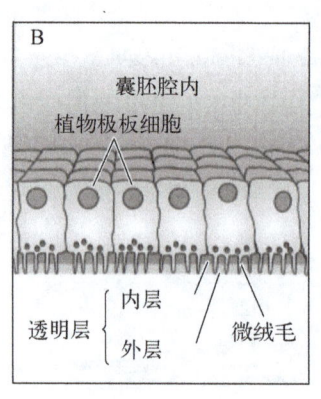 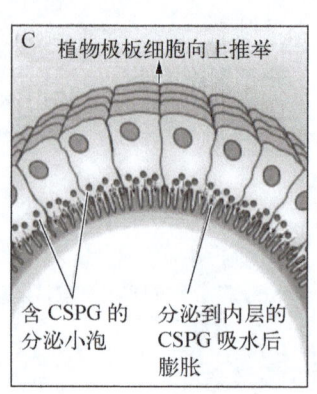

图 4-4 原肠内陷第一阶段

(A 自 Morrill 和 Santos,1985；B、C 仿 Lane 等,1993)

植物极板细胞内陷属于原肠形成的第一阶段。经过短暂的停顿之后，原肠形成的第二个阶段开始。在这个阶段，原肠显著伸长，甚至达到原来长度的三倍；短粗的原肠变成细长的管状。延伸发生过程中，组成原肠的细胞重新排列，大大减少了原肠周长内的细胞数目，使组织变细的同时向前延伸，称为集中延伸(convergent extension)(图 4-5)。另外，随着原肠的集中延伸的继续，细胞仍然在分裂，产生出更多的内胚层细胞和次级间质细胞(secondary mesenchyme cells)。

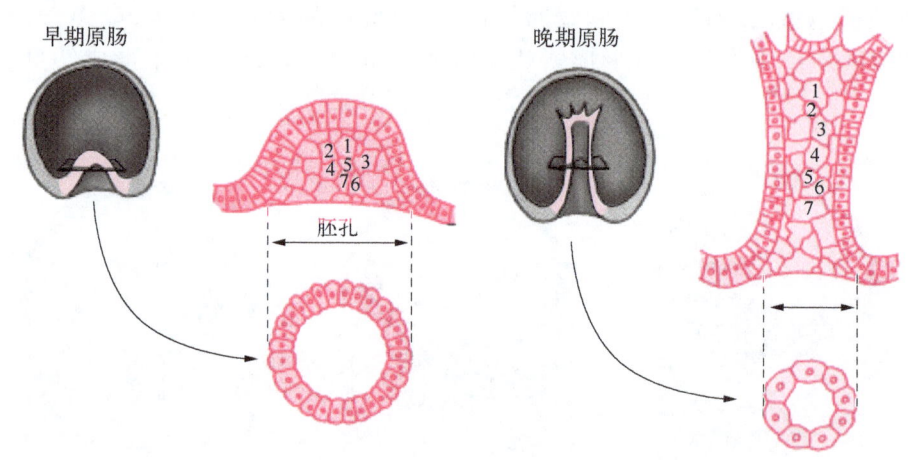

图 4-5 海胆原肠细胞的集中延伸造成原肠的伸长(引自 Hardin,1990)

某些种类的海胆，还会有原肠延伸的第三个阶段。原肠延伸的最后阶段是由原肠顶部形成并停留在原肠顶部的次级间质细胞提供的张力完成的(图 4-6)。这些次级间质细胞伸出伪足，穿过囊胚腔液，与囊胚腔壁的内表面接触并相连。伪足收缩，牵拉原肠伸长。研究表明，用激光破坏次级间质细胞，结果原肠只能延伸到原来长度的 2/3 左右。如果有少数几个次级间质细胞幸存的话，原肠的延伸能够继续，但速度大大减慢。因此，在内陷的最后阶段，次级间质细胞牵拉原肠至囊胚腔壁的作用是至关重要的。研究表明，次级间质细胞的伪足和囊胚腔壁的接触和黏附具有部位特异性。伪足通过不停地伸出和缩回进行探测，直至接触到特定的靶位点，即幼虫腹面将来形成口的区域。然后伪足在接触点处变扁平，并将原肠向接触点处牵拉。

原肠顶部接触到靶位点的囊胚腔壁之后，次级间质细胞分散到囊胚腔内，增殖形成中胚层器官。在原肠接触囊胚腔壁的位置形成口，口和原肠融合形成一个连续的消化管。海胆作为后口生物，其胚孔的位置形成肛门，而口是后来在原肠胚形成过程中形成的。

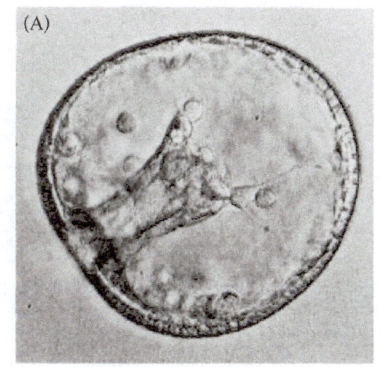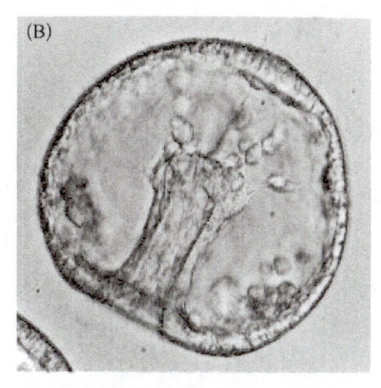

图 4-6　次级间质细胞牵拉原肠至囊胚腔壁(引自 Gilbert,2010)

第二节　两栖类的原肠胚形成

两栖类动物蝾螈和蛙类的细胞体积大,发育速度快,因此它们成了实验胚胎学研究最理想的模式生物。两栖类原肠胚形成的研究既是实验胚胎学中最古老的领域,同时也是一个新兴的领域。人们对两栖类原肠胚形成的研究已长达一个多世纪,但是大多数有关原肠胚形成机制的理论在后期已被重新修正。不同的两栖类动物往往采用不同的原肠胚形成方式,使得对两栖类原肠胚形成的研究显得更复杂。近年来,对非洲爪蟾(*Xenopus laevis*)的研究最为深入,我们也以非洲爪蟾为例讨论其原肠胚形成的机制。

一、爪蟾囊胚的发育命运图

两栖类的囊胚和无脊椎动物的囊胚一样,都需要把预定内胚层器官的细胞拖入胚胎的内部,将预定形成外胚层的细胞置于胚胎的四周,而将中胚层细胞置于内外胚层之间合适的位置。这些细胞的活动可以通过活体染色技术进行观察,也就是用无毒的染料,使胚胎局部地染上颜色,以观察着色部位的迁移运动和发育命运。将所观察到的结果绘制成的图即发育命运图。

研究表明,爪蟾囊胚细胞的发育命运取决于它们位于胚胎的表层还是深层(图 4-7)。非洲爪蟾的中胚层主要来源于深层细胞,而外胚层和内胚层细胞来源于表层。形成脊索和其他中胚层组织的前体细胞主要位于赤道附近称为边缘区(marginal zone)的表层细胞之下。但在有尾类蝾螈和其他一些蛙类中,其脊索和中胚层前体细胞更多地位于表层细胞中。

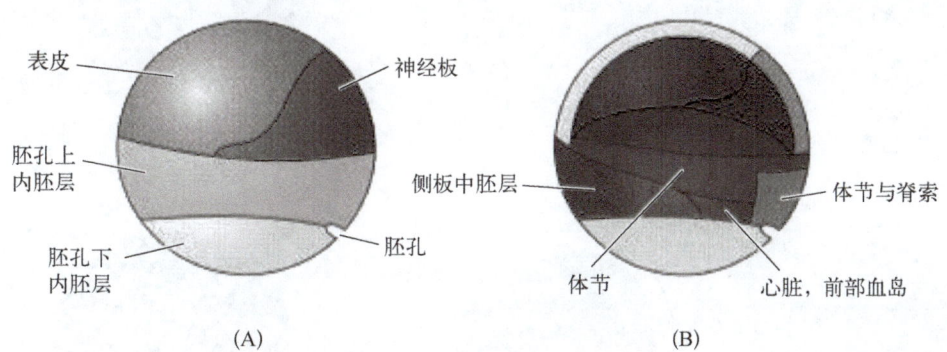

图 4-7　非洲爪蟾囊胚的外层细胞(A)和内层细胞(B)的发育命运图(引自 Gilbert,2000)

实际上,人们对爪蟾的未受精卵也作出了发育命运图,其动物极的表层将形成外胚层(皮肤和神经),植物极表面将形成内胚层(肠和相关器官),而中胚层细胞将由赤道附近的内层胞质形成。这个总的发育命运图可以根据卵内的转录因子 VegT 和旁分泌因子 Vg1 的存在状态绘制出来。编码这些蛋白的 mRNA 定位于非洲爪蟾卵植物极半球的皮层内,卵裂过程中它们被分配到植物极细胞中。利用反义寡核苷酸消除早期胚胎中的 VegT 蛋白,结果会造成胚胎的发育命运图的紊乱。胚胎的动物极 1/3 只能形成腹部的表皮,边缘区细胞(正常情况下形成中胚层)形成了上皮和神经组织,而植物极的 1/3(形成内胚层)却形成了外胚层和中胚层的混合物(图 4-8)。缺乏了 Vg1 后的胚胎将会缺少内胚层和背部的中胚层。

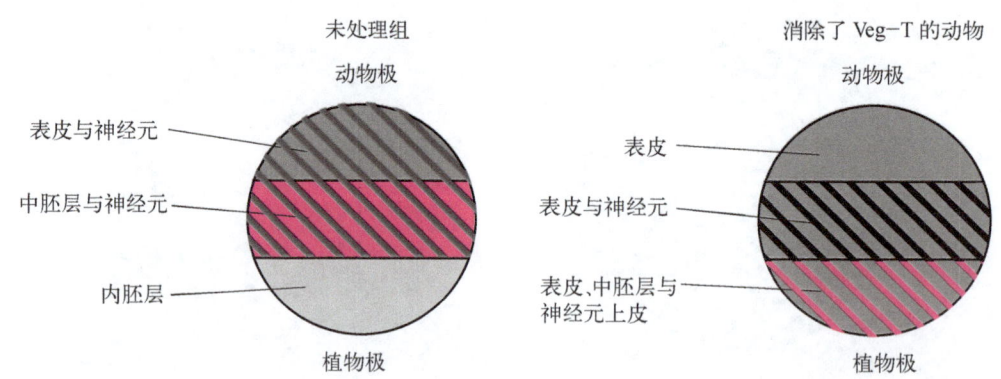

图 4-8 消除 VegT 对非洲爪蟾囊胚三个区域发育命运的影响（引自 Gilbert,2000）

二、原肠胚形成过程

两栖类的原肠胚形成开始于囊胚的灰色新月区。灰色新月区是精子入卵后，在其进入部位对面的赤道下方形成的。这个区域的细胞内陷形成狭缝状的胚孔，同时细胞的形状发生了明显的变化。内陷的细胞体向胚胎内部移动，但仍然通过一个细长的颈与外表面联系。这些细胞称为瓶状细胞（bottle cell），将来形成原肠的衬里（图 4-9）。

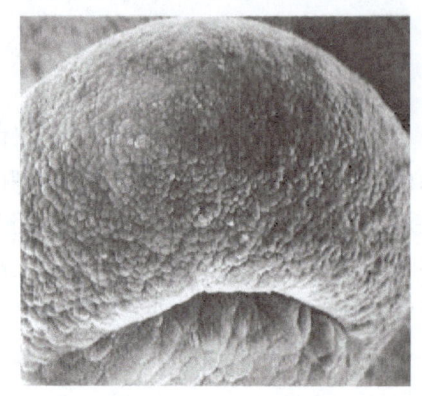

图 4-9 爪蟾早期胚孔背唇的表面观（引自 Gilbert,2010）

与海胆相似的是，两栖类的原肠胚形成也是由囊胚细胞的内陷开始，不同的是，海胆植物极处内陷形成原肠，而两栖类是在动物半球和植物半球交界的赤道下方灰色新月区开始内陷。此处的内胚层细胞与植物极的细胞相比，体积较小，卵黄含量也较少。

位于边缘区的中胚层和内胚层预成区通过胚孔的背唇卷入原肠胚内，同时动物极细胞进行下包并在胚孔处集中（图 4-10）。当迁移的边缘区细胞到达胚孔的背唇（dorsal lip）时，它们转向内并沿着动物极半球细

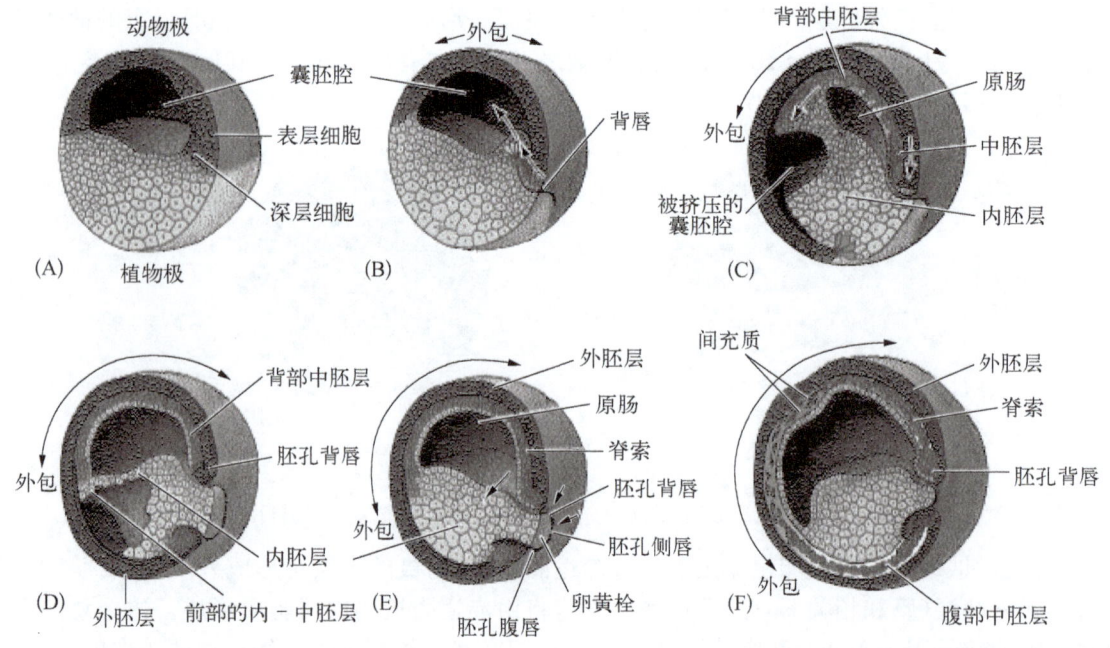

图 4-10 蛙类原肠胚形成中的细胞运动（引自 Keller,1986）

(A) 囊胚；(B) 原肠胚形成开始，细胞从胚孔背唇处卷入；(C) 中胚层细胞依次从胚孔卷入囊胚腔内，并沿囊胚顶壁向内迁移，囊胚腔被挤压，卷入的细胞下方形成原肠；(D) 更多的细胞通过胚孔的背唇、侧唇、腹唇卷入胚胎内部，囊胚腔进一步被挤压，同时外胚层细胞向植物极迁移；(E) 除内胚层卵黄栓外，所有中胚层和内胚层细胞都进入胚胎内部，囊胚腔消失；(F) 内胚层卷入胚胎内部，外胚层包围整个胚胎表面，中胚层位于内外胚层之间，并在胚胎背部形成脊索

胞的内表面迁移。因此构成胚孔背唇的细胞在不停地变换。第一批构成胚孔背唇的是瓶状细胞,内陷形成原肠的最前沿。这些细胞将来形成前肠咽部的细胞。这些细胞进入胚胎内部以后,构成胚孔背唇的内卷细胞是那些将来发育为脊索前板(prechordal plate)的细胞,它们是头部中胚层的前体。下一批通过胚孔背唇进入胚胎内部的细胞是脊索中胚层(chordal mesoderm)细胞,将来发育为脊索。脊索为一个临时性中胚层骨架,在神经系统的模式建成过程中起着重要的作用。

随着细胞不断进入胚胎内部,囊胚腔也被挤到胚孔背唇对面的位置。同时,随着瓶状细胞的形成和内卷的继续,胚孔也向侧面和腹面扩展。狭缝状的胚孔背唇扩展形成月牙状,形成侧唇和腹唇,更多的中胚层和内胚层细胞前体通过胚孔进入胚胎内部。随着腹唇的形成,胚孔形成环状围绕在较大的内胚层细胞周围,此时这些内胚层细胞尚暴露在植物极的表面(图4-11)。

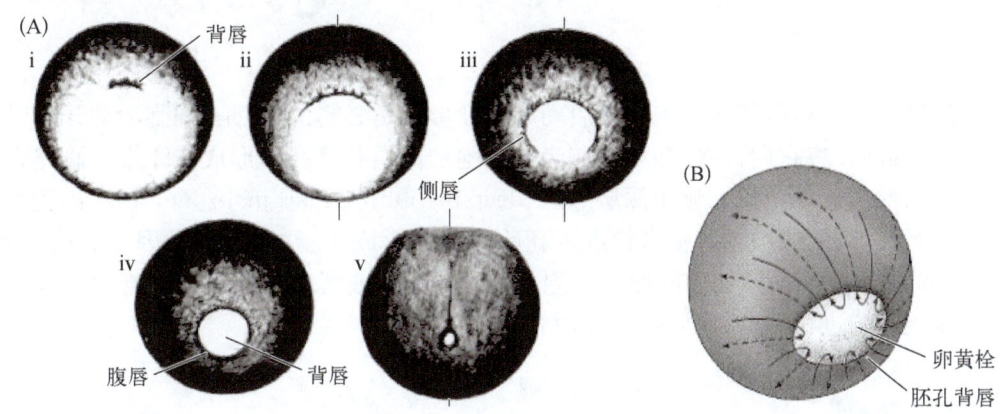

图4-11 胚孔的形成与扩展(A自Balinsky,1975;B自Gilbert,2000)
(A) i～v 示胚孔背唇、侧唇、腹唇形成的过程;(B) 示细胞从胚孔卷入

尚未进入胚胎内部的内胚层剩余部分称为卵黄栓(yolk plug),这部分细胞最终也要进入胚胎的内部。此时,所有的内胚层细胞已经被带入胚胎的内部,外胚层细胞包绕了整个胚胎的表面,而中胚层被置于内外胚层之间的位置。

三、中期囊胚转换

原肠胚形成的第一个前提条件是基因组的活化。爪蟾合子的核基因组直到第12次卵裂的后期才开始转录,此时不同的细胞开始转录不同的基因,卵裂球也开始获得了运动的能力。卵裂球基因表达状态发生显著变化,即由早期转录抑制状态向激活状态转变,是母源型基因控制向合子型基因控制的过渡,称为中期囊胚转换。据认为,此时不同的转录因子(如VegT)在不同的细胞中开始活化,细胞也因此获得了新的特性。例如,在母源性的VegT的作用下植物极的细胞形成内胚层,并分泌蛋白因子作用于其上面的细胞,使后者形成中胚层细胞。

四、原肠胚形成中的细胞运动

1. 内陷

两栖类的原肠胚形成主要是通过内陷和内卷完成的。当囊胚灰色新月区的瓶状细胞形成时,两栖类的原肠胚形成就开始了。这些细胞顶端的外表面剧烈收缩,而基底的内表面则扩张,致使顶端到基底的长度大大增加,形成瓶状(图4-12)。

蝾螈胚胎的瓶状细胞对原肠胚形成的早期活动起主导作用。研究表明,蝾螈早期原肠胚的瓶状细胞能够吸附到盖玻片上,并且能够引导与之相连的细胞一起运动。将分离得到的胚孔背部缘区细胞(正常情况下形成胚孔背唇),置于预定形成内胚层的细胞上,结果是背部缘区细胞形成瓶状细胞,并

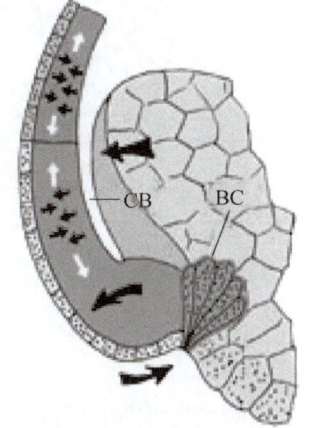

图4-12 背部表面缘区一组细胞的顶部收缩和基底面扩张导致瓶状细胞的形成(引自Ray Keller和David Shook,2004)

BC,bottle cell,瓶状细胞;CB,cleft of Brachet,内卷造成的边缘区内层和外层细胞之间的狭缝

陷入内胚层细胞的内部,形成类似早期胚孔的沟(图4-13)。因此,内陷进入内胚层深层的能力是背部缘区细胞所固有的特性。

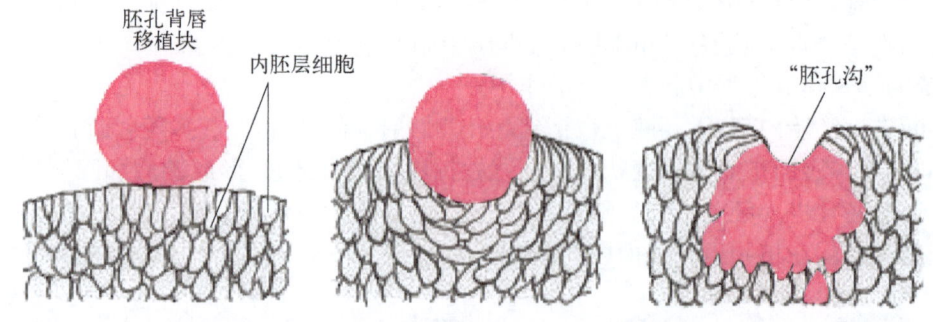

图4-13 背部胚孔背唇移植块内陷进入内胚层,形成胚孔样的沟(仿Holtfreter,1944)

非洲爪蟾与蝾螈则有所不同,瓶状细胞对于启动原肠胚形成是必需的,但是,细胞活动开始以后,原肠胚形成便不再需要瓶状细胞。将它们移除,并不影响缘区细胞的内卷和胚孔的形成与闭锁。研究表明,原肠胚形成过程中,细胞向胚胎内运动主要有赖于深层缘区(deep involuting marginal zone,IMZ)细胞的内卷,而不是缘区表层细胞的内卷。缘区表层细胞被牵拉进入胚胎内部并形成原肠的衬里,是因为表层细胞与活跃迁移的深层细胞相连的结果(图4-14)。去除瓶状细胞并不影响深层或者表层的缘区细胞的内卷,而去除缘区深层细胞,并用动物极细胞进行填补,原肠胚形成便立刻停止。

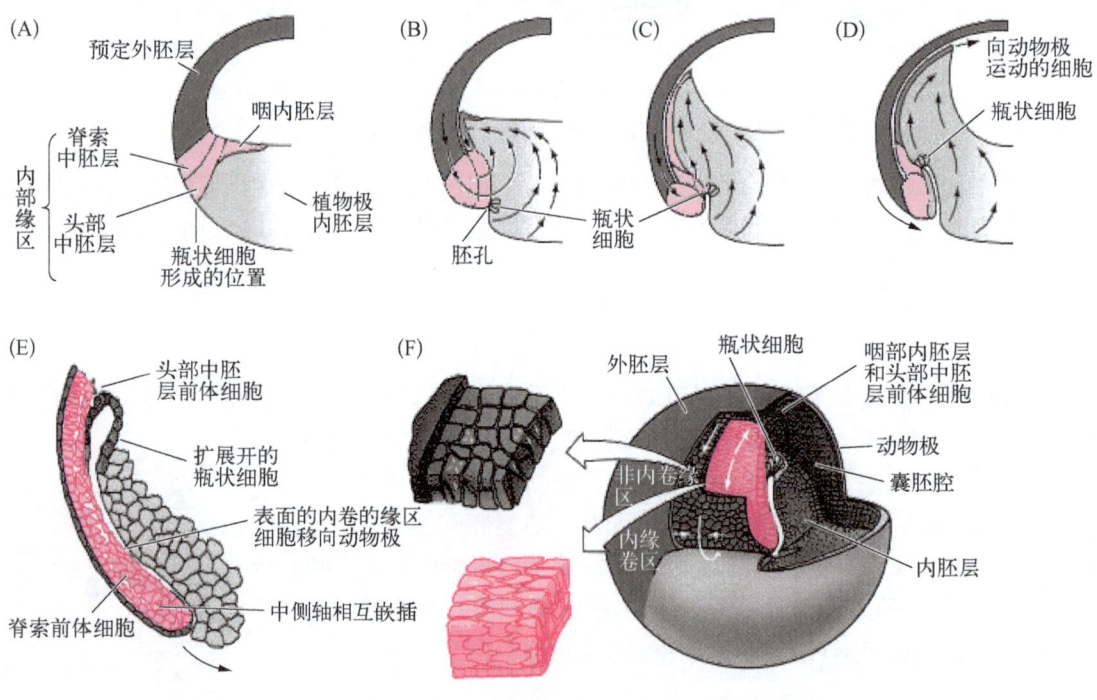

图4-14 爪蟾原肠胚形成早期细胞的运动(引自Wilson和Keller,1911;Winklbauer和Schurfeld,1999)

2. 内卷

爪蟾胚胎细胞的内卷从背部开始。最早开始内卷的是形成咽部内中胚层(pharyngeal endomesoderm)和脊索前板(prechordal plate)的细胞,它们通过胚孔背唇后在外胚层的内表面最早发生迁移。接着进入胚孔背唇的细胞包括脊索和体节的前体细胞。同时,随着胚孔扩展为背侧唇、侧唇和腹唇,预定心脏中胚层、肾脏中胚层和腹部中胚层也进入胚胎内部。

3. 集中延伸

内卷的深层缘区(IMZ)细胞最初由几层细胞组成。在它们通过胚孔背唇内卷之前不久,这几层的深层缘区细胞之间相互嵌插(intercalation),形成一薄而宽的单层细胞。这种嵌插使内卷缘区细胞向植物极进一步扩展。与此同时,表层细胞通过细胞分裂(增加细胞数量)和扁平化也得到扩展。当深层内卷缘区细胞到达胚孔背唇,内卷进入胚胎内部时,便开始了另一种类型的相互嵌插。这种嵌插导致了集中延伸数串中胚层细胞合并,并沿胚胎的中侧轴(mediolateral axis)形成窄而长的中胚层带。这与高速公路上几个车道在某些地段合并为一个车道相似。中胚层带的前端向动物极迁移,导致附在其上的表层细胞(包括瓶状细胞)被牵拉着向动物极运动,并形成原肠的内胚层顶壁。随后,中胚层向胚胎内部的继续迁移则有赖于深层缘区细胞的径向和中侧向的嵌插作用(图4-14)。

内卷的细胞一旦进入胚胎的内部,它们是如何知道向何处迁移的呢?

在蝾螈胚胎内,内卷的中胚层前体细胞在囊胚腔顶壁细胞分泌的一种纤连蛋白(fibronectin)网上迁移。在原肠胚形成即将开始之前,囊胚腔顶壁预定的外胚层分泌一种含有纤连蛋白的胞外基质,内卷的中胚层似乎沿着纤连蛋白纤维迁移。化学方法合成的"假"纤连蛋白能够与胞外基质中的"真"纤连蛋白竞争,成了支持这个假说的证据。研究结果表明,内卷的细胞结合到纤连蛋白上含有Arg-Gly-Asp三个氨基酸残基的区域。如果将大量的含有这三个氨基酸残基的短肽注入蝾螈即将进行原肠胚形成的囊胚腔内,内卷的细胞将会和这些可溶性的小肽段结合,而不与胞外基质中的真正的纤连蛋白结合,导致细胞迁移的停止。由于无法找到它们的迁移路径,这些中胚层细胞将会停止内卷,保持在胚胎的外表面,使胚胎变成了一个无规则细胞团块(图4-15)。

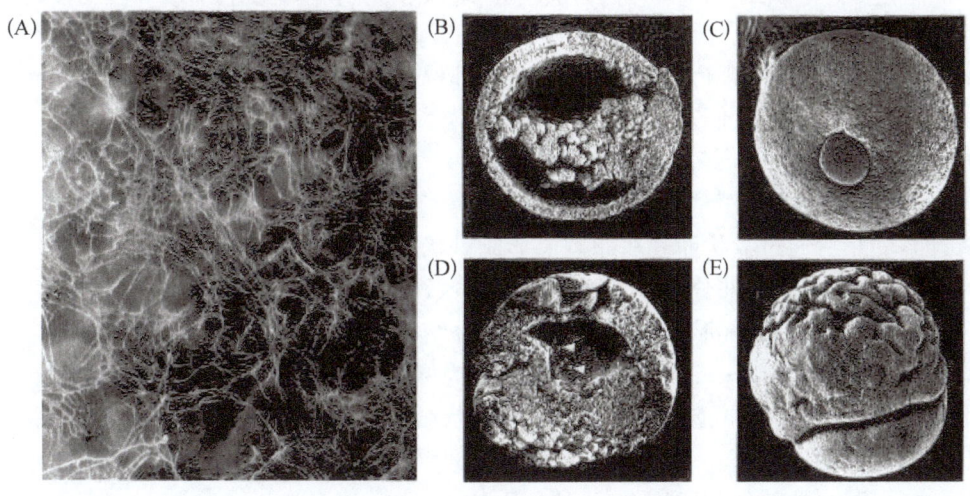

图4-15 纤连蛋白和两栖类的原肠胚形成

(A引自Boucaut等,1985;B~E引自Boucaut等,1984)
(A)蝾螈囊胚腔顶壁细胞及其分泌的纤连蛋白;(B)(C)示蝾螈正常的胚胎发育过程,中胚层细胞正常内卷至囊胚腔内部,并沿顶壁迁移(B);原肠胚形成末期,中胚层细胞全部卷入胚胎内部,形成环形胚孔和卵黄栓(C);(D)(E)示向蝾螈囊胚中注入Arg-Gly-Asp短肽片段后,内卷的中胚层细胞与之结合,不能沿囊胚顶壁细胞迁移(D),从而使细胞内卷停止,胚胎形成无规则细胞团块(E)

内卷的中胚层细胞可能通过αvβ1整合素蛋白(纤连蛋白的受体)与纤连蛋白结合。注射纤连蛋白或者αvβ1整合素蛋白的抗体,同样也可以使内卷中胚层细胞的迁移停止。另外纤连蛋白受体的合成可能将中胚层细胞开始、继续或者终止迁移的信号传给了内卷的中胚层前体细胞。除了给内卷的中胚层细胞提供附着点之外,含有纤连蛋白的胞外基质还可以指引这些细胞迁移的方向。总之,两栖类囊胚腔顶壁的胞外基质,尤其是其中的纤连蛋白成分对原肠胚形成过程中的中胚层细胞迁移起着重要的作用。

4. 外包

缘区细胞通过胚唇内卷的同时,外胚层的前体细胞也在整个胚胎上扩展。利用电子显微镜观察动物极和缘区的表层细胞和深层细胞的变化,发现非洲爪蟾原肠胚形成中外包的主要机制是通过分裂增加细胞的数目以及数层细胞合并成单层细胞(图4-16)。原肠胚形成的早期,动物极半球的深层细胞发生3次细胞分裂,以增加细胞的数目。同时数层深层细胞完全合并成单层的细胞。最外层的细胞通过细胞分裂和变扁平而进行扩展。背部和腹部缘区细胞可能也采用相同的机制进行扩展,只是细胞形状改变在扩展中所起的作用要比动物极细胞更为突出。这些扩展的结果使动物极帽和非内卷缘区的表层和深层细胞包绕整个胚胎的表面,而大部分的缘区细胞内卷形成胚胎内的中胚层带。随着外胚层包绕了整个胚胎,所有的内胚层细胞终将进入胚胎的内部。至此,外胚层包绕了胚胎,内胚层进入胚胎内部,而中胚层细胞置于内外胚层之间的适当位置。

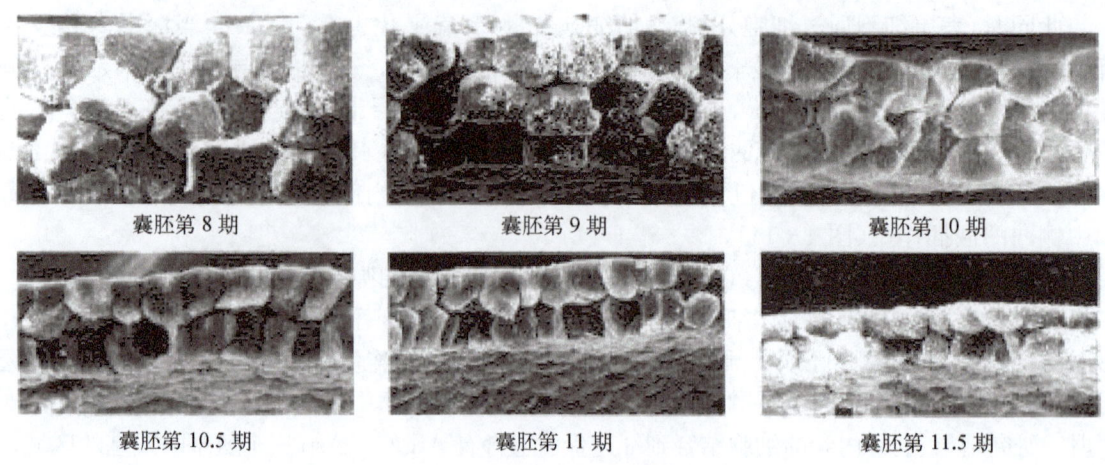

图 4-16 非洲爪蟾的囊胚腔顶壁的扫描电镜照片(引自 Keler,1980)

第三节 鸟类和哺乳类的原肠胚形成

鸟类和哺乳类的胚胎发育与爬行类极为相似,它们都保留着为适应多黄卵而进化形成的原肠胚形成方式,这充分反映了在系统进化上它们来自共同的祖先。

一、鸟 类

鸟类为多黄卵,受精后通过盘状卵裂在卵黄上形成盘状胚盘,其中央区域为明区,四周为暗区,明区与卵黄之间的腔为胚下腔。胚盘的大部分细胞形成上胚层,少数细胞迁移到胚下腔内形成下胚层,不断扩展覆盖于卵黄之上。上胚层将来发育为胚胎,下胚层只产生胚外结构,如卵黄蒂。

原肠胚形成的起始以原条(primitive streak)的发育为标志(图 4-17)。原条由上胚层的后部边缘区发育而来,在鸡蛋产出 16 h 已完全伸展。原条为可见的条状结构,从胚盘后部边缘区一直延伸到明区的中间。原条处的细胞增殖活跃,并向内部卷入(图 4-18)。所以原条与两栖类的胚孔很相似。与两栖类不同的是,鸡胚在原肠胚形成过程中,伴随细胞增殖,细胞体积也增大。

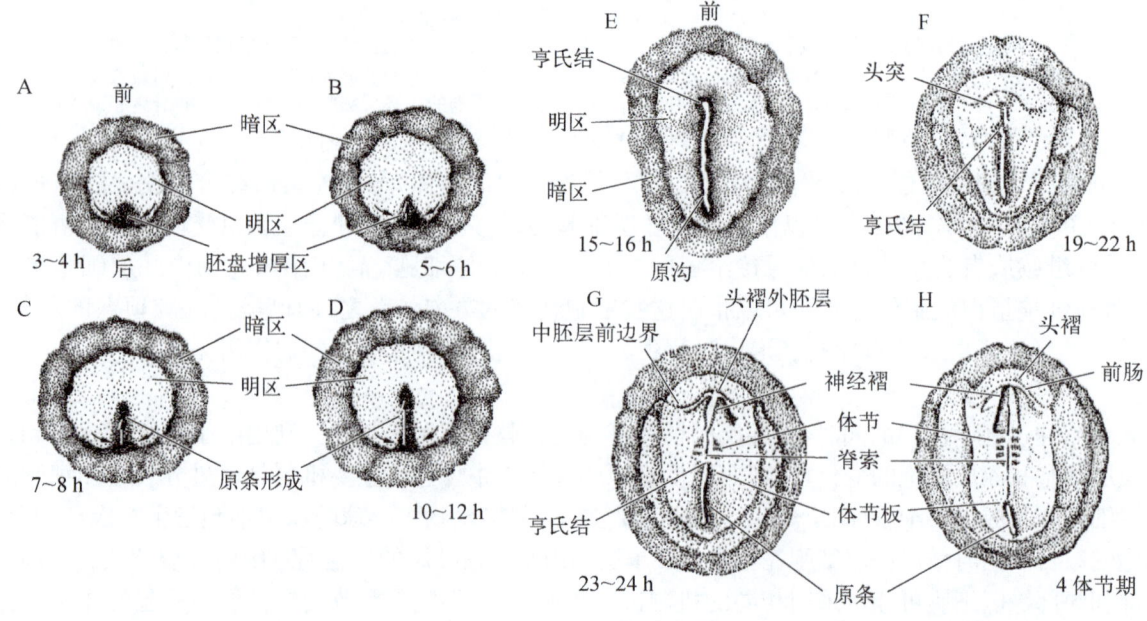

图 4-17 鸡胚原条的形成和退化(引自 Spratt,1946)

此图为鸡胚背面观。A~D 示原条的形成和伸长;E 原条完全伸展,前端形成亨氏结;F~H 细胞内卷完成后,原条逐渐由前向后回缩,脊索和体节逐渐形成

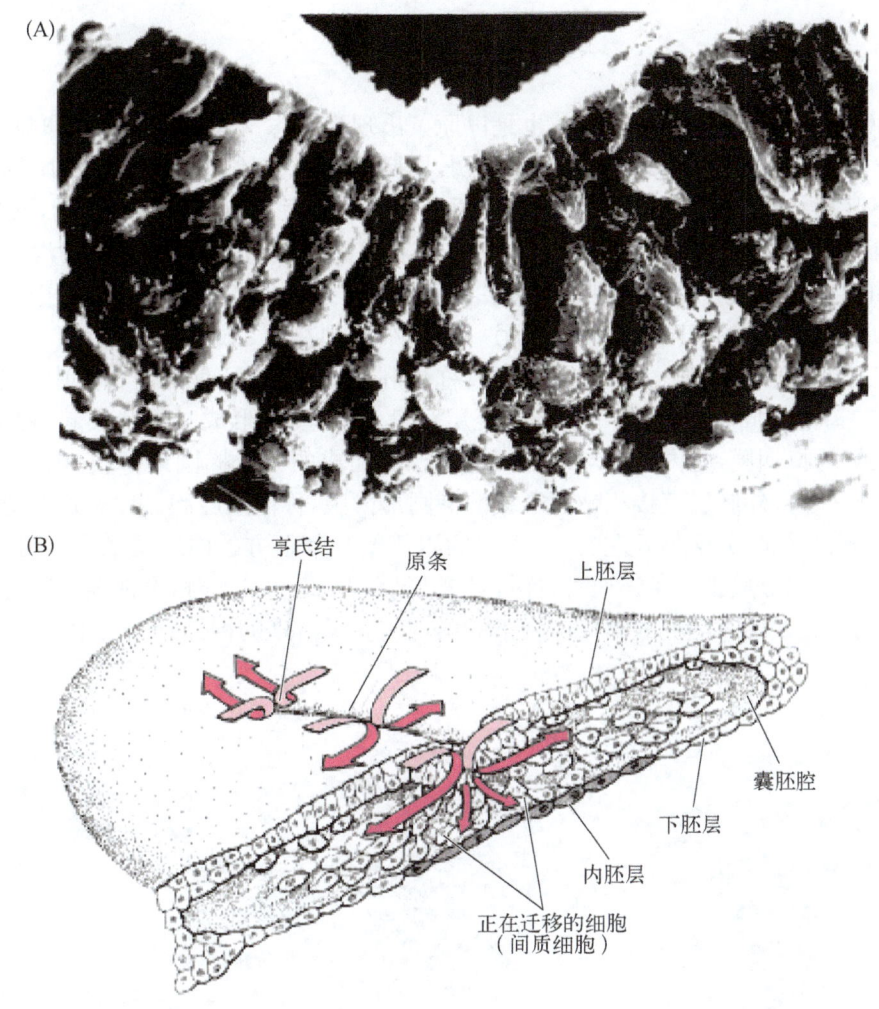

图 4-18 鸡胚原肠胚形成过程中细胞由原条处卷入

(A 自 Solursh 和 Revel,1978;B 自 Balinsky,1975)

A. 扫描电镜示原条处细胞脱离外胚层进入囊胚腔内部,细胞顶部延伸成瓶状;B. 立体图解示外胚层细胞分别从原条和亨氏结处进入上下胚层之间,原来的下胚层细胞逐渐被迁移入的内胚层细胞代替,最终分离出来在内胚层下方形成一个细胞层,参与卵黄囊的形成

随着原条前伸穿过明区,上胚盘后部边缘区细胞也向前运动。聚集于原条之上的细胞通过原条然后在表层之下再离开它,这些细胞将产生中胚层和内胚层,表层细胞形成外胚层。预成内胚层取代了下胚层,在内胚层与外胚层之间形成中胚层。

在原肠胚形成中,明区由圆形变为梨形,在原条前端形成亨氏结(Hensen's node)。一旦中胚层和内胚层的绝大部分卷入胚胎内,原条便开始退化,亨氏结向胚胎后端运动。由胚盘的外胚层与内胚层的内卷形成头褶,它位于亨氏结之前,是胚胎头部的界限。来自亨氏结的细胞形成脊索,并参与体节的形成。随着后部亨氏结的退化,亨氏结逐渐后退,脊索和体节马上在它的前面形成。鸡蛋在产出 25 h 时,大约有 7 对体节已经形成。体节由前向后产生,大约每小时产生 1 对。

脊索形成后,其上的神经外胚层逐渐发育为神经管。在神经管愈合时,一些细胞离开神经嵴迁移到他处,形成其他组织。与此同时,头褶发育,将头部与上胚盘的表面分离。伴随神经和头褶的发育,胚胎腹部也折起,形成消化管。中胚层的进一步发育与爪蟾极为相似,体节产生脊椎、躯干和四肢肌肉以及真皮。鸡蛋产出 2 d 时,胚胎已经发育到 20 体节期。

鸡蛋产出 3 d 时,已形成 40 个体节,头部已发育得很好,心脏也已形成,四肢开始发育。血岛、血管已在胚外组织中发育。在这一时期,胚胎的血液循环已经开启,头部可以运动自如。胚胎通过胚外膜获得营养,充满液体的羊膜囊(amniotic sac)提供机械性保护;卵壳内的绒毛膜(chorion)紧紧围绕整个胚胎;尿囊(allantois)既能接受分泌性物质又能为气体交换提供场所;卵黄囊包围卵黄。

二、哺乳类

1. 原肠胚形成

哺乳动物的原肠胚形成与鸟类的很相似,也是以原条出现为标志。人的受精卵经卵裂形成胚泡(囊胚),于受精后第7d开始植入子宫内膜。发育至第三周初,原肠胚形成开始。两胚层胚盘尾端中线处的上胚层细胞增生,在上、下胚层之间形成一条纵行的原条。原条的头端膨大成结节状的亨氏结,又称原结(primitive knot)。原结的背面凹陷,称原凹(primitive pit)。在原条背面中线也出现一纵行浅沟,称原沟(primitive groove)。上胚层细胞增殖并通过原条在上、下胚层之间向周边迁移。其中一部分细胞进入下胚层并逐渐置换了下胚层细胞,形成一层新的细胞,称内胚层;另一部分细胞则在上、下两胚层之间形成第三层细胞,称胚内中胚层。在内胚层和中胚层出现之后,上胚层便改称外胚层。至此,胚盘由内、外、中三个胚层构成,称三胚层胚盘(图4-19)。与此同时,原凹的细胞向两胚层胚盘头端迁移,形成一管状突起,称头突,以后衍化为脊索管。头突的头侧为口咽膜,是内胚层与外胚层直接相贴而成的一个椭圆形薄膜,内、外两胚层之间无中胚层组织。在原条尾侧内、外胚层直接相贴而形成的椭圆形薄膜,称泄殖腔膜。原条逐渐退化,若不退化,易在骶尾部出现畸胎瘤。受精后第20 d左右,脊索管的腹侧壁与其下方的内胚层融合并溶解吸收,于是在未来神经管与未来肠管之间形成了一条连通管,称神经—肠管,至22~24 d时,由神经—肠管的顶壁演变成脊索。以后,脊索退化为成人椎间盘中的髓核。脊索的出现诱导了后来的神经管的发生。

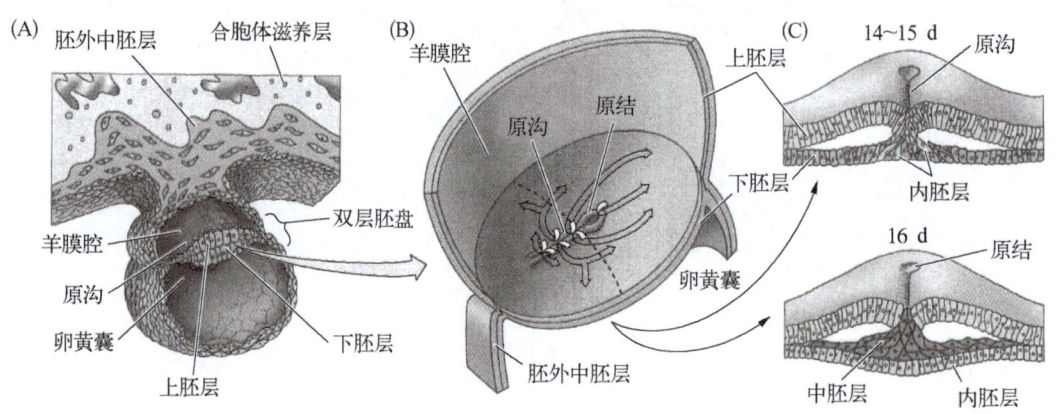

图4-19 人胚原肠胚形成过程中细胞的运动及中胚层的形成(引自Gilbert,2010)

(A)图为妊娠15 d的人胚的过中线矢状切面;(B)为妊娠15 d的人胚的背面观,示经原沟及原结的上胚层细胞的内卷;(C)为妊娠14~16 d的人胚背面及横切面,示中胚层的形成

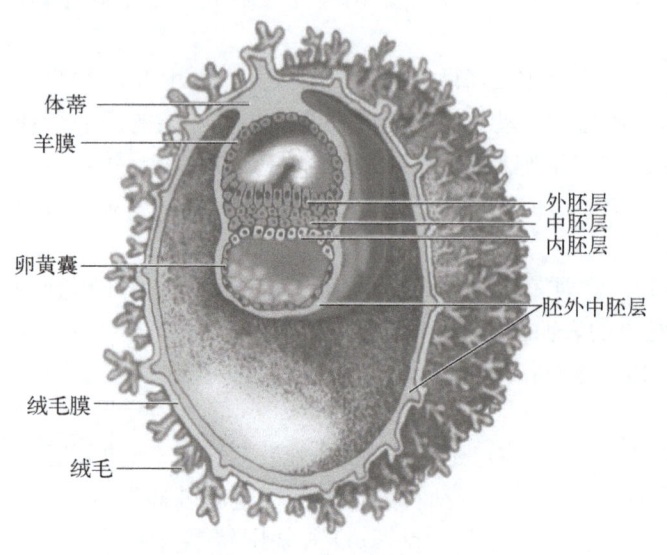

图4-20 第三周的人胚胎

2. 胎膜与胎盘

哺乳类动物胚胎发育中形成胎膜与胎盘等附属结构,以保证胚胎的水生环境和营养代谢。胎膜包括绒毛膜、羊膜、卵黄囊和尿囊(图4-20)。

受精后第8 d,在上胚层细胞之间出现了一个充满液体的小腔。由于小腔的扩大,一层上胚层细胞被推向胚端的细胞滋养层,形成了贴在细胞滋养层内面的膜,这就是最早的羊膜,由羊膜和上胚层围成的腔称羊膜腔,腔内的液体称羊水。胚胎就在羊水中发育。羊水的量是逐渐增多的,妊娠第10周仅为30 ml,第20周便增至350 ml,足月时可达1 000~1 500 ml。如果羊水多于2 000 ml,则为羊水过多;如果羊水少于500 ml,则为羊水过少。羊水过多或过少常伴有胎儿的某种先天畸形。

受精后第9 d,下胚层周缘的细胞增生并逐渐覆盖了细胞滋养层的内表面，形成一个位于下胚层下方的囊，称初级卵黄囊。

受精后第 10~11 d，在胚泡腔内出现了疏松的网状组织，称胚外中胚层。受精后第 12~13 d，胚外中胚层内出现一些小的腔隙，后逐渐融合为一个大腔，称胚外体腔，又称绒毛膜腔。胚胎发育早期，绒毛膜表面均匀地分布着绒毛，随后，伸入基蜕膜中的绒毛由于营养丰富而生长茂盛，并发生若干分支，该处的绒毛膜称丛密绒毛膜。伸入包蜕膜中的绒毛因缺乏营养而逐渐萎缩退化，该处的绒毛膜变得光滑平坦，称平滑绒毛膜。随着胚胎发育，丛密绒毛膜与基蜕膜共同构成了胎盘（图 4-21）。

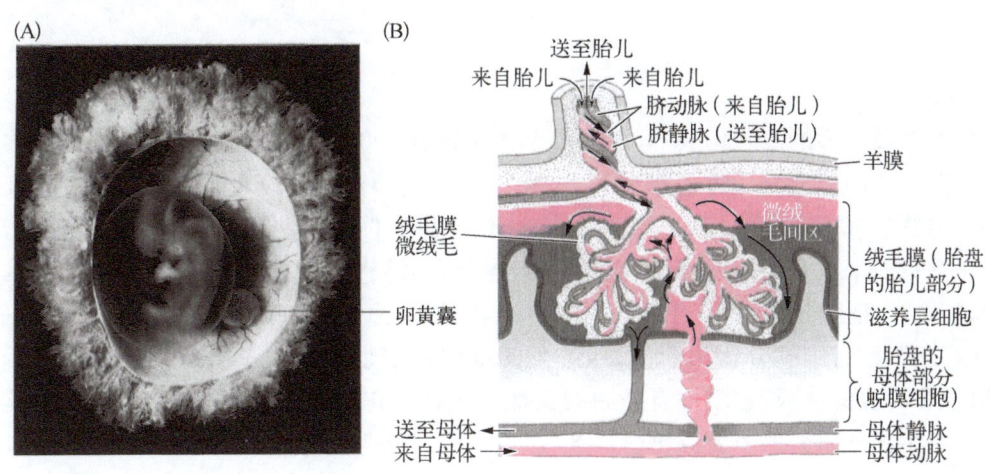

图 4-21 人胚胎与胎盘

(A)图为妊娠 50 d 的人胚胎和胎盘；(B)图为胎盘中胎儿血管与母体血管之间的关系

随着胚外体腔的出现，胚外中胚层被分隔为内、外两层，外层铺衬在细胞滋养层的内表面和羊膜囊的外表面，称胚外中胚层的壁层；内层覆盖在初级卵黄囊的外表面，称胚外中胚层的脏层。下胚层周缘的细胞增生并沿着胚外中胚层的脏层向腹侧迁移，然后在腹侧汇合而形成一个小囊，称次级卵黄囊，即卵黄囊。卵黄囊是最早形成血细胞和血管的地方。随着次级卵黄囊的形成，初级卵黄囊被排挤到了胚外体腔的另一端，并逐渐退化。

受精后第 14 d 左右，随着胚外体腔的扩大，胚盘及其背侧的羊膜囊和腹侧的卵黄囊由一束胚外中胚层组织悬吊在胚外体腔中，这束胚外中胚层组织称连接蒂又称体蒂。

尿囊是卵黄囊的尾侧壁伸向体蒂的一个盲囊。人胚的尿囊很不发达，仅存数周即退化，没有呼吸和排泄功能。但是，随着尿囊的发生，其壁上的胚外中胚层中出现了两对血管，即一对尿囊动脉和一对尿囊静脉。这两对血管逐渐演变成脐动脉和脐静脉。尿囊大部分退化，其根部演化为膀胱顶的一部分，膀胱顶至脐内的一条细管称脐尿管，后闭锁成脐中韧带。如果胎儿出生后脐尿管仍未锁闭，膀胱中的尿液就会通过此管溢出脐外，这种畸形称脐尿瘘。

脐带是胎儿和母体进行物质交换的唯一通道，呈索条状，一端连于胎儿脐部，另一端连于胎盘。脐带的形成与胚体的卷折密切相关。早期胚盘借体蒂与绒毛膜相连，随着胚盘向腹侧卷折及羊膜腔不断扩大，与胚盘周边相连的羊膜也向腹侧包卷，将卵黄囊、体蒂及其中的尿囊均挤到胚体腹侧，形成一圆柱状结构，称脐带。

第5章 胚胎发育的细胞分化与基因调控

生物个体是由多种类型的细胞构成的,如人类个体大约有200多种、总数约10^4个细胞构成,它们在形态结构和生理功能上具有明显差异。神经细胞可长达1 m,与其神经传导功能相适应;红细胞直径只有几微米,但数量众多,与其氧气运输功能相适应。尽管这些不同类型的细胞之间存在如此大的差异,但它们都是由单个的受精卵发育而来。在个体发育中,细胞后代在形态、结构和功能上发生差异的过程称为细胞分化(cell differentiation)。细胞分化是发育的核心机制,个体发育是通过细胞分化过程实现的。一个受精卵如果只能进行细胞分裂,没有细胞分化出现的话,产生的细胞再多也形成不了复杂的生物个体。没有细胞分化,就不会有组织和器官的形成,也就没有胚胎的发育。细胞分化是如何发生的,控制细胞分化的机制是什么?这一直是发育生物学研究的重要问题。

在前面章节中介绍囊胚和原肠胚形成过程中已经了解了许多细胞分化现象,以此为基础,本章将对细胞分化的机制进行系统性分析,以期对细胞分化获得更加完整和深入的认识,有助于后续章节中关于胚层分化和器官形成内容的学习与理解。

第一节 胚胎细胞的发育潜能与细胞分化的决定

一、胚胎细胞的发育潜能

胚胎发育过程中,不同类型的胚胎细胞以及处于不同发育时期的胚胎细胞的分化能力是不同的,这种细胞分化能力的强弱称为发育潜能(developmental potential)。根据发育潜能可以将细胞分成全能性、多能性、单能性细胞及终末分化细胞。在胚胎发育中,细胞分化是一个渐进的过程。受精卵具有分化出各种细胞和组织的潜能,是发育潜能最高的细胞,具有发育全能性(totipotency)。发育早期的细胞也具有发育全能性,如从早期囊胚内细胞团分离的胚胎干细胞(embryonic stem cell,简称ES细胞)。在生物个体成熟组织中也存在着多种类型的干细胞,称为组织干细胞(tissue stem cell)或成体干细胞(adult stem cell),它们可以分化成多种类型细胞,具有的这种发育潜能称为多能性(multipotency),如多能造血干细胞可分化成红细胞、白细胞、单核细胞和血小板等。有的干细胞只能分化出一种细胞类型,这种细胞的发育潜能称为单能性(monopotency)。终末细胞是不能分裂的高度分化的细胞,虽然细胞核仍具有全能性,但从整个细胞的水平上已不能继续分化。

二、细胞发育命运的决定

1. 胚胎细胞的发育命运

从胚胎发育的全过程来看,随着胚胎地不断发育,细胞的发育潜能越来越低,而细胞的分化程度越来越高,细胞的发育方向越来越明确。胚胎细胞的发育方向或分化方向称为胚胎细胞的发育命运(fate)。追踪胚胎细胞的发育方向可以绘制动物的胚胎细胞的命运图(fate map),正如第四章中介绍的爪蟾囊胚的发育命运图(图4-7)。在爪蟾囊胚中,动物半球为预定(presumptive)外胚层区,将发育为外胚层,其背侧的外胚层将发育为神经外胚层,腹侧的外胚层将发育为皮肤外胚层;位于囊胚赤道处的带状边缘区(marginal zone)为预定中胚层区,将来分化为脊索、肌肉、心脏、肾等组织器官;囊胚植物极下部的1/3区域为预定内胚层区。

2. 胚胎细胞发育命运的决定

胚胎细胞的发育命运在细胞出现明显的分化特征之前要经过一个称为决定的过程。决定(determination)是胚胎细胞在出现特有的形态结构、生理功能和生化特性之前所发生的决定细胞分化方向的内在变化的过程,其主要标志是细胞开始合成特异性蛋白质,如神经外胚层分化为神经细胞时出现了特异烯醇酶,肌细胞分化时出现肌红蛋白。在这一阶段中,细胞虽然还没有显示出特定的形态特征,但是内部已经发生了向这一方向分化的特定变化。例如,果蝇的器官芽是幼虫中一些还没有分化但已经决定分化方向的细胞团,在变态时它们产生腿、翅膀、触角等。这种器官芽如果移植到成虫腹腔内会继续维持未分化的状态,但如果移植到正要变态的幼虫的适当部位就能被诱导分化,甚至在成虫腹腔内连续移植长达 9 年(大约经过 1 800 次细胞分裂)之后,再移植到正要变态的幼虫体内,它们仍能各自按已决定的方向分化。

细胞分化的决定是细胞分化的前奏和基础,分化是决定稳定发展的结果。决定是细胞发育方向的选择,而分化是使细胞产生了结构与功能上的稳定差异。

胚胎发育是循序渐进的,细胞的发育命运也是在不同的时间决定的。一般来说,胚胎首先分为几个宽的区域,如将来的胚层区,然后在这些区域中的细胞命运的决定越来越明确。清楚地区别处于某一发育时期的细胞的命运和它决定的状态是非常重要的。胚胎细胞的决定状态可以用移植实验进行观察(图 5-1)。在两栖类的囊胚期,将外胚层中的眼预定区移植到胚胎的另一侧的中胚层预成区,移植细胞将按新的位置发育为中胚层。在这一时期,它们的发育潜力是大大超过它们的正常命运。但是如果在发育晚期的胚胎上做这同一实验,移植的组织仍将发育为眼而不是中胚层结构。在发育早期,这些细胞还未决定为眼细胞,而在发育后期,它们已经决定为眼细胞了。

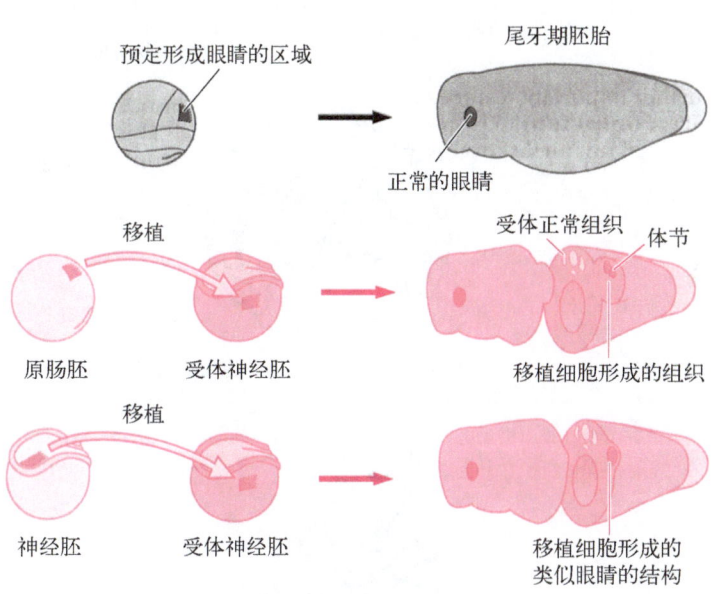

图 5-1 两栖类胚胎眼区细胞移植实验

3. 调整型发育与镶嵌型发育

早期胚胎的细胞的决定程度较后期胚胎小,随着发育的进行,细胞的发育潜力越来越受到限制。有些动物早期胚胎的细胞并没有决定,每一个细胞都能够产生一个完整的胚胎,细胞的分化潜能远远大于它的正常命运,称为调整型(regulative development)。脊椎动物的胚胎就属于调整型。与此相反,有些胚胎从发育的很早时期,细胞就只能按照它们的命运发育,这样的胚胎成为镶嵌型(mosaic development)。在镶嵌型胚胎中,细胞间的相互作用是相当有限的。在绪论中介绍发育生物学的研究历史时,我们已经提到,在 19 世纪末,实验胚胎学家围绕胚胎的镶嵌型发育和调整型发育开展了一系列的实验研究。实际上调整型和镶嵌型的界限并不总是很清楚,它只是部分反映了胚胎细胞发育命运决定出现的时间。在镶嵌型胚胎中,决定出现得要早,而在调整型胚胎中决定则出现得相对较晚。实际上,纯粹的调整型的胚胎是不存在的,无非是有些胚胎的调整型程度大一些罢了。

第二节　胚胎细胞分化的诱导

一、胚 胎 诱 导

在胚胎发育中,一部分细胞在一定时期对其邻近的另一部分细胞产生影响,决定后者分化方向,这种现象称为胚胎诱导(embryonic induction)。诱导现象普遍存在于胚胎发育时期的组织器官分化过程中,它对胚胎细胞分化和器官形成具有极其重要的作用。

德国著名实验胚胎学家施佩曼(Hans Spemann)最早在1901年就发现两栖类胚胎发育中的眼泡能诱导覆盖在它上面的表皮形成晶体。1924年他和他的助手孟戈尔得(Hilde Mongold)开展了著名的组织者移植实验(图5-2)。

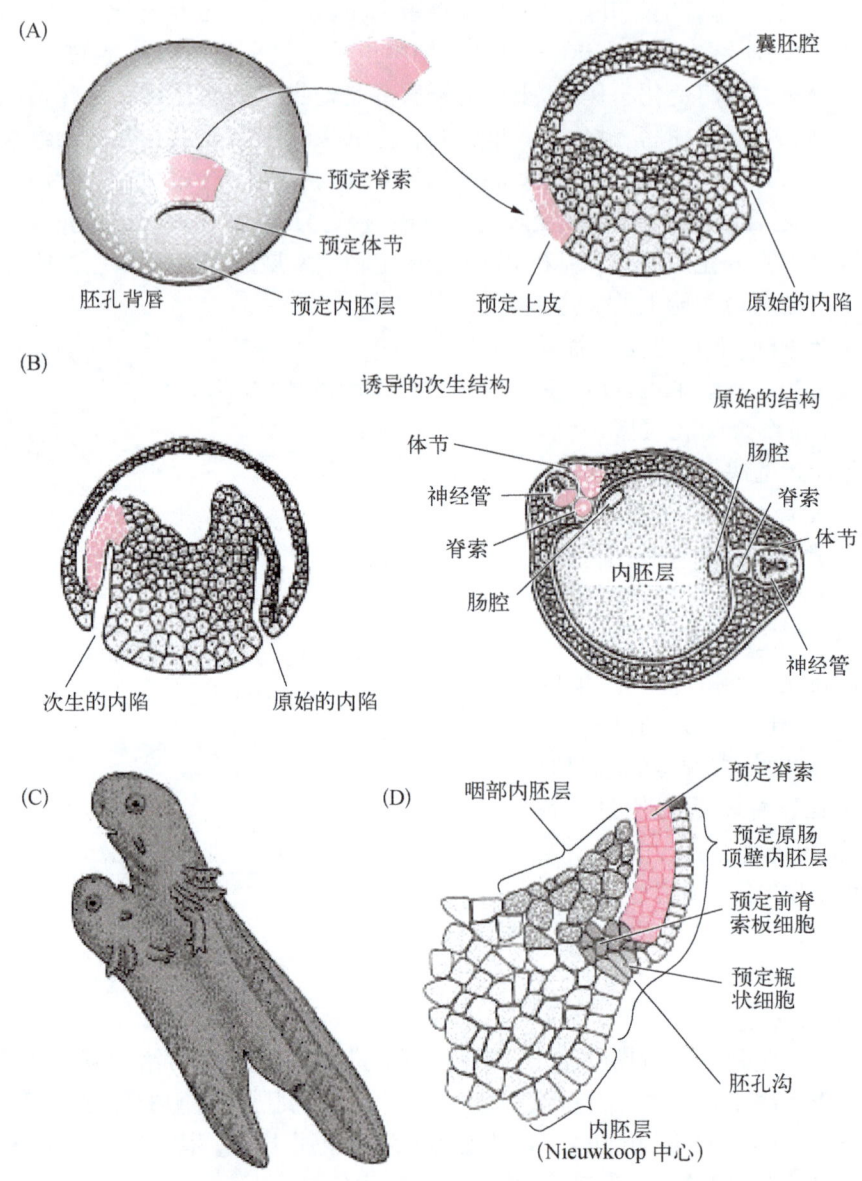

图5-2　移植的胚孔背唇能够组织周围的胚胎组织形成次生体轴(引自Gilbert,2000)

(A~C自Hamburger,1988; D自Winklbauer和Schurfeld,1999)

实验中,Spemann和Mangold使用了色素不同的两种蝾螈：深色的 *Tritueus taeniatus* 和不含色素的 *Triturus cristatus*,因此他们很容易根据颜色不同识别出供体组织和宿主组织。*T. taeniatus* 早期原肠胚的背唇移植到 *T. cristatus* 早期原肠胚腹部预定上皮区后,背唇组织发生正常的内陷(显示自主分化)并进入其下的植物极细胞中。含有色素的供体组织继续分化为正常背唇组织所能够形成的脊索中胚层(将来形成脊索)和其他中胚层组织。随着供体组织来源的中胚层细胞继续向前移动,宿主的细胞也开始参与了新的胚胎的形成,形成了正常情况下不可能形成的器官。在这个次生的胚胎中,体节含有有色素的(供体)和无色素的(宿主)两种组织。更有趣的是,背唇组织能够和宿主组织相互作用,使宿主组织形成一个完全的神经板。最终在宿主的对面形成了一个次生的连体胚胎。Spemann将可以诱导胚胎产生的胚孔背唇及其衍生组织称为组织者(organizer)。

鸡的亨氏结和小鼠的类结区域在发育中都具有相似的组织者功能,如果将它们移植到另一个处于合适时期的胚胎中,都能诱导产生一个完整的体轴,并从外胚层诱导产生神经组织。

胚胎诱导中，发出诱导信号、引发诱导发生的组织称为诱导者(inductor)；接受诱导信号而发生细胞分化的组织称为反应组织(responding tissue)；反应组织接受诱导刺激的反应能力称为感受性(competence)。在胚胎发育中，诱导者和反应组织在时间上、空间上都必须相互协调才能发生相互作用。例如，神经感受性随着原肠胚发育而逐渐减弱，在原肠胚胚孔关闭时消失，说明外胚层组织的神经感受性具有时间性；所有神经管细胞都能对脊索发出的信号起反应，但只有离脊索最近的细胞被诱导分化为底板细胞，其他较远的细胞就变为非底板细胞，说明神经管细胞的神经感受性具有区域性。

二、初级胚胎诱导、次级胚胎诱导与三级胚胎诱导

通常，经典的胚胎学将在原肠形成时脊索中胚层诱导其表面覆盖的外胚层形成神经板的现象称为初级胚胎诱导(primary embryonic induction)。

动物复杂的组织和器官的形成是一系列连续的胚胎诱导的结果，除了初级胚胎诱导外，还有次级胚胎诱导和三级胚胎诱导。以初级胚胎诱导的产物为诱导者进行的诱导称为次级诱导，继而以次级诱导产物为诱导着进行的诱导为三级诱导。眼的发育是典型的次级诱导和三级诱导的结果。由前脑向两侧突起形成的视泡诱导晶状体的发生，这是初级胚胎诱导。晶状体进而参与诱导形成角膜，就是三级胚胎诱导。在感觉、排泄、呼吸、消化等多种器官的形成中，次级胚胎诱导和三级胚胎诱导常常发生级联反应。胚胎诱导可以用实验加以验证。以两栖类中胚层的形成为例，它的中胚层的形成完全依赖于囊胚植物极，植物极诱导动物极细胞转化为中胚层细胞(图5-3)。将囊胚的动物极的一块组织切下，然后将它与植物极相接触，培养3天后，检查移植块，发现含有肌肉、脊索、血细胞和疏松间充质的中胚层组织。也可以检测中胚层组织的特异性蛋白如肌动蛋白。移植的动物极组织不仅能发育为外胚层，在与植物极组织直接接触的细胞还能发育为中胚层。可进一步对动物极的移植块进行标记，将会更加明确地证明移植物中产生的中胚层组织来自动物极而不是与其接触的植物极。很明显，植物极可以诱导中胚层的产生。

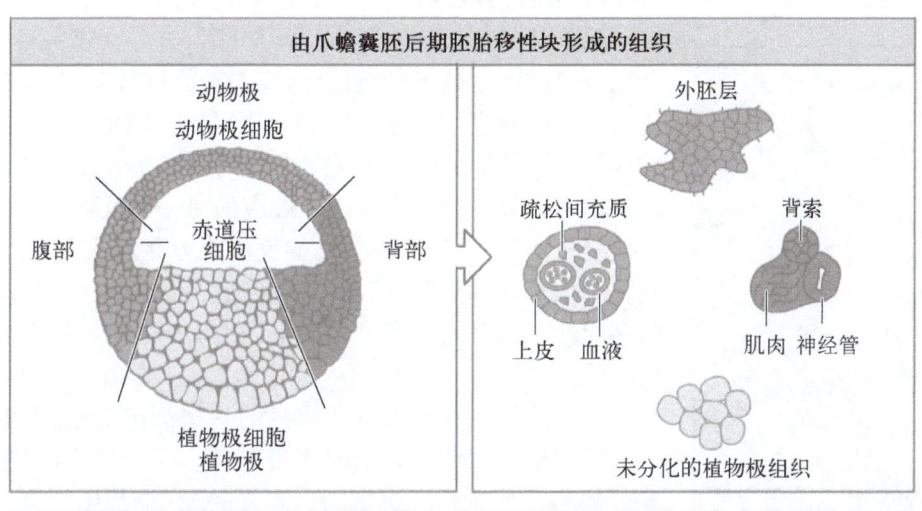

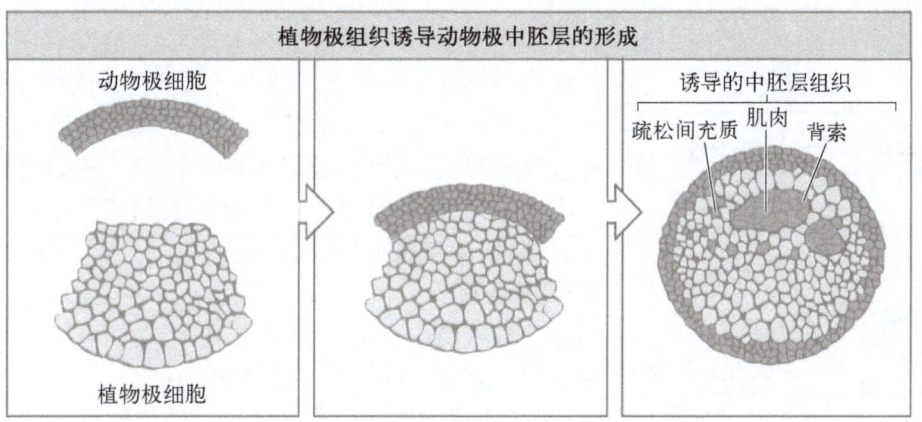

图5-3 爪蟾囊胚中植物极区诱导中胚层的形成

三、胚胎诱导信号

胚胎诱导的本质是来自一群细胞的信号能影响相接触的另一部分细胞的发育，它包括诱导者产生诱导信号、诱导信号的传导、反应组织接受诱导信号。

1. 诱导信号的产生

自从施佩曼著名的原肠胚背唇移植实验证实了胚胎诱导作用后，激发了实验胚胎学研究者分离鉴别诱导信号分子的热情。但是，由于胚胎体积很小，胚胎诱导信号分子的含量也很低，其分离鉴定都十分困难。尽管如此，人们在非洲爪蟾和果蝇中还是取得了一些重要进展，发现转化生长因子-β(TGF-β)、成纤维生长因子(FGF)和活化素(activin)等生长因子具有诱导活性，是胚胎诱导信号分子。研究发现，爪蟾中胚层诱导信号分子可能是属于 TGF-β 家族的母源性蛋白 Vg-1，它的 mRNA 位于植物区，与所有 TGF-β 家族蛋白都一样，新合成的 Vg-1 酶解后才能被活化。尽管在植物区存在着大量 Vg-1 前体分子，但是，将 Vg-1 前体分子注射入动物极却没有作用。这表明，Vg-1 的活化发生在转录后水平，动物极细胞不能有效地活化 Vg-1 前体分子。成熟的 Vg-1 蛋白在动物极细胞中有明显的中胚层诱导作用。用成熟 Vg-1 的编码序列和能正确指导转录后修饰的相关蛋白的编码序列构建质粒后，将其导入动物极移植块中，成熟的活化 Vg-1 的表达诱导了背部中胚层的产生。用纯化的活化的 Vg-1 蛋白处理分离的动物极组织，可以使其形成具有明显轴性组织和头部结构的胚状体。所以，Vg-1 很可能是中胚层诱导分子，高浓度 Vg-1 诱导产生背部中胚层，低浓度诱导产生腹部中胚层。

TGF-β 的另一个成员，Activin 也有中胚层诱导活性。Activin 是从爪蟾细胞系的培养液中分离到的，动物极细胞对 Activin 的反应也是具有浓度依赖性，在高浓度时，诱导脊索和肌肉；在低浓度时，只诱导肌肉。

2. 诱导信号的传导

诱导信号以三种主要方式传导(图 5-4)。第一种是通过细胞外空间以分泌扩散性分子进行传导；第二种的信号存在于细胞表面，依靠细胞的直接接触进行传导；第三种是传导方式的信号直接通过细胞的间隙连接进行传导。前两种传导方式的信号接收需要特殊的受体和细胞内的信号传导系统。诱导产生效应的另一个重要方面是受体细胞能否对信号作出反应，细胞对信号的反应能力称为感应性，它依赖于合适的受体和信号传导机制，或基因活化所需的转录因子。细胞对某一刺激的感应性可随时间改变，Spemann 组织者只能在一定时间内诱导细胞的变化。

用细胞松弛素将来自动物极的移植细胞的运动和分裂全部抑制，就可以准确测到信号分子的作用距离。一个发育图式建立时，参与细胞群体的大小不超过 0.5 mm，也就是 50 个细胞的直径。许多图式在更小的范围内建立，只有数百个细胞参与，这意味着图式建立中的诱导信号传导的距离仅是细胞直径的 10 倍。例如，能诱导肌肉产生的信号的作用距离大约 80 μm，大致相当于四个囊胚细胞的直径。诱导信号可以跨过许多细胞，也可以是局部区域性的。有的诱导信号可以影响许多细胞，而有些诱导信号可能只对少数邻近细胞起作用。对信号传导来说，胚胎的体积越小越好。

3. 诱导信号的接受

诱导信号可以改变诱导细胞的发育，它们可以被看作是细胞分化的指令。一个有意义的信号一定能够为细胞提供新的信息和能力，例如，使细胞产生新的 DNA 或蛋白质。对诱导信号的反应完全依赖于细胞所处的状态，并不是所有的诱导信号都产生意义，而是可选择的。

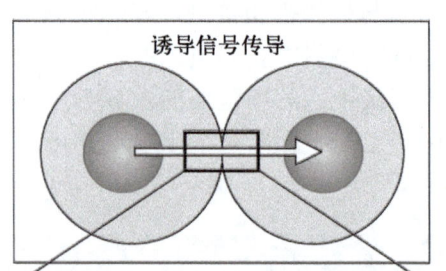
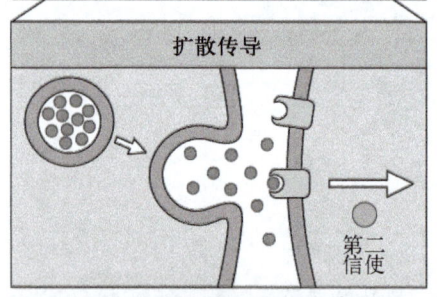
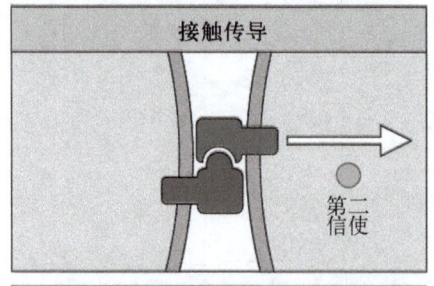
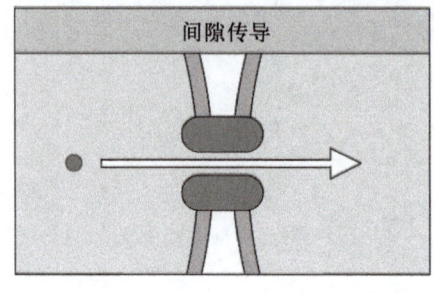

图 5-4 诱导信号的传导方式

由于信号是可以选择的,并且依赖于细胞的状态,不同的信号能在发育的不同时期活化一个特定的基因,在发育过程中,基因能被重复开启和关闭。信号具备可选择性,从生物学意义上来说是比较经济的,同一个信号可以在不同的细胞中产生不同的反应。例如,某一信号分子可以作用于几种类型的细胞,所产生的效应依赖于它们所处的发育时期和状态。

第三节　胚胎细胞分化的基因调控

除了个别的例外,所有体细胞都含有与合子相同的遗传信息。因此,细胞之间的差异必然来自基因活性的差异表达,细胞分化是基因差异表达的结果。从分子水平看,细胞分化意味着各种细胞内合成了不同的专一蛋白质,如晶体细胞合成晶体蛋白,红细胞合成血红蛋白,肌细胞合成肌动蛋白和肌球蛋白等,而专一蛋白质的合成是通过细胞内一定基因在一定的时期的选择性表达实现的。因此,基因调控是细胞分化的核心问题。基因控制发育的过程是通过基因决定何种细胞、何时合成何种蛋白质来实现的。细胞中某种蛋白的合成需要编码基因的开启,将基因转录为 mRNA,mRNA 再翻译为蛋白质。基因表达中的每一步都可以得到控制,如 mRNA 在转运到细胞质之前可以在核中降解,在许多动物的卵中的 mRNA 在受精之前受到抑制,即便是合成的蛋白质,也不一定能有作用。许多新合成的蛋白质需要进行翻译后的修饰后才能获得生物学活性。可见,细胞分化的基因调控是非常复杂的,它发生在基因、转录、翻译以及翻译后加工等基因表达的整个过程中,其中,转录是最主要的环节。

一、细胞分化过程中基因组保持恒定性

多细胞有机体内的每一个细胞的细胞核都来自受精卵细胞的合子细胞核,但在不同类型的分化细胞中基因表达却有很大的差别。在不同种类的细胞分化过程中,基因表达变化多样,基因组有无变化,是否保持恒定?

1. 绝大多数生物的基因组在细胞分化中是恒定的

在分化过程中细胞的遗传物质若发生了复杂的结构变化,将直接导致在不同类型的细胞中不同遗传基因的丢失或永久性的失活,在这种情况下细胞的分化将是完全不可逆的。在分化过程中若细胞的基因组没有发生不可逆的结构改变,每个分化细胞仍会包含全套的遗传信息,这种情形下细胞的分化将是可逆的。细胞核移植实验可以用来观察细胞核的发育潜能,验证是否随着细胞分化,基因发生不可逆的改变。将发育不同时期的细胞核取代受精卵的细胞核后观察移入的细胞核是否支持卵细胞的正常发育,如果卵细胞可以正常发育,表明在分化发育过程中没有基因的永久性改变。许多实验都是用易于实验操作的两栖类卵母细胞来做的。在未受精的非洲爪蟾卵母细胞中,细胞核位于动物极下面,用一束紫外线直接照射动物极可以破坏细胞核内的 DNA,使细胞核丧失其功能。然后将发育后期的细胞核移入到核已失活的卵母细胞中,观察移入的细胞核是否能替代原来失活细胞核的功能。结果是令人吃惊的,将非洲爪蟾发育早期的细胞核或从蝌蚪和成体中提取的各种分化细胞如肠和皮肤的上皮细胞细胞核移入到核已失活的卵母细胞中,结果它们都可以指导卵母细胞发育成为蝌蚪,甚至有少数一部分胚胎可以经变态发育为完整的个体。

当来自成体皮肤、肾脏、心脏和肺的细胞核以及来自蝌蚪肠道细胞的细胞核移入到核已失活的卵母细胞中,它们都能指导卵细胞的发育为蝌蚪,甚至到成体。当然来自成体的细胞核移植的成功率是很低的,只有很小比例的移植卵母细胞可以通过卵裂期。通常情况下,移入细胞核所处的发育时期越晚,指导卵母细胞发育的可能性就越低。来自囊胚期的细胞核进行核移植具有很高的成功率,当将相同囊胚期的细胞核分别移入几个不同的去核卵母细胞中,我们将得到遗传性状完全相同的一个克隆群体。

以上核移植实验结果表明,各种不同类型的分化细胞,与分化发育有关的基因不是不可逆永久性的改变。将不同类型细胞核移入卵母细胞并与卵母细胞的细胞质接触时,移入细胞核的行为与受精卵细胞核的基因行为是相似的。从这个意义上讲,不论是胚胎细胞还是成体细胞,其细胞核的功能都是一样的——具有指导细胞发育为完整个体的能力,细胞核具有发育的全能性。其他动植物的细胞核是否也具有相同的功能?人们以昆虫做实验也得到了相同结果。当将昆虫胚盘期的细胞核移入到卵细胞中,它们将参与多种组织的形成。用海鞘不同发育时期的细胞核也可以得到相同的结果。在植物方面,单个的体细胞直接就能培养成

为可育的植株,进一步证明了细胞的分化状态是可以逆转的。在有些哺乳动物种类中,细胞核移植实验是非常成功的。在牛和羊中,将来自胚胎培养细胞的细胞核移入到卵细胞中都能指导卵细胞的发育。轰动世界的"多莉"羊就是将羊乳腺细胞的细胞核移植到去核的卵细胞中而得到的克隆动物,它强有力地证明高度分化了的细胞仍具有核全能性。但是,细胞核的全能性不等于细胞的全能性。细胞的全能性是反映整体细胞的发育潜能,而细胞核的全能性只是反映细胞核的发育潜能,代表的是细胞基因组在细胞分化和胚胎发育中的恒定性。在胚胎发育过程中,细胞的全能性是随发育进程而明显受限的,细胞核的全能性却是持续的。

2. 少数生物的基因组在细胞分化中发生改变

就多数生物来说,基因组是恒定的,成体细胞核都保留了潜在的全能性,但是也有少数例外,基因组发生了改变,出现基因删除、基因失活、基因重排等现象。

(1) 基因删除

早在19世纪初,Theodor Boveri 就观察到了马蛔虫(*Ascari megalocephala*)的染色体消减(chromosome diminution)现象。这种马蛔虫在分化过程中,只有生殖细胞才保持完整的基因组,将来发育为体细胞的细胞将出现染色体丢失现象,在体细胞内只能发现一些染色体片段和很少一部分原来的染色体,DNA 总量大约丧失了80%以上。瘿蝇(*Myaetiola destructor*)受精卵分裂至16细胞核时,14个细胞核中的32条染色体丢失,只保留8条染色体,分化形成体细胞;未发生染色体丢失的其余2个细胞核发育为生殖细胞。

(2) 基因失活

许多动物的两性之间存在 X 染色体连锁基因的不平衡现象,一种性别具有两个 X 染色体,而另一种性别只有一个 X 染色体。因此,必须纠正 X 染色体所携带基因的不平衡,使这些基因在两性之间的表达水平相同。X 染色体连锁基因不平衡的处理机制称为剂量补偿(dosage compensation)。如果不能纠正这些不平衡,就会导致发育异常和发育过程的停止。

在囊胚植入子宫壁以后,哺乳动物(如人和小鼠)采取灭活雌性动物一条 X 染色体的办法获得剂量补偿。X 染色体一旦在雌性胚胎中被灭活,在所有的体细胞中将终生保持这种失活状态。虽然每次细胞分裂它都可以正常的复制,但一直没有基因转录的活性。在个体发育过程中细胞可以不断地分裂,但这条染色体一直处于失活状态。基因的失活是可逆的,因为这条失活的 X 染色体在随后的生殖细胞的形成过程中又可以重新被激活。失活的 X 染色体的染色质形态与活性染色质相比是完全不同的,因为在细胞分裂间期,其他的染色体都是伸展的细线状的染色质,在光学显微镜下是看不到的,而失活的 X 染色体则处于染色质的高度凝集状态,这种染色质被称为异染色质,它们没有基因转录活性并在光镜下可见,这种异固缩的 X 染色体在人的细胞中被称为巴氏小体(Bar body)。无论性染色体组成是 XY,还是 XX、XXY 或者 XXXY,每一个体细胞内只有一条 X 染色体是有活性的,其余的 X 染色体全部失活。在卵裂的早期阶段,两条染色体都是有活性的,最初的 X 染色体失活发生在胚胎外部的组织,而且只有来自父方的 X 染色体被灭活。在随后的原肠胚时期,胚胎细胞的 X 染色体失活是随机的。

X 染色体灭活的发生有赖于 X 染色体上称为灭活中心(inactivating center)的一个小区域。据认为这个区域含有一个开关基因 Xist,转录产物为一个非编码 RNA。Xist 基因的 RNA 是由被灭活的 X 染色体编码的,而不是由有活性的 X 染色体编码,Xist 基因的 RNA 覆盖的 X 染色体可能会被灭活。如果将 Xist 基因引入其他的染色体,也会引起其他染色体的沉默。

(3) 基因重排

脊椎动物淋巴细胞的发育也是一个特例,在 T、B 淋巴细胞的分化过程中发生了不可逆的基因重排(gene rearrangement),使基因组发生了改变。基因重排的结果是,原来胚系细胞基因组中不相连的 DNA 片段通过剪切掉一些片段,重组形成抗体的可变区基因或 T 细胞受体基因,我们以 B 淋巴细胞如何分化为产生抗体的浆细胞为例,来研究其主要过程。

人们估计人类免疫系统能够产生 10^{15} 不同的抗体分子,它们分别具有结合不同抗原的能力。在基因组中每一抗体分别有不同基因编码显然是不可能的,因为它需要的基因数远比基因组中所包含的基因数要大得多。抗体多样性的产生是利用了独特的重组机制,在分化过程中将不同的基因片段组装成完整的抗体基因,这些基因片段只占基因组中相当小的一部分。

抗体(又称免疫球蛋白)分子的形状呈"Y"形,是由两条相同的轻链和两条相同的重链所组成。在靠近

"Y"形的顶端,每一个抗体都有两个抗原结合位点,它们分别是由重链和轻链的一部分所组成。不同的抗体分子其抗原结合位点的结构变化很大,它决定着抗原和抗体结合的特异性。参与构成抗原结合位点的重链和轻链这一区域,其氨基酸排列顺序随抗体的特异性不同而有所变化,因此这个区域被称为可变区。抗体分子剩余的部分氨基酸数量和排列顺序在不同抗体之间都比较稳定,称为恒定区。编码抗体重链和轻链可变区的基因在B淋巴细胞的分化发育过程中发生不可逆的DNA重排。

每一个分化的B淋巴细胞都只能表达一种类型的重链和轻链,重链和轻链的组合能产生识别某一特异性抗原的抗体。抗体重链的可变区是由V、D、J三个基因片段经重排后所编码,同样轻链的可变区是由V、J两个基因片段重排后编码的。在B淋巴细胞的分化发育过程中发生基因片段的DNA重排(体细胞重排),所以J基因片段就可与邻近的V基因片段连接在一起。因为染色体上有许多V、J片段,VJ基因片段的重组可以在许多位点进行,因此在不同类型的细胞中可以产生不同的VJ片段的组合(图5-5)。轻链的VJ片段的组合同样适合这一原则,在B淋巴细胞的分化过程中,一个V基因片段通过DNA重组方法位移到邻近的一个J基因片段处发生连接,经过重排的可变区DNA片段与编码恒定区的DNA一起转录成一条长的初级RNA,经过加工剪切后变成成熟的mRNA,然后mRNA翻译成一条完整的轻链。每天人体的免疫系统可以产生成千上万的B淋巴细胞,由于在不同细胞中可以有不同的VJ片段的组合以及轻链和重链的不同组合,这样就造成了抗体分子的多样性。

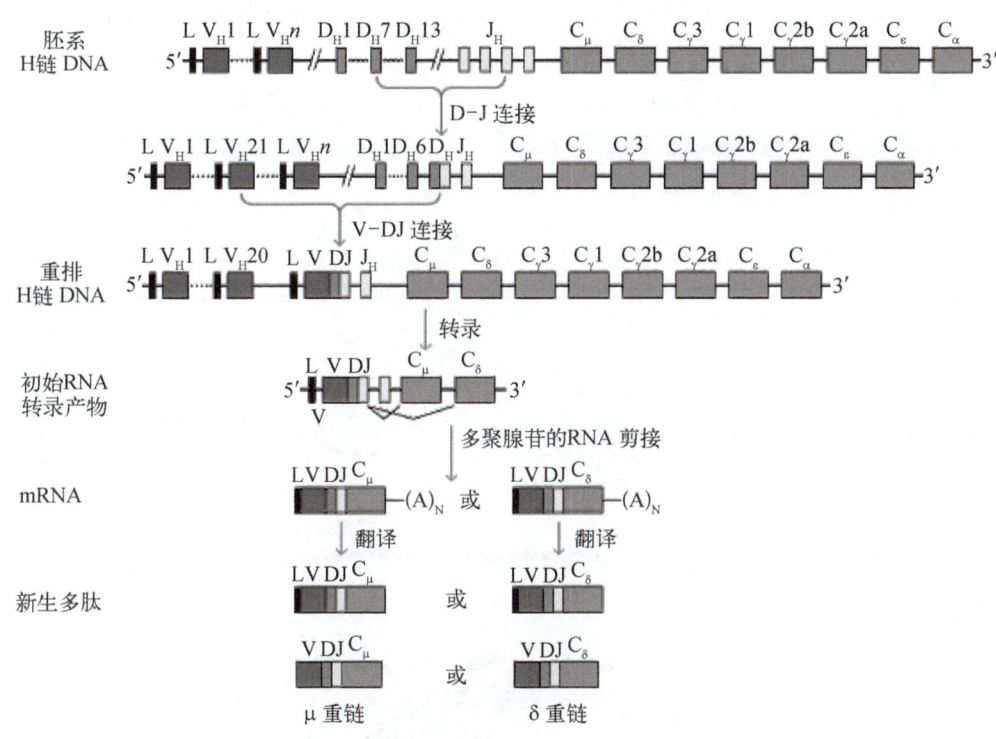

图5-5 免疫球蛋白重链基因重排及其表达过程

二、细胞分化是特异性基因差异表达的结果

细胞分化的主要特征就是基因表达的改变。基因表达的改变最终使细胞能产生所谓的"奢侈"蛋白或细胞专一蛋白,这些蛋白决定了完全分化细胞的各种特征,如红细胞中的血红蛋白,上皮细胞中的角蛋白和肌肉细胞特有的肌动蛋白和肌球蛋白。当然在分化细胞的基因表达中,不仅包括"奢侈"基因或细胞专一基因表达产生的蛋白质,而且还应包括许多对维持细胞生存所必需的"管家"基因表达产生的蛋白,如与能量代谢有关的糖酵解酶类。

一个分化细胞的特征是由细胞中所包含的蛋白决定的,各种不同蛋白的出现导致了细胞结构上的改变。哺乳动物成熟的红细胞没有细胞核,细胞为双面凹形,内部充满了血红蛋白,而典型的白细胞——嗜中性粒细胞逐渐演化为分叶的细胞核,细胞质中充满了各种分泌颗粒。当向细胞中引入某一蛋白时细胞的形状就会发生明显的改变。微丝结合蛋白—绒毛蛋白就是一个例子,绒毛蛋白主要产生于上皮细胞,与细胞顶部刷状微绒毛边缘形成有关,每一微绒毛都是依靠细胞内由肌动蛋白丝所形成的核心作为支持的,而绒毛蛋白与这个核心的装配有关。当我们将编码绒毛蛋白的 DAN 转入到能产生稀疏微绒毛的细胞株中,结果在细胞的上表面能产生大量长的微绒毛。

在细胞分化的最早期,细胞之间的差异是很难看到的,可能由于一些基因活性的改变而使细胞之间有了细微的差异。在这一时期细胞的分化方向已决定或具有向某一方向发展的潜能,例如中胚层体节细胞可以形成肌肉、软骨、真皮和血管组织,但不能形成其他细胞类型。一旦细胞的分化方向确定,所有的后代细胞都会向着确定的方向分化。

三、细胞分化的基因表达调控

细胞分化基因表达的调控主要发生在 4 个水平上:转录、mRNA 加工、翻译和翻译后水平。转录水平的调控决定基因是否会被转录、何时转录;mRNA 加工水平的调控决定初始 mRNA 如何剪接加工为成熟的 mRNA;翻译水平的调控决定 mRNA 是否会翻译为蛋白质;翻译后水平的调控决定表达蛋白的激活或失活。

1. 转录水平的调控

真核基因的基本结构可分为两个区域,一个是编码区(coding region),一个调控区(control region)。编码区包括外显子(exon)和内含子(intron),调控区中包括启动子(promoter)和增强子(enhancer)序列(图 5-6)。

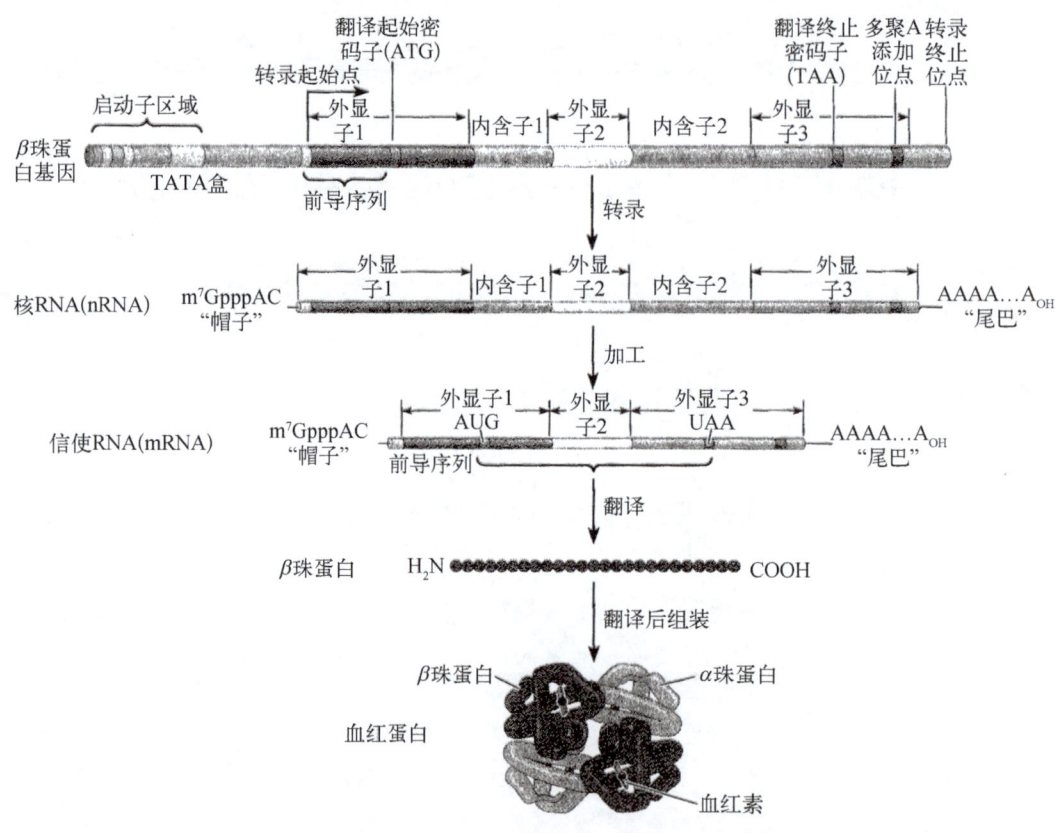

图 5-6　β-珠蛋白基因结构及其表达过程(引自 Gilbert,2013)

大量实验表明,基因的转录受细胞质中合成的某些因子的控制,这些因子多数为转录因子(transcription factors)。细胞的分化状态是通过转录因子不断的影响基因活性来维持的,转录因子在细胞分化基因调控中发挥决定性作用。

当 RNA 聚合酶与转录起始位点上游的启动子(promoter)区域识别并紧密结合后,一个基因的转录才能开始。RNA 聚合酶和与它结合的蛋白一起使一小段 DNA 解螺旋,并以其中的一条 DNA 链为模板开始合成 RNA。转录一般从 ACATTTG 序列开始。

增强子(enhancer)是 DNA 上另外一个调控位点,通常与转录起始位点有一定的距离,但不论在启动子的上游或下游,都能够增强与之相连锁的基因的转录活性。小鼠的胰岛素基因的增强子连同其启动子区域一起,可以指导与之连锁的任何编码序列在胰脏的 β 小岛细胞中表达,同时这些细胞中胰岛素基因还能正常表达。

为了与决定蛋白质氨基酸顺序的编码区相区别,我们将启动子区域和其他与基因调控有关的 DNA 结合位点统称为调控区域。调控区域在组织特异性基因表达中的重要性可以通过重组 DNA 技术来进行验证,即将某一组织特异性基因的调控区域用另一个调控区域来替换。例如小鼠中,弹性蛋白酶只在胰腺中合成,而生长激素只在脑垂体中合成。将小鼠的弹性蛋白基因的调控区域与人的生长激素基因的蛋白编码区域结合形成重组的 DNA,然后将重组的 DNA 注射到小鼠的受精卵细胞中,使重组的 DNA 整合到小鼠的基因组中。由转基因小鼠受精卵发育成的胚胎,可以在胰腺中检测到人的生长激素,这说明人的生长激素的基因在小鼠弹性蛋白酶基因启动子的控制下进行表达,同时也显示了启动子控制成分在决定基因表达中的重要性。

在真核细胞中,一个基因能否表达除了 RNA 聚合酶与 DNA 正确结合外,还需要各种转录因子的参与。转录因子是能够结合在某基因上游特异核苷酸序列上的蛋白质,它们可以调控核糖核酸聚合酶(RNA 聚合酶,或叫 RNA 合成酶)与 DNA 模板的结合。转录因子一般有不同的功能区域,如 DNA 结合结构域与效应结构域。它们和 RNA 聚合酶一起在启动子区域形成转录起始复合物使相关基因开放。人们也可以把这个复合物看成是一个转录机器。在真核细胞中,大部分的蛋白编码基因都是由 RNA 聚合酶Ⅱ负责转录的,RNA 聚合酶Ⅱ与一些通用转录因子一起形成一个多聚体的转录起始复合物,与启动子中被称为 TATA 框的特异 DNA 序列结合而使相应基因表达,TATA 框靠近转录起始位点。为了使真核细胞的基因充分表达,特别是那些具有严格组织特异性的基因,还需要其他的调控蛋白来参与基因的调控。有一些调控位点在启动子内部,靠近 TATA 框,它们在大部分蛋白编码基因中具有相似的位点。增强子的类型和位置在不同基因之间差异较大,甚至与转录起始位点相隔几千个碱基对,它们通常位于转录起始位点的上游,因此被称为上游调控区域。增强子与调控蛋白结合能够相应基因的转录起始频率提高几百倍,有些增强子位于基因起始位点的下游,或在内含子中。所有这些位点都可以增强基因的活性,因为 DNA 链可以形成环状结构,使增强子充分地与启动子区域靠近,结合在增强子上的蛋白可以与启动子上的结合蛋白结合形成转录起始复合物,使相应的基因在很高的频率下开始转录。

与真核细胞基因控制区域结合的转录调控因子可以分为两大类:一类是调节绝大多数基因的转录并存在于许多细胞类型中,另一类是调节某一个或一类基因的转录,并且基因的表达具有严格的组织特异性,它们存在于一种或几种细胞类型中。

蛋白因子参与基因转录的调控的一个重要特点就是蛋白因子之间以及与其他蛋白和小分子的相互作用。这方面通用转录因子 Fos 和 Jun 提供了很好的例证,当细胞用生长因子处理后 Fos 和 Jun 的活性明显提高,它们与许多基因控制区域的 AP-1 位点结合,与其他基因调控蛋白一样,Fos 和 Jun 以二聚体的形式与 DNA 结合,与 Fos 不同,Jun 可以形成同源二聚体与 AP-1 位点结合,但同源二聚体与 DNA 结合的亲和力比 Fos 和 Jun 异源二聚体要弱得多。这个简单的例子说明转录因子的一般特点即转录因子之间可以有许多结合方式,不同结合方式可以提高或减弱它们与 DNA 上特定的调控位点结合的亲和力。Fos 和 Jun 在细胞中的相对浓度决定了二聚体的形成方式,同时也决定了 AP-1 位点是否被激活。

转录因子之间相互作用是相当复杂的,我们下面通过几类小分子在发育和细胞分化中作用来了解一下转录因子活性的调控及基因表达的调控。这些分子主要是类固醇激素,它们以一种简单和直接的方式说明了细胞外信号如何组织特异性基因的表达。

细胞外的信号可以影响细胞中基因表达的模式,一些信号如类固醇激素等可以通过细胞膜进入细胞内产生作用,而另一些信号如各种蛋白生长因子不能跨过细胞膜,只能与细胞膜上的受体结合而起作用。由睾丸产生的类固醇激素主要负责的第二性状的产生,使男女之间产生差异。在昆虫中类固醇激素蜕皮激素负责昆虫的变态反应,诱导许多细胞产生分化。在这些情况下,激素可以使细胞中的大部分基因开放或关闭。类固醇激素雌激素刺激单一基因在特异组织中的表达就是一个很好的例子,雌激素可以诱导鸡的输卵管细胞产生卵清蛋白,它是卵白的主要成分。卵清蛋白的基因的转录需要连续不断地提供雌激素,一旦雌激素被去除,则卵清蛋白的 mRNA 转录和蛋白质的合成就会马上停止。

与蛋白激素和生长因子不同,类固醇激素都是脂溶性的激素,可以通过简单扩散的方式跨越细胞膜进入细胞内,而前者必须与细胞膜上的受体结合,通过细胞内信号传递通路产生效应。类固醇激素一旦进入细胞,与细胞内的受体蛋白结合而激活基因的表达。激素受体复合物可以作为转录调节因子直接与DNA上的控制位点结合,激活(或在某些情况下抑制)基因的转录,在许多情况下这些控制位点都是一些类固醇反应元件,具有增强子的作用。

有些类固醇激素如糖皮质激素首先与细胞质中的受体蛋白结合,然后再输入到细胞核内。例如当细胞质中糖皮质激素的受体与相应的激素结合后,导致受体与胞质蛋白分离,胞质蛋白的作用是在没有类固醇激素时使受体蛋白保持非活性状态。然后激素受体复合物相互结合形成二聚体,二聚体进入细胞核内与DNA结合激活特异性基因的转录。另一些类固醇激素的受体在没有激素存在时就已经与特定的DNA序列结合,但不能激活基因的活性,一旦形成激素受体复合物后就可以激活相应基因的转录。

类固醇激素诱导鸡输卵管细胞产生卵清蛋白是细胞对于激素产生组织特异性反应的一个很好的例子。例如,雌激素可以激活输卵管细胞内的卵清蛋白基因的活性,但肝细胞内的卵清蛋白基因就不受激素的影响。输卵管细胞的这种组织特异性反应不是由于外在蛋白与调控区域结合引起的,而是同一卵清清蛋白基因在两种组织中的染色质的结构发生了可遗传性的改变。雌激素和受体形成的复合物在输卵管组织细胞中容易与卵清蛋白基因靠近,而在肝细胞内就不能靠近。通过这种转录因子复合物发挥作用的其他因子还有甲状腺素和视黄酸,它们是一些发育过程中的形态发生素。

在发育过程中起作用的大部分信号分子是多肽和蛋白因子。这些信号分子不是直接进入到细胞内,而是与细胞膜上的受体结合,通过信号转导机制将信号传递到细胞核内。信号传递是一个非常复杂的过程,像其他许多细胞内的信号传导通路一样,它涉及蛋白激酶的连续激活反应。当细胞外信号与受体结合后,使受体的构象发生改变,受体的细胞质结构域发生磷酸化,导致靠近细胞膜的Ras蛋白被激活,激活的Ras蛋白与Raf蛋白结合,并使MEK激酶发生磷酸化而被激活,激活的MEK激酶可以磷酸化另一个激酶ERK,激活的ERK可以转入细胞核内,使转录因子发生磷酸化而被激活,使相应的基因表达。

另一种不同类型的信号传导通路就是细胞表面的信号导致储存在细胞质中的非活性的转录因子复合物被转移到细胞核内。在果蝇中受体蛋白Toll被激活后,可以导致背腹蛋白进入细胞核就是这种传导通路的一个例子。

2. mRNA加工水平的调控

多数基因表达的调控在转录水平上,但转录后调控也在不少基因表达中发挥重要作用。

(1) 初始mRNA的修饰加工

真核细胞的基因多为不连续基因,除了编码的外显子外,还有不编码的内含子。转录时,包括外显子和内含子的整个基因都被转录,形成mRNA前体。这些mRNA在运出细胞核之前都要进行加工,在mRNA前体的5'端加一个7-甲基鸟嘌呤核苷酸残基的帽子,以增强mRNA的稳定性;多数mRNA前体还要在3'端加上约200个腺嘌呤核苷酸残基的polyA尾巴(图5-6)。发育过程中有时通过5'端加帽来调节基因的表达。例如,烟草天蛾幼虫卵中的mRNA由于缺少甲基化的帽子而不能被核糖体识别,无法翻译。受精作用激活甲基转移酶后,对mRNA进行修饰,在5'端添加了7-甲基鸟嘌呤核苷酸残基的帽子后,mRNA就能被核糖体识别了。所以,烟草天蛾幼虫卵中的mRNA只有在受精后才能被翻译。在果蝇中,polyA尾巴被用来调控重要发育基因mRNA的翻译。例如,果蝇*bicoid*基因mRNA在卵受精后添加polyA尾巴后才能开始翻译。

(2) mRNA前体分子的剪接

mRNA前体中的内含子在翻译前必须剪切掉,主要有组成式剪接和可调控的选择性剪接两种剪接方式。组成式剪接是将mRNA前体中的内含子剪切掉,再将外显子拼接成成熟的mRNA。通过组成式剪接,一个基因只产生一种成熟的mRNA,一般也只产生一种蛋白质。选择性剪接是外显子可以按不同方式剪接在一起,一个基因可以产生不同的成熟mRNA,翻译产生不同的蛋白质。选择性剪接在脊椎动物和昆虫中相当普遍。在人类中,平均每个基因存在3种不同的剪接形式,所以人类虽然只有3万~4万个编码蛋白质的基因,却可以编码出10多万种不同的蛋白质。在许多情况下,基因表达的调控是通过在不同的发育阶段或不同的组织中改变mRNA的剪接方式来实现的。例如,人类甲状腺细胞和神经细胞含有一种相同的基因转录一种相同的mRNA前体分子,但由于mRNA剪接方式的不同,在甲状腺细胞中加工生成降钙素mRNA,而在神经细胞中加工生成神经肽CGRPmRNA。纤连蛋白(fibronectin)在血浆和胞外基质中都存在,但由成纤维细胞产生的胞外基质中的纤连蛋白比由肝细胞产生的血浆中的纤连蛋白多了两条肽段。这两条肽段是由 mRNA 前体的一部分编码的,这部分 mRNA 前体序列在成纤维细胞中剪接时被保留下来,而在肝细胞中被剪除。

3. 翻译水平的调控

(1) mRNA 翻译的调控

当核糖体在 mRNA 的 5′端帽子上组装好后,蛋白质的合成就开始了。首先核糖体沿着 5′端非编码区扫描直到找到合适的 AUG 作为起始密码子。核糖体沿着 mRNA 移动,tRNA 携带与开放阅读框中的密码子匹配的氨基酸,氨基酸被加到不断延长的多肽链上。当检测到终止密码子 UAG、UAA 或 UGA 之一时蛋白质合成结束,释放因子结合到核糖体上导致核糖体解体和多肽链的释放。

翻译水平的调控一般是通过细胞质中特异的 mRNA 和多种蛋白质之间的相互作用来实现的。细胞内有一类翻译抑制因子,它们结合到 mRNA 上阻止核糖体的组装或对起始密码子的扫描,从而调控蛋白质的合成。例如,果蝇的 Nanos 蛋白能与另外一个蛋白 Pumilio 共同作用,后者结合到 *hunchback* 的 mRNA 3′端非编码区,抑制 *hunchback* 的翻译。

控制 mRNA 翻译的起始是翻译水平调控的一个主要途径。在"生殖细胞的发生"一章已经提过,在许多脊椎动物和无脊椎动物的未受精卵细胞质中有大量的 mRNA 的储存,在受精前多数 mRNA 并不启动翻译。这些储存在卵细胞中没有翻译活性的 mRNA 称作"隐蔽"mRNA。"隐蔽"mRNA 从无活性到有活性状态的转变发生得相当快,受精后蛋白质的合成几乎可以完全使用存在于卵细胞中的 mRNA 作模板。

(2) mRNA 稳定性与基因表达调控

mRNA 的稳定性直接调控蛋白质的合成,如果 mRNA 在进入细胞质后很快就被降解,它只能指导合成很少的蛋白质。大部分真核细胞的 mRNA 有相对较长的寿命,不同 mRNA 的寿命差别很大。比如,涉及控制细胞分裂的 *fos* 基因的 mRNA 在细胞内降解很快,半寿期为 10~30 min,用来翻译 Fos 蛋白的时间就很短;红细胞前体中的血红蛋白或鸡输卵管细胞中的卵清蛋白的 mRNA 的半寿期就比较长,一般超过 24 h。

在脊椎动物中,激素或某些因子可以影响 mRNA 的稳定性。例如,泌乳激素的存在可使酪蛋白 mRNA 的半寿期增长 30~50 倍,这也是酪蛋白 mRNA 浓度在泌乳激素作用下增加 100 倍的主要原因。与此相反,增加细胞内铁的浓度,会导致细胞内编码转铁蛋白受体的 mRNA 降低稳定性。

4. 翻译后水平的调控

蛋白质合成后通常还需要经过加工、修饰与正确折叠才能成为有功能活性的蛋白质。翻译后的加工主要包括以下步骤。① 分泌蛋白或膜蛋白的 N-端信号肽、肽链合成的起始氨基酸的去除;② 形成多肽分子内的二硫键,固定折叠构象;③ 蛋白质的乙酰化、甲基化和磷酸化等共价修饰;④ 蛋白质的泛素化与糖基化。上述这些步骤中每一环节、每一细微结构的改变都会影响蛋白质的结构与功能。一些新合成的蛋白质往往是没有活性的,需要进一步的修饰,除去某些抑制性片断,或是某些基团发生变化。很多蛋白质刚合成时为前体,如胰岛素的前体是一条长链,通过剪切去除一部分多肽,形成 A、B 两条短的多肽链,组装后才具备胰岛素的活性。晶体蛋白翻译后修饰是 N 端的乙酰化,而鱼精蛋白翻译后要发生磷酸化后才具有活性。有些蛋白质合成后要与其他蛋白质结合组装后才有功能发挥,如免疫球蛋白的重链和轻链结合,血红蛋白分子由 α-珠蛋白、β-珠蛋白和血红素分子共同组成。微管、核糖体等许多结构都是由多种蛋白质多肽链之间的结合而形成的。在胚胎细胞中许多蛋白质分子是没有功能的,只有发生磷酸化或与其他离子结合后才变得有活性。

四、基因表达的稳定性依赖于调控蛋白和染色质的分子结构和化学修饰

1. 调控蛋白

个体发育特别是细胞分化的主要特征就是某些基因保持活性状态,同时其他基因处于抑制或非活性状态。一个基因的活性可以影响几个或许多基因的活性,如果这个基因编码的是转录因子或基因调控蛋白,这些调控因子可以使其他基因开放或关闭。

真核细胞基因特别是在发育过程中的活性基因一般都具有复杂的调控区域,其中包括各种转录因子的

结合位点,有些因子可以激活基因转录活性,有些则抑制基因活性。某一转录因子是否影响特定基因的表达活性还依赖于其他一些因素:如这个基因的调控区域是否具有转录因子的结合位点,其他的基因调控蛋白是否作用于该基因,转录因子是否磷酸化,是否与抑制其活性的蛋白或其他因子结合。转录因子中即使一个氨基酸发生了改变也可以通过改变其性质来影响其活性。

一个基因是否被激活依赖于调控因子的正确结合和调控因子的浓度是否达到一定的阈值。保持分化细胞的基因表达活性需要不断地提供这些特异性基因调控蛋白。不论在分化细胞和分裂细胞中,要保持连续的基因活性就需要连续不断地合成适当的正调控蛋白,同样使基因处于非活性状态也需要不断地合成各种抑制蛋白。

保持基因活性的一种方式就是使基因产物本身作为正调控蛋白,因此人们要做的就是如何启动基因的表达,一旦某一基因被活化,它将一直保持活化状态。这种基因表达的正反馈方式出现在肌肉细胞的分化过程中,即 *myoD* 基因的产物可以促进 *myoD* 基因表达。

在果蝇的发育过程中,一直保持基因活性并且控制分化方向的是选择基因。这些基因编码一些转录因子,其中有些转录因子具有相同的结构域,它们可以建立和保持活化基因的表达模式,如果细胞质中含有充足的必要的调控蛋白,那么细胞建立的基因表达模式可以通过细胞的多次分裂而被稳定的遗传下来。

2. 染色质的分子结构

染色体化学组成和结构的改变与基因表达密切相关。染色质是由 DNA 和蛋白质构成的复合物,染色质进一步压缩形成染色体。在每一次细胞分裂过程中染色体的形态都要发生周期性的变化,染色质进一步压缩变为光镜下可以看到的染色体。处于压缩状态的染色体其转录活性很低,在发育过程中,可以通过染色质局部的紧密折叠压缩来关闭基因活性。

染色质通过改变其折叠压缩程度关闭基因活性的一个典型例子就是前面刚刚提到过的 X-染色体的失活,雌性哺乳类细胞的核内两条 X 染色体之一在胚胎发育早期变为高度凝集状态而失活。局部的染色质折叠压缩程度的改变导致基因失活是基因失活的一种方法,这反映了活性和非活性的基因在染色质结构上存在不同,另外有些活性基因还表现出对于 DNaseI 消化的高度敏感性,表明这部分染色质处于松散开放状态,允许其他的转录因子可以接近 DNA,使相关基因转录。DNaseI 可以消化 DNA,但是当染色质处于高度凝集状态时,DNaseI 很难靠近 DNA,因此染色质 DNA 对 DNaseI 具有抗性。

3. DNA 甲基化

对 DNA 碱基进行化学修饰同样也可以关闭基因的转录活性。在脊椎动物中,对 DNA 序列特定位点的胞嘧啶进行甲基化可以使相关区域的 DNA 转录活性丧失。DNA 甲基化是在 DNA 甲基转移酶(DNA methyltransferase)的催化下,以 S-腺苷甲硫氨酸为甲基供体,将胞嘧啶转变为 5-甲基胞嘧啶的反应。当 DNA 完成复制以后,DNA 甲基化酶可以识别一条链上的甲基化胞嘧啶而使另一条链上相应的位点发生甲基化。失活的 X 染色体的甲基化方式与活性 X 染色体是不同的,因此 DNA 的甲基化在抑制基因转录方面起到重要的作用。

五、转分化可以改变分化细胞的基因表达模式

完全分化的细胞一般是稳定的,这对于其在成熟个体中执行特定的功能是必需的。许多存活时间很长的细胞如神经细胞,一旦细胞完成分化就不再进行分裂,细胞的分化状态可以稳定维持许多年。但是,细胞的分化状态可以通过转分化作用而改变。转分化就是从一种分化细胞类型转变为另一种类型的过程。在组织培养中人们发现许多细胞类型能进行转分化,特别是当加入一些化学物质来改变培养条件时,细胞的转分化现象更为明显。植物细胞只有在植株上才能维持其分化状态,一旦进行细胞培养,分化细胞就不能再保持其分化状态。在组织再生过程中一种类型的细胞可以转变为另一种不同类型但相关的细胞。这种转变的典型例子就是蝾螈眼的晶状体再生,当晶状体被摘除后,虹膜背缘上皮细胞可再生出新的晶状体,虹膜上皮细胞为高度分化细胞,含有大量色素不能分裂,再生时虹膜背缘细胞排出色素,核形状发生改变,细胞质中形成大量的核糖体,核 DNA 进行复制,随之发生细胞分裂,在原晶状体的部位形成去分化的组织,最后发育为成熟的晶状体。另一个例子就是蝾螈前肢再生过程中肌肉细胞去分化即失去了特有的分化细胞特征,并且具有产生软骨细胞的特点。

当将含有色素的鸡胚视网膜上皮细胞在一定条件下进行培养,人们发现色素颗粒消失,细胞开始出现晶状体细胞的结构特征并且合成晶状体专一性的晶体蛋白,这是一个典型的转分化的例子。另一个发生转分化现象是肾上腺的嗜铬细胞,嗜铬细胞形态较小,来源于神经嵴,可以分泌肾上腺素到血液中。在培养中,当培养基中加入糖皮质激素时嗜铬细胞的表形可以保持,但当将培养基中的类固醇去除,然后加入神经生长因子,嗜铬细胞可以转化为交感神经细胞,交感神经细胞比嗜铬细胞大,具有轴突和树突,并且可以分泌去甲肾上腺素而不是肾上腺素。这些转化实验结果表明在适当的环境信号的作用下,即使是终末分化的细胞也能转化为另一种类型的细胞。上面提到的两种情况,细胞的转分化只能在发育上相关的细胞类型之间进行,色素细胞和晶体细胞都是来源于外胚层而且与眼的发育有关,而交感神经细胞和嗜铬细胞都是起源于神经嵴。

一个特别有趣的转分化例子是水母的横纹肌细胞可以同时转化为两种不同类型的细胞,当将一块横纹肌连同与之相连的细胞外基质一块培养,人们发现横纹肌细胞的形态可以维持。将培养的组织用酶处理使细胞外基质降解,这时细胞形成一个聚合体,1~2天时间内,一部分转化为平滑肌细胞,它具有不同于横纹肌细胞的细胞形态,接下来还会出现第二种细胞类型——神经细胞。这个例子表明细胞外基质在维持横纹肌细胞的分化状态中起着重要的作用。

将鸡红细胞与人的癌细胞融合形成的融合细胞提供了关于基因活性逆转的一个典型例子。成熟的鸡红细胞与其他哺乳类红细胞不同,它具有细胞核,但细胞核中的基因活性是完全关闭的,不产生任何的mRNA,当鸡红细胞与人的癌细胞系融合后,红细胞核中的基因表达活性又重新被激活,特异性的鸡细胞蛋白又重新表达。这个实验结果表明人细胞中含有的细胞质因子具有起始鸡红细胞核基因转录活性的功能。

将分化细胞与不同种类的横纹肌细胞融合提供了关于在分化细胞中基因表达活性逆转的又一例证,多核的横纹肌细胞是一个研究细胞融合的材料,因为横纹肌细胞比较大,有容易识别的肌肉特异性蛋白。各种分化的人类细胞可以分别做为三个胚层细胞的代表,分别与小鼠的多核肌肉细胞融合,将人的细胞核放在小鼠肌肉细胞的细胞质中,结果导致人细胞核中肌肉特异性基因表达的开放。又如将人类肝细胞核移于人肌肉细胞质中,肝细胞特异性的基因就不再表达,肌肉特异性的基因却被激活,在肝细胞中能产生许多人类肌肉蛋白。

第四节 肌细胞和血细胞分化的基因调控

一、肌细胞的分化

利用细胞培养技术来研究脊椎动物横纹肌的分化过程,对于细胞分化的研究提供了许多有价值的模型。成肌细胞是一种可以演化形成肌肉的细胞,它可以从鸡和小鼠的胚胎中分离并进行克隆,这些细胞可以在一定培养条件下进行连续的分裂,一旦生长因子从培养基中去除,细胞分裂停止,向肌肉细胞分化的过程开始。细胞开始合成肌肉特异性蛋白如肌动蛋白、肌球蛋白Ⅱ和原肌球蛋白,这些蛋白是组成细胞收缩机制的一部分,同时还合成肌肉细胞特有的酶——肌酸磷酸激酶。在分化过程中成肌细胞发生了形态的改变,外形上出现两个极,这与细胞质骨架微管系统的重新组装有关,然后细胞相互融合变为多核体细胞即肌管,大约经过20 h,典型的横纹肌细胞出现。

在培养条件下当向成纤维细胞中移入 $myoD$ 基因时,可以诱导成纤维细胞(或其他类型的细胞)向肌肉细胞方向分化。$myoD$ 基因是只能在肌肉前体和肌肉细胞中表达的基因家族中的一员,被认为在肌肉的分化过程中起到关键的控制作用。$myoD$ 基因一旦开放,它可以激活肌肉特异性基因的开放,促进肌肉细胞的分化,甚至在成纤维细胞也可以进行肌肉的分化,通常成纤维细胞不表达 $myoD$ 基因家族或肌肉特异性的结构蛋白和酶。与 $myoD$ 基因结构相似的其他三个基因——$myogenin$、$myf-5$ 和 $MRF4$ 同样可以诱导成纤维细胞和其他类型细胞进行肌肉的分化。这些基因编码的转录因子都具有与DNA结合的HLH结构域,在鸟类的肌肉前体细胞中 $myoD$ 基因是第一个开放的基因,而在哺乳类中 $myf-5$、$myoD$ 和 $myf-5$ 在未分化的生肌细胞中同时表达。

尽管 $myoD$ 表达产物对骨骼肌细胞发育起到非常重要的作用,但在利用基因敲除技术的转基因小鼠实验中,可看出缺少了 $myoD$ 基因的小鼠骨骼肌发育正常,这说明基因之间具有相互补偿彼此功能的作用。在

缺少 $myoD$ 基因的小鼠中 $myf-5$ 基因表达水平提高,说明 $myoD$ 基因表达的蛋白对于 $myf-5$ 基因的表达起抑制作用,$myf-5$ 基因表达的蛋白对 $myoD$ 的缺失起补偿作用。缺少 $myf-5$ 基因蛋白的小鼠骨骼肌也能正常发育,但小鼠有其他的缺陷,其中最明显的缺陷就是小鼠的肋骨变短。$myoD$ 和 $myf-5$ 同时缺失的小鼠缺乏成熟的骨骼肌细胞,当小鼠的 $myogenin$ 基因被敲除时,小鼠缺少大部分的骨骼肌,但心肌和平滑肌发育正常。

$myoD$ 基因家族的转录因子通过与被称为 E-box 的特异核苷酸序列结合而激活肌肉特异性基因的开放,E-box 通常位于基因的增强子区域。像许多其他的转录调控因子一样,$myoD$ 基因蛋白通过二聚体的形式与 DNA 结合,但这种结合是不充分的,$myoD$ 基因蛋白可与通用转录因子 E_2 结合形成异二聚体,它们对 E-box 具有很高的亲和力。MyoD 基因以及相关基因的激活对于肌肉细胞的分化是很重要的,下面我们将看一下如何调控 $myoD$ 基因的活性。

肌肉细胞的分裂和分化是一对相互矛盾的现象。在培养条件下分裂的骨骼成肌细胞不进行细胞的分化,只有当分裂停止以后细胞的分化才能进行。当有生长因子存在的条件下,成肌细胞尽管同时表达 $myoD$ 和 $myf-5$ 基因蛋白,但细胞仍然继续分裂而不分化为肌肉细胞,这意味着仅仅 $myoD$ 和 $myf-5$ 基因对于肌肉细胞的分化还是不够的,还需要另外的信号物质的参与。在培养条件下当生长因子从培养基中去除后加入细胞分化的刺激因子,可以看到成肌细胞停止分裂退出细胞周期,彼此融合成多核体细胞,细胞分化开始。

控制细胞生长和分裂的蛋白与调控肌肉特异性基因表达的蛋白之间有着非常密切的联系,其中重要的一个因素就是人成视网膜细胞瘤蛋白(Rb)。在分裂细胞中成视网膜细胞瘤蛋白处于磷酸化状态,当细胞决定分化时成视网膜细胞瘤蛋白去磷酸化,使细胞停留在细胞周期中。成视网膜细胞瘤蛋白的磷酸化状态取决于一类依赖于周期蛋白的激酶的作用。成视网膜细胞瘤蛋白对于肌肉细胞分化的后期标志的形成也是必需的。另一种抑制蛋白 Id 在分裂细胞中具有很高的浓度,它可以抑制 $myoD$ 基因的起始和肌肉特异性基因的转录。

细胞增殖和最终分化之间的相反过程构成了细胞发育一道风景。在这些组织中完全分化的细胞是不能进一步分裂的,因此在细胞分化开始以前,必须进行连续的细胞分裂产生大量的细胞以便形成一个有功能的结构如肌肉。

二、血细胞的分化

哺乳动物成体的所有血细胞都来自位于骨髓的多能干细胞,这些干细胞可以自我更新,是祖细胞的前体,祖细胞在以后的发育过程中可以不可逆的分化为某一血细胞系列。因此血细胞的形成是完整发育系统的缩影,即一个单一的多能干细胞可以产生许多不同的细胞类型,大多数血细胞寿命较短,在成体中需要有新生细胞连续不断代替死亡细胞,以维持细胞数目的恒定。血细胞的形成是一个特别好研究的材料,因为它相对容易取材,同时在医学上也有相当重要的意义。

哺乳类胚胎血细胞的形成开始是位于卵黄囊血岛中,然后是胎儿的肝脏,最后是在骨髓中。所有的血细胞类型都来自两个系即髓样系和淋巴系。前者可以产生髓样细胞,髓样细胞能分化为红细胞和五种类型的白细胞,五种白细胞是嗜中性白细胞、嗜酸性细胞、嗜碱性白细胞(这三种白细胞又被称为颗粒性白细胞或多核性白细胞)、单核细胞和巨核细胞。最后两种类型的细胞仍停留在骨髓中,但是可以分化产生血小板。淋巴系可以产生淋巴细胞,在免疫系统中有两种抗原特异性的淋巴细胞即 B、T 淋巴细胞。哺乳类的 B 淋巴细胞是在骨髓中分化的,而 T 淋巴细胞是在胸腺发育分化的。首先是由骨髓中多能干细胞分化为前体细胞,前体细胞迁移到胸腺进行 T 淋巴细胞的分化。B、T 淋巴细胞在遇到抗原以后才能进行细胞最终的分化,最终分化的 B 淋巴细胞是一种产生特异性抗体的浆细胞,而 T 淋巴细胞最终分化为三种功能性的效应细胞类型。

在骨髓中,各种类型的血细胞和它们的前体细胞相互混合在一起,并且与结缔组织细胞—骨髓基质细胞混合在一起。多能干细胞本身在这个复杂的混合物中也没有明显的特征,只有将骨髓移植到骨髓损伤的个体中,移入的骨髓又可以重新形成完整的血细胞系统,来推断多能干细胞的存在。用以验证以上内容的关键实验就是将骨髓细胞悬液输入到受到致死剂量 X 射线照射的小鼠体内。这种受辐射的小鼠通常由于缺少血细胞而死亡,因为血细胞同其他分裂细胞一样对于射线是敏感的。但是由于输入的骨髓细胞又可以重新建立造血系统,使小鼠得到恢复。

造血活动是在骨髓基质的微环境中进行的,同时受到外界信号的调控,这些信号主要是造血生长因子和其他的细胞因子。这些信号分子主要作为允许和选择信号,使转化成一定类型的细胞进一步分裂和分化。通过这种方式,机体可以根据生理需要调节不同类型血细胞的产生,失血导致红细胞的大量产生,而感染可以引起淋巴细胞和其他白细胞的产生。

血细胞生成具有转录因子分级作用的特征,它们的重叠表达的模式决定了各种细胞系的产生。有许多因子只在未成熟的细胞内表达,没有谱系特征,像原癌基因的产物 c-Myb 就属于这一类,其他大约有 20 种具有系列的特异性。转录因子 GATA-2 存在于所有的髓样前体细胞内,但不存在于淋巴系的前体细胞中;GATA-1 更加特殊,仅存在于髓系的某些细胞内,同时它可以在睾丸中表达,进一步说明各种因子的结合效应控制细胞的分化。另一个对于红细胞分化的关键转录因子是 NF-E2。怎样控制所有这些转录因子的活性?细胞外的蛋白生长因子和分化因子形成的信号通路起到关键作用。

人们已分离得到至少 20 种细胞外蛋白,通常称为集落刺激因子或造血生长因子,在血细胞形成过程中它们在许多时期影响细胞分裂和分化。人们不仅分离鉴定了刺激因子,而且还有各种抑制因子。并不是所有控制血细胞产生的因子都是由血细胞或基质细胞产生,例如,红细胞生成素可以诱导红细胞前体细胞的分化,它主要是在受到红细胞衰竭等生理信号刺激时由肾脏产生。

尽管这些生长因子在血细胞的分裂和分化中作用已确定,但是在众多的生长因子中,人们很难区分那些因子在细胞分化起特殊作用,那些在特异性的谱系的存活和分裂中起作用。现已确定了三类功能具有差异的因子,即粒细胞巨噬细胞集落刺激因子(GM-CSF)、巨噬细胞集落刺激因子(M-CSF)和粒细胞集落刺激因子(G-CSF)。GM-CSF 对于大多数从早期前体细胞向髓样细胞发育是必需的,与 G-CSF 结合使用可以刺激粒细胞(特别是中性粒细胞)从共同的粒细胞-巨噬细胞前体细胞中分离出来。当 M-CSF 与 GM-CSF 结合使用,可以刺激单核细胞从相同的前体细胞中分化出来。

按照每种因子只对一种靶细胞产生特异性作用的观点,这些生长和分化因子没有严格的作用活性的特异性。相反地它们可以以不同组合方式作用于靶细胞而产生不同的结果,最终结果也依赖于靶细胞的发育状况。

红细胞分化的主要特点就是细胞合成大量氧携带蛋白——血红蛋白,涉及两组不同的珠蛋白基因相互协同表达。脊椎动物的血红蛋白是由两条相同的 α 链和两条相同的 β 链构成的四聚体,即 $\alpha_2\beta_2$。α 珠蛋白和 β 珠蛋白基因分别属于不同的多基因家族,每个基因家族是由成簇基因所组成,两个基因家族分别位于不同的染色体上(人为 16 号染色体和 11 号染色体)。在哺乳类每一基因家族的不同基因在发育的不同时期分别表达,所以在胚胎期、胎儿期和成体中能形成不同类型的血红蛋白。这里我们以 β-珠蛋白基因表达的调控为例来分析不同发育阶段基因表达的调控变化。

人类 β-珠蛋白基因簇由 5 个结构基因组成,即 ε、G_γ、A_γ、δ 和 β。这些基因在不同的发育时期进行表达。ε-珠蛋白基因首先在胚胎卵黄囊血岛中表达,随后 ε-珠蛋白基因关闭;两种 γ-珠蛋白基因在胎儿的肝脏中表达,这两种 γ-珠蛋白在氨基酸序列上只有一个氨基酸的差异;随后 δ 和 β 珠蛋白基因在成体骨髓的原成红细胞中表达。所有这些基因编码的蛋白与 α-珠蛋白结合,在不同的发育时期形成结构和生理功能不同的血红蛋白。由最初的 2 条 δ 链和 2 条 ε 链($\delta_2\varepsilon_2$)首先变为 2 条 α 链和 2 条 ε 链($\alpha_2\varepsilon_2$),再转变为 2 条 α 链和 2 条 γ 链($\alpha_2\gamma_2$),接下来转变为 2 条 α 链和 2 条 δ 链($\alpha_2\delta_2$),最后才成为 2 条 α 链和两条 β 链($\alpha_2\beta_2$)(图 5-7)。

调节 β-珠蛋白基因簇表达的基因调控区是相当复杂

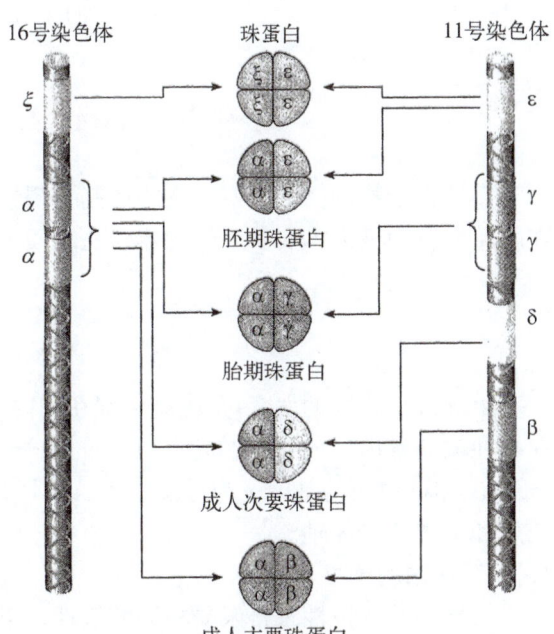

图 5-7 人发育过程中珠蛋白基因表达的变化(引自 Gilbert,2000)

的,每个基因有一个启动子,它的控制位点位于转录起始位点的上游,同时还有一个增强子,位于β-珠蛋白基因的下游,β-珠蛋白基因是这个基因簇的最后一个基因。虽然这些局部的控制序列包含有许多红细胞特有的转录因子结合位点和其他通用的转录激活因子,但对于β-珠蛋白基因表达的调控显然是不够的。

β-珠蛋白基因簇的表达调控依赖于ε-珠蛋白基因5′端上游的调控区,它是位于ε-珠蛋白基因5′端上游5～18 kb间长度为10 kb的DNA序列,它被称为基因座控制区域(LCR)。LCR使与它连锁的任何β家族基因都有很高表达水平,同时在转基因小鼠中它可以指导β-珠蛋白基因簇中的基因在发育不同时期按正确的顺序表达。相同的基因控制区在α-珠蛋白基因簇的上游也有发现。珠蛋白的LCR是目前为止发现的决定组织特异性基因表达的最好的调控区。

在LCR的参与下可以使不同的珠蛋白基因连续的开放和关闭,这样在发育不同时期表达不同的珠蛋白。控制珠蛋白基因开放的一个引人注目的模型就是LCR结合蛋白与结合在启动子上的蛋白发生相互作用,使与启动子紧密相连的基因开放。LCR区域和珠蛋白基因启动子之间的DNA可以形成环状结构,这样有利于LCR结合蛋白与启动子结合蛋白相互接近并发生相互作用。因此在异囊胚血岛细胞中,LCR首先与ε样珠蛋白基因的启动子结合,在胎儿的肝细胞中LCR与两个γ基因的启动子结合,最后在骨髓中红细胞中与β基因的启动子结合。

β-珠蛋白基因家族的顺序表达还与它们的顺序甲基化有关。在人的6周胚胎中,β-珠蛋白基因家族的ε-珠蛋白基因的启动子没有甲基化,而γ-珠蛋白基因的启动子已甲基化。此时ε-珠蛋白的基因表达,而γ-珠蛋白基因不表达。到了12周的胚胎,ε-珠蛋白基因的启动子甲基化了,而γ-珠蛋白基因的启动子却没有甲基化,ε-珠蛋白基因不表达,而γ-珠蛋白基因开始表达(图5-8)。

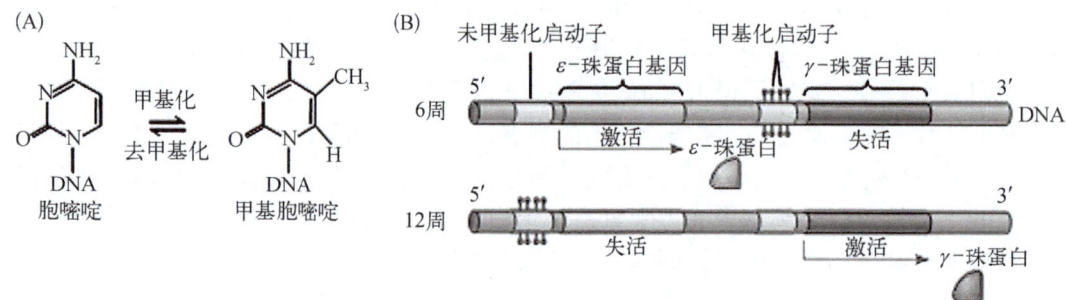

图5-8 人β-珠蛋白基因的顺序甲基化(引自Gilbert,2013)
A. 胞嘧啶的甲基化;B. β-珠蛋白基因启动子的甲基化和基因表达

第五节 胚轴建立中的细胞分化与基因调控

多细胞生物的体轴决定生物的体制是辐射对称还是两侧对称。体轴源于胚胎的胚轴,因此,胚轴的建立在胚胎发育中极为重要。胚轴的建立从表面上看是胚胎极性的形成,但其实质是一系列复杂的细胞分化的结果。

一、果蝇胚轴的建立

果蝇最早阶段的发育,是由雌果蝇在卵内合成和确立的mRNA和蛋白质所指导的。其中的部分物质早在卵在输卵管内形成时就被定位在卵的末端。因为这些基因是在母体卵巢组织中表达,所以将编码这些mRNA和蛋白质的基因称为母源基因。果蝇体轴是由母源基因决定的,大约有50多个母源基因参与建立前后和背腹两个体轴。

1. 前后体轴的确立

果蝇胚胎的极性来自未受精卵的极性。果蝇卵呈香肠状,具有乳突样卵孔的一端将来发育为胚胎的前部。早在卵受精之前,母源基因便开始在卵内表达,并且使其在前后轴方向上产生了差异。这种差异把未来的成虫的头部和后端区分开来。我们可以通过突变对这些母源基因进行鉴别。当这种突变在雌果蝇的体内存在,而且又不能通过来自野生型雄果蝇的精子的基因挽救时,母源基因的作用便可以通过发生在幼虫身上的母源效应突变(maternal-effect mutations)的影响而推导出。这些突变可以分为三种类型:① 影响前端区域的突变;② 影响后端区域的突变;③ 既影响前端又影响后端的突变(图5-9)。在大约50多个母源基因中,*bicoid*、*hunchback*、*nanos*、*caudal* 等四个基因的产物特别重要,它们沿前后体轴分布,控制前后体轴的构建。

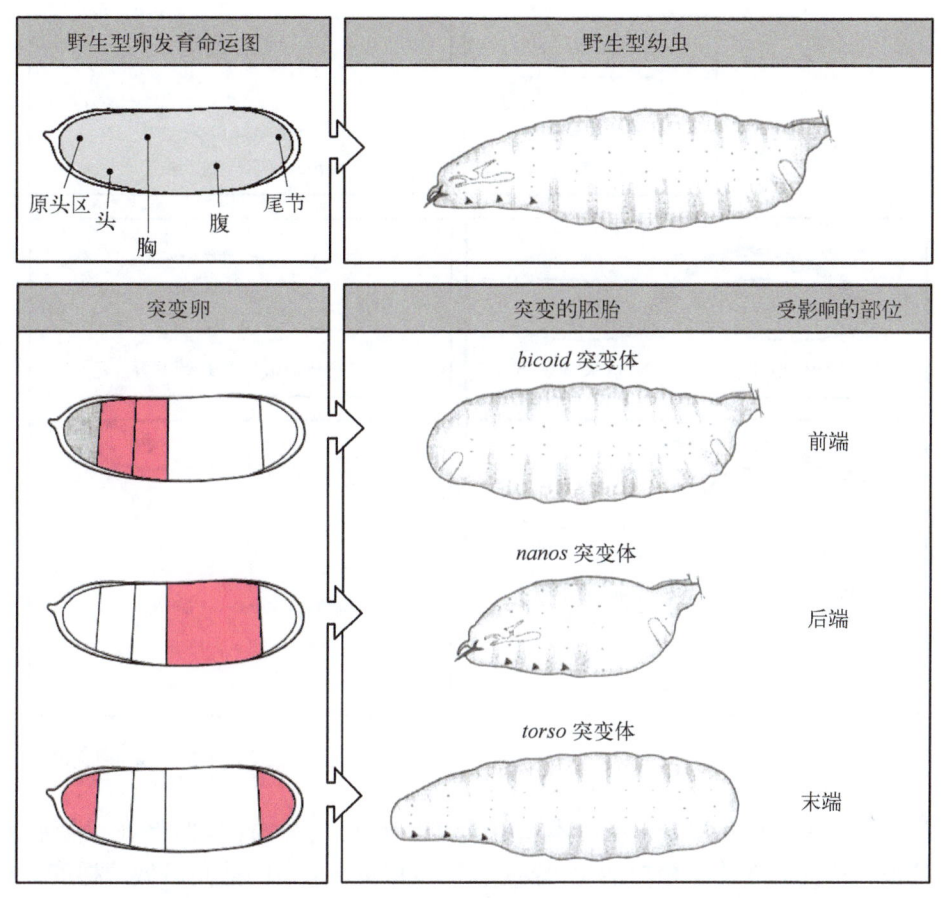

图5-9 三种类型的母源性基因突变影响前后轴形成(引自Wolpert,2007)

(1) 果蝇胚胎前端的确定

在未受精的卵子中,*bicoid* 的 mRNA 被定位到前端。受精后,其翻译出的蛋白由前端扩散,沿前后轴形成浓度梯度,为沿该轴进行的图式形成提供了位置信息。

雌果蝇如果缺失 *bicoid* 基因的表达,其胚胎的前端部分的发育就会受影响,形成没有正常的头和胸部的胚胎(图5-9),它们的头端被一个尾节所替代。将正常卵子的前端穿孔,使部分细胞质流出,结果发现,这些胚胎发育后与 *bicoid* 突变胚胎有着惊人的相似之处。如果将野生型果蝇胚胎前端的细胞质注入 *bicoid* 突变胚胎的前端,它们就能够恢复正常的发育;如果将野生型果蝇胚胎前端的细胞质注入 *bicoid* 突变胚胎的中部,则突变胚胎中部就会被诱导出头、胸结构(图5-10)。上述实验表明,*bicoid* 基因的产物对于果蝇胚胎前端结构的建立是必需的。应用原位杂交技术证明,*bicoid* mRNA 存在于受精卵的前端区域,在卵子受精以后才被翻译。利用抗 bicoid 蛋白的抗体进行染色处理,发现 bicoid 蛋白在未受精卵子中并不存在,只是在受精以后,它才被翻译成蛋白质。bicoid 蛋白在受精卵的前端有着很高的浓度,随着由前向后扩散它也不断降解。这种降解对前后浓度梯度的形成也是非常重要的。

(2) 果蝇胚胎后端的确定

果蝇胚胎后端的特化需要通过9个母源基因(后端相关基因)的相互作用才能完成。这些后端基因组(比如 *oskar*)的功能之一是能把 nanos mRNA 定位到未受精卵的最后端。像 *bicoid* 基因一样,*nanos* mRNA 在受精以后才被翻译,产生一种 nanos 浓度梯度,通常在胚胎的后端它们有着最高的浓度。与 *bicoid* 不同的是,nanos 蛋白质并不直接产生后端的模式化,而是以一种浓度梯度的方式去抑制另一种叫做 *hunchback* 的

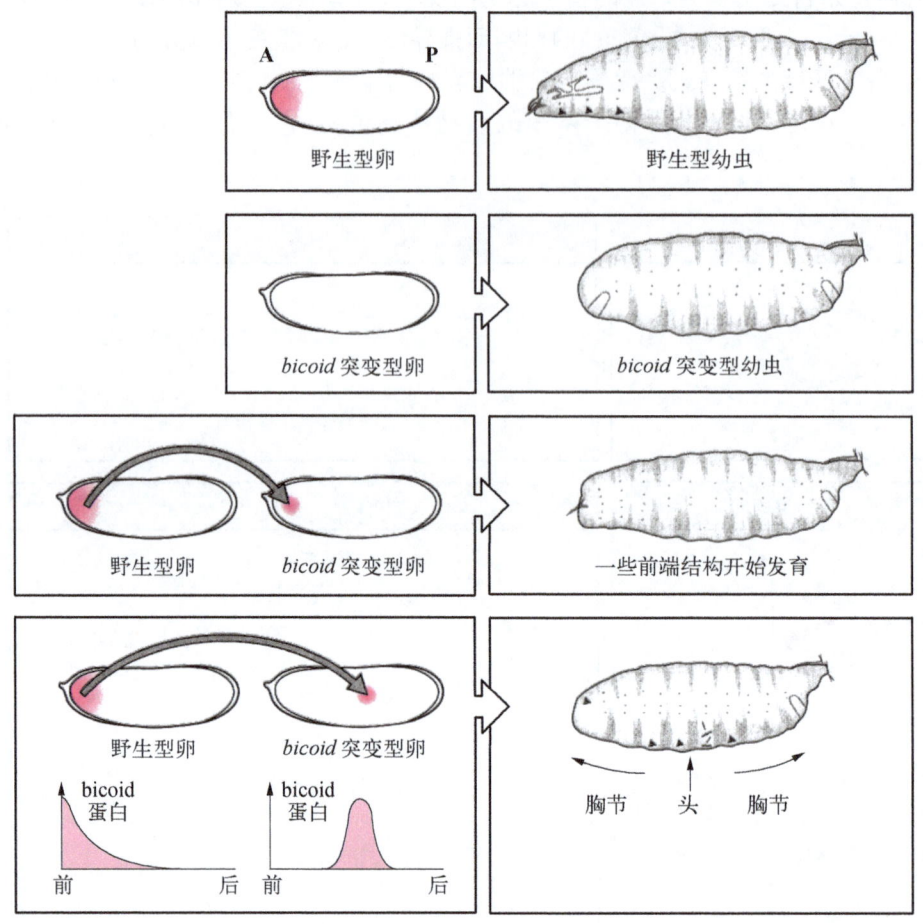

图 5-10 *bicoid* 基因产物对于果蝇胚胎前端结构的建立是必需的(引自 Wolpert,2007)

母源基因的 mRNA 的转录。hunchback 蛋白本来在合子中是均匀分布的,但是在早期胚胎当中,合子的 *hunchback* 在前端被高浓度的 *bicoid* 蛋白活化,导致了 *hunchback* 蛋白的前高后低的梯度分布。由于 nanos 蛋白可以通过特异性地结合到 hunchback mRNA 复合物上而抑制母源 *hunchback* mRNA 的翻译,使得 hunchback 蛋白沿胚轴前高后低的浓度梯度更加明显。

另一种关键的母源产物是 *caudal* mRNA,最初它也是均匀分布于卵质内。Caudal 蛋白的前后浓度梯度是通过 bicoid 蛋白对 caudal 蛋白合成的抑制建立起来的。因为 bicoid 蛋白浓度在胚胎后端低,caudal 蛋白的浓度在后端就最高。发生在 caudal 基因中的突变可以导致腹部体节发育不正常。

果蝇卵受精后不久,几个母体蛋白梯度就沿着前后体轴建立起来了。bicoid 蛋白与 hunchback 蛋白的梯度是从前向后,而 caudal 蛋白的梯度却是从后往前。

(3) 果蝇胚胎末端的确定

另一组母源基因则能特化前后轴的两个极端——前端头区的头节和后端的尾节及大多数靠近后端的腹部体节。其中一个关键基因是 *torso*,它的突变会导致胚胎的头节和尾节都不能发育。母源基因 *torso* 编码受体蛋白,该受体蛋白可把信号传到相邻的细胞质中去,而正是由于它的活化,才使得末端特化得以进行。torso 受体均匀地分布在整个卵子的质膜上,但只有受精卵末端的受体被活化,原因是只有在那些地方才有受体的配体存在。在卵子发生的过程当中,配体位于卵两端的卵黄膜内。

受精之前,配体被限定在卵黄膜内不能运动,结果不能与受体发生接触。只有当受精后发育开始之时,配体才被释放到卵周隙中,使配体与受体结合。配体的数量很小,绝大多数能与 torso 受体结合,所以几乎没有能扩散到末端区以外的。利用这种方式,会在每个极建立一种定位的受体活化区(图 5-11)。torso 受体的激活可以产生一种信号,该信号能够跨膜转导进入正常发育胚胎的内部。而且这种信号指导两极的合子基因的活化,所以能够定义胚胎的两个极。

2. 背腹轴的建立

（1）果蝇胚胎腹部的确定

果蝇胚胎背腹轴的腹部的建立源于母源蛋白 spätzle，该蛋白由滤泡细胞分泌到卵周隙内。由于控制 spätzle 蛋白的 *pipe* 基因只在将要发育为腹部区域周围的滤泡细胞中转录，所以，spätzle 蛋白仅存在于腹部卵周隙，使腹部区域的受体蛋白 toll 被激活，进而启动背腹轴的一系列程序。

（2）果蝇背腹轴的建立受 dorsal 蛋白梯度的控制

背腹轴的建立受母源蛋白 dorsal 的分布所控制。dorsal 蛋白均匀分散在卵细胞的胞质中，它只有在激活的 toll 信号作用下，才能进入细胞核。由于被 spätzle 蛋白激活的受体蛋白 toll 位于将来成为腹部的区域，所以也只有该区域的 dorsal 蛋白能进入细胞核内。在合胞体囊胚的腹部细胞核中进入的 dorsal 蛋白最多，越向背部越低，形成从腹部到背部的浓度梯度。*Toll* 基因突变，可导致胚胎没有腹部的发育，发生强烈的"背部化"。将野生型果蝇的胚胎的细胞质转移到 *Toll* 突变的胚胎中，将会导致一个新的背腹轴的确立，而腹部区域总是与胞质注射位点相对应。

若缺少 Toll 受体的信号，dorsal 蛋白在细胞质里与另一种叫做 cactus 蛋白的母源基因产物结合，而不能进入核内。Toll 受体活化可以使 cactus 蛋白降解，解除其对 dorsal 蛋白的限制，dorsal 蛋白便能自由地进入核内。在缺少 cactus 蛋白的胚胎中，

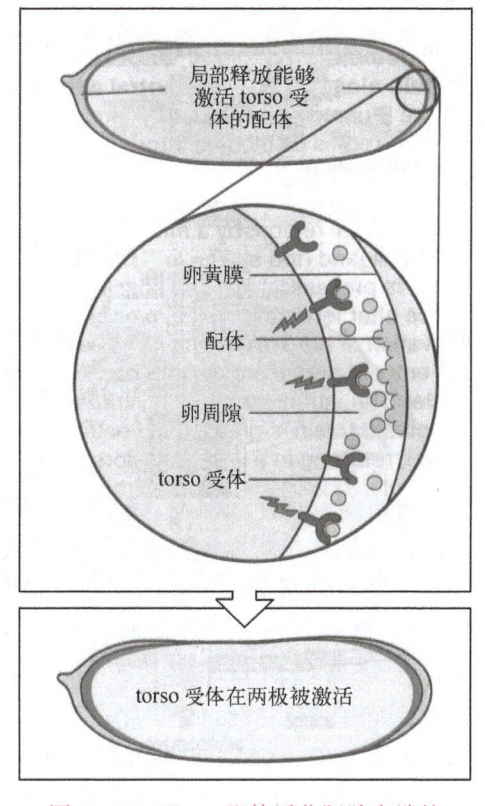

图 5-11　Torso 配体活化胚胎末端的受体（引自 Wolpert，2007）

几乎所有 dorsal 蛋白都进入了核内，浓度梯度非常不明显，结果导致胚胎没有背部结构的发育，发生强烈的"腹部化"。

dorsal 蛋白有两种主要功能：一方面，它可以活化腹部区域的某些基因，如 *twist* 和 *snail* 基因，这些基因对于中胚层的分化和原肠胚的形成都是必需的；另一方面，它可以抑制腹部其他基因的活性，如 *decapentaplegic*、*tolloid*、*zerknüllt* 等基因，从而导致这些基因只能在背部区域里表达。*Decapentaplegic* 在背腹轴的背部特化中是一关键基因，decapentaplegic 蛋白沿背腹轴形成与 dorsal 蛋白相反的浓度梯度。

二、两栖类胚轴的建立

1. 胚胎的动植物极性源于卵子

两栖类的卵子在受精之前就存在着极性，上端色素沉淀较多，颜色较深，称为动物极；另一端含有大量卵黄，无色素沉淀，称为植物极。细胞核靠近动物极。早期的卵裂面与动植物极有关。第一次卵裂的卵裂面与极轴相平行，确立身体的对称面；第二次卵裂也是与极轴相平行，与第一次卵裂面垂直；第三次卵裂与极轴垂直，将胚胎分为动物性和植物性的两半部分。

其次，母源 mRNA 和蛋白质在卵中的分布也是不同的，例如，管家基因，如组蛋白的 mRNA 遍布受精卵；但是少数编码具有特殊发育作用的蛋白的 mRNA 仅分布于某些区域，至少有类似的 9 种母源 mRNA 沿动植物轴分布。这些 mRNA 所编码的蛋白质多数属于与发育密切相关的信号分子的家族，极有可能在早期极化和中胚层的诱导中发挥重要作用。

属于 TGF-β 家族的信号蛋白 Vg1 就是由母源 mRNA 编码的。Vg1mRNA 位于受精卵的植物极，它可以用原位杂交和同位素自显影的方式予以显示。Vg1mRNA 在卵细胞发生的早期合成，然后聚积于成熟卵细胞的植物极的皮层中，在受精之前，转移到植物极的细胞质中。另一种信号蛋白 Xiunt-11 也位于植物极，它属于 Wnf 家族。Wnf 是在果蝇中发现的由"缺翅"基因编码的蛋白质，它是果蝇和其他动物图式形成中的一种重要信号蛋白。由于不同动物中控制发育的许多基因具有一定的相关性，可以根据它们核苷酸序

列的相似性予以辨别。

需要特别指出的是,蝌蚪的体轴与受精卵的动植物轴并不是完全一致的。卵的动植物轴肯定与蝌蚪的前后轴相关,例如,其头部就是在动物极形成,但是,何处形成头部只有在受精后随着背腹体轴确立才能最后确定,因此,胚胎的前后体轴的确切位置依赖于背腹轴的特化。

2. 背腹轴的确立

(1) 精子的穿入点最早决定背腹轴

两栖类的未受精卵是沿着植物极呈辐射对称的,这种辐射对称被受精所打破。两栖类的卵受精后,发生皮层旋转。皮层相对于细胞质旋转30°,而其余的细胞质保持稳定。皮层的质膜下由肌动蛋白纤维和相关物质形成的厚5 μm的凝胶样结构,有利于皮层旋转。这种皮质旋转指向精子穿入点,由植物极向动物极运动,在精子穿入点对面的赤道下方形成灰色新月区,该区域对胚胎背腹轴的确立起决定作用。

(2) 组织者与背腹轴的确立

这方面的实验证据最早来自前已述及的Spemann和著名的组织者移植实验。在实验中,他们发现蝾螈胚胎的背唇及其衍生组织不仅能够诱导宿主的腹部组织改变发育命运,形成神经管和背部中胚层组织(如体节),而且还能够组织供体和宿主组织形成有清晰的前后轴和背腹轴的次生胚胎。

荷兰胚胎学家Pieter Nieuwkoop发现在爪蟾囊胚中靠近背侧的一群植物半球细胞,对组织者有特殊的诱导能力,称为Nieuwkoop中心。Nieuwkoop中心在发育非常早的时期就开始影响了背腹极性的形成。第一次卵裂通常经过精子穿入点,从而将Nieuwkoop中心分到左右两半,确立了动物的两侧对称面。Nieuwkoop中心对胚胎的正常发育是必需的。在爪蟾发育的四细胞期,将胚胎一分为二,一半含有Nieuwkoop中心,而另一半则没有。含有Nieuwkoop中心的一半将发育为除腹部区域的绝大多数结构,而不含Nieuwkoop中心的另一半发育极不正常,形成一个缺少所有背部和头部结构的腹部化的胚胎。在爪蟾发育的32细胞期,将Nieuwkoop中心移植到另一胚胎的腹部后可发育为有两个背部区域的胚胎。但是,移植腹部区域至背部却没有任何作用。可见,胚胎的背部和头部的发育都需要来自Nieuwkoop中心的信号。

Nieuwkoop中心的特化与皮层转动有关,限制皮层转动,Nieuwkoop中心便不会形成,将导致极为异常的发育。以一定剂量的紫外线照射卵的植物半球,可以破坏微管的组装,从而阻断皮层旋转。处理后的卵发育成的胚胎发生腹侧化,背部器官结构出现缺陷,而位于腹部中线的造血中胚层却过度发育。随着照射剂量的增加,背部和头部的器官缺失,胚胎发育为极度腹侧化了的小的圆柱体,这与在4细胞时期缺少Nieuwkoop中心的半个胚胎发育结果相同。

与紫外线辐射的效应相反,氯化锂处理可以使胚胎背侧化。在牺牲胚胎的腹部和后部结构的前提下,促进了背部和头部的形成。

虽然关于皮层转动如何建立Nieuwkoop中心并不清楚,但是有些区域化分布的母源蛋白能使正常胚胎产生类似额外Nieuwkoop中心的发育,也可使紫外线辐射卵恢复正常发育,Wnt信号通路蛋白β-catenin就是这类蛋白质。在非洲爪蟾胚胎中,受精后胞质运动之际β-catenin便开始在受精卵的背部区域累积。β-catenin累积的区域最初包括Nieuwkoop中心和组织者区,但在卵裂的后期,只有Nieuwkoop中心的细胞中有β-catenin的累积。β-catenin对背部轴性结构的形成是必要的,因为使用反义寡核苷酸消除β-catenin转录物会造成背部结构的缺失。

另外,向胚胎的腹部注射外源的β-catenin,会诱导次生胚轴的形成。β-catenin是Wnt信号传导途径的成分之一,而且受糖原合成激酶3(glycogen synthase kinase 3,GSK-3)的负调控。GSK-3通过抑制背部细胞的发育命运决定而在胚轴形成过程中发挥重要的作用。向受精卵中添加激活的GSK-3,会阻止体轴的形成。在早期胚胎腹部细胞中,利用显性负调控蛋白消除内源性GSK-3蛋白的作用,胚胎会形成次生体轴(图5-12E)。

问题是,β-catenin是如何定位于囊胚背部细胞中的呢?标记实验结果表明,最初在整个胚胎的细胞都能够合成β-catenin,但在腹部细胞中通过GSK-3介导的磷酸化作用,β-catenin被特异性地降解。体轴决定过程中最重要的事件便是GSK-3的抑制物运动到精子入卵点对面的胞质中,候选因子可能是Disheveled蛋白。Disheveled蛋白是Wnt途径中GSK-3的抑制物,最初在爪蟾未受精卵的植物极皮层出现。受精后，Disheveled 蛋白沿排列的微管转移至胚胎的背部。GSK-3 无法降解背部的 β-catenin，因此胚胎背部的 β-catenin 是稳定的；而胚胎腹部的 GSK-3 就会启动 β-catenin 的降解途径（图 5-12）。

β-catenin 能够和其他的转录因子如广泛分布的转录因子 Tcf3 结合而联合发挥作用。缺少 β-catenin 结合结构域的 Tcf3 突变，会造成胚胎没有背部结构的形成。β-catenin/Tcf3 复合物能够和好几个基因的启动子区结合，这些基因的活性对体轴形成来说是非常重要的。其中一个基因是 *siamois* 基因，中期囊胚转换之后随即在 Nieuwkoop 中心表达。如果这个基因在腹部植物极细胞异位表达，就会在胚胎的腹部位置出现一个次生的体轴。在缺乏 β-catenin 的情况下，Tcf3 蛋白与 *siamois* 基因的启动子结合会抑制基因的转录。但如果 β-catenin/Tcf3 复合物与 *siamois* 基因的启动子结合，就会激活 *siamois* 基因的转录。

Siamois 蛋白对于组织者特异性基因的表达是非常重要的。Siamois 蛋白能够与 *goosecoid* 基因的启动子结合而激活其表达，而 Goosecoid 蛋白又可以激活 Spemann 组织者中众多的基因。因此，我们能够预见：胚胎的背部含有 β-catenin，β-catenin 能够诱导这个区域的细胞表达 Siamois，而 Siamois 则能够启动组织者的形成。然而，仅有 Siamois 还不足以产生组织者；另一个蛋白在激活 *goosecoid* 基因和产生组织者中也会发挥重要作用。近来有资料表明，Siamois 和植物极表达的 TGF-β 信号协同作用时，*goosecoid* 的表达量最高。

皮层转动能够激活 β-catenin 并诱导 *siamois* 基因在胚胎背部区的表达，但定位于植物极编码 TGF-β 家族成员的 mRNA 的翻译会产生一个蛋白，使得 *goosecoid* 基因在将来形成组织者的细胞中最大限度地激活。Nieuwkoop 中心的 TGF-β 家族蛋白能够诱导其上方的背部缘区细胞表达能够结合 *goosecoid* 基因启动子的转录因子，并和 siamois 共同激活 *goosecoid* 基因的表达（图 5-13）。

这些 TGF-β 家族蛋白可能包括 Vg1，VegT 和 Nodal 相关蛋白，均由内胚层细胞合成。在晚期囊胚阶段，三个 Nodal 相关蛋白（Xnr、Xnr2 和 Xnr4）在内胚层呈背—腹梯度表达。背—腹表达梯度的形成有赖于 VegT、Vg1 和 β-catenin 协同作用对爪蟾 Nodal 相关基因的激活。定位于背部的 β-catenin 和定位于植物极的 VegT 和 Vg1 信号相互作用形成 Nodal 相关蛋白在内胚层中的梯度。Nodal 相关蛋白使中胚层发生特化：没有 Nodal 相关蛋白的区域形成腹部中胚层，有少量 Nodal 相关蛋白的区域形成侧中胚层，而含有大量 Nodal 相关蛋白的将形成组织者（图 5-14）。Nodal 相关蛋白会激活 goosecoid 基因，而 Nodal 相关蛋白的抑制物会阻止这种激活作用。

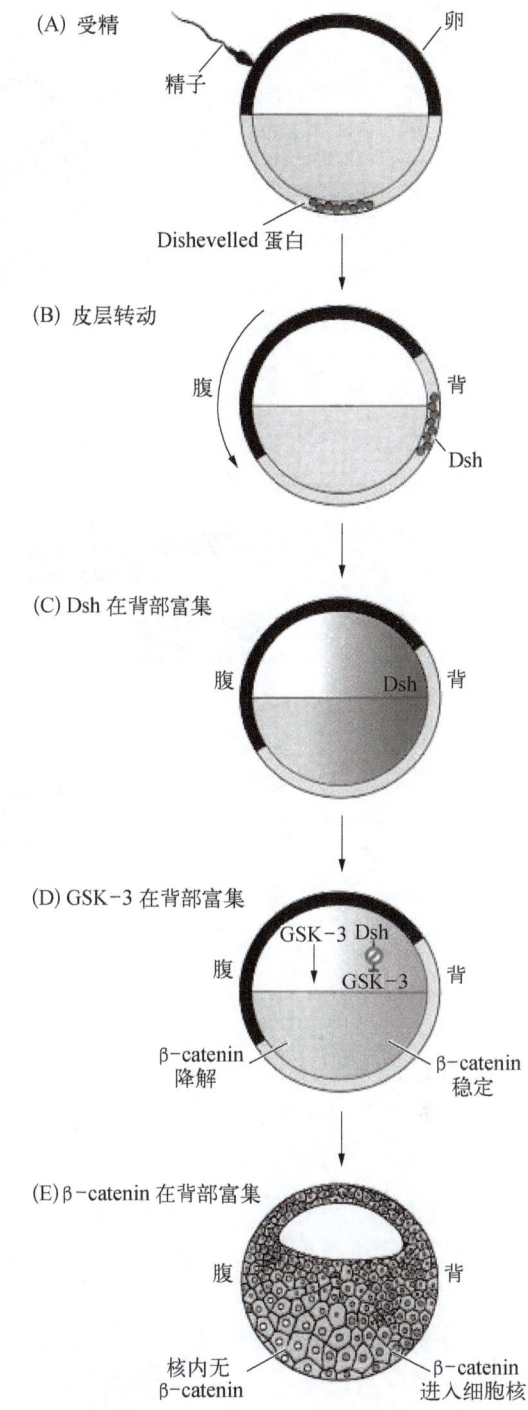

图 5-12 Disheveled 蛋白在两栖类受精卵背部区稳定 β-catenin 的机制模型
（引自 Gilbert，2010）

三、鸟类胚轴的建立

由于鸟类的卵中含有太多的卵黄，卵裂被限制在了一层非常薄的细胞质中。鸡胚像一个盘状，称为胚盘，位于卵黄的顶端，与卵黄相接的一面成为胚胎的腹面，另一面为背面。像两栖类的囊胚一样，鸡的胚盘最

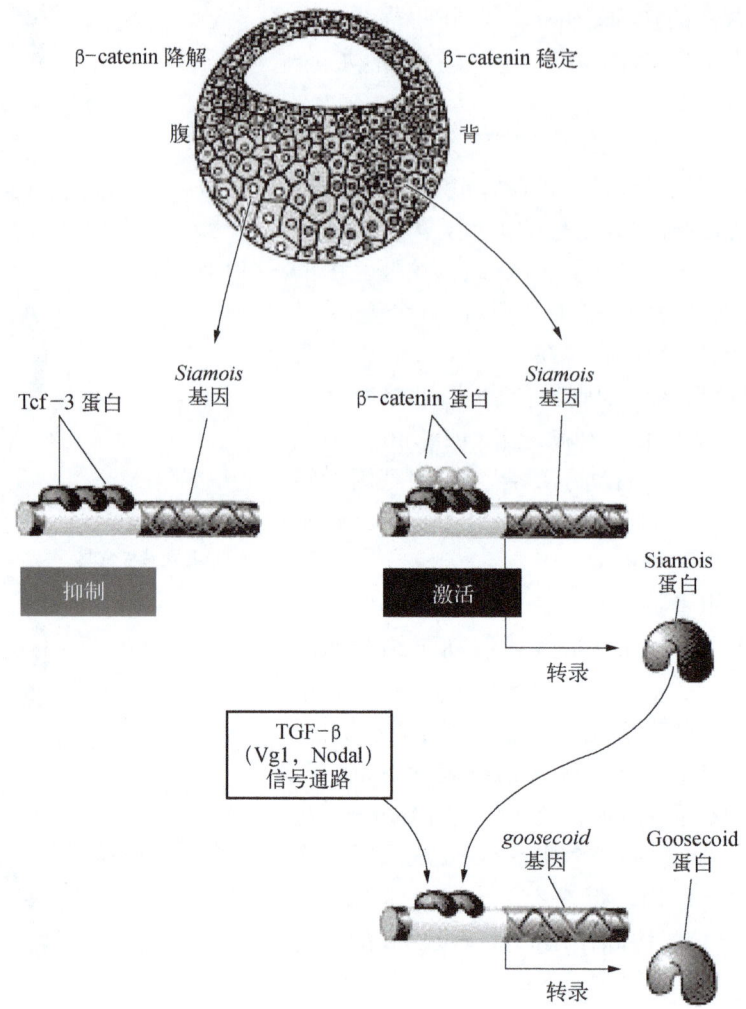

图 5-13 组织者在背部中胚层中诱导形成的机制
（引自 Moon 和 Kimelman,1998）

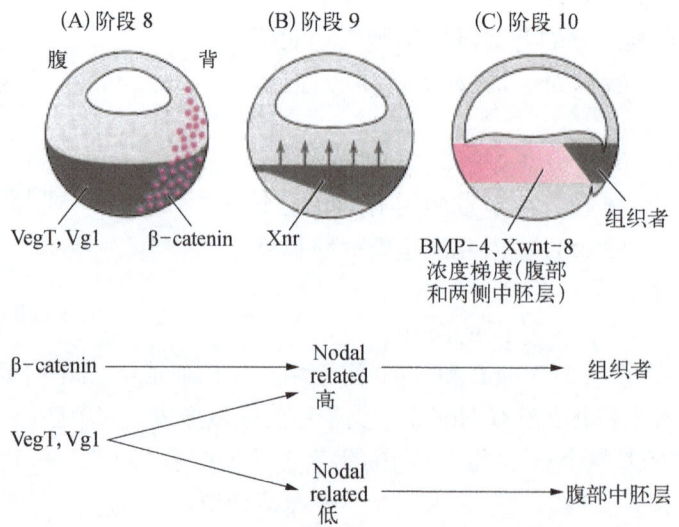

图 5-14 β-catenin 和 TGF-β 蛋白的相互作用诱导中胚层和组织者形成的模型（仿 Agius 等,2000）

初是辐射对称的,当鸡胚的后端特化后,这种对称便被打破。鸡蛋刚产出不久,鸡胚后部的特化已变得明显可见,这一区域称为后端边缘区(posterior marginal zone)。该区域出现后,胚盘的前后轴也就确立了。

后端边缘区和胚盘前后轴的后端位置是由重力确定的。鸡卵在子宫中停留大约 20 h,运送时,卵的锐端在前,同时沿其纵轴慢慢旋转,每次约需 6 min,卵裂早已开始,当鸡卵产出时,胚盘已含有数千个细胞。尽管胚盘尽量保持在最上层,但是鸡卵在重力场的作用下发生倾斜旋转,后部边缘区将在胚盘的最上部发生。随着蛋壳和蛋清的旋转,胚盘和卵黄倾向转向垂直面,这样,将来的胚盘区移动到鸡卵旋转方向的顶端(图 5-15)。

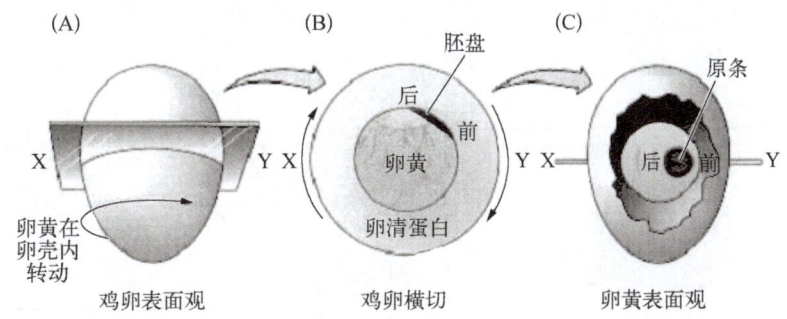

图 5-15　重力确定鸡胚前后轴示意图(引自 Wolpert,1998)

A 鸡卵沿纵轴旋转表面观;B 鸡卵横切,胚盘位于卵子上层,但是受到重力作用一端向下倾斜,上部的后端边缘区决定原条的发生;C 卵子纵剖面示原条发生于后端边缘区

后端边缘区的功能与两栖类的组织中心 Nievwkoop 中心相似,因为将从该区切下的组织块移植到胚盘的另一边缘后可以诱导一个新的原条产生。但是通常只有一个原条能正常发育,或是供体的,或是受体的。这说明,发育较快的组织中心可以抑制另外的原条发育。

与两栖类 Vg1 相关的基因在原条形成的地方表达,如果将表达 Vg1 蛋白的细胞移植到另一边缘区,它可以诱导一个全新的原条,这与后端边缘区的移植物的作用极为相像。

四、哺乳类胚轴的建立

由于哺乳类动物的卵细胞几乎没有卵黄,它的早期发育与两栖类或鸟类极为不同,它要发育一个称作胎盘的胚外结构以便为胚胎提供营养。没有发现小鼠卵中存在母源因子可以影响胚胎的发育,小鼠胚胎的体轴是由细胞间的相互作用决定的。

小鼠胚胎的早期发育包括内细胞团与滋养外胚层的分化。至 32 细胞期发育为囊胚,在中空囊胚的一端有 10～15 个细胞,称为内细胞团,将来发育为胚胎,囊胚表面的细胞形成滋养外胚层,将来发育为与植入和胎盘形成相关的胚外结构。

胚胎细胞是发育为内细胞团还是发育为滋养外胚层取决于它们在卵裂球中的位置。这种决定发生在 32 细胞期之后。其直接证据来自下述实验:将 4 细胞或 8 细胞时期的胚胎细胞分开,进行标记,然后将标记的细胞植入未标记的分裂球的不同位置。如果植入未标记分裂球的外侧,则标记细胞将发育为滋养外胚层,若植入未标记分裂球的内部,则标记细胞会发育为内细胞团(图 5-16)。如果整个胚胎植入另一个分裂球内,这个胚胎将发育为一个特大胚胎的内细胞团。将早期胚胎的外部细胞或内部细胞重新聚合,它们分别都能发育为正常的胚胎,这表明分裂球内部和外部的细胞并没发生分化,只是位置不同。

哺乳动物的背腹轴的建立与内细胞团的位置有关。在囊胚腔出现以前,小鼠的胚胎是一个球形的细胞团,当囊胚腔出现以后,囊胚变成一个不对称的球体。球体外侧为滋养外胚层,内侧一端附有内细胞团。此时的囊胚具有一个明显的轴:从内细胞团到其相对的一端。通常认为,在原肠胚形成之前该轴代表了胚胎的背腹轴。受精后 4.5 d,内细胞团分化为两种组织:囊胚腔内表面的原始内胚层和其上的上胚层。原始内胚层进一步发育为胚外结构,上胚层进一步发育为胚胎和部分胚外结构。囊胚植入子宫壁时,位于胚极的滋养层的细胞增殖形成外胎盘(绒毛膜)锥,由此再产生胚外外胚层,将细胞团推入并贯穿囊胚腔。随着上胚层的细胞增殖,在上胚层中形成前羊膜腔,上胚层(胚胎外胚层)此时呈杯状,在这一发育过程中,细胞相混,不可能分辨出哪些细胞将来发育为背部或腹部组织。

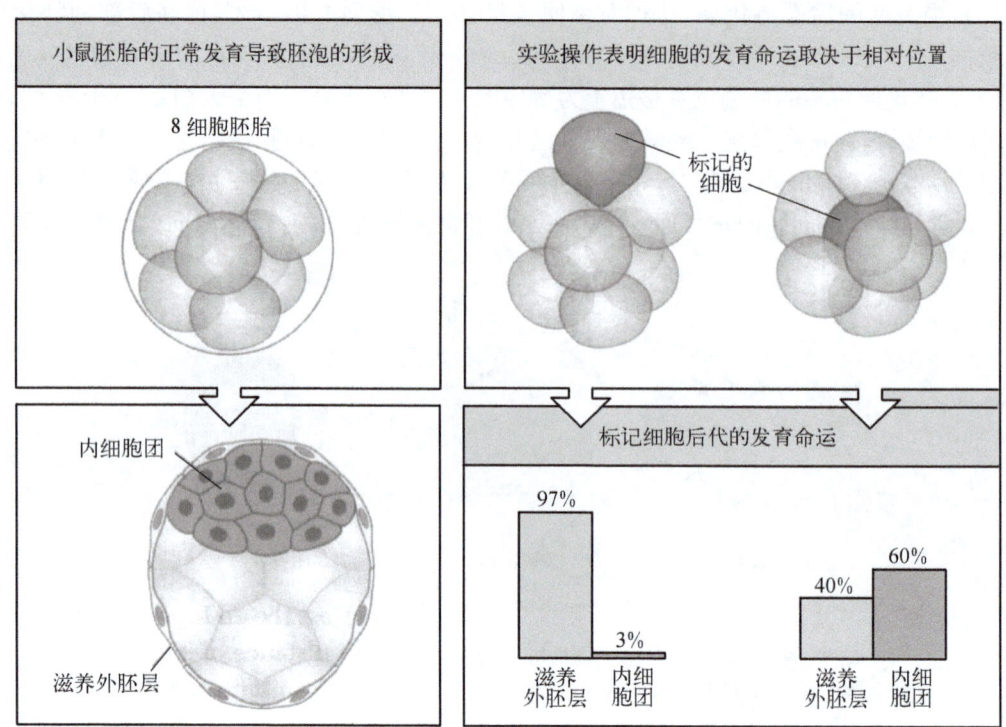

图 5-16　胚胎细胞是发育为内细胞团还是发育为滋养外胚层取决于它们在卵裂球中的位置(引自 Wolpert,2007)

哺乳动物的前后体轴是如何建立的还不清楚。由于它不与任何母源因子有关,细胞之间的作用很可能起着重要的作用。由于胚胎的前后轴与子宫的长轴垂直,所以,很可能在植入时,来自子宫的信息起到一定的作用。

第六节　干 细 胞

干细胞是一类具有自我更新和分化潜能的细胞。根据其发育阶段,干细胞可分为胚胎干细胞(embryonic stem cell)和成体干细胞(adult stem cell)。按分化潜能的大小,将干细胞分为三种类型:第一类是全能性干细胞(totipotent stem cell),它具有形成完整个体的分化潜能。胚胎干细胞就是全能性干细胞,它是从早期胚胎的内细胞团分离出来的一种高度未分化的细胞系,具有与早期胚胎细胞相似的形态特征和很强的分化能力,它可以无限增殖并分化成为全身 200 多种细胞类型,进一步形成机体的所有组织、器官。第二类是多能性干细胞(multipotent stem cell),这种干细胞具有分化出多种细胞组织的潜能,但却失去了发育成完整个体的能力,发育潜能受到一定的限制,骨髓多能造血干细胞是典型的例子,它可分化出至少十二种血细胞。还有一类干细胞为定向干细胞(committed stem cell)也称专能干细胞、偏能干细胞或单能干细胞,这类干细胞只能向一种类型或密切相关的两种类型的细胞分化,如上皮组织基底层的干细胞、肌肉中的成肌细胞等。人们发现肿瘤中也存在干细胞,这为肿瘤发生机制的研究提供了新的路径。

一、胚 胎 干 细 胞

胚胎干细胞包括 ES 细胞(embryonic stem cell)和 EG 细胞(embryonic germ cell)。当受精卵分裂发育至囊胚期,胚胎细胞在囊胚腔内成团存在,称为内细胞团(inner cell mass)。将细胞团的细胞分离出来进行培养,在一定条件下,这些细胞可在体外"无限期"地增殖传代,同时还保持其全能性,称为胚胎干细胞,即 ES 细胞。另一种胚胎干细胞 EG 细胞是由原始生殖细胞(primordial germ cells,PGCs)培养分离得到。

胚胎干细胞的研究历史可以追溯到 1958 年,Stevens 将小鼠附植体胚胎异位移植到肾脏的被膜下,得一种能够连续传代的多潜能细胞系,称为胚胎癌细胞(embryonic carcinoma cells)或畸胎瘤(teratocarcinoma cels),简称 EC 细胞。1981 年,英国的 Evans 等用延缓着床的胚泡首次成功分离了小鼠 ES 细胞。之后,

Roberton 建立了不同品系、不同倍性、不同遗传型的 ES 细胞系。此后，一系列其他动物的胚胎干细胞相继分离和建系取得成功，如大鼠(1988)、猪(1990)、牛(1992)、兔(1993)等。1995 年，Thomson 等从恒河猴的囊胚中分离建立了世界上第一株灵长类动物的胚胎干细胞。1998 年，他们在建立灵长类胚胎干细胞取得成功的经验基础上，从接受不孕症治疗的夫妇所捐献的处于囊胚阶段的早期胚胎中分离出了人的 ES 细胞。同年，Gearhart 的研究小组从选择性流产所得到的胚胎生殖腺中分离出人 EG 细胞，研究证实这些细胞均具有全能性。2000 年，澳大利亚的 Reubinoff 等和新加坡的体外受精专家合作，成功地从人囊胚建立了 8 株未分化的人胚胎干细胞系。并且在体外分化实验中成功地得到了神经祖细胞。人胚胎干细胞的研究报告发表很快引起了全世界的关注，并引发了一场伦理学的争论。

ES 细胞在体外极易分化，要维持 ES 细胞处于自我更新的增殖状态，必须将 ES 细胞置于饲养层细胞上共培养才能维持其形态，抑制其分化，这种共培养关系一旦解除就会导致 ES 细胞自发分化。ES 细胞在解除分化抑制的条件下具有参与包括生殖腺在内的各种组织的发育潜力。

ES 细胞分裂可能产生新的干细胞或分化的功能细胞。这种分化的不对称是由于细胞本身成分的不均等分配和周围环境的作用造成的。细胞的结构蛋白，特别是细胞骨架成分对细胞的发育非常重要。如在果蝇卵巢中，调控干细胞不对称分裂的是一种称为收缩体的细胞器，包含有许多调节蛋白，如膜收缩蛋白和细胞周期蛋白 A。收缩体与纺锤体的结合决定了干细胞分裂的部位，从而把维持干细胞性状所必需的成分保留在子代干细胞中。在脊椎动物中，转录因子对干细胞分化的调节非常重要。比如在胚胎干细胞的发生中，转录因子 Oct4 是必需的。Oct4 是一种哺乳动物早期胚胎细胞表达的转录因子，它诱导表达的靶基因产物是 FGF-4 等生长因子，能够通过生长因子的旁分泌作用调节干细胞以及周围滋养层的进一步分化。Oct4 缺失突变的胚胎只能发育到囊胚期，其内部细胞不能发育成内层细胞团。干细胞的分化还可受到其周围组织及细胞外基质等外源性因素的影响。

ES 是一种高度未分化细胞，具有发育的全能性，能分化出成体动物的所有组织和器官，包括生殖细胞。ES 细胞可以在体外培养成为永久性细胞系，人们可以在体外对其进行各种遗传操作，为转基因动物、组织工程、基因治疗和临床移植提供细胞来源。

二、成体干细胞

成体干细胞是分布在成体组织中尚未分化的、具有自我更新并能构建和补充相应组织的各种类型细胞潜能的干细胞。成年动物的许多组织和器官，比如表皮和造血系统，具有修复和再生的能力，成体干细胞在其中起着关键的作用。在特定条件下，成体干细胞或者产生新的干细胞，或者按一定的程序分化，形成新的功能细胞，从而使组织和器官保持生长和衰退的动态平衡。近年来陆续分离出了多种成体干细胞，如造血干细胞(hematopoietic stem cell, HSC)、神经干细胞(neural stem cell, NSC)、骨髓间充质干细胞(mesenchymal stem cell, MSC)、表皮干细胞(epidexmis stem cell)等。

造血干细胞是发现最早、研究最多的一种成体干细胞，它是体内各种血细胞的唯一来源，主要存在于成体的骨髓、外周血、脐带血中。在临床治疗中，造血干细胞应用较早，在 20 世纪 50 年代，临床上就开始应用骨髓移植方法来治疗血液系统疾病。到 80 年代末，外周血干细胞移植技术逐渐推广开来，绝大多数为自体外周血干细胞移植，在提高治疗有效率和缩短疗程方面优于常规治疗，且效果令人满意。

科学家已经用骨髓间充质干细胞培育出了肾脏组织、肝细胞、肌肉细胞、神经细胞等，这在器官移植手术中是一个重大突破，在不久的将来，人们有望利用病人自身的健康组织干细胞，诱导分化病损组织的功能细胞，从而达到治疗各种组织坏损性疾病的目的，既可克服由于异体细胞移植的免疫排斥，又可以克服胚胎细胞来源的不足以及其他社会伦理和法律问题。

传统上认为，神经细胞在出生后不久便丧失分裂和再生能力。随着年龄增长，部分神经细胞衰老死亡，神经细胞数量不断减少。近年来，随着干细胞研究的不断发展，人们从胚胎及成年动物的神经组织中分离培养出了神经干细胞。瑞典神经学家 Bjorklund 及其同事从流产胎儿脑中分离出神经组织细胞，移植到人患者的脑中治疗帕金森症，经对术后 10 年的患者进行跟踪研究，发现移植的神经元仍然存活，并继续产生多巴胺，而且患者的症状得到明显改善。

美国佛罗里达大学教授 Ramiya 及其同事从尚未发病的糖尿病小鼠的胰岛导管中分离出胰岛干细胞，

并在体外诱导这些细胞分化成为产生胰岛素的β细胞,移植实验表明,接受移植的糖尿病鼠血糖浓度控制良好,而对照的小鼠死于糖尿病。

我国研究人员已发现人体烧伤皮肤原位处存在着皮肤干细胞,利用它在一定药剂调控下能使烧伤皮肤原位再生,修复如初。

以干细胞为基础发展起来的组织工程技术在人工组织与器官的研制与应用中取得了显著成效,组织工程化的人工皮肤、人工血管和人工软骨等已开始应用于食管、气管、小肠、尿道等器官与组织的修建与再造。由胚胎干细胞诱导形成的胰岛样细胞经半透膜包裹后植入高血糖模型动物体内,可长期存活并分泌胰岛素,能降低模型动物的血糖水平。

三、肿瘤干细胞

肿瘤干细胞(tumor stem cell,TSC)又称癌症干细胞(cancer stem cell,CSC),是指肿瘤中具有自我更新能力并能产生异质性肿瘤细胞的细胞也就是具有干细胞性质的肿瘤细胞,它具有"自我复制"(self-renewal)以及"多细胞分化"(differentiation)等能力,被认为有形成肿瘤并发展成癌症的潜力,转移后可以产生新型癌症。

早在20世纪60~70年代,许多学者就已经观察到实体瘤细胞存在异质性,只有小部分细胞有克隆形成能力,在异种移植实验中,只有移植入大量的肿瘤细胞才能形成移植瘤。Hamburger等发现,只有0.02%~0.1%的肺癌、卵巢癌与神经母细胞瘤细胞有能力在体外软琼脂培养基上形成克隆。大量的肿瘤细胞培养和移植实验证明,并非每个肿瘤细胞都有再生肿瘤的能力,只有一小部分肿瘤细胞在体外克隆形成实验中形成克隆,在肿瘤形成过程中充当干细胞的角色,并具有自我更新、增殖和分化的潜能,虽然数量少,却在肿瘤的发生、发展、复发和转移中起着重要作用。由于其众多性质与干细胞相似,所以这些细胞被称为肿瘤干细胞。肿瘤干细胞能不对称产生两种异质的细胞,一种是与之性质相同的肿瘤干细胞,另一种是组成肿瘤大部分的非致瘤癌细胞。

2003年,Clark的研究小组从乳腺癌中分离出了乳腺癌干细胞,首先证实实体瘤中TSC存在。随即,星形细胞瘤、成神经管细胞瘤与胶质母细胞瘤等脑肿瘤干细胞先后分离成功。

肿瘤干细胞具有极强的致瘤能力,在肿瘤中其数量很小,但成瘤能力较普通肿瘤细胞大数百倍以上,是肿瘤发生、发展与维持的基础。它具有自我更新并多向分化的能力,多发性骨髓瘤中得到的肿瘤干细胞能自我更新并分化为浆细胞和肿瘤细胞,乳腺癌细胞与脑肿瘤肿瘤干细胞移植入裸鼠可以生成原来肿瘤的所有细胞类型。

肿瘤干细胞对肿瘤的存活、增殖、转移及复发有着重要作用。从本质上讲,肿瘤干细胞通过自我更新和无限增值维持着肿瘤细胞群的生命力,肿瘤干细胞的运动和迁徙能力又使肿瘤细胞的转移成为可能,肿瘤干细胞可以长时间处于休眠状态并具有多种耐药分子而对杀伤肿瘤细胞的外界理化因素不敏感,因此肿瘤往往在常规肿瘤治疗方法消灭大部分普通肿瘤细胞后一段时间复发。肿瘤干细胞理论被提出以来,一直是癌症研究与治疗的热门领域,它的研究必将为人们深入认识肿瘤的起源和本质,肿瘤的临床诊断、治疗,以及新药研发提供了新的方向和视角。

第6章 外胚层分化与器官发生

胚胎通过原肠胚形成三胚层后,开始进入神经胚形成阶段。神经胚期从神经板出现开始到神经管闭合为止,是神经管和体节等胚胎中轴支持器官形成的时期,也是胚体雏形建立的时期。神经胚形成的开始是器官发生的标志。外胚层最早开始分化,形成神经系统、感觉器官和表皮等;中胚层形成脊索、肌肉、骨骼、真皮、心脏、血细胞、生殖腺以及泌尿系统等;内胚层则发育为消化系统和呼吸系统等。三个胚层的分化不是孤立进行的,它们之间需要相互诱导、相互联系、相互协调。例如,神经系统主要由外胚层分化形成,但是神经管的最初分化是在脊索中胚层的诱导下产生的,不少器官的发生需要三个胚层的共同参与才能完成。

脊椎动物外胚层将形成三个主要部分:表皮外胚层、神经嵴和神经管(图6-1)。人胚发育到第三周末,背部的部分外胚层细胞受中胚层特别是脊索中胚层的诱导,特化形成神经外胚层,这部分形态上呈柱状的胚胎结构称为神经板(neural plate)。神经板组织将来发育为中枢神经系统的原基——神经管(neural tube),这个过程称为神经胚形成(neurulation),正在发生神经形成的胚胎称为神经胚(neurula)(图6-2和6-3)。神经管的前端发育为脑,后端发育为脊髓(spinal cord),主要形成中枢神经系统。神经嵴主要形成外周神经系统。表皮外胚层发育为表皮及皮肤衍生物,与来自间充质的真皮一起形成皮肤。在神经管的神经组织的诱导下,胚胎头部相应部分的表皮外胚层分化形成视觉、听觉和嗅觉等感觉器官。

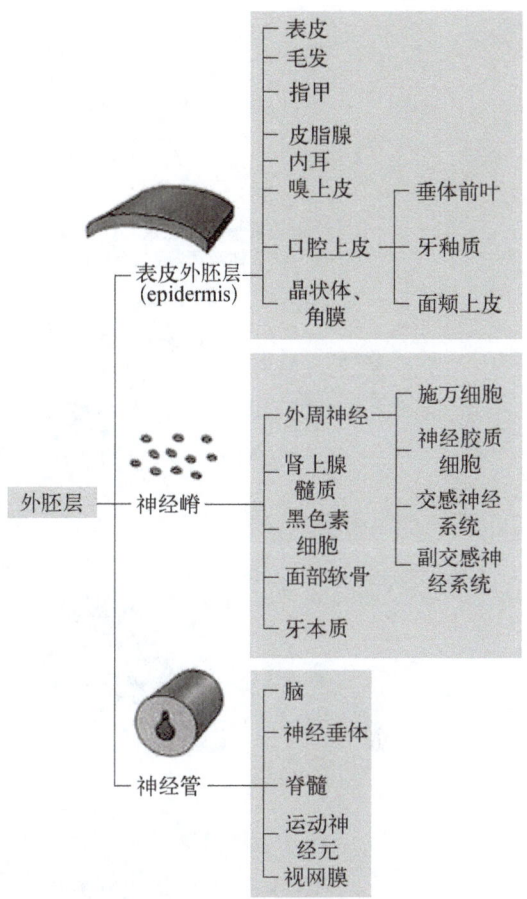

图6-1 脊椎动物外胚层的发育命运
(引自 Gilbert,2010)

第一节 神经系统的发生

一、神经管的形成

神经管的形成方式有两种:初级神经胚形成(primary neurulation)和次级神经胚形成(secondary neurulation)。初级神经胚形成是指由脊索中胚层细胞诱导覆盖于其上的神经细胞增殖、内陷并与表皮细胞脱离形成中空的神经管。次级神经胚形成是指外胚层细胞下陷先形成一实心的细胞索,接着细胞索发生空洞化(cavitation)形成神经管。

不同动物神经管形成所采取的方式有所不同。大多数鱼类胚胎的神经管形成为完全的次级神经胚形成。鸟类胚胎的前端部分为初级神经胚形成,后端部分(第27体节或后肢以后的部分)为次级神经胚形成。在非洲爪蟾等的两栖类中,蝌蚪的大部分神经管形成为初级神经胚形成,但是其尾部的神经管为次级神经胚形成所产生。小鼠和人第35体节水平之前的神经管通过初级神经胚形成而产生,但第35体节水平之后为次级神经胚形成。

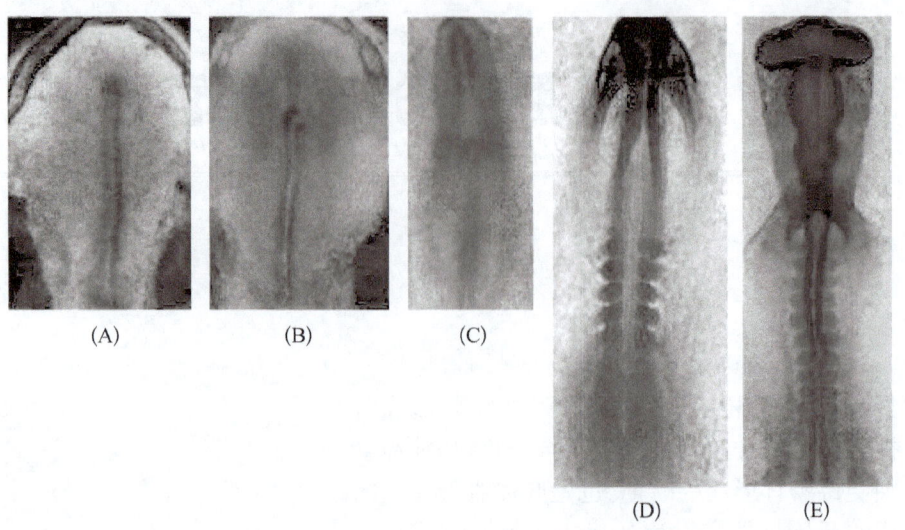

图 6-2　鸡胚的神经形成(背面观)(引自 Gilbert,2010)

(A) 扁平的神经板　(B) 扁平的神经板和位于其下的脊索(头突)　(C) 神经沟　(D) 初始的神经管　(E) 神经管,示三个脑区和脊髓

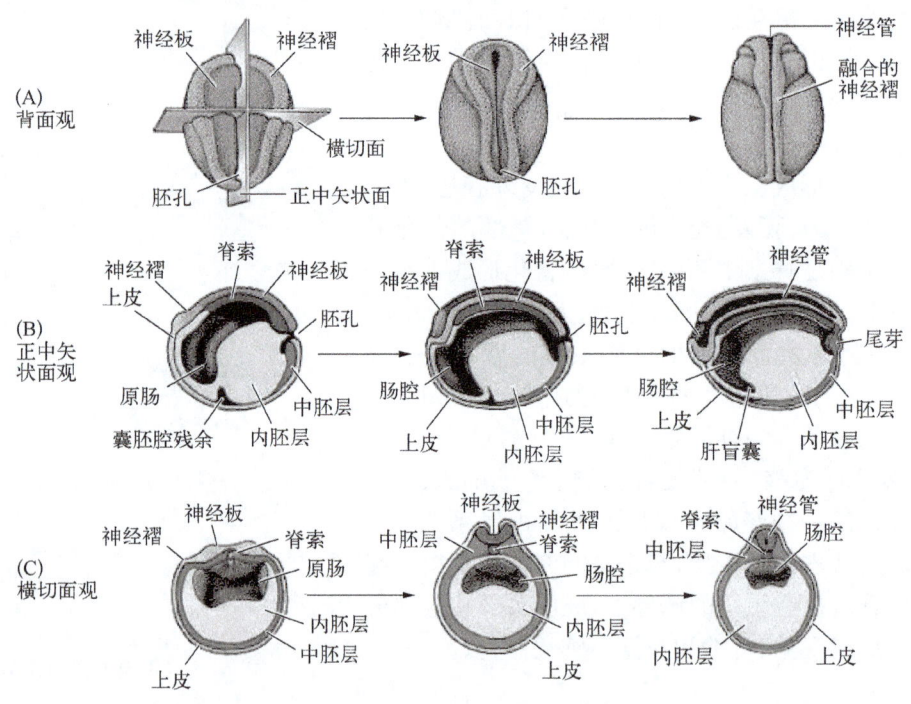

图 6-3　两栖类神经管的形成(引自 Gilbert,2010)

示早期(左)、中期(中)和晚期(右)神经胚的三种视图

1. 初级神经胚形成

鸡和蛙类的初级神经胚形成过程如图 6-3 所示。初级神经胚形成过程中,胚胎最初的外胚层形成三个细胞群:位于内部的神经管细胞,将来发育为脑和脊髓;位于外部的上皮细胞,将来形成表皮;位于神经管和表皮细胞连接处的神经嵴细胞,迁移至身体的各处,将来形成外周神经系统的神经元和神经胶质细胞、皮肤的色素细胞以及几种其他类型的细胞。

两栖类、爬行类、鸟类和哺乳类具有相似的初级神经胚形成过程。神经板形成以后不久,其两侧边缘增厚并向上举起形成神经褶(neural fold),接着神经板中央形成 U 型的神经沟(neural groove),将胚胎分为左右两部分。神经褶向胚胎的中线移动,并最终融合形成闭合的神经管,其上覆盖着表皮外胚层。神经管最靠近背部的细胞形成神经嵴(neural crest)细胞(图 6-4,A~D)。

第6章 外胚层分化与器官发生 91

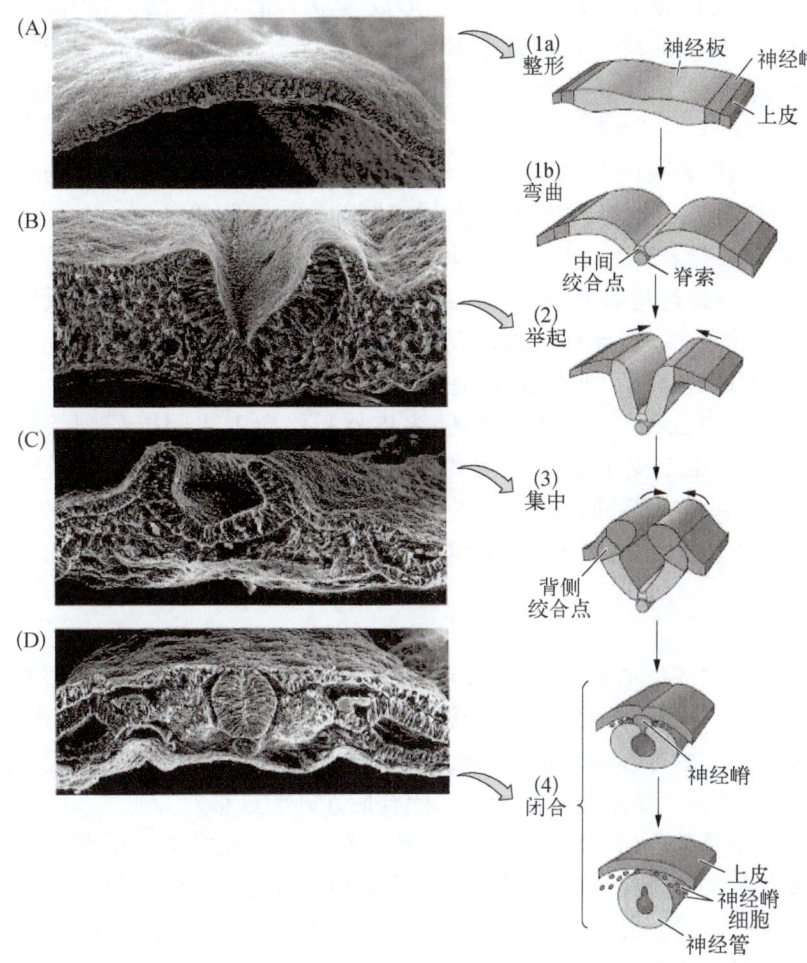

图 6-4 鸡胚神经管的形成（示初级神经胚形成）
（仿 Smith 和 Schoenwolf,1997;Trends Neurosci,1997）

脊椎动物胚胎不同部位的神经形成方式不同。头部、躯干部和尾部形成神经管的方式反映了咽部内胚层、前脊索板和脊索与覆盖于其上的外胚层之间的诱导关系。头部和躯干部的神经形成方式以初级神经胚形成为主，其过程可以分为几个彼此独立但在时间和空间上又相互重叠的阶段：① 神经板的形成和起皱、② 神经板的整形和举起、③ 神经板卷曲和集中形成神经沟以及 ④ 神经沟闭合形成神经管（图6-4,1a～4）。

(1) 神经板的形成和整形

背部的脊索中胚层（头部区域为咽内胚层）发出信号诱导其上的外胚层细胞伸长形成柱状的神经板细胞，神经形成的过程便开始了。伸长的预定神经板细胞与周围预定上皮细胞变得明显不同。大约有50%左右的外胚层细胞会形成神经板。

神经板的整形是由于上皮和神经板区细胞内在的运动性所致。神经板沿前后轴伸长，导致神经板变窄，随后的卷曲才会形成神经管。两栖类和羊膜动物的神经板通过集中延伸进行伸长和变窄，细胞通过嵌插形成为数不多的几层细胞。另外，神经板细胞的分裂增殖也以前后轴方向为主。将上皮和神经板组织分离出来培养，上述现象仍可发生。把神经板细胞分离出来培养，它们会集中延伸形成一薄板，但不能卷成神经管。然而，如果将含有上皮和神经板细胞的边界区分离培养，将会形成小的神经管。

(2) 神经板的卷曲和集中

神经板的卷曲主要包括神经板与周围组织接触点即铰链区（hinge region）的形成。在这些区域，预定的上皮细胞与神经板两侧的边缘黏附在一起，并将神经板的边缘向身体的中线推动。鸟类和哺乳动物胚胎体内，神经板中线细胞被称为中间铰合点（medial hinge point, MHP）细胞，它们来源于亨氏结前端的神经板以及亨氏结的前端中线部分。MHP 细胞和位于其下的脊索相互锚定在一起，形成铰链，这样便在背中线形成一个皱褶。脊索诱导 MHP 细胞变矮,形成楔状,而 MHP 两侧的细胞不发生这样的变化(图 5.4B、C)。稍后不久,其他的两个铰链区在神经板和其余外胚层的连接处也形成皱褶,这两个区域被称为背侧铰合点(dorsolateral hinge points, DLHPs),它们被锚定在表面外胚层上。DLHPs 细胞变高,形成楔状。

铰合点细胞形成楔状跟细胞内的微管和微丝有关。这是因为,微管聚合的抑制物——秋水仙素(colchicine)能够抑制这些细胞的伸长,而微丝形成的抑制剂——细胞松弛素 B 则能够阻止细胞顶部的收缩,从而抑制细胞形成楔状。随着神经上皮细胞的增大(通过微管),微丝及其相关的调节蛋白开始在这些细胞的顶端累积,微丝的收缩导致这些细胞形状的改变。神经板形成皱褶之后,神经板便在铰链区发生卷曲。每一个铰链都可以作为一个转轴,引导周围细胞的转动。在非洲爪蟾胚胎中,与肌动蛋白结合的蛋白质 Shroom 在启动铰链区细胞顶端收缩和神经板卷曲中起重要的作用。

与此同时,外部的作用力也在发挥作用。鸡胚表皮外胚层向中线的推移则给神经板的卷曲提供了另一种动力(图 6-4C)。预定上皮细胞的运动和神经板在中胚层上的锚定对于确保神经板的向内凹入(而不是向外突出)可能起着重要的作用。将小片的神经板从胚胎中分离出来,它们会彻底地由内向外翻。预定上皮细胞向胚胎中线的推动力和神经板的起皱(furrowing)加在一起,便形成了神经褶(neural fold)。

(3) 神经管的闭合

当左右两个神经褶在背中线被牵引到一起的时候,神经管即开始闭合。两个神经褶黏附在一起,细胞也发生合并。有些种类的胚胎,神经褶连接处形成神经嵴细胞。鸟类的神经嵴细胞直到神经管闭合后才开始由背部迁出。哺乳动物头面部的神经嵴细胞(形成面部和颈部的结构)在神经褶举起、神经管尚未闭合之前就开始迁移了,然而脊髓区的神经嵴细胞则在神经管闭合后才开始迁移。

神经管的闭合并非在整个外胚层同时发生。这个现象在鸟类和哺乳类中最明显,其体轴在神经形成之前就已经伸长。羊膜动物的初级神经诱导按照由前到后的顺序进行,因此在 24 h 的鸡胚中,头部的神经管已明显形成而尾部区仍在进行原肠胚形成(图 6-5)。神经管闭合后,其前后两个开口分别成为前端神经孔(antirior neuropore)和后端神经孔(posterior neuropore)。

鸡胚的神经管闭合首先在预定后脑水平开始,然后向前后两个方向逐渐闭合。而哺乳动物的神经管则是在沿前后轴的几个部位开始发生闭合,比如人类的神经管可能是从三个部位开始闭合的(图 6-6)。神经管的不同部位未能闭合时就会形成各种神经管的缺陷。如果人 27 d 胚胎的后端神经孔不能闭合,就会造成脊髓裂(spina bifida)(图 6-6E),其严重性取决于脊椎保持开放的程度。前端神经管区不能闭合,会导致产生一种称为无脑畸形(anencephaly)(图 6-6D)的致死性缺陷,其前脑仍然暴露于羊水之中,随后前脑发生退化,胎儿的前脑停止发育,颅骨拱顶不能形成。位于体轴上面的整个神经管都不能闭合的,称为颅脊柱裂(craniorachischisis)。总之,神经管缺陷在人类中并非罕见,新生儿检出率大约为 0.1%。神经管闭合的各种缺陷在妊娠期间可以通过各种物理和化学的方法检测出来。

人类神经管的闭合与遗传因素和环境因子之间复杂的相互作用有关。*pax3*、*sonic hedgehog* 和 *openbrain* 等基因是哺乳类神经管形成所必需的,而胆固醇和维生素 B_{12} 等饮食因素也很重要。据估计,大约 50% 的神经管缺陷可以由孕妇补充叶酸(维生素 B_{12})而得以避免。因此,美国公共健康服务中心建议所有育龄孕妇每天摄取 0.4 mg 叶酸盐(folate),以减少妊娠期间胎儿患神经管缺陷的危险。

神经管闭合形成一个圆柱,与表皮外胚层分离。神经管和表皮外胚层的分离与细胞表达了不同的粘连分子有关。形成神经管和表皮外胚层的细胞最初都表达 E-cadherin,随着神经管的形成,神经管细胞停止表达 E-cadherin,而开始合成 N-cadherin 和 N-CAM(图 6-7A);结果是两种组织不再粘连在一起。实验研究表明,如果向 2 细胞期非洲爪蟾胚胎中的一个分裂球内注射 N-cadherin 的 mRNA,使表皮外胚层细胞中异位表达 N-cadherin,神经管就不会和预定的表皮分开(图 6-7B)。

2. 次级神经胚形成

次级神经胚形成包括由预定外胚层和中胚层细胞形成间质细胞,随即这些细胞在表皮外胚层下面聚集形成髓索(medullary cord)(图 6-8)。间质—上皮转换完成之后,髓索的中央部分发生空洞化(cavitation),形成几个中空的内腔(lumen)(图 6-8C)。这些内腔联合形成一个位于中央的腔(图 6-8D)。我们已经了

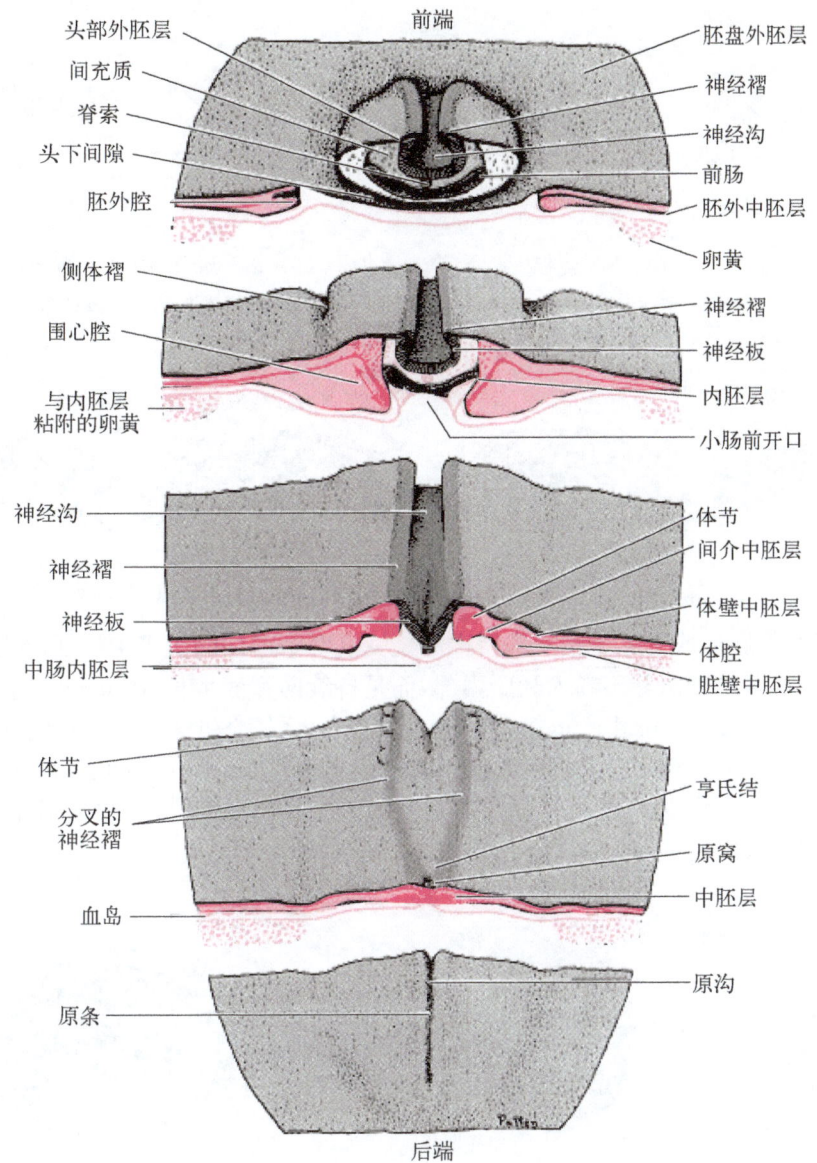

图6-5 24 h鸡胚(引自Patten,1971)

示头部神经形成已完成,而尾部仍在进行原肠胚形成

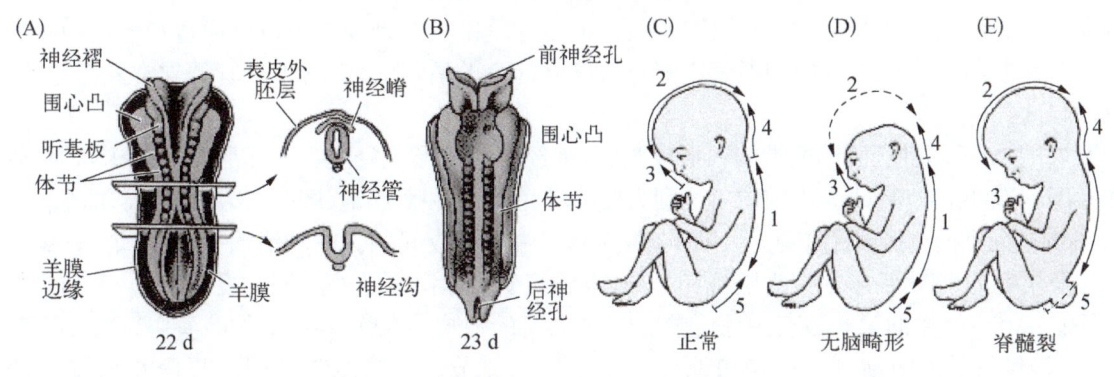

图6-6 人类胚胎的神经形成(引自 Gilbert,2000)

解,亨氏结迁移到胚胎的后端之后,上胚层的尾区所包含的前体细胞群随着胚胎躯干部的伸长形成神经外胚层和中胚层。内陷的外胚层细胞(将来形成次级神经管)表达 *pax2* 基因,而相邻的中胚层细胞(将来形成体节)则不表达 *pax2* 基因。这些前体细胞很可能形成了神经管和中胚层。

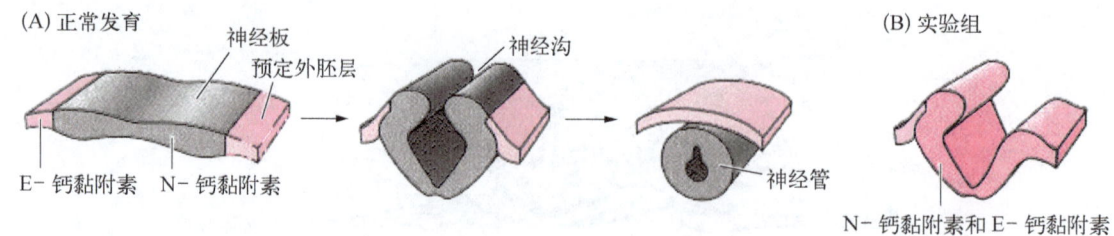

图 6-7 非洲爪蟾神经形成过程中 N-cadherin 和 E-cadherin 的表达(引自 Gilbert,2010)

(A)正常发育 (B)向蛙胚一侧注射 N-cadherin mRNA,预定神经管细胞和表皮细胞均表达 N-Cadherin 蛋白,则神经管和上皮无法分离

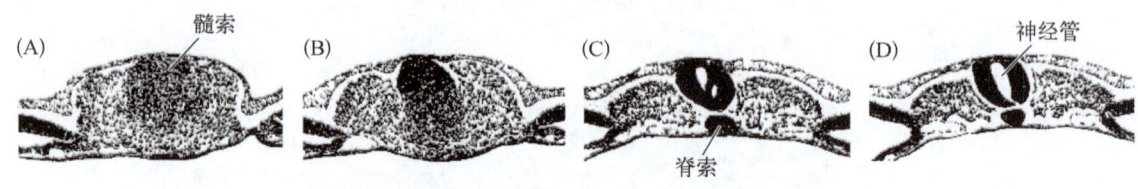

图 6-8 25 体节鸡胚尾区的次级神经形成(引自 Catala,1995；Mech Dev,1995)

蛙类和鸡的次级神经胚形成常见于腰椎和尾椎部位。这两个部位的次级神经胚形成都可以看作是原肠胚形成的继续,此时胚孔背唇细胞并不卷入胚胎内部,而是持续向腹面生长(图 6-9)。胚唇顶端不断生长的区域称为脊索神经铰合(chordoneural hinge),这里含有神经板后末端和脊索后末端的前体细胞。脊索神经铰合区的生长,使直径 1.2 mm 的球形的非洲爪蟾原肠胚转变成长度为 9 mm 的蝌蚪。蝌蚪尾部的末端由胚孔背唇直接形成,而胚孔周围的细胞形成了神经肠管(neurenteric canal)。神经肠管的近端部分与肛门融合,远端部分则形成了室管膜管(ependymal canal),即神经管腔(图 6-8C)。

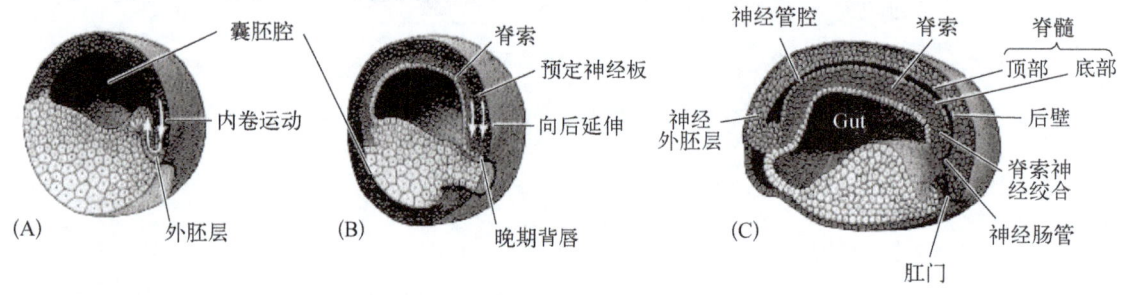

图 6-9 非洲爪蟾次级神经形成时的细胞运动(引自 Gont 等,1993)

在人和鸡胚中,神经管的前端(初级神经胚形成)和后端(次级神经胚形成)连接处似乎存在一个转换区。在人类胚胎中,可在转换区观察到内腔的相互联合,但是这个区域的神经管也可以通过神经板细胞的弯曲形成神经管。如果初级和次级形成的神经管不能正常联合起来的话,就会出现神经管的异常发育。

3. 神经管的分区

在中胚层的诱导下,神经管的前端膨大形成脑区,神经管后部形成脊髓。人胚胎第 4 周末,神经管头端形成三个膨大即脑泡(brain vesicle),由前向后分别为前脑泡、中脑泡和菱脑泡(图 6-10)。第 5 周,前脑泡的头端向两侧膨大,形成左右两个端脑,后演变为大脑半球,而其尾端则演变为间脑。中脑泡演变为中脑。菱脑泡演变为头侧的后脑及尾侧的末脑,后脑演变为脑桥和小脑,末脑演变为延髓。随着脑泡的发生和演变,前脑泡的腔演变为两个侧脑室和间脑中的第 3 脑室;中脑泡的腔形成狭窄的中脑导水管;菱脑泡的腔演变为宽大的第 4 脑室。

鸡胚中,神经管的后脑预成区被均匀地分为 8 个菱脑原节。菱脑原节之间的界限是由细胞谱系限制(cell-lineage restriction)所决定,即一旦分界形成,各部分的细胞及其后代均限制在各自的菱脑原节内,不发生跨界交流。细胞标记实验发现,细胞在分区之前可以相互交流,只是在分区出现后,菱脑原节之间的细胞交流才被阻止。看来似乎是同一菱脑原节内的细胞具有一些共同的黏附特性,这种特性阻止它们与相邻菱脑原节的细胞混合。

第6章 外胚层分化与器官发生

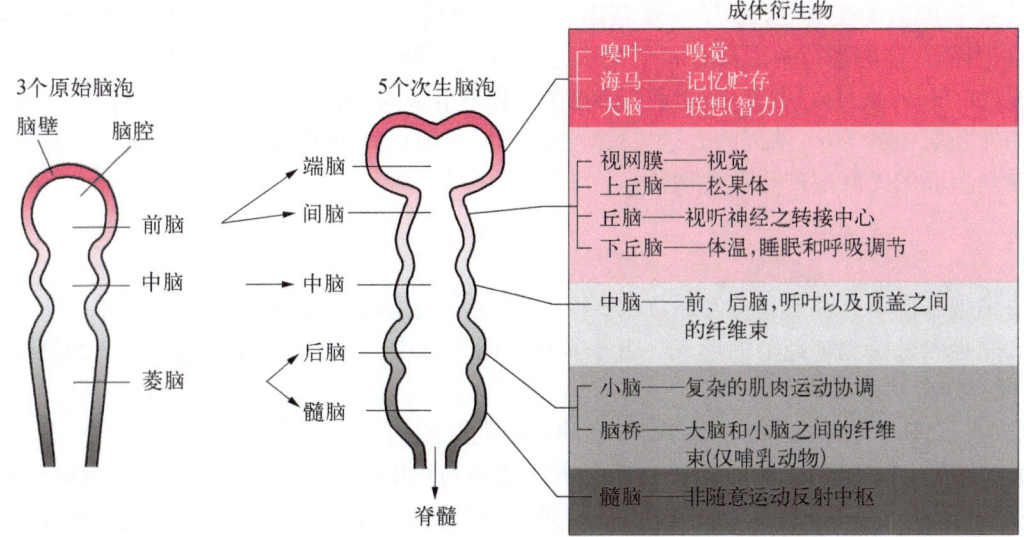

图6-10 人脑的早期发育（仿Moore和Persaud,1993）

随着发育的进行,神经管膨大形成三个原始脑泡;继而再细分成更小的区域;至成体形成中枢神经系统的各部分结构

将不同位置上的奇数菱脑原节和偶数菱脑原节取出,并去除它们的界膜,然后将它们按奇偶顺序排列,它们之间会形成新的界限。但是当把不同的奇数菱脑原节排列在一起时,彼此之间就没有界限产生,说明它们的细胞具有相似的表面特征。后脑分化为4个奇数菱脑原节具有重要功能性的意义,因为每一奇数菱脑原节具有其独特的性质,也决定了其后的发育命运。

Hox 基因的表达为菱脑原节和神经嵴的位置特性提供了可能的分子机制。Hox基因在小鼠胚胎的后脑区中以非常明确的模式进行表达,这与体节形成模式极为相符(图6-11)。例如,Hoxb3表达的最前端位

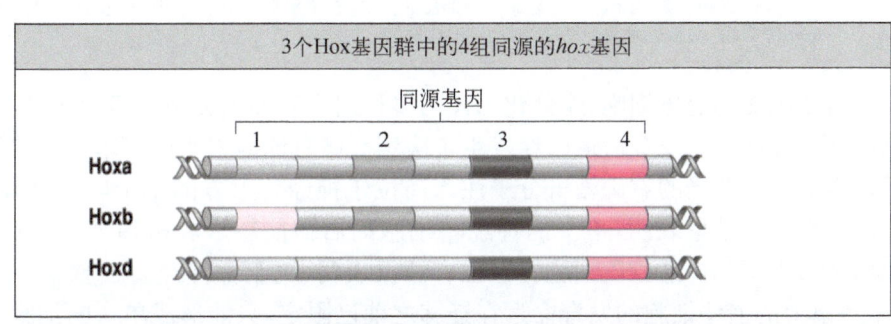

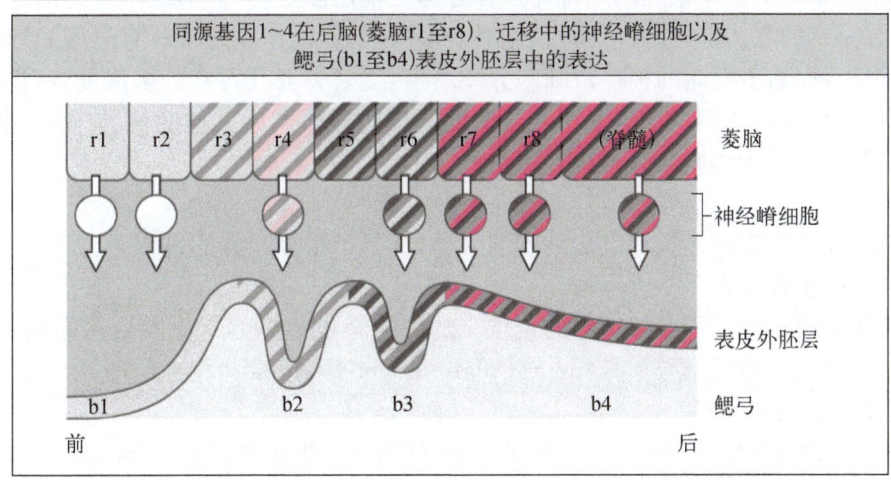

图6-11 Hox基因在头部鳃弓区的表达（引自Wolpert,2007）

图示三个Hox同源基因群在后脑(菱脑r1至r8)、神经嵴、鳃弓(b1至b4)以及表皮外胚层中的表达。Hoxa1和Hoxd1基因在这个阶段不表达。箭头标明了神经嵴细胞向鳃弓的迁移。注意r3和r5菱脑没有神经嵴细胞向鳃弓的迁移

于第 4、第 5 菱脑原节的交界处,而 *Hoxb*2 基因表达的最前端位于第 2、第 3 菱脑原节的交界处。一般来说,不同 Hox 基因复合体的平行基因具有相似的表达模式。已经知道,3 组平行基因有不同的表达最前缘区,第 1 组基因(如 *Hoxa*1、*Hoxb*1 等)最靠前,紧跟着是第 2 组基因,第 3 组基因位于最后。位于前后轴不同位置的鳃弓和外胚层中的 *Hox* 基因的表达模式,与神经管和神经嵴中的情形相似,可能是神经嵴细胞在迁移过程中诱导其上面的外胚层产生位置值。

二、神经嵴的发育

神经嵴细胞来源于外胚层。神经嵴(neural crest)的出现是动物进化过程中的关键一环,它直接导致了下颌、面部、颅骨以及感觉神经节的形成。由于其在胚胎发育中的重要性,有人称之为第四胚层。

1. 神经嵴细胞的分化潜能

神经嵴是一个临时的结构,成体动物和脊椎动物晚期胚胎内均没有神经嵴。神经嵴细胞产生于神经管最背部的区域。移植实验表明,如果将鹌鹑的神经板移植块与鸡的非神经外胚层并列,就会诱导形成神经嵴细胞,预定的神经板和上皮都会参与神经嵴的形成。神经嵴细胞首先发生上皮—间质细胞的转换,然后广泛迁移,产生各种分化细胞类型。这些细胞类型包括:① 感觉性的神经元和神经胶质细胞,交感和副交感神经系统;② 肾上腺中产生肾上腺素的细胞(髓质细胞);③ 表皮中的色素细胞;④ 头部的很多骨骼和结缔组织。神经嵴细胞的发育命运在很大的程度上依赖于它们迁移并最终停留的位置。表 6-1 列出了来源于神经嵴的部分细胞类型。

表 6-1 神经嵴部分衍生物

衍生物	细胞类型或衍生物结构
周围神经系统	感觉神经节、交感和副交感神经节和神经丛的神经元和神经胶质细胞、施旺细胞
内分泌和旁内分泌衍生物	肾上腺髓质,降钙素分泌细胞,颈动脉体 I 型细胞
色素细胞	上皮色素细胞
面部软骨和硬骨	面部和前腹部颅软骨和硬骨
结缔组织	角膜内皮和基质,牙齿乳头,头部和颈部皮肤的真皮、平滑肌和脂肪组织,唾液腺、泪腺、甲状腺、胸腺和垂体的结缔组织,动脉弓起源的动脉结缔组织和平滑肌

神经嵴细胞是一群多潜能的前体细胞,能分化为体内多种组织和细胞类型。但目前尚不清楚的是,这些细胞在迁移之前具有多潜能性还是发育命运已经发生了决定。已有证据表明许多躯干部神经嵴细胞在迁移之前具有多潜能性。人们将具荧光的右旋糖酐分子注入尚位于神经管上方的单个躯干神经嵴细胞中,然后观察其后裔形成的细胞类型。结果表明,单个的神经嵴细胞的后裔能够形成多种细胞类型,包括感觉神经元、色素细胞、肾上腺髓质细胞和神经胶质细胞。但也有证据表明,鸡躯干神经嵴细胞为一群具有异质性前体细胞混合而成,半数以上的前体细胞的发育命运在迁移之前已限定,只能形成单一的细胞类型。近来的研究表明,大多数迁移早期的鸡头部区的神经嵴细胞具有多潜能性,能产生几乎所有类型的细胞。综合这些实验结果,Nicole 等提出,原始多潜能的神经嵴细胞分裂增殖,逐渐失去其发育的多潜能性(图 6-12)。虽然有些神经嵴细胞具有多潜能性,我们目前仍不清楚这些前体细胞能否产生其他的前体细胞,也就是说,这些多潜能神经嵴前体细胞是否是干细胞,这一点尚无定论。

2. 神经嵴细胞的特化

神经嵴细胞的特化发生在神经板和上皮细胞的交界处,是一个多步骤的过程。

(1) 神经板诱导信号的表达

神经嵴细胞特化的第一步是神经板边界的定位。鸡胚神经板边界的特化发生在原肠运动期间,腹部外胚层和轴旁中胚层分泌的神经板诱导信号(neural plate inductive signals)相互作用,定位神经板的边界。

(2) 神经板边界特化者的表达

神经板形成之后会诱导边界细胞表达一组转录因子,称为神经板边界特化者(neural plate border specifier)的表达。这些转录因子包括:Distalless-5、Pax3 和 Pax7,它们共同阻止边界区形成神经板和上皮组织。

(3) 神经嵴特化者的表达

神经板边界特化者转录因子诱导边界区细胞另一组转录因子——神经嵴特化者(neural crest specifier)的表达,这些细胞将发育为神经嵴细胞。神经嵴特化者转录因子包括 FoxD3、Sox9、Id、Twist 以及 Snail 等。

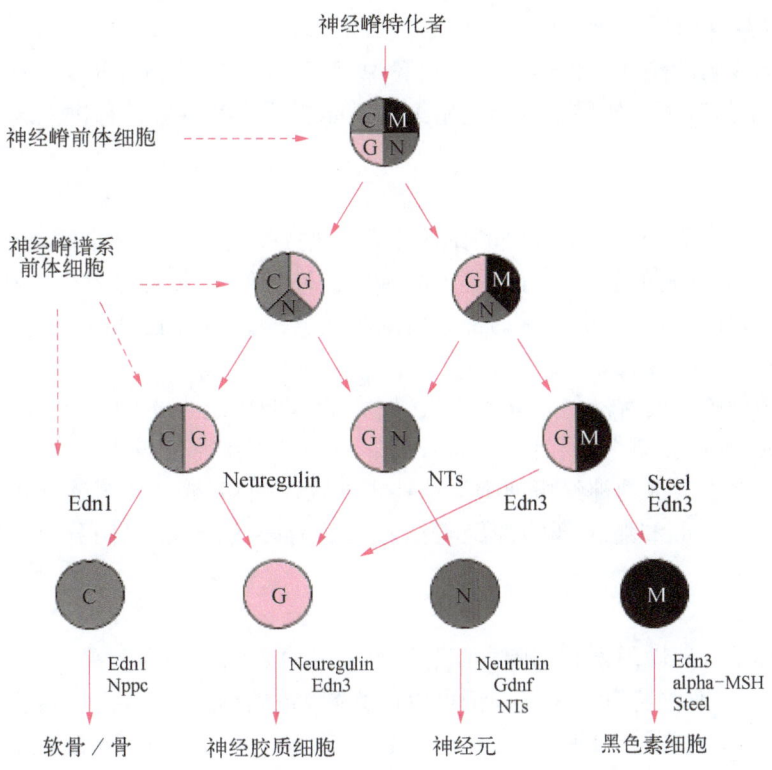

图6-12 神经嵴谱系的分离和神经嵴细胞异质性模型（Martinez-Morales 等，2007）

(4) 神经嵴效应物的表达

神经嵴特化者激活了神经嵴细胞中另外一些基因的转录，从而使神经嵴细胞具有迁移的特性和分化的特征。这些神经嵴效应物（neural crest effectors）包括一些转录因子（如黑色素细胞谱系的MITF）、小G蛋白（如Rho GTP酶，使细胞改变形状并进行迁移）以及细胞表面的受体（如酪氨酸激酶受体Ret和Kit，使神经嵴细胞对周围环境中的模式建成蛋白和诱导蛋白信号发生反应）等。

3. 神经嵴的区域化

鸡胚的神经嵴可以分为四个主要的功能区（图6-13）。

(1) 头部神经嵴

这部分神经嵴细胞向背部两侧迁移，形成颜面部的间质细胞，进而分化为头部的软骨、硬骨、神经元、神经胶质细胞以及面部的结缔组织。进入咽弓和咽囊的细胞形成胸腺细胞、牙原基中的成牙本质细胞、中耳和下颌的细胞等。

(2) 躯干部神经嵴

这些细胞有两种迁移途径：一是形成黑色素细胞（能够合成色素）的神经嵴细胞向背部两侧迁移，进入外胚层，并继续向腹部的腹中线迁移。采取第二条迁移途径的躯干部神经嵴细胞通过生骨节（sclerotome，生骨节为来自体节的中胚层细胞团块，将来分化为脊柱骨的软骨）的前半部分向腹部两侧迁移。停留在生骨节中的躯干神经嵴细胞形成包含感觉神经元的背根神经节（dorsal root ganglia）；那些继续向腹部迁移的神经嵴细胞则形成交感神经节、肾上腺髓质以及大动脉周围的神经丛。

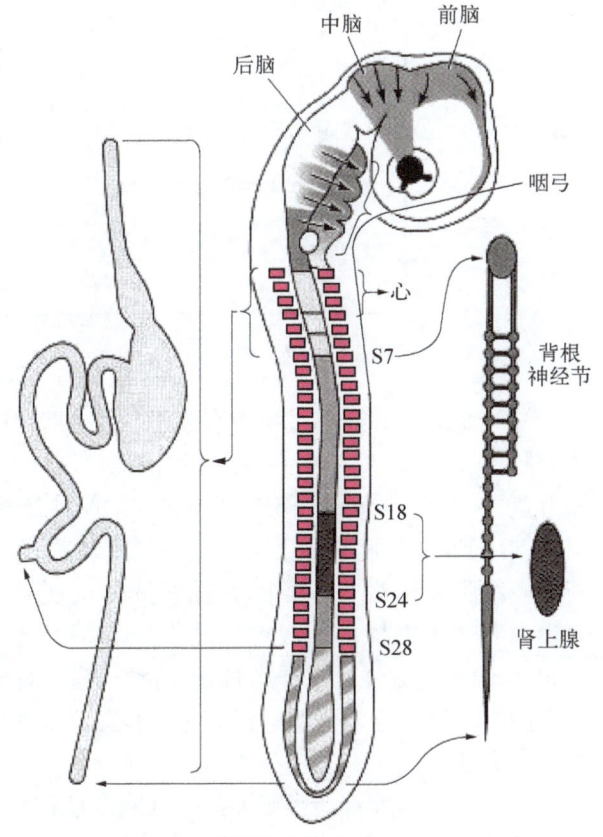

图6-13 鸡胚神经嵴细胞的功能区（引自 Le Douarin，1975）

(3) 颈部和荐骨神经嵴细胞

这些神经嵴细胞形成肠的副交感神经节。在鸡胚中,颈部神经嵴细胞位于1～7体节的对面,而荐骨神经嵴细胞位于第28体节的后面。如果这些神经嵴细胞不能够从这些位置迁移进入肠,会导致肠神经节的缺如,结果肠不会发生蠕动。

(4) 心脏神经嵴

这些神经嵴细胞位于头部和躯干部神经嵴细胞之间的位置。鸡胚中,这个区域的神经嵴细胞横跨第1到第3体节,与颈部神经嵴细胞的前面部分重叠。心脏神经嵴细胞将来发育为黑色素细胞、神经元、软骨和第3、4、6咽弓的结缔组织。另外,这个区域的神经嵴细胞还会形成由心脏发出的大动脉壁的肌肉连接组织以及将肺循环和主动脉分开的隔膜。

不同部位的神经嵴细胞的发育潜能差异非常大,发育命运的决定也不同。如鸡胚头部和躯干部的神经嵴细胞均能形成神经元、神经胶质细胞和色素细胞;头部的神经嵴细胞能够形成软骨和硬骨,而躯干部的神经嵴细胞却不能形成。将躯干部的神经嵴细胞移植到头部区,它们能够迁移至软骨和角膜形成的位置,但不能形成软骨和角膜。尽管头部和躯干部的神经嵴细胞都具有多潜能性,它们分化所产生的细胞还是有所不同。

4. 神经嵴细胞的迁移

神经嵴细胞的迁移是由环境因素和细胞之间黏附性差异决定的。现在已采用多种策略来研究跟踪神经嵴细胞的移动,例如因为鹌鹑细胞有一个核标记可以使其同鸡的细胞分开,将鹌鹑胚胎神经管移入到鸡的胚胎中,则鹌鹑神经嵴细胞在鸡胚胎中的一系列移动将被跟踪(图6-14)。用单克隆抗体或Dil染料作标记可以确定鸡神经嵴细胞的移动。

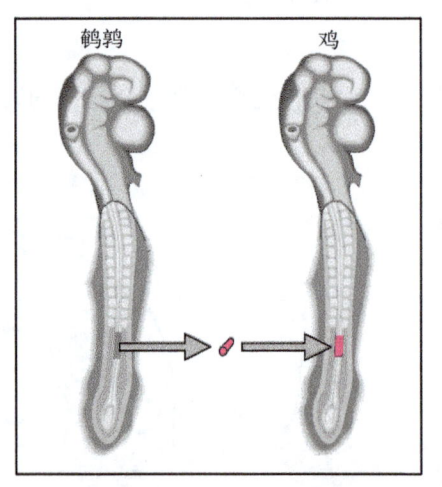 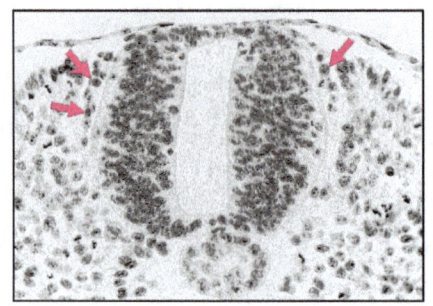

图6-14 鸡胚神经嵴细胞迁移的示踪(引自Wolpert,2007)

神经嵴形成和迁移过程中有多种亚型的钙黏着蛋白(cadherin)的表达呈现动态性。例如,鸡胚中最初的外胚层表达L-CAM;在神经板内陷期间L-CAM被神经细胞钙黏着蛋白(N-cadherin)替代。同时,钙黏着蛋白-6B(cadherin-6B)开始在内陷的神经板表达,而且在产生神经嵴的区域表达最强。当神经嵴细胞离开神经管时,细胞表面已经检测不到钙黏着蛋白-6B的表达了,而钙黏着蛋白-7(caderin-7)开始表达。神经嵴细胞迁移整个过程中,钙黏着蛋白-7持续表达。从这些实验结果来看,神经嵴细胞发育过程中钙黏着蛋白表达的更替可能在神经嵴细胞和神经管分离的过程中发挥重要的作用。如果N-cadherin或者cadherin-7组成性地在神经管背部持续表达,神经嵴细胞离开神经管的迁移过程就会受到抑制。失去对神经管的黏附对神经嵴细胞的迁移来说也是必需的,因此在神经嵴细胞迁移之际,N-cadherin和E-cadherin均不再表达。

神经管和脊索都会影响神经嵴细胞的迁移。如果在神经嵴细胞移动开始之前将早期神经管旋转180°,这样一来,背部表面变成了腹部表面。但许多神经嵴细胞沿着由腹部向背部的方向迁移,向上穿过生骨节,驻留在每个体节的前部。这表明神经管能够影响神经嵴细胞的迁移方向。脊索对神经嵴细胞的迁移也具有一定的影响作用,可以约束 50 μm 内的神经嵴细胞的迁移,阻止细胞脱离它。

在神经嵴细胞迁移的沿途上,能检测到许多种不同的胞外基质分子,神经嵴细胞可能通过细胞表面的整合蛋白与这些分子相互作用。体外培养的神经嵴能够和纤连蛋白(fibronectin)、层粘连蛋白(laminin)和各种胶原蛋白(collagen)黏附并可以有效地迁移。在体内可以通过阻断整合蛋白(integrin)β1 亚单位来阻止神经嵴细胞与纤连蛋白或层粘连蛋白之间的黏附,这将会导致头部(而不是躯干部)发生严重的缺陷。这表明神经嵴细胞在这两个区域有不同的黏附性机制,可能跟它们的整合蛋白有关。

三、神经细胞的增殖、分化与迁移

1. 神经细胞的增殖与分化

神经管形成后,其柱状上皮细胞分裂活跃,形成神经上皮(neuro-epithelium)或称增殖上皮(germinal epithelium)。在神经管内,神经上皮的细胞分裂形成有规律的往返迁移。处于分裂期(M)的细胞紧靠管内壁,分裂后的 G_1 期细胞离开管壁向外运动,并向内外伸出细胞质突起。随着细胞逐渐移向神经管外表面,细胞进入 S 期。此后细胞又逐渐向内移动,在接近管壁时进入 G_2 期,继续靠近管壁,细胞质突起缩回,细胞重又进入 M 期(图 6-15)。

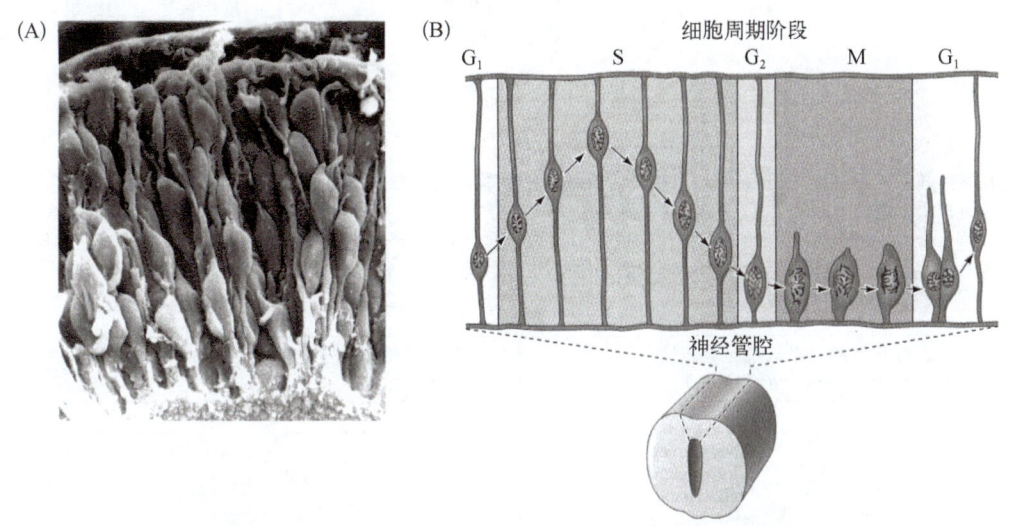

图 6-15　神经管中神经上皮细胞的迁移与细胞周期(引自 Gilbert,2010)

(A) 新形成的鸡神经管的扫描电镜照片,示处于细胞周期不同阶段的细胞;(B) 鸡胚神经管横切面示意图,示神经上皮细胞中细胞核的位置与该细胞所处的细胞周期的关系:有丝分裂的细胞总是位于神经管的内表面即靠近管腔的附近

神经细胞经过多次分裂后,神经管壁形成三层结构:管腔面的室管膜层(ventricular or ependymal layer)、神经细胞胞体构成的套层(intermediate or mantle layer)、由管壁中间套层细胞突起形成的边缘层(marginal layer)(图 6-16)。

关于神经细胞分化的机制目前尚不完全明了,但是,从已有的研究资料看,它至少涉及旁侧抑制和环境影响等多种复杂因素。

在爪蟾的早期胚胎中,神经元并非均一地在神经板上产生,开始是局限在中线两侧的三个纵向条带上。变成神经管腹部区域的最靠近中线的中间条带产生运动神经元,而两侧的条带产生中间神经元和感觉神经元。编码碱性的螺旋—环—螺旋转录因子的 *neurogenin* 基因在三种纵向的条带细胞中被表达,其活性是神经细胞分化所必需的。形成这些条带的细胞的选择与旁侧抑制有关,Delta 和 Notch 蛋白在这一过程中发挥重要作用(图 6-17)。

Delta 与 Notch 蛋白的结合通过抑制神经元形成蛋白(neurogenin)的合成提供抑制神经元分化的信号。开始时,神经板中所有的细胞都合成 neurogenin、Delta 和 Notch。神经细胞的分化通过相互抑制而被阻止。当一个细胞偶然比其邻近细胞更强地开始表达 Delta 时,这种较强的信号传递给邻近的细胞以抑制这些细胞中神经的分化。通过关闭 neurogenin 的表达和抑制 Delta 的合成而停止它们传递任何相互的

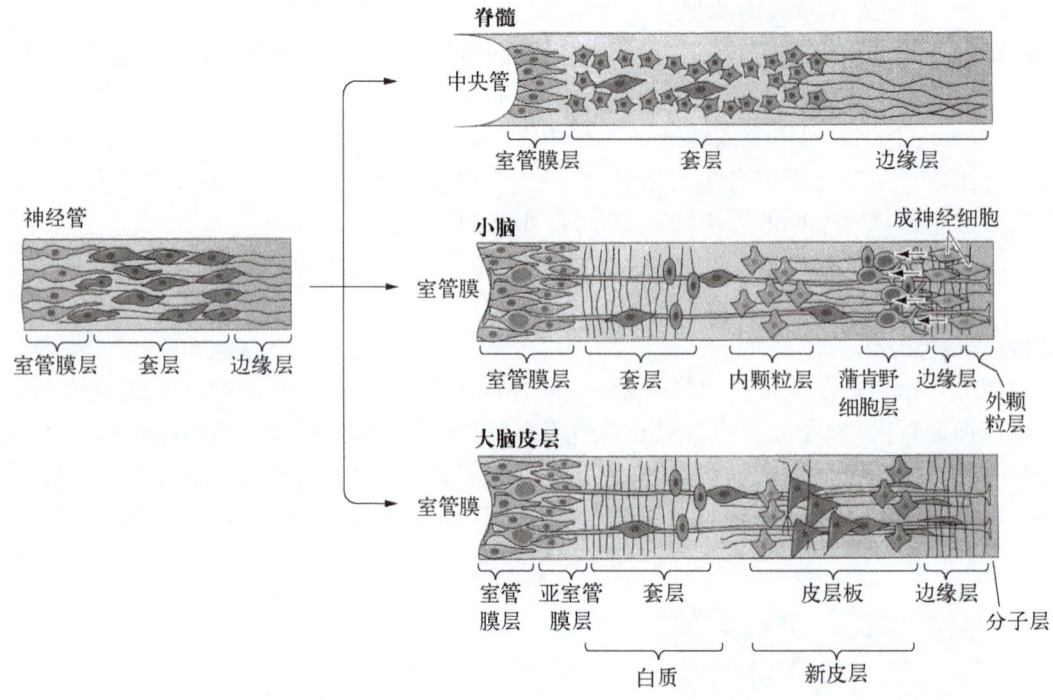

图 6-16　神经管壁的分化(引自 Gilbert,2010)

人五周龄胚胎神经管的横切面(左),示神经管壁的三层结构室管膜层、套层和边缘层。在脊髓中,室管膜层是神经元和神经胶质细胞的唯一来源(右上);在小脑中(右中),第二个进行有丝分裂的细胞层,外颗粒细胞层(external granular layer)在距离室管膜层最远的部位形成;外颗粒细胞层的成神经细胞迁移回到套层,形成内颗粒细胞层;在大脑半球中(右下),迁移的成神经细胞和成神经胶质细胞形成具有六层结构的大脑皮层板(cortical plate)

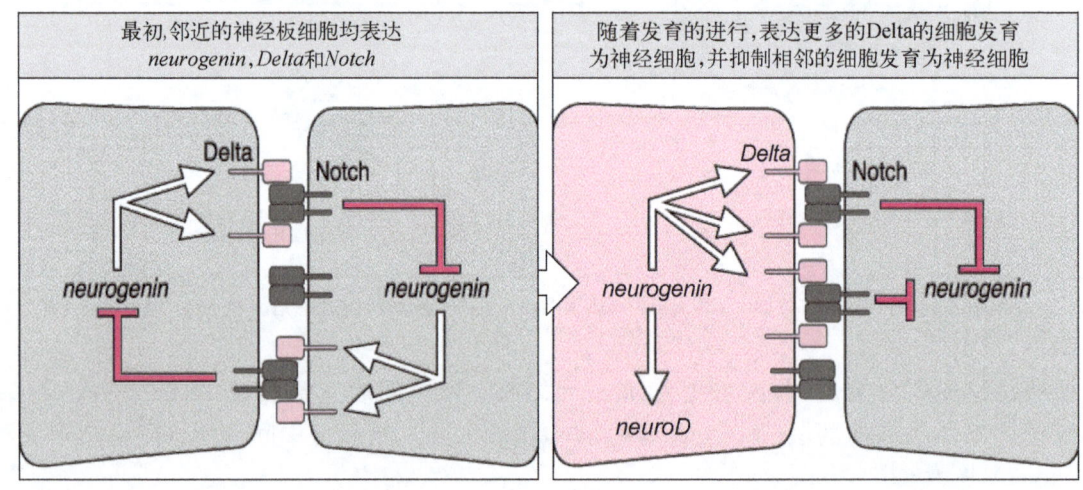

图 6-17　脊椎动物神经系统中的侧面抑制使单个的细胞特化形成神经前体细胞(引自 Wolpert,2007)

Neurogenin 基因最初在神经板内条纹状相邻细胞中表达。除此之外,这些细胞还表达 Delta 和 Notch 蛋白。相邻细胞之间的 Delta 和 Notch 的相互作用跟 neurogenin 表达相互抑制。如果一个细胞偶然表达了较多的 Delta,这样会抑制相邻细胞中 Delta 蛋白的表达,前者便发育为神经元,表达 neurogenin 和 neuroD 蛋白

抑制。该细胞中 neurogenin 的合成导致 neuroD 的激活。neuroD 是编码神经元分化所需要的一种转录因子(图 6-5)。支持这种模型的是,Delta 的过量表达或活性突变的 Notch 的表达(它将连续地发出信号)导致神经元数量的减少。假如 Notch 蛋白以一种活性形式表达,如同 neurogenin 的过量表达一样,Delta 功能的抑制导致神经元数量的增加。神经生长因子、激素等对神经细胞的分化和生长也具有重要作用。

2. 神经细胞的迁移

细胞迁移在神经系统发育中极为重要。中枢神经系统的细胞主要在神经管的增殖区形成,它们要从发

生的地方到达定居的地方,必须要进行细胞的迁移。从神经管的背半部迁移到神经嵴的神经细胞形成周围神经系统的感觉神经元和自主神经系统。保留在神经管中的细胞产生脑和脊髓,两者共同构成中枢神经系统。

神经元一旦形成就不再分裂,而是从神经管的增殖区迁移出去。神经元在神经管增殖后,沿辐射状的胶质细胞向外迁移到达它们最终的位置。胶质细胞由于穿过发育着的神经管而伸长了许多,它们从室管层伸向软脑膜表面。在迁移过程中,神经细胞一直紧贴附于胶质细胞的纤维上(图6-18)。

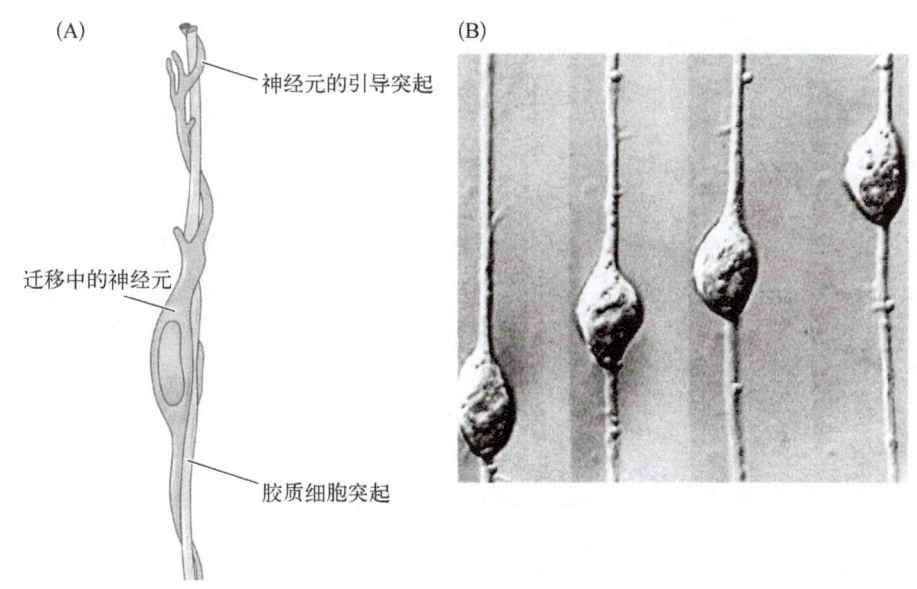

图6-18 神经元沿胶质细胞迁移

神经细胞的迁移是一个非常复杂的生物学行为,它受到多种因子的调控和微环境的影响,一直是生命科学研究的热点。

四、神经连接的形成

神经细胞通过轴突、树突和突触等特殊细胞结构形成复杂的神经网络,将神经细胞之间以及神经细胞和靶细胞之间连接起来(图6-19)。这种高度特异的神经连接的形成,是神经系统发育过程中极为重要的事件。

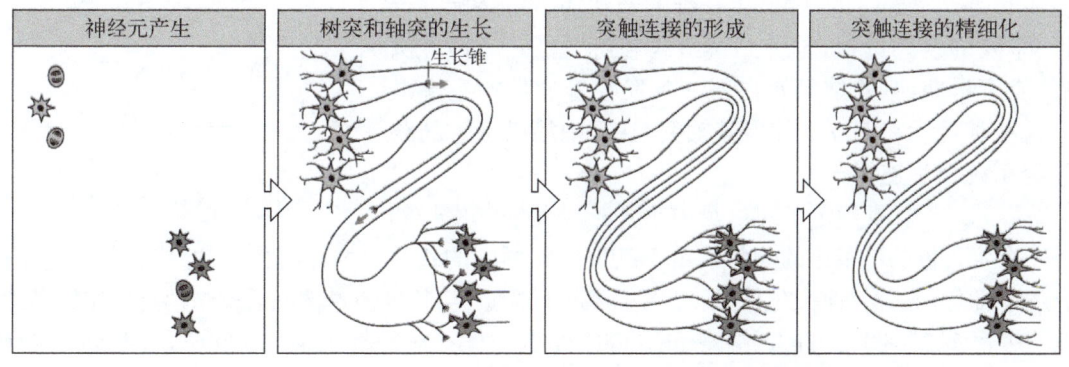

图6-19 神经元和它们的靶细胞准确地连接(引自 Alberts B 等,1989)

1. 轴突的发育和生长

在发育过程中,神经网络是通过未成熟神经元的迁移和轴突朝向靶细胞的导向生长而建立的。是什么引导神经轴突的生长呢?已有资料表明,轴突生长的引导机制非常复杂,受到多种因素的影响,还有许多问题有待探讨,下面仅就几个主要方面作一介绍。

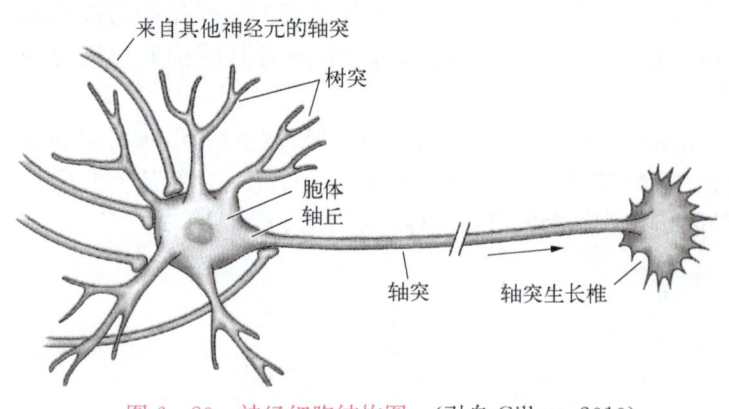

图 6-20　神经细胞结构图　（引自 Gilbert,2010）
箭头示生长椎生长方向

(1) 生长锥的形成

神经细胞在生长时，它的轴突和树突的末端伸出许多细长的丝状伪足，形成扁平膜状的生长锥（growth cone）。轴突通过这些顶端的生长锥延伸（图 6-20）。生长锥既能运动，也能感觉它的环境。生长锥能够连续地伸展和收缩其丝状伪足，帮助轴突尖端从基质中向前伸出。

(2) 细胞的黏附和接触

生长锥的起始路径有环境中的基质成分所决定。一些细胞外基质成分为生长锥的附着提供支架，并引导它们向一定方向生长，而另一些成分则会使生长锥发生收缩，阻止其生长。轴突与某些物质的粘连比另外一些强，例如，当培养皿底部被层粘连蛋白等粘连性物质呈网格状覆盖时，培养中的神经轴突优先沿粘连高的物质生长，可以完全避开粘连性低的物质。在体内，轴突好似确实沿着可选择的基质生长，比如轴突沿基板的生长。

(3) 分子导向

许多细胞内分子在引导轴突生长中发挥作用。semaphorin 在轴突引导分子的保守家族中是最突出的。semaphorin 有 9 个不同的亚家族，有 2 类神经元的受体：plexin 和 neuropilin。轴突排斥是 semaphorin 的主要作用，但是，一些受体既能吸引也能排斥生长锥，它们将依赖于神经元的特性和存在于神经元细胞膜上的 semaphorin 受体。另一些神经元引导分子如 netrin 是双功能的。它们能吸引一些神经元而排斥另一些神经元。吸引的功能由受体的 DCC（deleted in colorectal cancer）家族介导，而排斥需要跨膜蛋白 Unc-5。裂解蛋白排斥各种轴突但也能刺激感觉轴突的延长和分支。甚至同一个神经元的不同区域能对同一个信号以相反的方式作出反应：皮质中锥体神经元的顶部树突朝 semaphorin 3A 的方向生长，而它们的轴突被排斥。

(4) 标记路径

轴突到达远程目标的方式之一是利用其行进路径上的路标。路标定位在生长锥运动经过的区域，生长锥的丝状伪足对路标进行识别，通过一系列的复杂过程，轴突到达最终目标（图 6-21）。例如，在蝗虫的发育早期，感觉神经元在每一条发育着的足的远端上皮中形成。这些神经元在上皮下伸展其轴突，在足中沿已确定的路线与中枢神经系统发生连接。

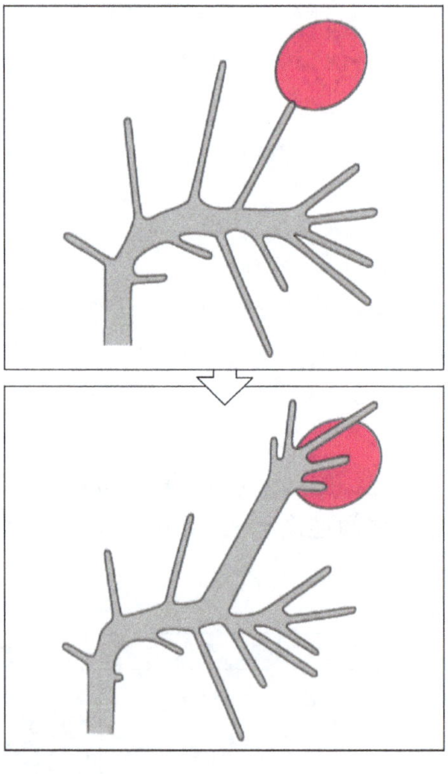

图 6-21　路标细胞附近生长锥的行为
（引自 O'Connor T P 等,1990）

semaphorin 的远近梯度确定了蝗虫足中感觉神经元轴突生长的总方向。每一个生长锥的许多小的丝状伪足不断地探索周围的基质。这样，它们在近端的方向上迁移，直到生长锥与三个路标细胞中的第一个发生接触。在路标细胞的附近，生长锥随着精细的丝状伪足的接触经常急速地转向路标细胞。然后，轴突继续沿它的近端路径前进直到它遇到第二个路标细胞。在此位点，生长锥在背腹方向上延伸其分支。最后，背部的分支退化，轴突伸向腹部与第三个路标接触，之后，它向中枢神经系统运动（图 6-22）。

2. 树突的发育和生长

神经元通过树突接受来自其他神经元的电冲动，并将这些冲动的信号集中于轴突发送出去。皮质神经元在刚出生时仅有少量的树突，在出生后的一年内，树突的数量有很大的增长。一个皮质神经元的树突可以与 10^4 个突触连接。正是这种复杂连接的产生为学习、记忆、推理和反应等高级神经活动提供了神经网络。树突的生长晚于轴突的生长，其初始发育也是由神经元固有因子决定的，其进一步的生长和延长受其细胞外

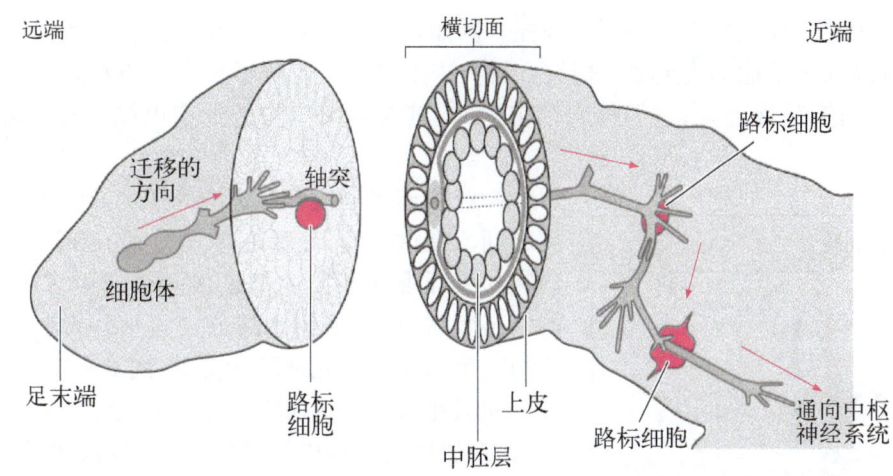

图6-22　蝗虫足发育过程中周围感觉神经元的向外生长和定向(引自Wolpert, 2002)

环境中不同因子的影响,如神经细胞粘连分子(neural cell adhesive molecule)、细胞外基质和胶质细胞等。将大鼠交感神经节细胞在没有共培养细胞和无血清条件下培养,树突不发育,但轴突能够生长。当与来自不同脑区的星形胶质细胞共同培养后,它们都能长出轴突,而树突只在与同一脑区的星形胶质细胞共培养的交感神经节细胞上形成。

传入纤维支配数量的多寡是决定神经元树突复杂程度的一个重要因素。轴突有促进树突发育的作用,树突的分支为了争取多一些神经纤维的支配而相互竞争生长。

3. 突触的形成

神经细胞与神经细胞之间,以及神经细胞与靶细胞之间都要依靠突触进行连接,实现神经信号的传递。突触分为化学性突触和电突触。化学性突触以化学物质传递信息,电突触以电传递信息。电突触是两个神经元之间的缝隙连接,连接处电阻很低,一个神经元的膜电位波通过电突触可以直接传递给另一个神经元。化学性突触分布较广,神经与肌肉之间的连接就是化学性突触(图6-23)。在神经与肌肉连接形成之初,轴突分支末端膨大,与肌纤维上的终板(end plate)区域相接触。轴突的质膜与肌细胞的质膜被一个狭窄的裂隙(突触间隙)分离开来,间隙由神经和肌细胞分泌的细胞外组织(基膜)所填充。由轴突末端质膜、相对的肌细胞质膜以及它们之间的间隙组成的整个结构被称为突触。电信号不能通过突触间隙,神经元传播到轴突的电脉冲在轴突末端被转换成化学信号——一种神经递质(如乙酰胆碱)从轴突末端(突触前膜)的突触小泡释放到突触间隙中。神经递质的分子穿过突触间隙,与肌细胞膜(突触后膜)上的受体相互作用,诱导产生一个新的动作电位,引起肌纤维收缩。

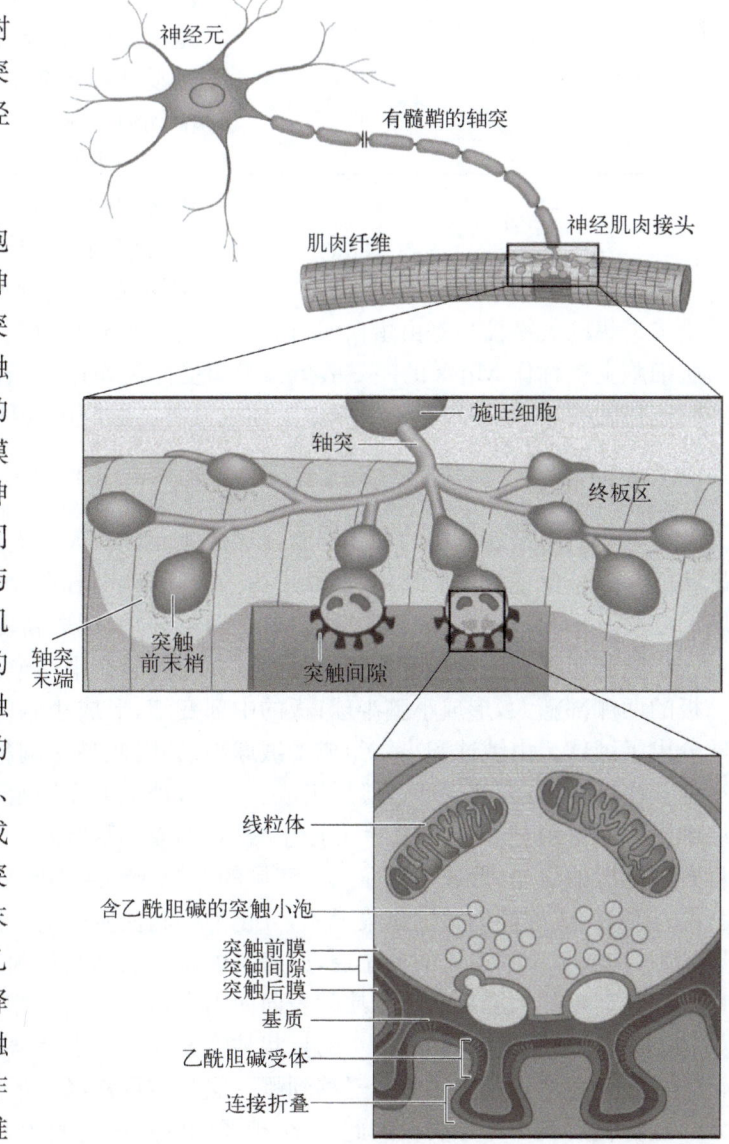

图6-23　脊椎动物神经肌肉接头的结构(引自Kandel E R等,1991)

突触的形成直接受到神经元胞体的固有调控。例如，脊髓神经元与骨骼肌接触可以形成突触，大脑皮质神经元等其他的神经元则不能形成突触。树突和轴突末端的环境也可影响突触的发育。如神经细胞粘连分子位于轴突膜和突触前、后膜上，当它们移入轴突内时，其对轴突生长的约束可能会被解除，新突触生长被促进。

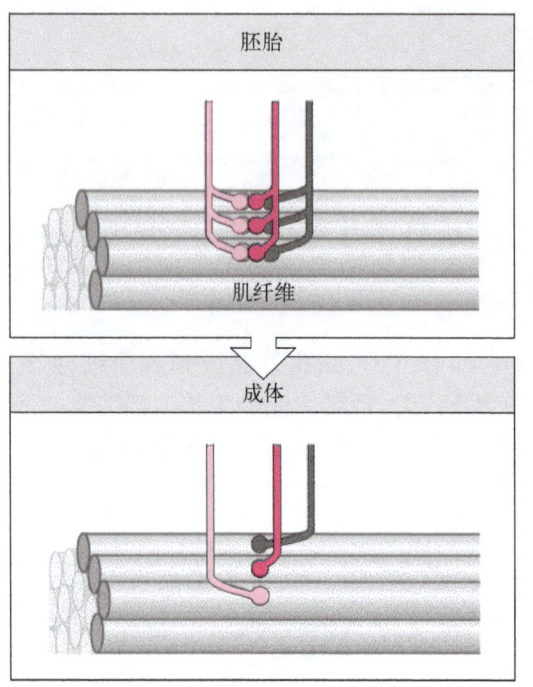

图6-24 神经活动引起的肌肉神经支配的精细化
(引自 Goodman C S 和 Shatz C J,1993)

神经肌连接的发育是逐渐完成的，在大鼠中，它大约花费3周时间。在这期间，突触连接发生竞争和选择。几乎所有哺乳动物的肌纤维在胚胎期都是由两个或更多的运动轴突所支配的。出生后，运动神经元的分支将下降，结果每一个肌纤维最终由一个运动神经元神经所支配（图6-24）。

在成年大白鼠的肌纤维中，当逐渐变化的刺激加到运动神经时，在肌细胞中可以记录到一个均匀振幅的突触后电位。但在发育早期的大白鼠中，同样的刺激却产生具有2振幅的突触后电位。突触后的电位数反映神经支配到肌纤维上的突触数。因此，上述实验结果表明，发育早期肌纤维是被多重神经支配的，随着发育，除一条保留下来，其他传入神经的突触连接都消失了。这种连接上的变化是由于突触间的竞争。在神经—肌肉连接的发育中，那些对肌细胞激活作用较大的神经纤维是稳定的，能保留下来；而那些激活作用较小的将会消失。当某一运动神经刺激了一条肌纤维时，其他的神经与该肌纤维之间的活动似乎被抑制，这些突触最终被去除。

一个神经肌连接的永久性建立还依赖于轴突末端和肌细胞之间的信号交换。建立的关键事件是突触后膜处的乙酰胆碱受体的聚集作用。最初，乙酰胆碱受体遍及在不成熟的肌纤维质膜上，但轴突接触后不久，它们就开始聚集在接触的位点。对受体聚集的关键信号是由蛋白 agrin 提供的。agrin 是由前突触终端的运动神经元分泌的。它大概通过激活肌细胞上被称作 Musk 的酪氨酸蛋白激酶受体起作用。敲除小鼠的 agrin 或 Musk 基因导致功能性的神经肌连接的缺乏；几乎没有乙酰胆碱受体或没有乙酰胆碱受体的聚集，因此没有肌肉活动。

五、大脑和小脑皮质的发生

大脑皮质由端脑套层的神经细胞迁移分化而成。人类大脑皮质的发生重演了种系发生的过程。海马和齿状回是最早出现的皮质结构，属原皮质。人胚第7周，在纹状体的外侧，成神经细胞迁移分化为梨状皮质，属旧皮质。不久，神经上皮细胞分裂增殖、迁移分化，形成新皮质。

小脑起源于后脑翼板背侧部的菱唇。左右菱唇在中线愈合，形成小脑板，即小脑原基。人胚第12周，小脑板的两侧部膨大，形成小脑半球；板的中部变细，形成小脑蚓。之后，一条横裂分出了小脑小结，从小脑半球分出了绒球。由绒球和小结组成了绒球小结叶，此是小脑种系发生出现最早的部分，故称原小脑。起初，小脑板由神经上皮、套层和边缘层组成。之后，神经上皮增殖、迁移至小脑板的外表面，形成了外颗粒层。这层细胞不断增殖，使表面积扩大并产生皱褶，形成小脑叶片。至第6个月，外颗粒层的细胞增殖并迁移至蒲肯野细胞层的深面，形成内颗粒层。套层的外层成神经细胞分化为蒲肯野细胞和高尔基细胞，构成蒲肯野细胞层；内层的成神经细胞则聚集成团，分化为小脑白质中的核团。少量的外颗粒层细胞分化为篮状细胞和星形细胞，构成了小脑皮质的分子层，原来的内颗粒层则改称为颗粒层。

哺乳动物的大脑皮质从皮质的表面向内由六层（1～6）组成，每一层含有不同形状和连接的神经元。例如，大的锥形细胞集中在5层，小的星状神经元在4层占优势。皮质神经元的性质在它开始迁移之前已经特化。神经元在增殖层中出生后迁移到哪一层与该神经元形成的时间有关。哺乳动物中枢神经系统的神经元一旦特化后就不再分裂。因此，一个神经元的形成时间由其祖先细胞经历的最后一次有丝分裂决定。新形成的神经元是不成熟的，后来它伸出轴突和树突，形成成熟神经元的形态。神经元的出生时间可通过将神经管暴露在短脉冲的[³H]胸腺嘧啶中确定(图6-25)。[³H]胸腺嘧啶在细胞周期的S—期(DNA的合成期)被掺入到神经元的DNA中。在细胞周期末,[³H]胸腺嘧啶掺入形成的神经元可通过明显标记的DNA识别,而后来出生的神经元通过祖先细胞进一步的DNA合成循环而稀释了这种标记。

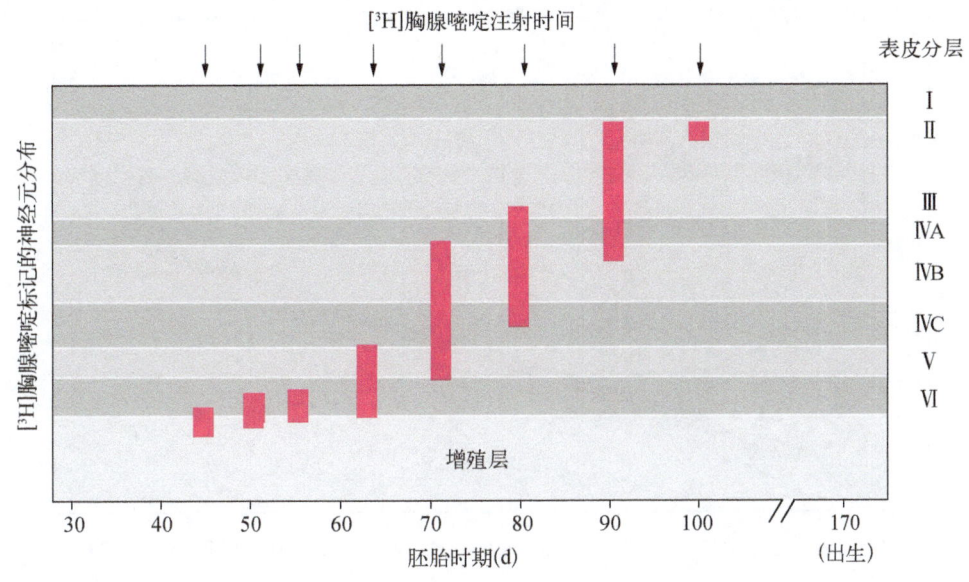

图6-25　神经元形成的时间决定它处于皮层中的位置(引自Wolpert,2002)

在皮质发育早期形成的神经元迁移到最近的室管膜层中,而后来形成的那些神经元则迁移到靠表层的比较远的位置(图6-26)。年幼的神经元必须越过年老的神经元迁移到它们正确的位置。这样,在产生大脑皮质和脑其他层结构的神经管中存在神经元的内—外分化顺序。

六、脊髓的发生

神经管的后段分化为脊髓,其管腔演化为中央管,套层分化为灰质,边缘层分化为白质。由于套层中成神经细胞迅速增生,神经管的两侧壁迅速增厚,腹侧部形成左右两个基板,背侧形成翼板。其顶壁和底壁薄而窄,分别称顶板和底板。由于成神经细胞和成胶质细胞的增多,两基板向腹侧突出,两者之间出现了纵行的裂隙,称前正中裂。两翼板增大并向内侧推移在中线愈合,形成一隔膜,称后正中隔。基板形成脊髓灰质的前角,其中的成神经细胞分化为躯体运动神经元。翼板形成灰质后角,成神经细胞分化为中间神经元。在基板和翼板之间的细胞群,形成脊髓的侧角,其内的成神经细胞分化为内脏传出神经元。神经管周围的间充质分化为脊膜。

在发育的脊髓中存在明显的背腹模式。将来的运动神经元定位于腹面,而轴突穿过脊髓的神经元主要在背部区域分化。除了神经细胞外,在腹中线处存在一组形成底板(floor plate)的非神经细胞,在背中线处也有形成顶板(roof plate)的非神经细胞。来源于神经嵴细胞的感觉神经元从侧面和背部产生,并迁移进背根神经节(图6-26)。每一类细胞对称地分布于中线的两侧。

脊髓中的运动神经元在腹部区域发育,并可根据其细胞体在脊髓背腹轴中的位置和它们轴突支配的肌肉分类。在鸡胚中,腹部区域的运动神经元在中线的每一侧被分成三个主要的纵柱:靠近中线的中央运动柱,和一个侧运动柱,侧柱进一步分成侧面的和中间的两个纵柱(图6-27)。中央柱

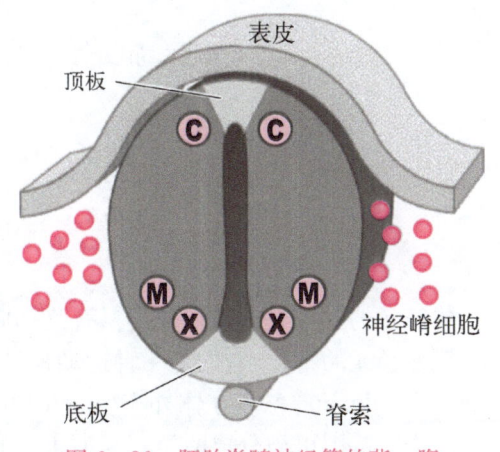

图6-26　胚胎脊髓神经管的背—腹组织(引自Wolpert,2007)

在发育为脊髓的那部分神经管中,在腹中线处形成非神经细胞的底板,而在背中线处形成顶板。连合神经元(C)在背部区域,靠近顶板的位置形成。该区的上方是将来的运动神经元(M)。未知表型的神经元细胞(X)在靠近底板的位置形成

的运动神经元发出轴突到中轴和体壁的肌肉,而侧柱的中间和侧面神经元分别投射到腹部和背肢的肌肉。侧部的运动神经元只存在于肢体将要发育的臂和腰部区域。

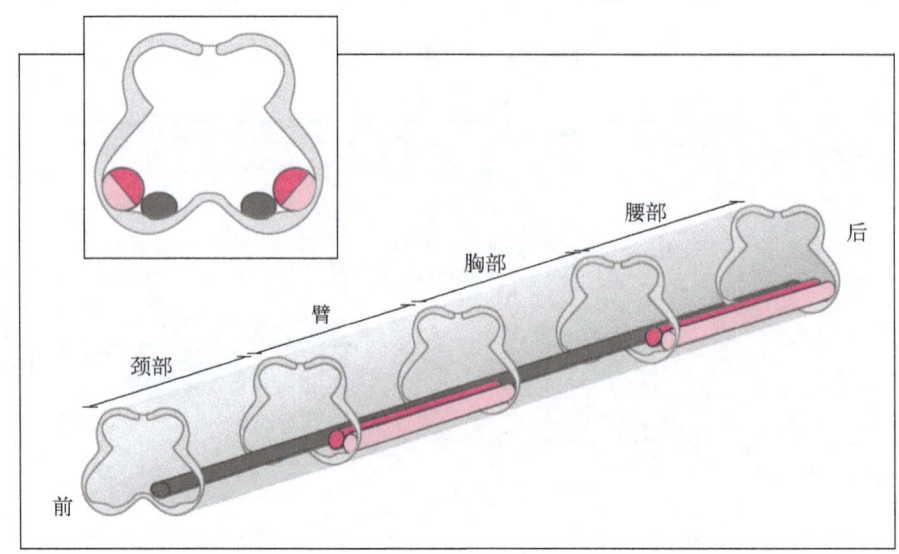

图6-27 28～29期鸡胚脊髓发育过程中运动柱的组成(引自Wolpert,2007)

运动神经元即使看起来相似,但并非都是同样的。每一个神经元可能具有唯一的特性。每一种运动神经元的亚型由LIM家族的同源框基因编码的一组蛋白质的复合体表达,LIM基因可能提供给这些运动神经元的位置特性,并能使它们的轴突选择特殊的路径(图6-28)。例如,侧运动柱中的神经元表达Lim-1确保这些轴突在肢中选择一种背部的路线。

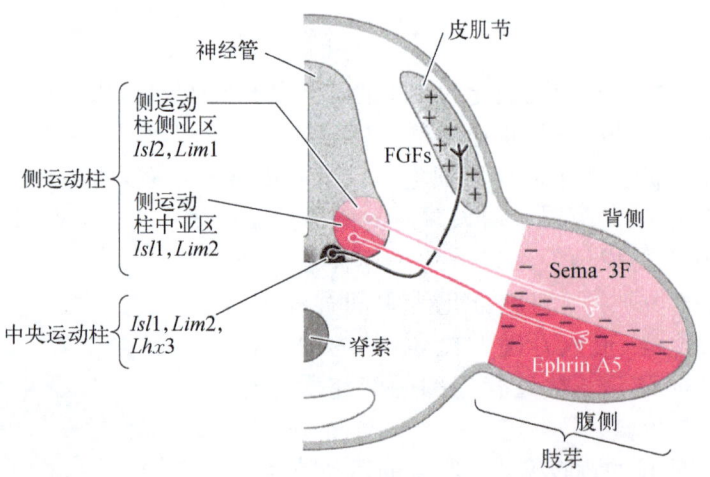

图6-28 鸡脊髓神经元的不同LIM基因的表达决定其与肢体不同区域的肌肉连接(引自Polleux等,2007)

神经元的亚型是如何特化的？脊索和底板分泌的Sonic hedgehog以剂量依赖的方式控制5种不同类型的腹部神经元的特化,它们是一种运动神经元和4种中间神经元。这些不同的神经元类型可以对应2～3倍的Sonic hedgehog浓度在体外产生。几种同源域基因在腹部的对应于Sonic hedgehog信号的祖先细胞中表达。这些基因可被分成两类。类型Ⅰ一般被Sonic hedgehog抑制,包括Pax7、Pax6、Dbx1、Dbx2和Irx3。而类型Ⅱ可被Sonic hedgehog激活,如Nkx2.2和Nkx6.1(图6-29)。类型Ⅰ基因有腹部的表达限制,而类型Ⅱ有背部的表达限制。表达类型Ⅰ和类型Ⅱ蛋白的两个区域间的相互作用建立了产生不同类型神经元的祖先区域的明显边界(图6-29)。

运动神经元沿前后轴也获得区域的特性。将脊髓的一个区域从一个肢邻近的位点移植到胸部区导致适合新位点的LIM和*Hox*基因的表达。决定这两种基因表达的信号来自邻近的轴旁中胚层。

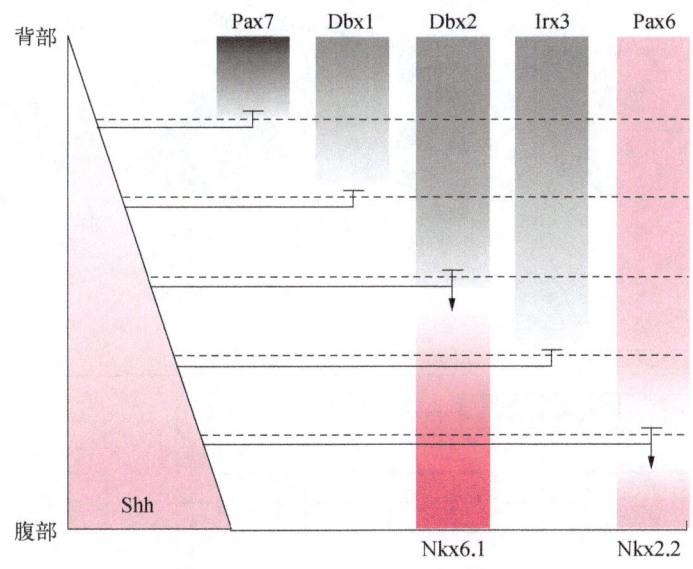

图 6-29 神经管腹侧神经元亚型的分化（引自 Jessel，2000）

第二节 感觉器官的发生

一、视泡与眼的发生

1. 视泡与视杯的发生

视泡与视杯发生于人胚胎第 4 周，前脑两侧突出左、右两个视泡。视泡远端膨大，贴近表皮外胚层，并凹陷形成双层杯状结构，称视杯（图 6-30）。视泡近端变细，称视柄，视柄与前脑分化成的间脑相连。表皮外胚层在视泡的诱导下增厚，形成晶状体板。随后晶状体板凹陷入视杯内，渐与表皮外胚层脱离，发育成晶状体泡（图 6-31）。在视杯与晶状体泡之间、视杯周围及其与表皮外胚层之间，充填有间充质。眼的各部分就是由视杯与视柄、晶状体泡及它们周围的间充质进一步发育形成的（图 6-32）。

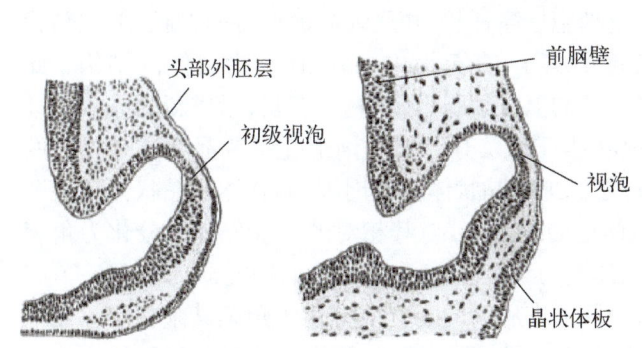

图 6-30 视泡发生（引自 Gilbert，2000）
左：视泡从间脑壁外突并与覆盖的外胚层接触；
右：外胚层增厚形成晶状体板

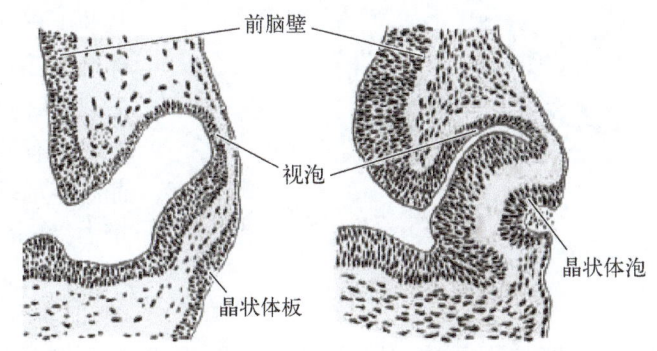

图 6-31 外胚层增厚形成晶状体板，视泡外层内陷形成双层的视杯（引自 Gilbert，2000）

2. 视网膜及其他结构的发生

视杯分为内、外两层。外层分化为视网膜的色素上皮层；内侧增厚，结构与脑泡壁类似，以后分化形成视杆细胞、视锥细胞、双极细胞和节细胞等。视杯两层之间的腔隙渐变窄，最后消失，于是两层直接相贴，构成视网膜视部（图 6-33）。视杯口边缘部，内层上皮不增厚，与外侧分化的色素上皮相贴，并向晶状体泡与角膜之间的间充质内延伸，形成视网膜的睫状体部与虹膜部。睫状体部内层上皮分化为非色素上皮，虹膜部内层上皮分化为色素上皮。脉络膜裂发生于胚胎第 5 周，视杯及视柄下方向内凹陷，形成一条纵沟，称脉络膜裂。脉络膜裂内含间充质和玻璃体动、静脉，为玻璃体和晶状体的发育提供营养。玻璃体动脉还发出分支营养视网膜。脉络膜

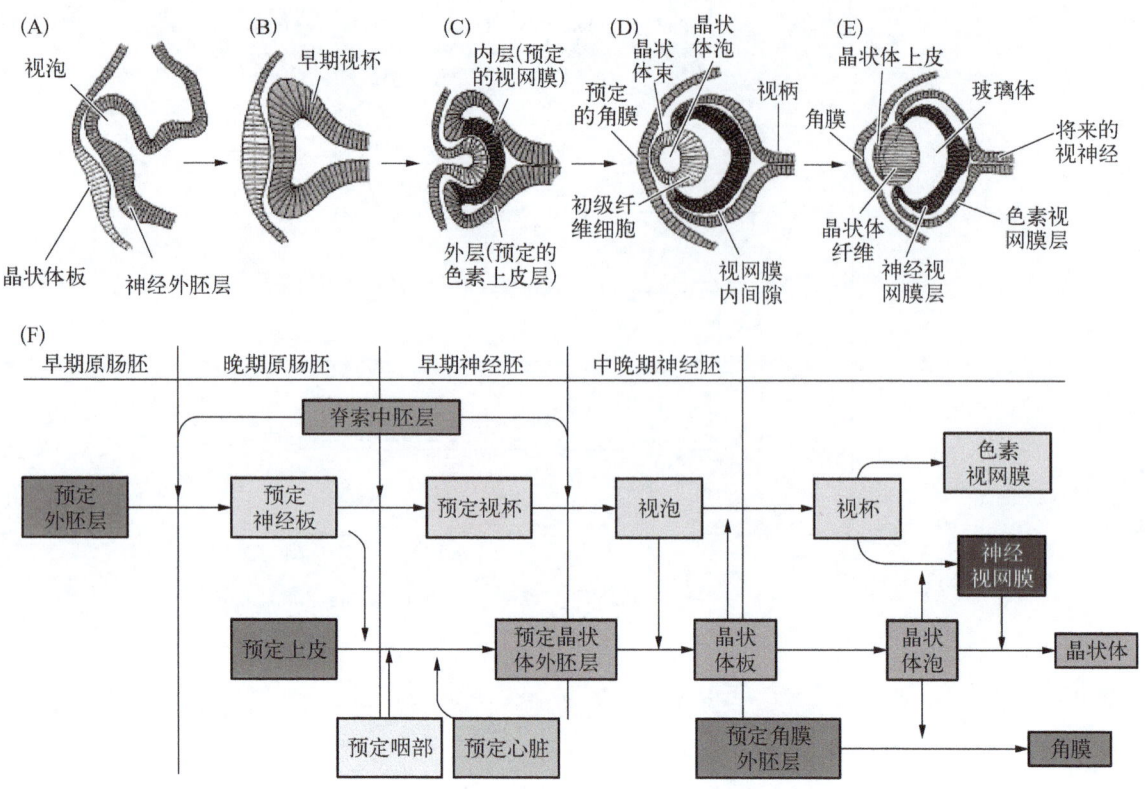

图 6-32 小鼠晶状体诱导示意图（引自 Cvekl 和 Piatigorsky，1996）

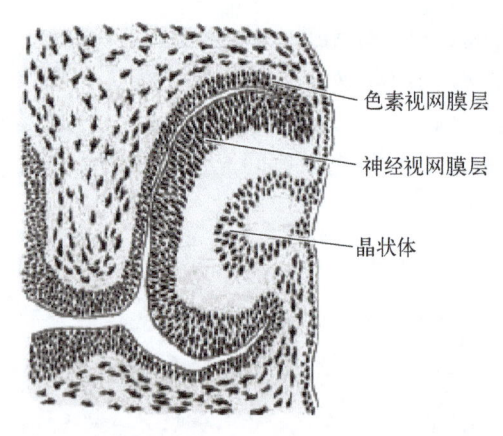

图 6-33 随着晶状体板的内陷，视泡形成色素视网膜和神经视网膜（引自 Gilbert，2000）

裂于胚胎第7周封闭，玻璃体动、静脉穿经玻璃体的一段退化，并遗留一残迹成为玻璃体管。近段成为视网膜中央动、静脉。视柄与视杯相连，也分内、外两层。随着视网膜的发育分化，节细胞的轴突向视柄内层聚集，视柄内层逐渐增厚，并与外层融合，两层之间的腔隙消失。视柄演变为视神经。晶状体由晶状体泡演变而成。最初晶状体泡由单层上皮组成。前壁细胞立方形，分化为晶状体上皮；后壁细胞呈高柱状，并逐渐向前壁方向伸长，形成晶状体纤维，泡腔逐渐缩小，直至消失，晶状体变为实体的结构。此后，晶状体赤道区的上皮细胞不断增生、变长，形成新的晶状体纤维。原有的晶状体纤维及其胞核逐渐退化形成晶状体核。新的晶状体纤维逐层添加到晶状体核的周围，晶状体及晶状体核逐渐增大。在晶状体泡的诱导下，与其相对的体表外胚层分化为角膜上皮。在晶状体泡与角膜上皮之间填充的间充质内出现一个腔隙，即前房。角膜上皮后面的间充质分化为角膜其余各层。晶状体前面的间充质形成一层膜，周边部厚，形成虹膜的基质；中央部薄，封闭视杯口，称为瞳孔膜。虹膜与睫状体形成后，虹膜、睫状体与晶状体之间形成后房。出生前瞳孔膜被吸收而消失，前、后房经瞳孔相连通。

3. 视神经与脑组织的连接

视网膜神经节细胞的轴突聚集成束形成视神经，视神经将视网膜和脑组织的一个特定区域连接起来。该区域在两栖类和鸟类中被称为视顶盖（optic tectum），在哺乳类中被称为侧膝状核（lateral geniculate nucleus）和上丘。在两栖类中，从右眼来的视神经与左侧视顶盖发生连接，而左眼来的视神经与脑的右边发生连接。每一只眼的视神经由几千个轴突组成，这些轴突以高度有序的方式与视顶盖发生连接，视网膜上的一个位置与视顶盖上的一个位置之间存在点对点的对应关系。视网膜背部区域的神经元投射到视顶盖的腹部区，视网膜前端的区域（鼻侧）投射到视顶盖的后部区域。

在一些低等的脊椎动物如鱼和两栖类中，当切除视神经后，连接模式能够被精确地重建。远离切口的轴突末端死亡，新的生长锥形成，轴突与视顶盖重新形成连接。在蛙中，即使眼睛被转动180°，轴突仍能发现在

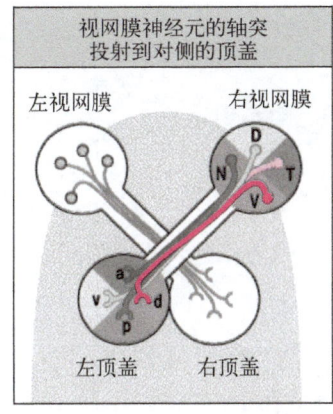
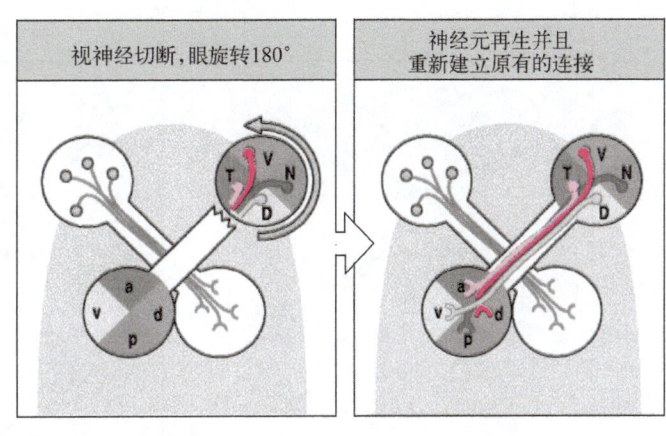

图 6-34　切断视神经并将眼球倒转后，两栖类的视网膜—顶盖连接仍可以按原来的模式连接（引自 Wolpert，2007）

它们接触的起始位点后面的路径（图 6-34）。但是，手术后的蛙的行为表明，其视觉方位已经被颠倒：当一只苍蝇飞到它头的上方，它的头却向下转动。

这一实验说明视网膜的每一个神经元携带一种能使它与视顶盖中适当进行了化学标记的细胞发生可靠连接的化学标志。人们把它称为连接的化学亲和假说。化学标记可能并不提供唯一的锁—匙相互作用。人们认为视顶盖上相对小量因子的梯度空间分布提供了位置信息，这种位置信息可被视网膜轴突检测。视网膜轴突上另一些因子在空间上的梯度表达将为它们提供自己的位置信息。这样，从原理上说，视网膜—顶盖投射的发育是由这两种梯度之间的相互作用产生的。

这样的梯度在鸡胚发育的视觉系统中的确已被发现。沿鸡视顶盖的前后轴已检测到基于排斥的轴突引导活动。通常，视网膜的颞侧（后）部投射到视顶盖的前部，而鼻侧（前端）投射到视顶盖后部。当在生长着的后或前视顶盖细胞之间提供一种选择时，鸡视网膜中来自外植体的颞侧轴突显示对前视顶盖细胞的偏爱。

Ephrin 及其受体可能是造成这种特化的梯度的重要分子，因为它们在视网膜和视顶盖的对应梯度中表达。在鸡中，EphA3 在视网膜神经元中从颞侧到鼻侧以减少的梯度表达，而 Ephrin A5 和 Ephrin A2 均在视顶盖中以从后向前减小的梯度表达。具有该受体低水平的视网膜神经元移动到含其高水平配体的区域，而具有高水平受体的视网膜神经元在它们到达高水平配体的区域之前停止。对这种现象最好的解释是配体与受体的结合传出一种排斥信号，当这种信号到达一个阈值时，轴突停止迁移。迁移轴突接收的信号强度与受体和配体的浓度成比例。因此，当受体和配体浓度都很高时，阈值将会达到。当受体浓度低时，即使配体浓度高，阈值也不能达到。

视网膜—视顶盖图谱最初是相当粗糙的，通过神经活动它才逐步精细化起来。视网膜中邻近细胞的轴突与大面积的视顶盖相接触。这个面积在早期比发育后期大得多，它的精细调节需要神经活动。在哺乳动物视觉连接的发育中可以更清楚地看到对神经活动的需要。

哺乳动物的视觉系统比低等脊椎动物的视觉系统要复杂得多（图 6-35）。视网膜的轴突首先连接到侧膝状核，之后，它们以有序的方式作图。来自每只眼睛一半的输入到达大脑的对侧，而来自每只眼睛另一半的输入到达大脑的同侧。侧膝状核的神经元将轴突发送到视皮质上。当有视觉刺激时，来自视网膜轴突的输入激活侧膝状核中的神经元，进而激活视皮质相应区域中的神经元。这样，视皮质中的同一位置就有来自两只眼睛的输入。成体的视皮质由 6 层细胞组成，我们重点分析第 4 层，来自侧膝状核的许多轴突在此产生连接的地方。

就像在视皮质中一样，在侧膝状核中，神经元是分层排列的。每一层都接收来自左眼或右眼视网膜轴突的输入，而不是左右两眼的输入。这样，从一开始，来自左眼和右眼的输入就是分开的。但是，无论接收左边或右边输入的侧膝状核中的神经元层都是和视皮质的第 4 层产生连接的。在出生时，这些输入重叠并发生混合，但随着时间的推移，来自左右眼的输入渐渐被分隔成大约 0.5 mm 宽的皮质细胞块。这些块被称为视觉优势柱（ocular dominance colunms）。相邻的柱对应于视觉域中的相同刺激，一个柱对应来自左眼的信号，下一个柱与来自右眼的信号对应。这种排列对于好的双眼视觉是关键的。人们可以检测这些柱能，并通过电生理记录而作图。它们也可通过注射一种示踪物如放射性的脯氨酸进入一只眼中而直接被观察到。示踪物通过视网膜的神经元吸收，由视神经运输到侧膝状核，再从膝状核到视皮质，在视皮质中可通过放射自显影检测这种模式。结果显示来自一只眼的输入明显的条纹排列（图 6-36）。

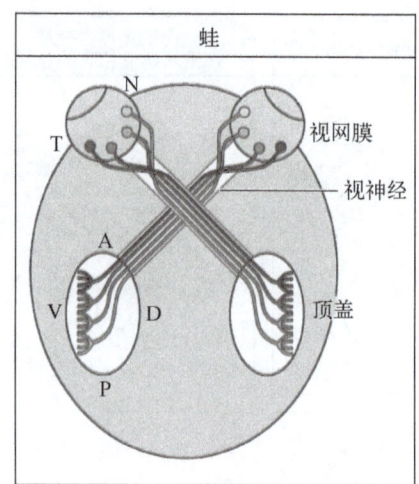
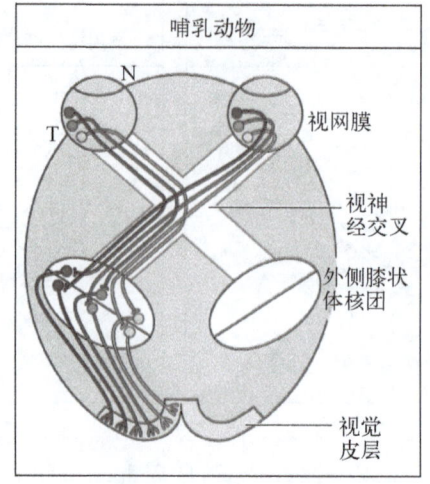

图 6-35　两栖类和哺乳类视觉系统的比较（引自 Goodman C S 和 Shatz C J，1993）

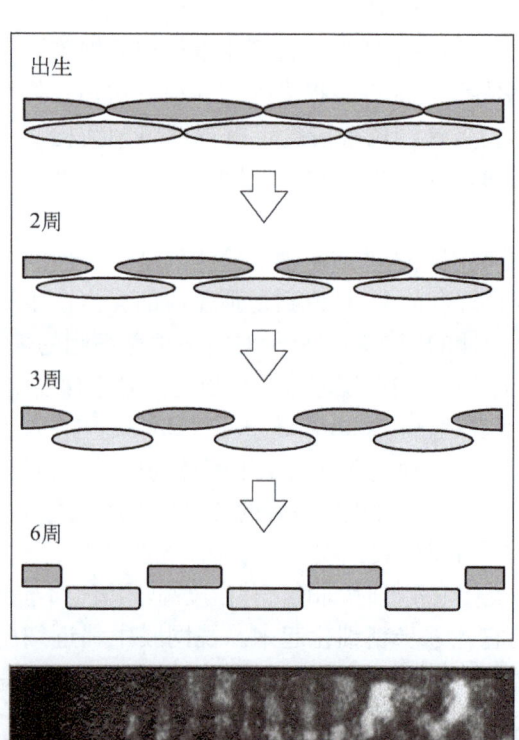

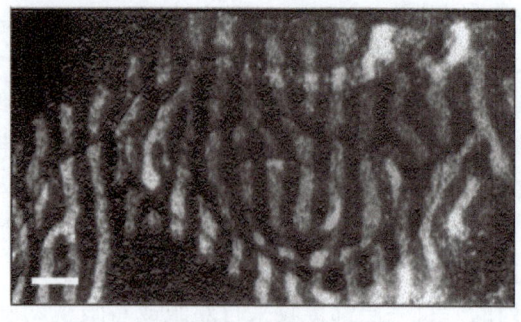

图 6-36　皮层中眼优势柱的可见性
（引自 Kandel 等，1995）

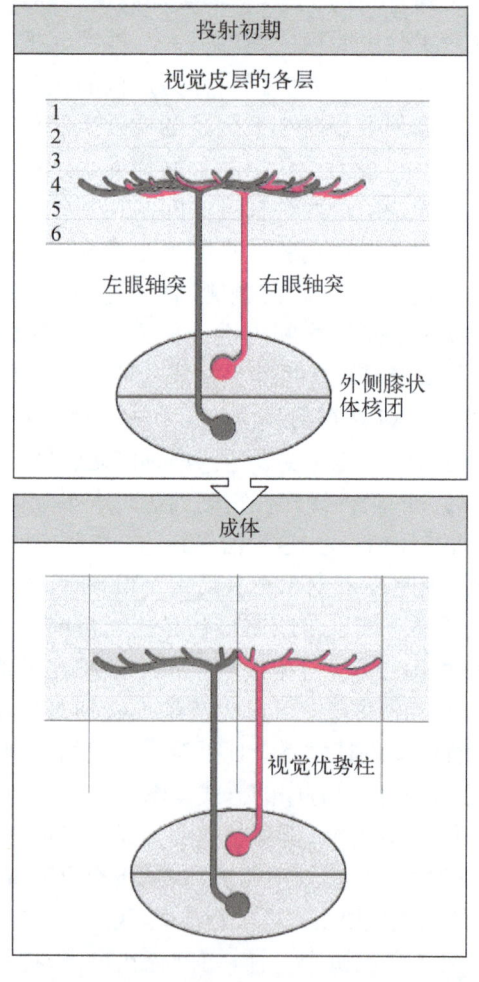

图 6-37　视觉优势柱的发育（引自 Goodman 和 Shatz，1993）

神经活动和视觉输入对视觉优势柱的发育是非常必需的。当感觉输入很重要时，自发的活动起关键的作用。在非人类的灵长类中，这些条纹的初始形成在视觉经历之前发生，因此，在哺乳动物视网膜中这些条纹的初始形成与自发产生的动作电位波有关。这些波可能通过能重建突触连接的神经营养因子的释放起作用。假如在发育期间由于注射河豚毒素而阻断神经活动，那么视觉优势柱就不发育，从双眼到视皮质的输入将保持混乱。如果来自一个眼的输入被阻断，那么，另一只眼输入所占据的视皮质区域将会在损害阻断眼睛的情况下扩展。

视觉优势柱的形成与神经元之间的竞争有关（图 6-37）。单个的皮质神经元最初能接收两只眼的输入,在一个特殊的区域内,存在双眼产生的刺激重叠,而这种重叠必须被分开。携带来自同一只眼睛输入的相邻细胞倾向于对视觉刺激同时激发。如果它们支配同一个靶细胞,那么它们能合作使这个靶细胞兴奋。就像在肌肉中那样,靶细胞中电活动的刺激趋向于增强活跃的突触,而同时抑制那些不活跃的突触——一起激发又一起被束缚的细胞。由于神经元之间存在对靶细胞的竞争,这可能产生皮质细胞的不连续区,这些离散区只对一只眼或另一只眼起反应,并因此形成视觉优势柱。这样一个机制解释了为什么动物出生后放入频闪灯光中进行实验,从而引起两只眼睛中的神经元同时激发,阻止了视觉优势柱的形成。

二、外胚层板与耳和嗅觉器官的发生

1. 外胚层板

除神经管和神经嵴之外,外胚层板(ectodermal placode)也是神经细胞发生的一个重要来源。外胚层板包括嗅基板(nasal placode)和听基板(otic placode)等。

2. 听基板与耳的发生

(1) 内耳的发生

人胚胎第4周时,菱脑两侧的表皮外胚层在菱脑的诱导下增厚,形成听基板。听基板将产生内耳的感觉上皮和听神经节及前庭神经节的神经元。听基板内陷,最后与表皮外胚层分离,形成一个囊状的听泡。听泡初为梨形,以后向背腹方向延伸增大,分为背侧的前庭囊和腹侧的耳蜗囊,并在背端内侧长出一个小囊管,为内淋巴管。前庭囊形成三个半规管和椭圆囊的上皮;耳蜗囊形成球囊和耳蜗管的上皮。这样听泡及其周围的间充质便演变为内耳膜迷路。胚胎第3个月时,膜迷路周围的间充质分化成一个软骨囊,包绕膜迷路。约在胚胎第5个月时,软骨囊骨化成骨迷路。于是膜迷路就完全被套在骨迷路内,两者间仅隔以狭窄的外淋巴间隙。

(2) 中耳的发生

人胚胎第9周时,第1咽囊向背外侧扩伸,远侧盲端膨大成鼓室。近端细窄形成咽鼓管。鼓室内胚层与第1鳃沟底的外胚层相贴,分别形成鼓膜内、外上皮,两者之间的间充质形成鼓膜的结缔组织。鼓室上方的间充质密集形成三块听小骨的原基,听小骨渐入鼓室内(图6-38)。

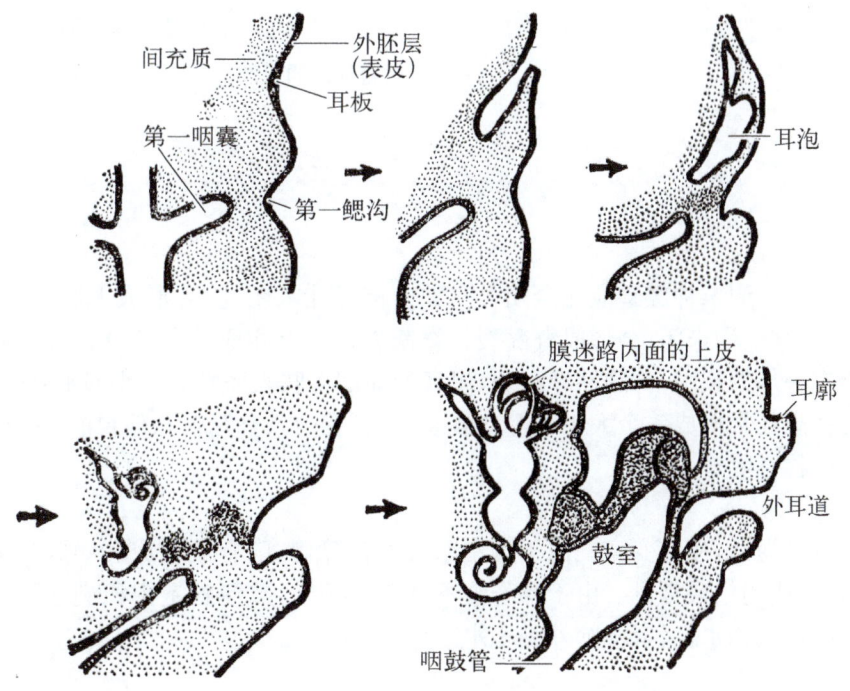

图6-38 耳的发生(引自何泽涌,1987)

(3) 外耳的发生

外耳道由第1鳃沟演变成。人胚胎第2月末,第1鳃沟向内深陷,形成漏斗状管道,以后演变成外耳道外侧端。管道的底部外胚层细胞增生形成一上皮细胞板,称外耳道栓。人胚胎第7个月时,外耳道栓内部细胞退化吸收,形成管腔,成为外耳道的内侧段。

3. 嗅基板与嗅觉器官的发生

嗅基板位于胚胎的最前端,它发育形成嗅觉感受器的嗅上皮。嗅上皮的神经元分化为双极神经元,中央轴突向内深入嗅球,其周围树突发生特化,可以感受与嗅黏膜上皮接触的空气中的分子。

人胚第4周时,其头端形成额鼻隆起,其下是左右上颌隆起和左右下颌隆起,五个突起之间是口凹。鼻的发生与颜面形成密切相关。额鼻隆起的下缘两侧,局部外胚层组织增生变厚,形成左右一对鼻板。鼻板的中央凹陷为鼻窝,其下缘有一沟与口凹相通。鼻板的周边向表面隆起,于鼻窝的内外两侧形成内侧鼻隆起和外侧鼻隆起。左右下颌于面部中线愈合相成下颌和下唇,左右上颌隆起向中线生长,先后与外侧鼻隆起和内侧鼻隆起愈合,发育形成上颌和上唇外侧大部分。左右内侧鼻隆起向中线靠近,局部间充质增生向表面隆起,形成鼻尖和鼻梁。内侧鼻隆起的下缘向下延伸,形成人中和上唇的中间部分。外侧鼻隆起则形成鼻外侧壁和鼻翼。鼻窝向深扩大,形成原始鼻腔,起初与原始口腔相通,后来,由于腭的形成将它们隔开。胚胎发育至两个月末,颜面初具人形(图6-39)。

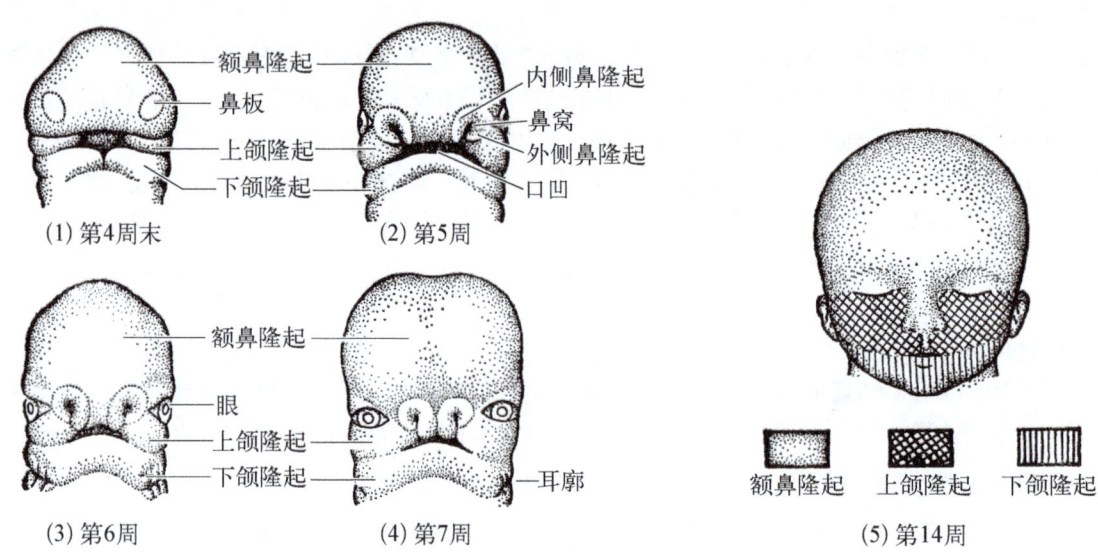

图6-39 颜面的形成(引自何泽涌,1987)

第三节 人类常见先天性畸形

1. 神经管缺陷

正常情况下,人胚第4周末神经管应完全闭合。如前神经孔未闭,就会形成无脑畸形,若伴有颅骨发育不全,称露脑;若尾侧的神经沟未闭,会形成脊髓裂。脊髓裂常伴有相应节段的脊柱裂。若仅几个椎弓在背侧中线愈合不好,留有一小的裂隙,称隐性脊柱裂,患者的局部皮肤表面常有一小撮毛,多无任何症状。如果几个椎弓未发育,则在患处常形成一个大小不等的囊袋,若囊袋中只有脊膜和脑脊液,称脊膜膨出;若囊袋中还有脊髓和神经根,则称脊髓脊膜膨出。

2. 脑积水

患者颅脑增大,颅骨变薄,颅缝变宽。由于脑室系统发育障碍、脑脊液生成和吸收失去平衡所至。以中脑导水管和室间孔狭窄或闭锁最常见。由于脑脊液不能正常循环,致使脑室中积满液体或在蛛网膜下腔积存大量液体,前者称脑内脑积水;后者称脑外脑积水。

3. 虹膜缺损

若脉络膜裂在虹膜处未完全闭合,造成虹膜下方缺损,致使圆形的瞳孔呈钥匙孔样,称虹膜缺损。此种畸形严重者可延伸到睫状体、视网膜和视神经,并常伴有眼的其他异常。

4. 瞳孔膜存留

若覆盖在晶状体前面的瞳孔膜在出生前吸收不完全,致使在晶状体前方保留着残存的结缔组织网,称瞳孔膜存留，出生后可随年龄的增长而逐渐吸收。若残存的瞳孔膜影响视力，可手术剔除。

5. 先天性白内障

即出生前晶状体就不透明，为先天性白内障。多为遗传性，即染色体基因异常所至。外源性因素多由于母体在妊娠前2个月感染风疹病毒而引起。母体的甲状腺机能底下，营养不良和维生素缺乏等均可造成胎儿先天性白内障。

6. 先天性青光眼

巩膜静脉窦发育异常或缺失，致使房水回流受阻，眼压增高，眼球膨大，最后导致视网膜受损而失明，为先天性青光眼。此病属于染色体隐性遗传性疾病，基因突变或母体妊娠早期感染风疹病毒是产生此畸形的主要原因。

7. 先天性耳聋

先天性耳聋有遗传性和非遗传性两类。遗传性耳聋属常染色体隐性遗传，主要是由于程度不同的内耳发育不全、耳蜗神经发育不良、听小骨发育缺损或外耳道闭锁所致；非遗传性耳聋与药物中毒、感染、新生儿溶血性黄疸等因素有关。这些因素可损伤胎儿的内耳、螺旋神经节、蜗神经和听觉中枢。患者因听不到声音，不能进行语言学习和锻炼，称为聋哑症。

第7章 中胚层分化与器官形成

在神经胚阶段，中胚层发生的主要变化是脊索和体节的形成。在原肠胚形成过程中，最背侧的中胚层的细胞内卷，逐渐在背中线形成棒状的脊索。脊索是一个透明性的结构，它诱导神经管的产生，参与脊椎的形成。脊索由最背侧的中胚层发育而来，在脊索两旁的中胚层为轴旁中胚层，其外侧为间介中胚层，最外侧为侧板中胚层。轴旁中胚层形成体节，间介中胚层形成泌尿生殖系统。侧板中胚层由于中间出现腔隙而分为两层，紧贴外胚层的中胚层称体壁中胚层，将分化为体壁的骨骼、肌肉和结缔组织等；位于内胚层周围的中胚层称脏壁中胚层，将分化为内脏器官的平滑肌、结缔组织和浆膜等。二层之间的腔称原始胚内体腔，以后分化为心包腔、胸腔及腹腔（图7-1）。四肢、循环系统、泌尿系统、生殖系统等器官发生都与中胚层有关。

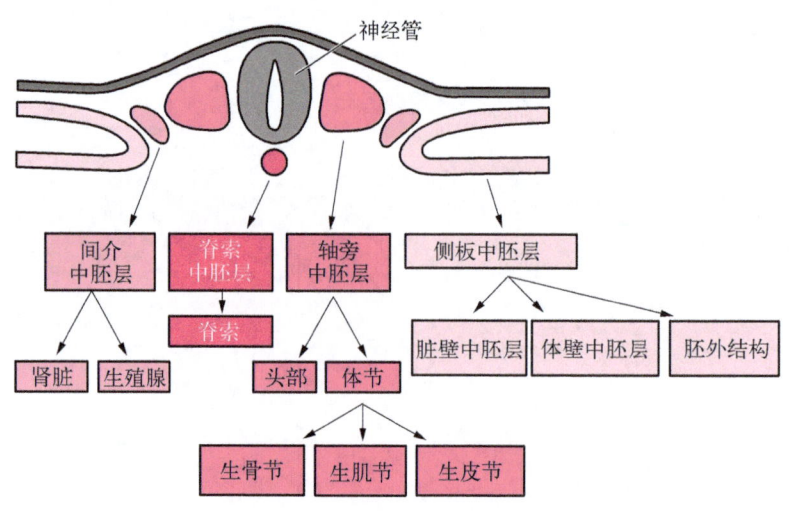

图7-1 中胚层的主要谱系（引自 Gilbert，2010）

第一节 中胚层分化与体节形成

一、体节形成与分化

人胚发育至20 d左右，轴旁中胚层呈节段性增生，形成分节状的中胚层团块，称体节（somite）。体节从胚的头端先后出现，至第5周末，44对体节全部形成。每个体节将分化形成生骨节、生肌节及生皮节，它们分别形成该体节段内的软骨、骨、肌肉以及皮肤真皮。体节产生躯体和四肢的肌肉，形成脊椎和肋的骨骼以及背部的真皮。所以体节的形成决定了身体前后轴的主要组织结构。

体节沿前后轴有序地形成。鸡胚的体节最初出现于退化的亨氏结前端的中胚层。位于亨氏结和新形成的体节之间的中胚层是预成体节中胚层，它尚未分节，但将要分为4~5个体节。细胞形态的改变和细胞之间的接触导致了细胞的区域化，形成体节。体节成对形成，分列于脊索的两侧（图7-2）。在所有脊椎动物的胚胎中体节都是由前端开始形成，然后向后端延伸。

对体节预成中胚层进行横切，并不影响体节的形成。这说明，此时的体节形成是一个自动过程，不需要前后位置的分化信号。甚至将未分节的中胚层切下旋转180°后再重新植入，它仍能按正常时间发生分节，只不过体节的顺序颠倒了(图7-3)。看来,控制体节形成时间的分子模式在体节形成开始前就已存在于中胚层之中了。

体节的分化取决于它们相对于前后轴的位置。例如,前端的体节形成颈椎,而稍后的体节形成胸椎和肋骨。这种由位置所决定的体节的特化出现于体节形成之前,比如,将胸部预成区的未分节中胚层移植,取代颈部预成区,它仍然能发育成胸椎和肋骨(图7-4)。

二、体节分化中的诱导作用

多数脊椎动物的胚胎细胞以调整型方式特化。在这一方式中,细胞命运由其邻近细胞决定,每个细胞开始都具有相似的潜能,发育命运取决于它遇到哪些细胞。在有机体发育过程中,胚胎内一个区域的细胞或组织对邻近另一部分细胞或组织产生影响,并决定其分化方向的作用,称为胚胎诱导(embryonic induction)。在胚胎诱导相互作用的两种组织中,产生影响并引起另外的细胞或组织分化方向改变的这部分细胞或组织称为诱导者(inductor),而接受影响并改变分化方向的细胞或组织称为反应组织(responding tissue)。诱导者的作用可能是激活那些对细胞分化所必需的特异蛋白编码的基因,而反应组织必须具有感受性(competence)。

图7-2 鸡胚神经管和体节的扫描电镜照片(引自Tosney,1988)

示意形成的体节和尚未形成体节的轴旁中胚层

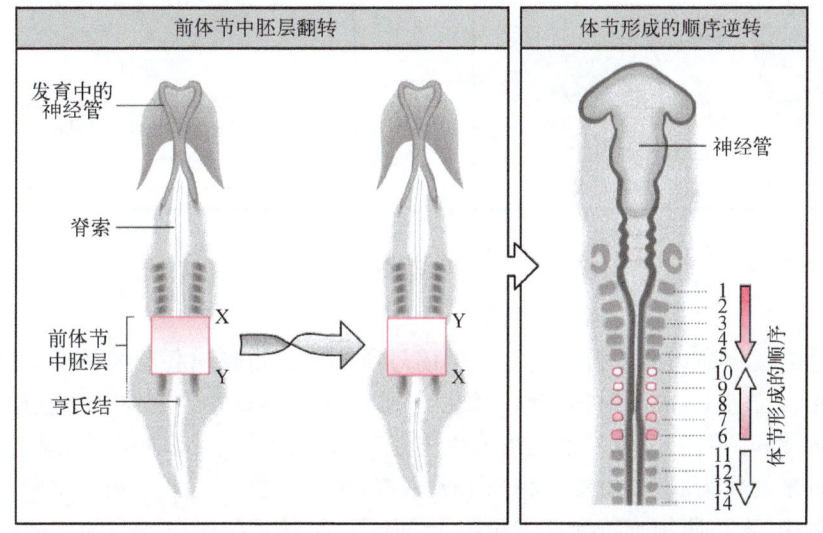

图7-3 在胚胎发育的早期,体节形成的时间顺序就已经确立(引自Wolpert,2007)

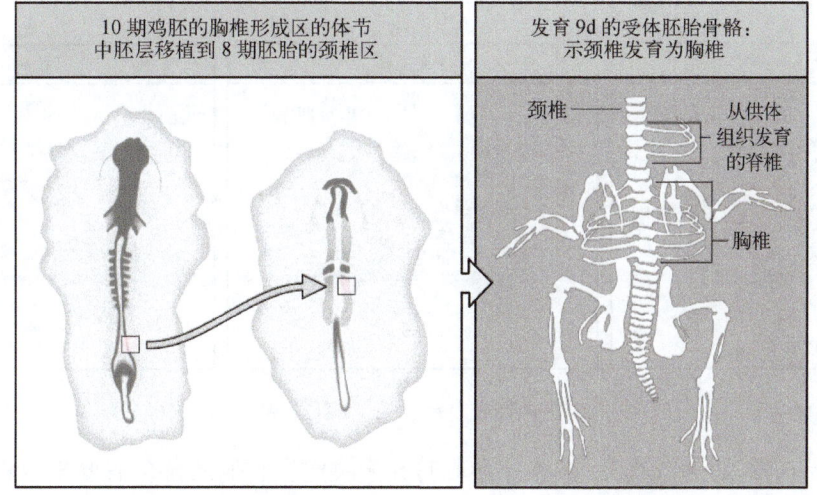

图7-4 预成体节中胚层在体节形成之前就产生了位置特性(引自Wolpert,2007)

在动物胚胎发育过程中,存在着大量的和连续的诱导作用,它们对胚体的建成是至关重要的。脊索中胚层诱导其上方的外胚层形成神经管,是初级胚胎诱导。神经管(如视杯)又可作为诱导者,诱导表面的外胚层形成晶状体,这称为次级胚胎诱导。而晶状体又作为诱导者诱导表面的外胚层形成角膜,此为三级胚胎诱导。胚胎中其他器官的形成也经过类似的诱导过程。

在原肠胚形成一章中我们介绍的Spemann和Mangold用蝾螈进行的胚孔背唇移植实验就是研究胚胎诱导的早期实验。该实验中,将背唇组织移植到另外一个胚胎的预定形成腹部皮肤的区域时,移植组织诱导了新的原肠胚形成和周围组织的分化,最终形成了连体的胚胎。

在鸡胚中,将一额外脊索植入尚未分化的体节中胚层的神经管的一侧,它会抑制体节背部的生肌节的形成,而诱导产生一个较大的生骨节,说明脊索是软骨的诱导者(图7-5)。神经管也具有软骨诱导的作用,诱导作用主要来自神经管的腹面。同样,也有证据表明决定皮肌节的侧面分化的信号来自侧壁中胚层,来自外胚层的信号也参与生肌节的分化诱导(图7-6)。

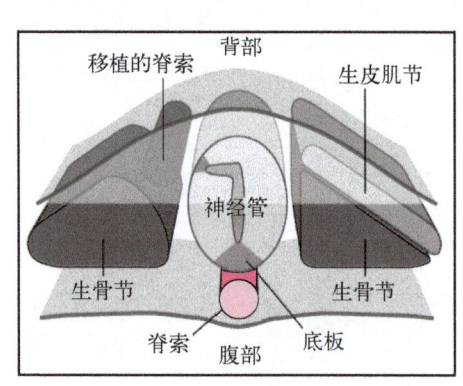 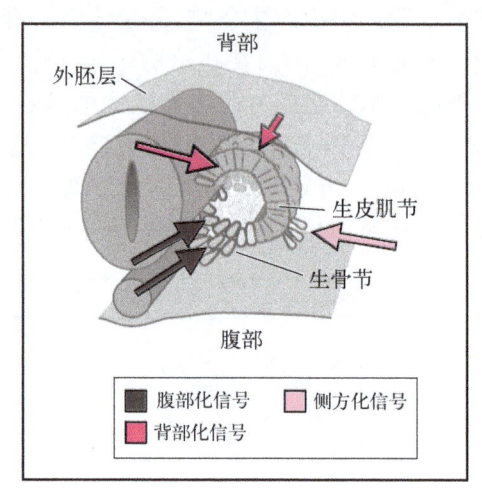

图7-5 来自脊索的信号诱导生骨节的形成(引自Wolpert,2007)   图7-6 体节分化模式建成的模型(引自Johnson,1994)

体节中胚层细胞的发育命运由来自邻近组织的信号所决定。将鹌鹑胚胎的体节中胚层移植到处于相同发育时期的鸡胚的相应位置上,可以根据它们的细胞核形态的差异观察绘制体节中胚层器官预成图。

新形成体节的背侧和两侧的区域的细胞组成生皮肌节,它们表达pax3同源盒基因。皮肌节形成生肌节和生皮节。生肌节将来发育为肌肉,生皮节将来形成真皮,贴附于真皮之下。来自中胚层中间区域的细胞主要形成体轴和背部肌肉,表达肌细胞特异性转录因子MyOD及其相关蛋白。两侧的中胚层迁移后形成腹部和四肢肌肉。中间区域的中胚层的腹面含有生骨节细胞,它们表达pax1同源盒基因。生骨节细胞向腹面移动包围脊索,发育为脊椎和肋骨(图7-7)。

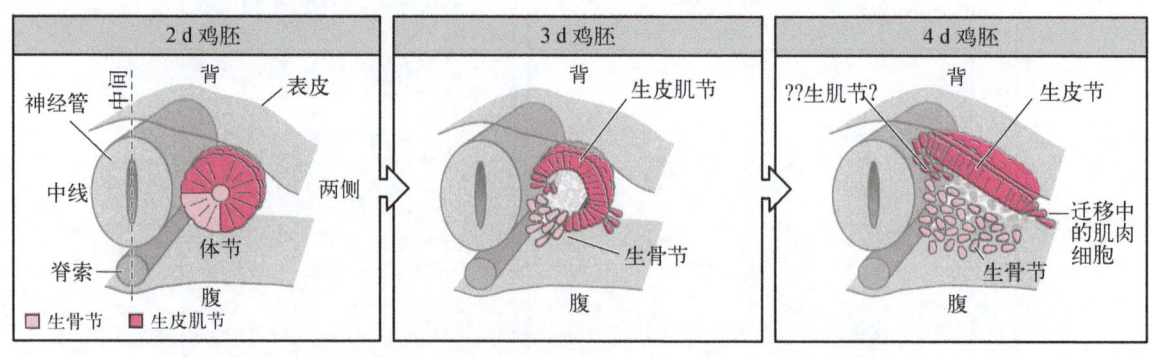

图7-7 鸡胚体节的发育命运图(引自Wolpert,2007)

何种细胞将形成软骨、肌肉或真皮,在体节形成时并未决定。它们的特化需要来自靠近体节的其他组织的信号。这可以通过下述的实验予以证明:将分别来自背部和腹部的新生成的体节相互替换,它们会正常发育。神经管和脊索都能产生使中胚层模式化的信号，如果将脊索和神经管移走，体节将会坏死，脊椎和中轴肌肉将不会正常发育，然而，四肢肌肉仍能正常发育。

诱导体节分化的信号已经分离出来。在鸡中，脊索和神经管腹面都表达 sonic hedgehog 基因，该基因编码一种分泌蛋白，它可能是位置信号的主要分子。有人认为，Sonic hedgehog 基因产生的信号决定体节腹部区域的分化，来自背侧神经管以及覆盖其上的非神经胚层的信号可能决定体节背部区域的分化。BMP-4 和 Wnt 家族的分泌性信号蛋白分别是侧面和背部信号的最佳候选者。

来自脊索和神经管的信号对体节中的 Pax 同源盒基因的调节在细胞命运的决定中至关重要。在所有将要形成体节的细胞中都表达 Pax3，若受到 BMP-4 和 Wnt 家族蛋白的调节，细胞可以成为肌细胞的前体细胞，在将要发育为背部肌肉的细胞中 Pax3 的表达受到抑制，在那些处于迁移中的将要形成四肢肌肉的前体细胞中它表现为可以持续表达。在缺少功能性 Pax3 基因的 Splotch 突变体中四肢肌肉也缺失。

三、脊椎动物体节分化中 Hox 基因的作用

在所有脊椎动物中，体节沿前后轴的模式化与 Hox 基因表达有关。脊椎动物有 4 组 Hox 基因，它们可能来自一组基因的重复。这些同源盒基因具有共同的特征：① 它们在时间和空间上的表达顺序反映了其在染色体上的排列顺序。人的 4 组 Hox 基因分别位于 7 号、17 号、12 号与 2 号染色体上，小鼠的 4 组 Hox 基因分别位于 6 号、11 号、15 号与 2 号染色体上。在小鼠原肠胚形成的早期，中胚层细胞刚开始离开原条时，其最前端的基因就开始表达。由于后续的基因在随后的发育中表达，所以 Hox 基因的表达模式在体节和神经管形成之后，很容易被观察到（图 7-8）。② 通常 Hox 基因表达时，其前端界限清晰，而后部界限就比较模糊。③ 尽管各基因间表达出现重叠，但是最前端总是只有一个基因的表达。例如，最前端的体节只表达 Hoxa1 和 Hoxb1，没有其他 Hox 基因的表达。与此相反，所有 Hox 基因在最后端都能表达（图 7-9）。

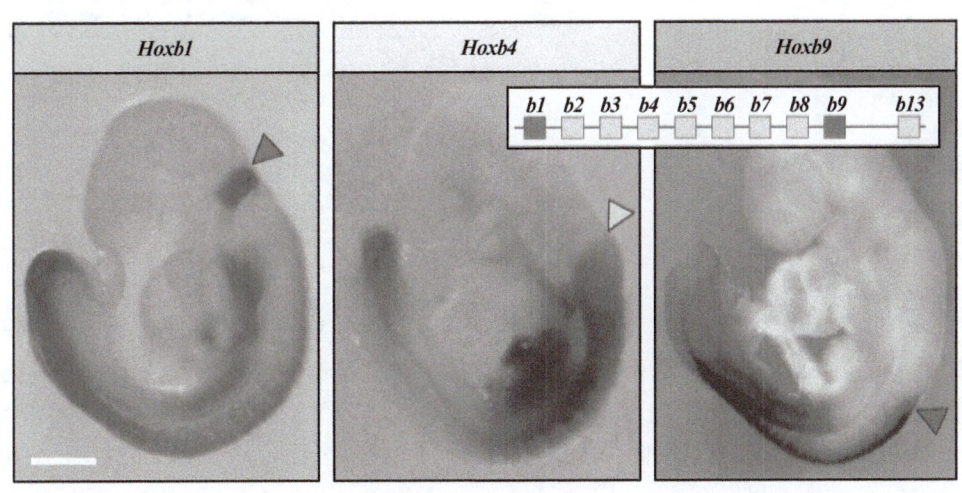

图 7-8　神经形成后小鼠胚胎中 Hox 基因的表达（引自 Wolpert,2007）

Hox 基因控制区域化特性的直接证据来自小鼠和鸡的相对应区域（颈部、胸部等）的基因表达的比较（图 7-10）。Hox 基因的表达与不同的区域非常吻合，例如，鸟的颈椎数目是哺乳类的两倍，但是，Hoxc5 和 Hoxc6 基因表达的最前端在鸡和小鼠中都是位于颈部和胸部的交界处。Hox 基因的表达与区域化结构的一致性也同样存在于脊椎动物的其他的解剖结构中。

Hox 基因的过表达或删除会导致体轴模式的改变。实验表明，Hox 基因的缺失可以影响细胞的位置效应。例如，Hoxa3 基因敲除的小鼠将会出现头部和胸部的缺陷（Hoxa3 在该区域有较强的表达），同时，还影响来自外胚层和中胚层的组织的发育。Hox 基因似乎以一种非常复杂的方式控制位置效应。毫无疑问，基因间存在补偿作用，当一个基因被敲除后，别的基因可能会代替它，这就使得当某一特定基因失活后而出现的实验结果很难解释。基因间也会发生相互作用，如 Hoxa3 基因发生突变的小鼠的身体后部结构未出现明显的缺陷。

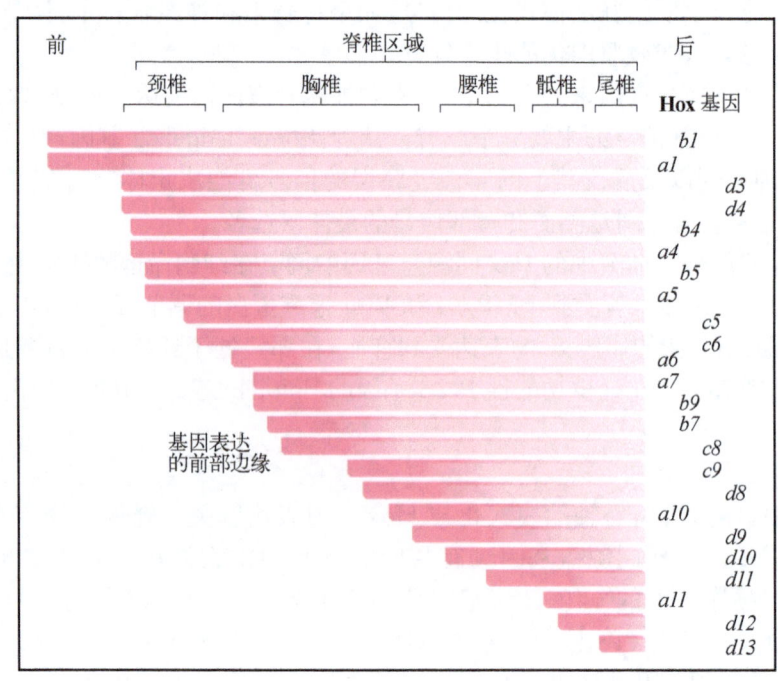

图7-9 小鼠Hox基因沿中胚层前后轴的表达（引自Wolpert，2007）

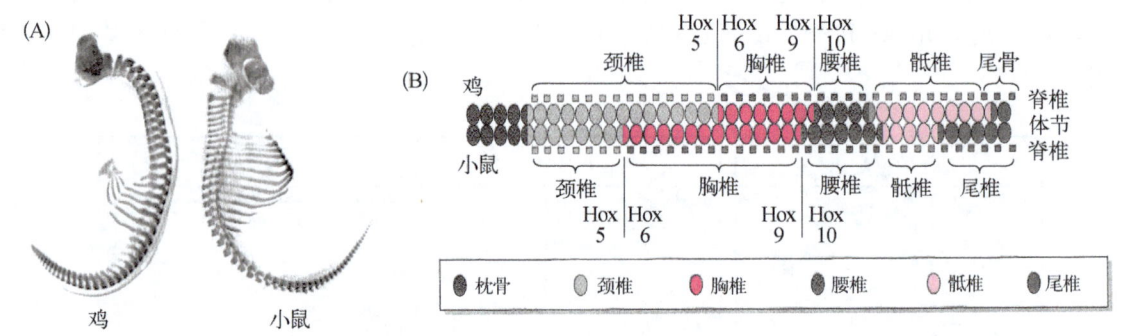

图7-10 鸡和小鼠Hox基因在中胚层中的表达图式及其与椎体区域特化的关系（改自Gilbert，2010）

靠后端的Hox基因对其前边基因的表达有抑制作用，这称为后端优势。这意味着基因突变往往对其所在组织的最前面部分的影响最大，而对后部区域影响较小或没有影响。Hox基因敲除的影响也可能是组织特异性的，在同一位置的某些组织受影响，而对另一些组织则没有影响。无影响的组织，可能是由于其他基因的补偿作用。如 *Hox*b1 与 *Hox*a1 在同一区域中表达，因此，当 *Hox*a1 缺失时，*Hox*b1 可以代替它的功能。

Hox基因的缺失常常导致同源转化，身体的一种结构转化为另一种结构。*Hox*c8 在胸部及其以后的区域中表达。将 *Hox*c8 基因敲除后，小鼠出生后数天即死亡，在第7胸椎和第1腰椎间出现异常，第8对肋骨附着于胸骨上，在第1腰椎上发育出了第14对肋骨（图7-11）。*Hox*c8 基因的缺失改变了正常情况下表达该基因的细胞的发育，使它们获得了靠前的位置效应。在 *Hox*d11 发生突变的小鼠中，第一荐椎转化为腰椎。*Hox*b4 基因控制小鼠第二颈椎的形成，该基因敲除后的小鼠的第二颈椎将转化为寰椎，从而使小鼠具有两个寰椎。

与此相反，Hox基因的表达若往前移将使该处结构转化为后部的结构。如 *Hox*a7 通常在胸部区域表达，若它沿整个前轴表达，头部的枕骨将转化为寰椎样的结构。

Hox基因间具有补偿作用。例如，敲除 *Hox*a3 并不影响寰椎和与它相连的枕骨的发育，尽管 *Hox*a3 在形成上述结构的中胚层中表达。但是同一区域中的 *Hox*d3 被敲除后可以使寰椎转化为枕骨。若将 *Hox*a3 和 *Hox*d3 同时敲除，寰椎将会完全缺失。

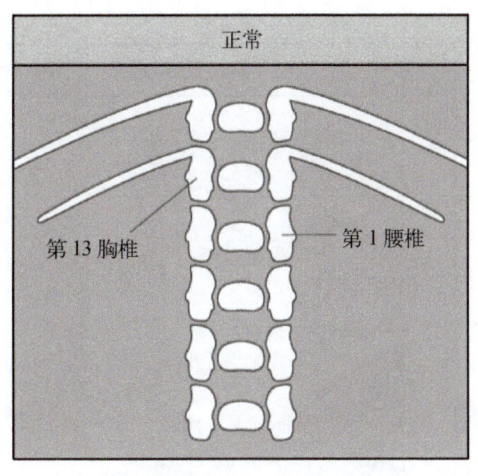
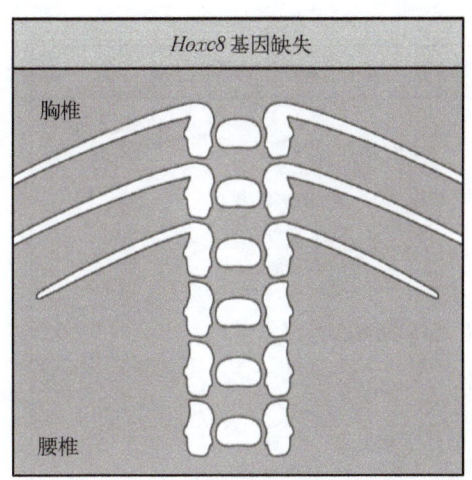

图7-11　缺失 *Hoxc8* 基因的小鼠会导致脊椎的同源转化（引自 Wolpert，2007）

四、果蝇体节分化的基因调控

1. 分节基因

果蝇胚胎体节的形成受分节基因的调控。分节基因包括缺口基因（gap gene）、成对控制基因（pair-rule gene）和体节极性基因（segment polarity gene）（图7-12）。

（1）缺口基因

缺口基因是沿前后轴进行表达的第一类合子基因，包括 *hunchback*、*giant*、*krüppel* 和 *knirps* 等基因。果蝇合胞体在第 12 次分裂时，呈前后梯度分布的 bicoid 蛋白使缺口基因的 *hunchback* 在胚胎前端表达。Bicoid 蛋白属于转录活化因子，它能通过与一个启动子区域内的调节位点结合而激活 *hunchback* 基因。Hunchback 基因只有当 bicoid 蛋白（作为一种转录因子）达到一定的浓度时才被活化，而这样的浓度仅在胚胎的前 1/3 才能获得。实验性地提高 Bicoid 蛋白的浓度后，可以发现 *hunchback* 的表达向后扩展（见图7-13）。

在胚胎前端，*hunchback* 的表达被高浓度的 bicoid 蛋白激活，在后端不仅缺少 bicoid 蛋白的激活，还被 nanos 蛋白所抑制。这样，hunchback 蛋白形成了明显的前后梯度，胚胎后端几乎检测不到 hunchback 蛋白。

hunchback 蛋白本身就是一种转录因子，它可以调控其他的缺口基因。低水平的 hunchback 蛋白与 bicoid 蛋白结合可以促进 *krüppel* 基因的表达，但是高浓度的 hunchback 蛋白却会抑制其表达（图7-14）。hunchback 蛋白浓度若太低，*krüppel* 基因并不被活化。hunchback 蛋白的浓度梯度精确地把一个带状 *krüppel* 基因活性区

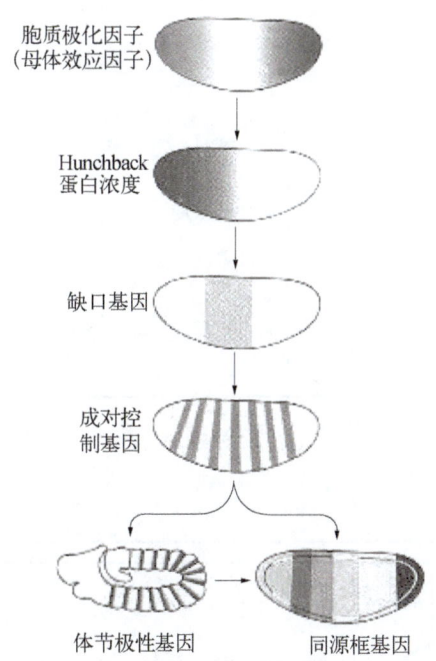

图7-12　果蝇前后轴图式建成的示意图（引自 Gilbert，2010）

定位于胚胎的中部。hunchback 蛋白以相似的机制调控了 *giant* 和 *knirps* 等其他缺口基因的表达，使它们在胚胎中形成区域分布，为成对控制基因的活化和分节的产生奠定了基础。

（2）成对控制基因

当果蝇合胞体进行第十三次核分裂时，成对控制基因开始表达，其表达模式类似于斑马条纹，将果蝇胚胎分为十四个副体节。副体节只在原肠胚形成后的短暂时期内出现，是由一系列中胚层的加厚和外胚层沟分隔而形成的区域。这些区域与基因活性区域相一致，但与后来形成的体节并不一致，每一副体节包含前一体节的后半部分和后一体节的前半部分。成对控制基因以不同的表达特性与缺口基因等相互调节，决定分节的周期性模式。例如，一些成对控制基因（如 *even-skipped*）可定义奇数排列的副体节，而其他的（如 *fushi tarazu*）可定义偶数排列的副体节。*hairy*、*even-skipped* 和 *run* 等成对控制基因对分节的周期性模式起

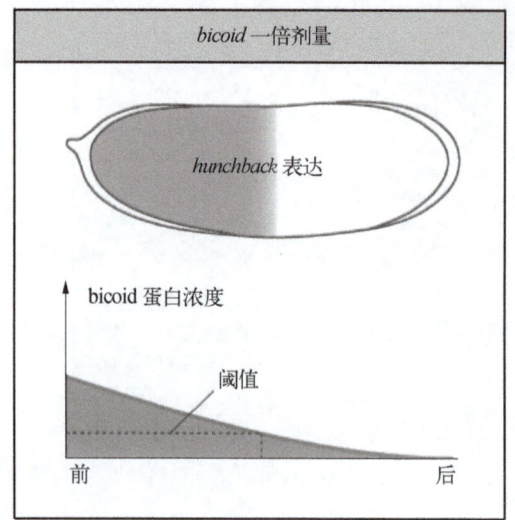
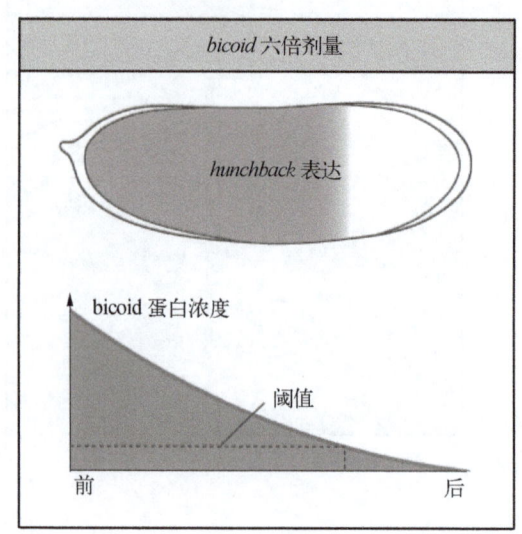

图 7-13　母源性 bicoid 蛋白控制合子型基因 *hunchback* 的表达（引自 Wolpert，2002）

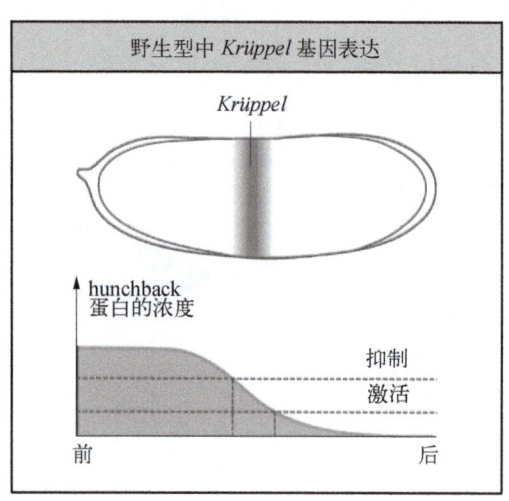
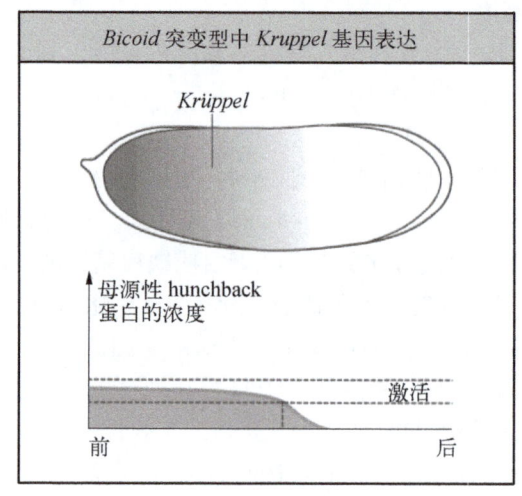

图 7-14　*krüppel* 基因的活性受 hunchback 蛋白的控制（引自 wolpert，2002）

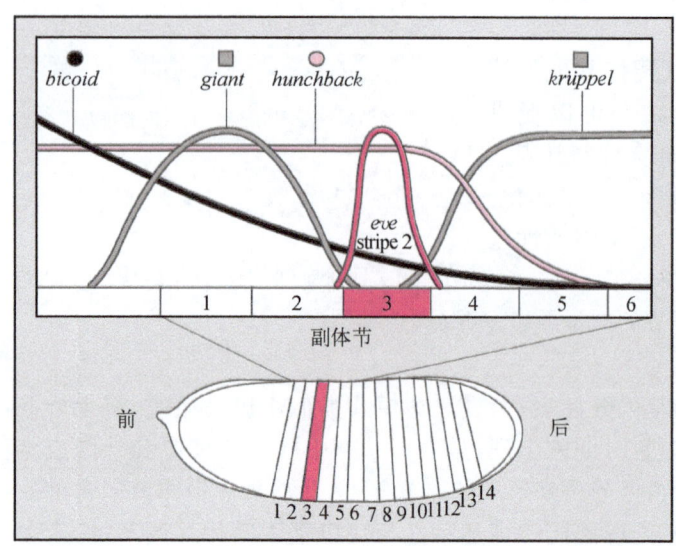

图 7-15　第二个条纹 even-skipped（eve）在缺口基因蛋白作用下的特化（引自 Wolpert，2002）

着重要作用，但这些作用必须在缺口基因以及母体效应基因的局部蛋白质浓度的调控下才能发挥。为了理解分节是如何形成的，我们以 even-skipped 基因的第二表达带为例加以分析（图 7-15）。even-skipped 基因表达带的形成受 knirps、giant、hunchback 和 bicoid 蛋白的多重调控。bicoid 和 hunchback 蛋白对于 even-skipped 基因是必需的，但是它们并不定义条纹的界线。条纹的界线是由 krüppel 和 giant 蛋白定义的，这种定义是通过一个基础性的对 even-skipped 的抑制机制实现的。当 krüppel 和 giant 蛋白的浓度超过某一阈值水平时，even-skipped 就被抑制。条纹前部边缘被定位在 giant 蛋白的阈值浓度之处，后端边界被 krüppel 蛋白确定。

（3）体节极性基因

体节极性基因在每一体节的特定区域的细胞中表达，当它们突变时，每一体节都缺失一个特定的区域。engrailed 和 wingless 基因在体节形成中担当着关键的角色，engrailed 基因在每一副体节最前部的一列细胞中表达，wingless 基因在每一副体节最后部的一列细胞中表达。这样，这两个基因的表达区域便确立了副体节的界限，来自一个副体节的细胞及其后代绝不会移到邻近的副体节中去（图 7-16）。

一个体节后端（副体节的前端）区间的细胞的特化起初发生在副体节建立之时，而且是由于 engrailed 基因的作用。engrailed 的表达赋予了细胞一个后端体节特性以及改变它们的表面特征，使它们不能与相邻的细胞混合，从而建立了一个副体节界限。

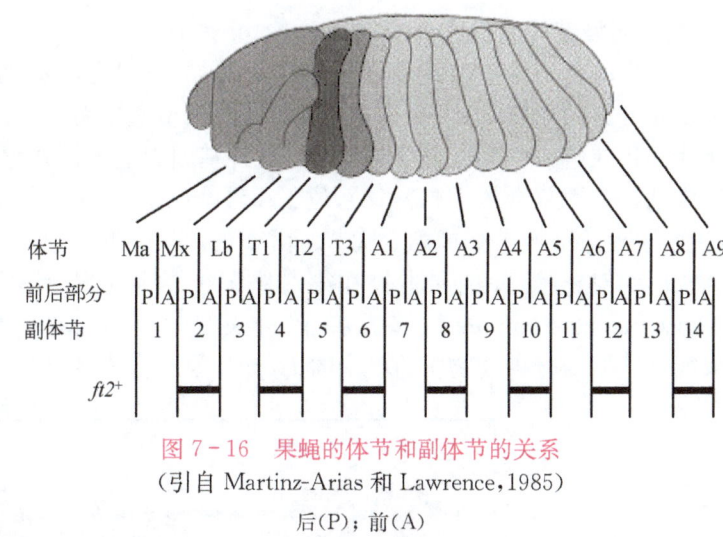

图 7-16 果蝇的体节和副体节的关系
（引自 Martinz-Arias 和 Lawrence，1985）
后(P)；前(A)

每个幼虫的体节都有一个明显前后模式，每个体节的前端区域带有小齿（向外生长的甲壳质表皮），而后端区域则是裸露的。小齿的排数形成一个明显的模式化，人们认为这可以反映出每个体节中的存在的一种前后极性梯度。每个体节极性基因中的突变通常要改变小齿的模式化，而且这也是人们最初发现体节极性基因的原因。例如，体节极性基因中 wingless 的突变，可以导致腹部全部长有小齿，但是在每个体节的后半部分，这种小齿的模式化被反转过来。

果蝇幼虫小齿的模式依赖于副体节边界的正确建立和维持。体节极性基因在副体节限定的区域内表达，而副体节边界的维持依赖于边界两侧相邻细胞之间已建立的信号回路的作用。这个信号回路包括 engrailed、wingless、hedgehog 以及其他体节极性基因的相互作用。在界限的一侧，表达 engrailed 基因的细胞也表达和分泌 hedgehog 蛋白，后者作用于界限另一侧相邻的细胞，维持 wingless 在那些细胞中的表达。分泌的 wingless 蛋白反过来作用于整个边界，维持 hedgehog 和 engrailed 基因的表达，这样便稳定和维持了特定区域的边界（图 7-17）。

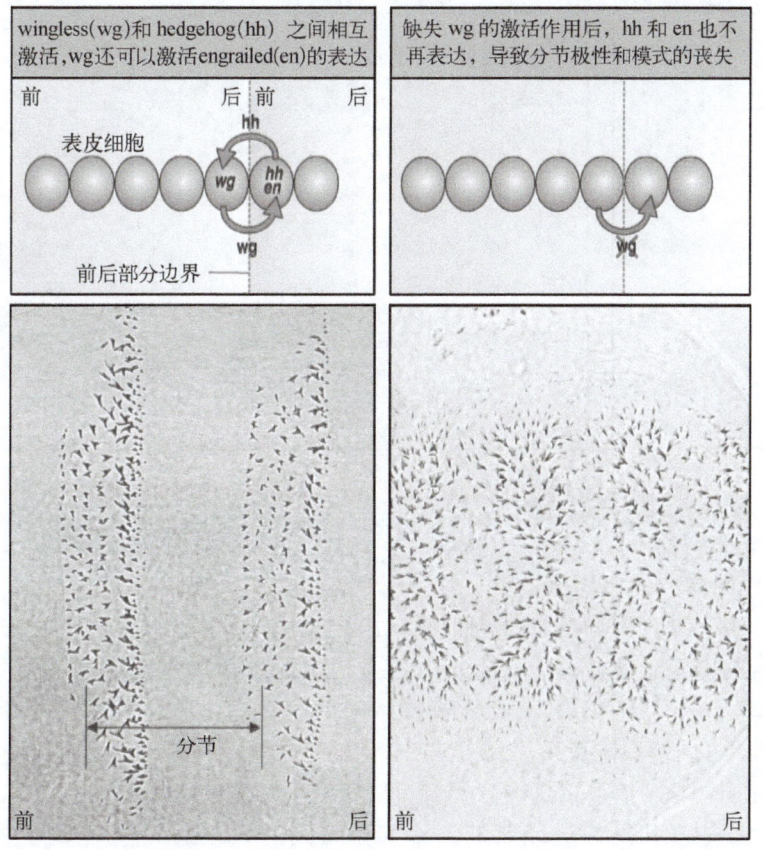

图 7-17 hedgehog、wingless 和 engrailed 基因和蛋白在区室分界出的相互作用控制小齿模式的建成（引自 Wolpert，2002）

2. 同源异型选择者基因(homeotic selector gene)

昆虫的各个体节都不相同,这些差异是如何产生的呢? 缺口基因、成对控制基因和体节极性基因调控的主要是分节的形成,体节的差异主要由同源异型选择者基因来调节。一个选择者基因可以控制其他基因的活性并且在整个发育过程中对于维持这种基因表达的模式化是必需的。果蝇控制体节性状的选择者基因可组成两种基因复合体(图7-18),位于3号染色体上。一种称作双胸复合体(Bithorax complex),该类基因若突变,会使第3胸节变成第2胸节。由于正常状态下的翅膀是长在第2胸节之上的,因此这样的突变会使果蝇长出两对翅膀,并使原本长在第3胸节上的平衡棒消失(图7-19)。另一类基因称为触角足复合体(Antennapedia complex),该类基因发生突变时,会使长在头上的触角变为第二对腿,或者使头上的口器变成腿。它们与脊椎动物中的单个的 *Hox* 基因复合体具有广泛的同源性。

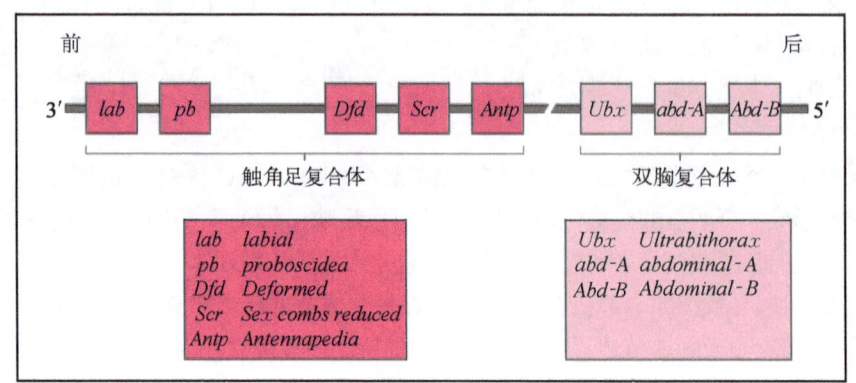

图7-18 Antennapedia 和 bithorax 同源异型选择者基因复合体(引自 Wolpert,2002)

双胸复合体控制着5～14号副体节的发育,而触角足复合体控制着更往前的副体节的特性

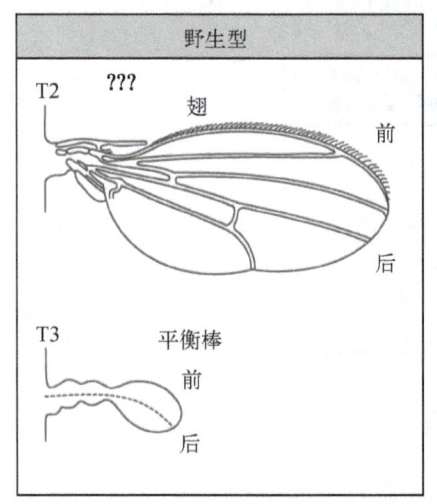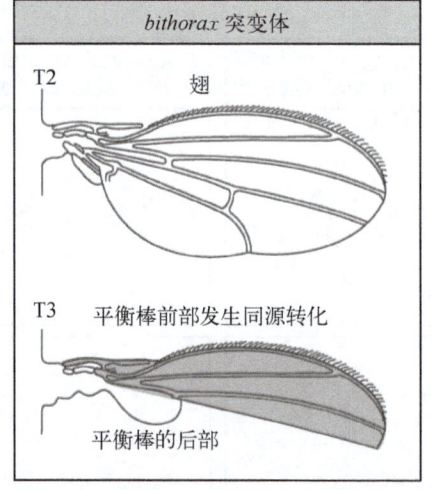

图7-19 *bithorax* 基因复合体突变导致翅和平衡棒的同源转化

(引自 Wolpert,2002)

3. 双胸复合体基因与后端体节的多样化

果蝇的双胸复合体由三种同源异型框基因组成: *ultrabithorax*、*adbominal-A* 和 *abdominal-B*。这些基因在副体节中以联合的方式表达。*ultrabithorax* 在5～12副体节中进行表达;而 *adbominal-A* 从7～13副体节中表达开始;*abdominal-B* 在第10副体节开始向后表达。由于这类基因在不同的体节中其活性程度也各不相同,它们联合的活动则定义了每个副体节的特征。*abdominal-B* 会抑制 *ultrabithorax*,当 *abdominal-B* 的表达在第14副体节增加时,*ultrabithorax* 的表达量非常低。

双胸复合体基因的作用最初是通过经典的遗传实验得到的。在缺少整个双胸复合体的幼虫中,5～13的每个副体节都以与第4副体节相同的方式发育。这说明双胸复合体对5～13副体节的多样化选择是必须的。

双胸复合体各基因的作用可以通过基因注射的方法来研究。将复合体的某一基因注射到该复合体缺失的胚胎内,观察对副体节分化的影响。如果仅仅存在 ultrabithorax 基因,结果幼虫形成一个副体节 4、一个副体节 5、8 个副体节 6。很明显,ultrabithorax 对于第 5 副体节以后所有的副体节均有影响,并且能够特化第 5、6 副体节。如果将 adbominal-A 和 ultrabithorax 注入胚胎,形成的幼虫有副体节 4~8 及 5 个副体节 9。可见,adbominal-A 影响从 7 往后的副体节。adbominal-A 和 ultrabithorax 联合能够特化副体节 7、8、9。相似的机制适用于 abdominal-B,它的影响从第 10 副体节往后延伸,在 14 副体节中表现得最强烈。体节之间的差异反映了 HOM 基因表达在空间和时间模式上的不同。

触角足复合体由 5 个同源异型框基因组成(图 7-18),它们控制副体节 5 之前的副体节的特化,其作用方式与 bithorax 复合体相似。发生在 deformed 基因中的突变会影响副体节 0、1 中的外胚层起源的结构;而 sex combs reduced 基因的突变会影响副体节 2、3;antennapedia 基因的突变会影响副体节 4、5。

虽然双胸复合体和触角足复合体在控制体节中的作用已经得到确认,但是对它们与下游靶基因之间的相互作用却知之甚少,而正是这些靶基因的表达和协同作用才使得各体节产生特化的结构。

第二节 四肢的发生

脊椎动物四肢的发育历来是发育生物学中研究器官发生的一个经典的图式系统。其之所以能够成为一个经典的图式系统,主要是由于四肢的发育具有以下几个突出的特点:首先,在解剖结构上,四肢具有三个明显的轴,即由肢体的基部向指尖方向构成的远近轴,由拇指向小指方向构成的前后轴和由手背向掌心方向构成的背腹轴(图 7-20)。三个轴向的同时存在,并且具有固定的相对位置,使得四肢的发育成为研究器官发生过程中图式形成的理想系统。其次,在远近轴上,上(下)肢依次由形态迥异的肱骨(股骨),尺骨和桡骨(胫骨和腓骨),腕骨,掌骨和指骨(跗骨,跖骨和趾骨)分别构成四肢的近、中、远段。而且在前后轴上,由拇指到小指的结构变化也非常容易区分。使得由实验操作或基因突变引发的变异和缺陷易于观察、分析和鉴定。再者,四肢作为胚胎发育中的一个自我维持系统,能够经受较剧烈的实验影响(例如截肢)而不至于影响到胚胎的其他部分,也不会影响到胚胎的生存。因而可以利用外科手术操作、基因的异位表达或过表达、基因敲除等技术来对其进行器官发生的研究。由于具有以上的特点,四肢的发育过程得到了较充分的研究。大量的研究结果证明,胚胎整体在发育过程中所遵循的规律,如轴向的确定和图式形成,与相同细胞类型的区域性特化有关的形态发生,细胞的迁移和凋亡以及神经轴突的生长导入等,在四肢的发育过程中同样起作用。

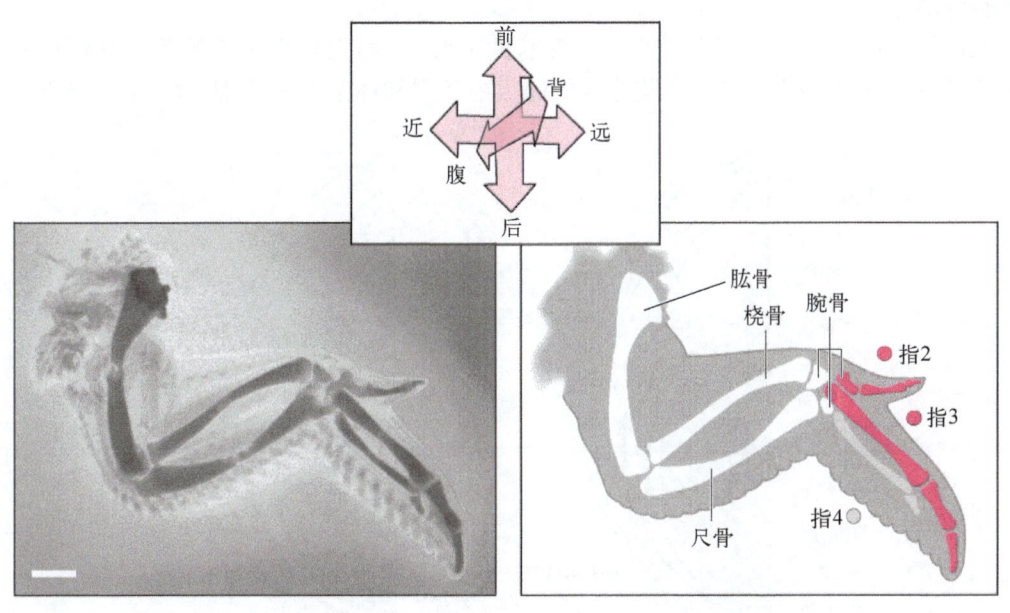

图 7-20 孵化 10 d 的完整鸡翅标本(引自 Worlpert,2007)

示三个发育轴:近侧—远侧轴、前后轴及背腹轴以及鸡前肢骨的不对称性(鸡翅没有第 1 和 5 指骨)

一、肢芽的形成

1. 肢体区的出现及其位置决定

在肉眼可见的肢芽出现以前,沿体轴两侧已经存在四个特定的圆形区域,即肢体区,这一区域为未来的肢芽发生的区域(图7-21)。肢体区的中央部分将发育成未来的肢体,而周围部分将发育成肩带和围臂组织。当由中央部分发育形成的肢芽被截除后,处于周围的细胞将发生增殖以闭合创口。随后,位于中央部分的新细胞又被重新诱导成新的肢芽。如果将整个肢体区从胚胎中去除,则不会出现肢芽的发育过程。这表明肢体区所具有的肢体形成能力是胚胎其他区域的细胞所不具备的。

在脊椎动物胚胎的发育过程中,四肢只能在体轴两侧的特定区域内发生,并且每个胚胎的四个肢芽也总是对称的排列在身体中线两侧。解剖学的证据显示,脊椎动物的前肢都发生于第一胸椎平面,而后肢则发生在末节腰椎平面以下。这说明,脊椎动物的胚胎在确定其体轴的模式后,就已经确定了肢体区的位置,即确定肢体区位置的信息依赖于确定体轴模式的信息。由于脊椎动物体轴的模式是由Hox基因家族中一系列Hox基因的套嵌式表达所直接决定的,因此肢体区位置也很可能直接由特定的Hox基因所决定。尽管不同的脊椎动物的椎骨数目和排列存在差异,但肢体发生的区域决定总是由同样的几个Hox基因所确定。例如,各种脊椎动物的前肢均发生在$HoxC-6$和$HoxA-6$表达区域的前沿部位。这可能是由于肢体区的决定需要多个HOX转录因子来共同激活肢体发育途径中特定基因的表达,这些基因可能是编码诱导顶端外胚层嵴(apical ectoderm ridge, AER)或极性活化区(zone of polarity activity, ZPA)形成的信号因子,或是编码促使体节细胞迁移的信号分子。

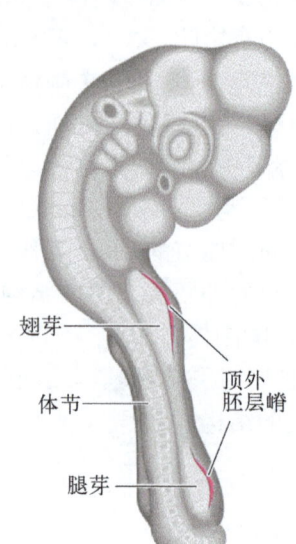

图7-21 鸡胚胎的肢芽
(引自 Wolpert, 2002)

孵化后第三d胚胎的两侧出现肢芽(示胚胎的右侧)。肢芽由中胚层构成,其上覆有外胚层。肢芽的边缘是增厚的外胚层嵴,即顶外胚层嵴

在脊椎动物胚胎发育早期,由胚胎的初级信号中心(如鸟类的亨氏结)所分泌的视黄酸(retinoic acid, RA)沿胚胎的前后体轴形成浓度梯度,这种浓度梯度可以激活特定细胞内特定的Hox基因。实验发现,在将蝌蚪的尾部截短后的24h内,用视黄酸处理断尾残端可以使其再生出多个后肢,这是因为特定浓度的视黄酸激活了特定组合的Hox基因在断尾残端的表达,从而赋予残端以新的位置信息,而新的位置信息激发了后肢的再生过程。这就进一步证实了,特定组合的Hox基因所代表的位置信息将直接决定肢体区的位置。

2. 肢体发育的启动

人胚发育到第26d左右,其腹部外侧出现小丘状的上肢芽,两天后出现下肢芽。鸡胚在发育至第15~20对体节时,肢芽开始发生(图7-22)。肢体区的侧板中胚层和体节间充质细胞的增殖,导致了间充质在上

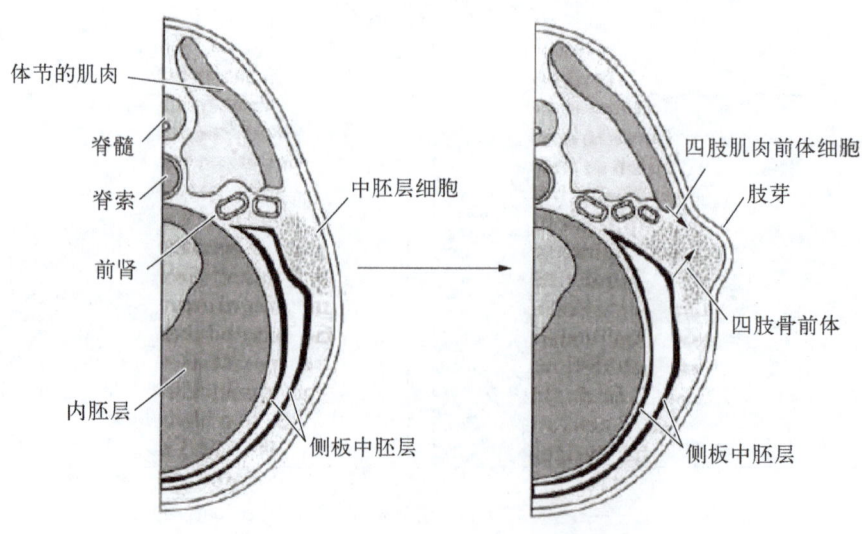

图7-22 肢芽的发生(引自 Gilbert, 2010)

皮下方形成被称为肢芽的半圆形突起。肢芽内来源于侧板中胚层的间充质细胞将形成未来肢体的骨、软骨、肌腱、韧带和筋膜，而来源于体节的间充质细胞将在稍后的发育时期中迁移入肢芽区，形成未来肢体的肌肉。将此时的肢芽间充质细胞移植到前后肢之间的体侧空白区的外胚层下，可以诱导异位的肢体发生。而将此时的肢芽外胚层转移到相同位置，则不会诱导异位肢体发生。这表明，此时的肢芽间充质具有诱导肢体形成的能力，是肢体发生的组织者，而肢芽外胚层只具有对诱导肢体形成的信息做出反应的应答能力。但并非所有外胚层都能对诱导肢体形成的信息做出反应，只有位于胚胎背腹交界处的外胚层才能做出正确应答。

然而，将还未到达启动阶段的肢芽间充质转移到体侧空白区的外胚层下，不会出现异位发育的肢体。但将未到达启动阶段的肢芽间充质与其周围的间介中胚层组织一起移植入上述位置，则会诱导异位肢体发生。这表明，诱导肢体发育启动的最初信号来自肢体区周围的间介中胚层。进一步的实验也证实，用非通透性膜将肢体区的侧板中胚层和其周围的间介中胚层隔绝开来，则不会出现肢体发生，而用通透性膜进行隔绝则可以出现肢体发生。将肢体区周围的间介中胚层移植入体侧空白区的外胚层下，也会导致异位肢体的发生。

肢体区的侧板中胚层细胞从周围的间介中胚层得到肢体发育的启动信号后，开始分泌 FGF10，而 FGF10 对于肢体发育的启动和维持不但是必要而且也是充分的（图 7-23）。将含有 FGF10 琼脂糖珠植入体侧空白区的外胚层下，可诱导额外的肢体形成。*Fgf10* 基因敲除小鼠的四肢不能发育。值得一提的是，虽然 FGF10 会改变某些 *Hox* 基因的表达范围和强度，但不会影响肢体的类型。在其诱导生成异位肢体时，在靠近前肢一侧都生成前肢，而在靠近后肢一侧则都形成后肢。

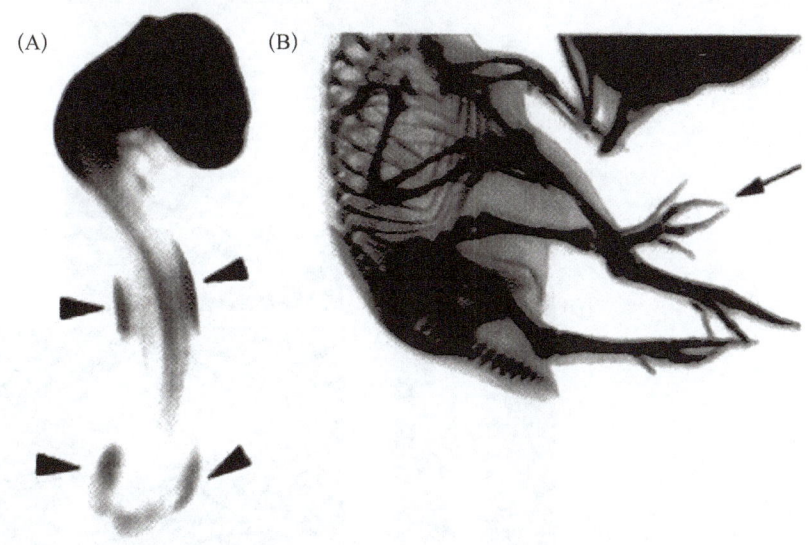

图 7-23　*FGF10* 在鸡胚四肢发育过程中的表达和作用（引自 Ohuchi，1997）
（A）*FGF10* 在正常发生四肢的准确位置开始表达；（B）转 *FGF10* 基因的细胞置于鸡胚两侧，分泌的 *FGF10* 可以诱导四肢的异位形成

3. 肢体类型的决定

肢体的发育不但包括肢体区位置的决定，而且也包括肢体类型的决定。绝大多数脊椎动物的前肢和后肢在形态和功能上存在明显区别，前肢和后肢虽然都发生在身体前后轴的两侧，但总是处在正确的位置上而不会发生混淆。这是由于多个特定的 Hox 转录因子同时存在的结果，Hox 不但可以激活肢体发育，而且也能指导肢体发育的类型。4 个 Hox 基因簇的全部基因都在发育的肢芽中表达。*Hoxa* 与 *Hoxd* 基因簇在前后肢的远端表达，其功能是沿肢芽远近轴和前后轴建立各部分的位置信息。*Hoxb* 和 *Hoxc* 基因簇则在肢芽的近端表达，而且前肢和后肢分别表达 *Hoxb* 和 *Hoxc* 基因簇中不同的基因。*Hoxc4* 和 *Hoxc5* 的表达仅限于前肢，*Hoxc6* 和 *Hoxc8* 在前后肢都表达，而 *Hoxc9*、*Hoxc10* 和 *Hoxc11* 只在后肢中表达。*Hoxb5* 则在定位前肢发生的位置中起重要作用，将小鼠的 *Hoxb5* 敲除，其前肢发生的位置则前移。

在前后肢芽中由不同 Hox 转录因子形成的特定组合，可能是通过激活特定的决定基因来实现前后肢的不同发育途径。目前认为编码转录因子的 *Tbx* 基因簇的 *Tbx4* 和 *Tbx5* 是决定前后肢不同发育的重要基因（图 7-24）。*Tbx5* 只在前肢的间充质中表达，而 *Tbx4* 则只在后肢的间充质中表达。将含有 FGF8 的琼脂

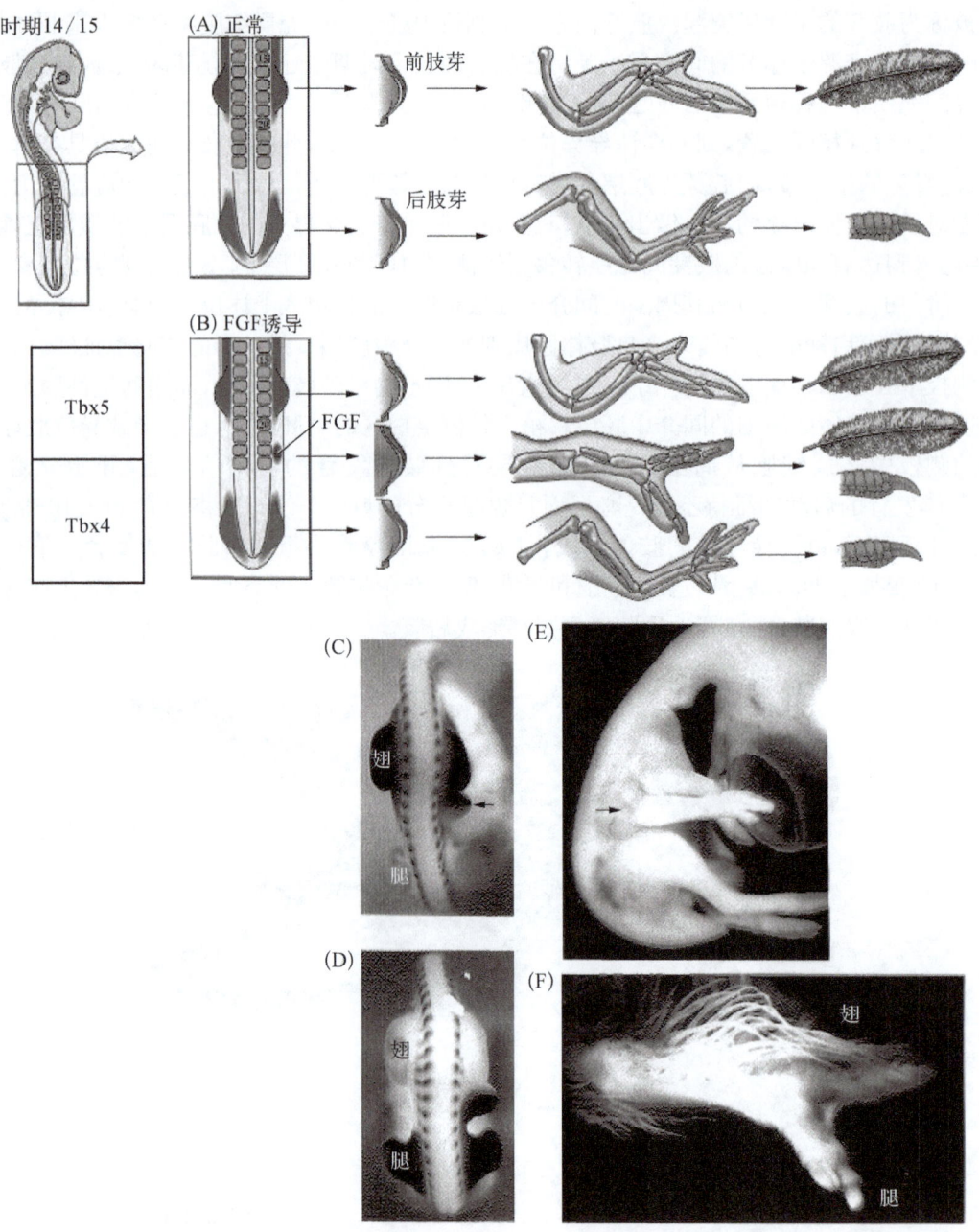

图 7-24　*Tbx4* 和 *Tbx5* 基因决定前后肢发育的差异（A 和 B 自 Ohuchi，1998；C～F 自 Ohuchi 和 Noji，1999）

糖珠植入胚胎的侧板中胚层可以诱导异位肢芽发生，当异位发生的肢芽处于 *Tbx4* 基因表达区域内，肢芽将发育成后肢；而处于 *Tbx5* 基因表达区域内，则发育成前肢；如果肢芽位于 *Tbx4* 和 *Tbx5* 共表达的区域内，则形成前肢和后肢的混合体。如果促使鸡胚的翅芽（前肢芽）间充质过量表达 *Tbx4* 基因，会将其转变为腿芽（后肢芽）。在人类，*Tbx5* 基因发生突变将产生 Holt-Oram 综合征，即上肢和心脏的发育发生严重的缺陷。以上结果表明，*Tbx4* 和 *Tbx5* 基因很可能是决定前后肢发育差异的关键基因。

目前已知，与决定前后肢发育有关的另一个基因是 *Pitx1*。*Pitx1* 编码一个双螺旋相关的转录激活因子，只在后肢中表达。*Pitx1* 基因敲除小鼠的下肢既短又细，其骨骼形态发生改变而显得类似于上肢的相应部分，同时会导致 *Tbx4* 在下肢肢芽远端的表达量降低。这些结果表明，*Pitx1* 的活性对于维持正常的下肢发育和 *Tbx4* 的完全激活是必需的。*Pitx1* 在鸡胚的翅芽区异位表达，可以导致 *Tbx4* 在翅芽区也被异位激活，从而使翅的腕骨的形态、指的大小和形状、肌肉的模式都出现了类似于腿的相应部分的特征。而 *Tbx5* 在鸡胚的腿芽区被异位激活，同样可以使未来腿的结构出现翅的特征。因此，*Pitx1* 的活性对于后肢的形成不但是必需的，而且是充分的。

二、肢体远近轴的图式形成

1. 顶端外胚层嵴的形成

在获得最初的启动信号后,肢体区内的间充质细胞开始增殖并分泌 FGF10。FGF10 能够诱导肢芽外胚层在背腹交界处形成一个重要的信号中心——顶端外胚层嵴(apical ectodermal ridge,AER)(图 7-25)。无论是在正常发生的肢体区,还是在由含有 FGF 的琼脂糖珠异位诱导而成的肢体内,AER 只能出现在背侧外胚层和腹侧外胚层的交界处,即只有此处的外胚层细胞才能对 FGF10 产生应答并形成 AER。AER 的形成与 *Radial Fringe* 和 *Engrailed1* 之间的拮抗作用是密切相关的。*Radial Fringe* 在早期的肢芽背侧外胚层内表达(诱导 *Radial Fringe* 基因表达的最初信号来自其下方的间充质,尽管这种信号分子还未被确定,但可以证实其产生依赖于转录因子 *Lhx2*)。在此时的肢芽腹侧外胚层内,由于转录因子 *Engrailed1* 的存在抑制了 *Radial Fringe* 向腹侧方向表达的延伸。但由于此后的 *Radial Fringe* 在背侧外胚层内的持续表达又要依赖于来自腹侧外胚层的信号分子,因而 *Radial Fringe* 只能在与腹侧外胚层相邻的背侧外胚层细胞内表达,也只有这些细胞才具有形成 AER 的能力。

图 7-25 鸡胚早期前肢芽的扫描电镜照片
(引自 Francesca V,2003)

作为肢体发育过程中一个重要的信号中心,AER 的功能包括:① 使其下方的间充质细胞处于不断增殖,且具有可塑性的状态,以此使肢芽在远近轴向上不断延长;② 维持使肢体产生前后轴差异的信号分子在肢芽间充质的特定区域内表达;③ 与决定肢体前后轴和背腹轴的信号共同作用,赋予肢芽内的每个细胞以特定的分化信息。

2. AER 介导肢体发育中不同胚层间的相互诱导作用

作为肢体发生过程中一个重要的信号中心,AER 通过信号分子与其下方的肢芽间充质进行信息传递和相互作用,来维持肢芽在远近轴方向上的不断延伸。肢芽间充质在得到最初启动信号后开始增殖,分泌 FGF10 诱导肢芽外胚层的 AER 形成并分泌 FGF8 和 WNT3A。FGF8 即可以维持肢芽间充质的持续增殖,又能够诱导肢芽后部的间充质分泌信号分子 SHH,而 SHH 则进而诱导 AER 的后半部分产生 FGF4。此时 AER 产生的 FGF8 和 FGF4 不但可以维持随后的肢芽间充质细胞的增殖,还可以持续诱导肢芽间充质的后半部 *Shh* 的表达。由 AER 分泌的 WNT3A 则可以诱导转录因子 β-catenin 在肢芽顶端间充质和 AER 内积累,FGF8 的活性则又依赖于 β-catenin 的存在。

3. 肢体远近轴图式的形成依赖于渐进区的发育

肢体的发育是通过 AER 与其下方的肢芽间充质的相互作用来完成的。一系列的实验证实了 AER 在肢体发育中作为信号中心的作用。将 AER 由肢芽表面切除,肢体明显缩短,其远端部分丢失;将 AER 移植到正在发育的肢芽上,将会导致额外的肢体沿远近轴方向生长;用含有 FGF 的琼脂糖珠替代肢芽的 AER,肢芽仍然可以发育成完整的肢体(图 7-26)。这表明 AER 是通过分泌 FGF 来维持肢芽的不断延伸,而这对于肢体在远近轴方向的发育是必需的。但将非肢芽间充质植入 AER 的下方,则会导致肢体发育的停止。将鸡胚腿芽的顶端间充质植入翅芽 AER 的下方,则在生成的肢体远端出现腿的结构。这表明,AER 只有与肢芽间充质相互作用才能形成肢体,而且其功能只限于使肢芽间充质细胞不断的增殖以使肢体不断延长,并不包含决定肢体类型的信息,决定肢体类型的信息来源于肢芽间充质。

当 AER 分泌 FGF8 和 FGF4 来维持肢芽间充质细胞的增殖时,只有在肢芽间充质的顶端,即 AER 下方 200 μm 的范围内,肢芽间充质细胞才具有不断增殖并保持未分化状态,通常将这个区域称为渐进区(progress zone)。在渐进区的远端,肢芽间充质细胞不断分裂增殖,从而使肢芽沿远近轴方向不断延伸,而

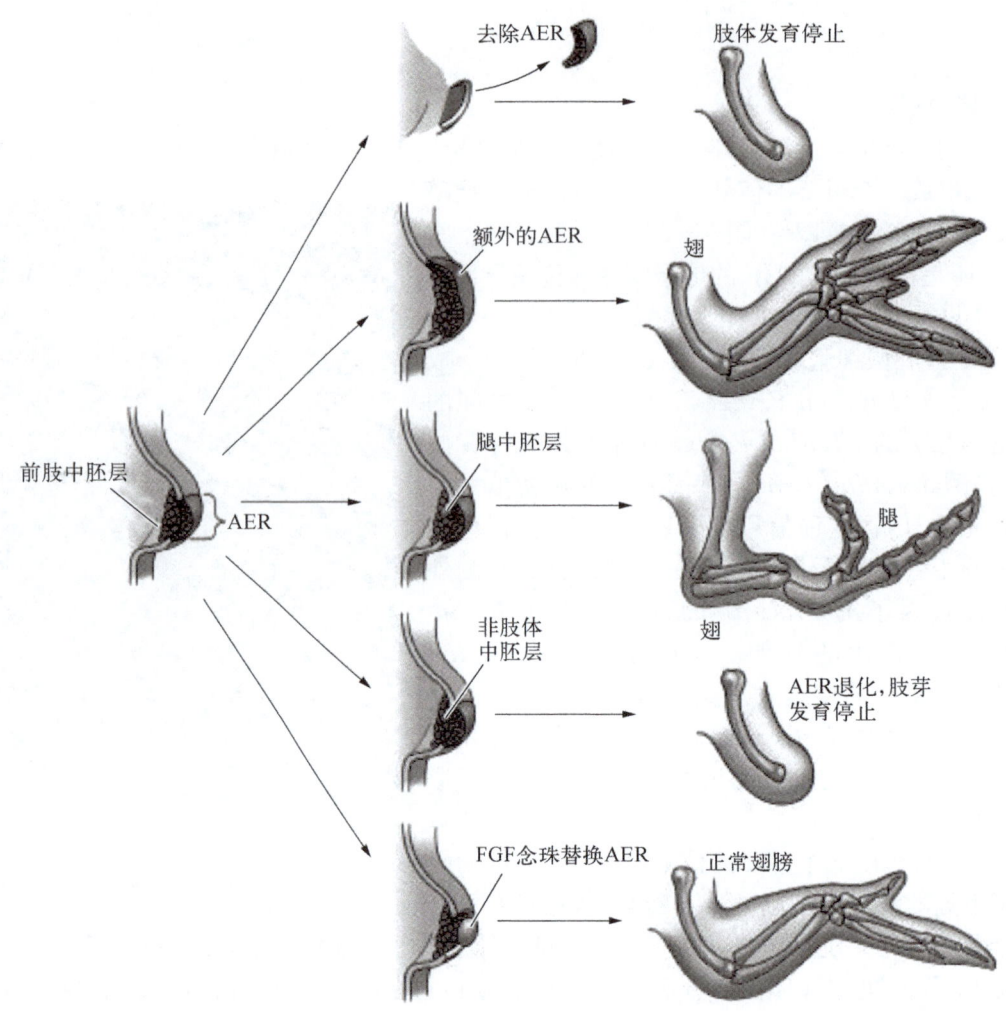

图 7-26　鸡翅芽形成时,顶外胚层嵴(AER)与其下中胚层间充质的相互作用(引自 Wessells,1977)

渐进区近端的间充质细胞则不断退出渐进区,停止分裂并开始分化。间充质细胞离开渐进区的时机决定其分化为肢体的远端还是近端结构。将早期的肢芽渐进区间充质移植入晚期的肢芽 AER 下方,则生成的肢体会出现重复的近端结构;而将晚期的肢芽渐进区间充质移植入早期的肢芽 AER 下方,则生成的肢体只有远端结构而缺少近端结构。这说明,建立肢体远近轴的信息直接来源于肢芽间充质内渐进区的细胞发育程度。当间充质细胞离开渐进区后,其所经历的分裂次数决定了该细胞在远近轴上的位置。尽管其中的具体机制还不清楚,但可以肯定的是细胞分裂次数可以影响 HoxA 和 HoxD 基因簇 5′端基因的表达,从而导致肢体在远近轴发育模式上的差异。

4. 决定肢体远近轴的 Hox 基因

Hox 基因簇在胚胎躯干的套嵌式表达,不但决定了躯干的前后轴图式,而且也决定了肢体发生的位置。同样,Hox 基因簇在发育的肢芽上的套嵌式表达,也决定了肢体的远近轴图式形成。Hoxa 和 Hoxd 基因簇中靠近 5′端部分的基因,即 Hoxa9～13 和 Hoxd9～13 在小鼠的上肢内表达,通过构建特定 Hox 基因敲除的转基因小鼠,可以确定其在建立肢体远近轴中的作用。如果敲除 Hoxa11 和 Hoxd11 基因,小鼠上肢尺骨和桡骨缺失;而敲除 Hoxa13 和 Hoxd13 的小鼠则导致上肢的远端结构缺失(缺少指骨)。类似的情况也在人体上发生,Hoxd13 的两个等位基因突变的人,其手指和脚趾会发生融合;而 Hoxa13 的两个等位基因突变则会使人的手指和脚趾发生畸形。因此可以认为,Hox 基因簇 5′端基因功能的缺失将对远端的肢体结构造成影响。根据以上结果,提出一个关于 Hox 基因簇决定前肢远近轴模式的假说:即 Hoxa13 和 Hoxd13 决定前肢的最远端(指骨)的形成,Hoxa12 和 Hoxd12 则决定了掌骨的形成,Hoxa11 和 Hoxd11 决定了尺骨和桡骨的形成,Hoxa10 和 Hoxd10 决定了肱骨的形成,而 Hoxa9 和 Hoxd9 则决定了肩胛骨的形成(图 7-27)。

由于肢芽在发育过程中是不断延伸的,因此肢体的发育是先形成近端的结构,而后再形成远端的结构。

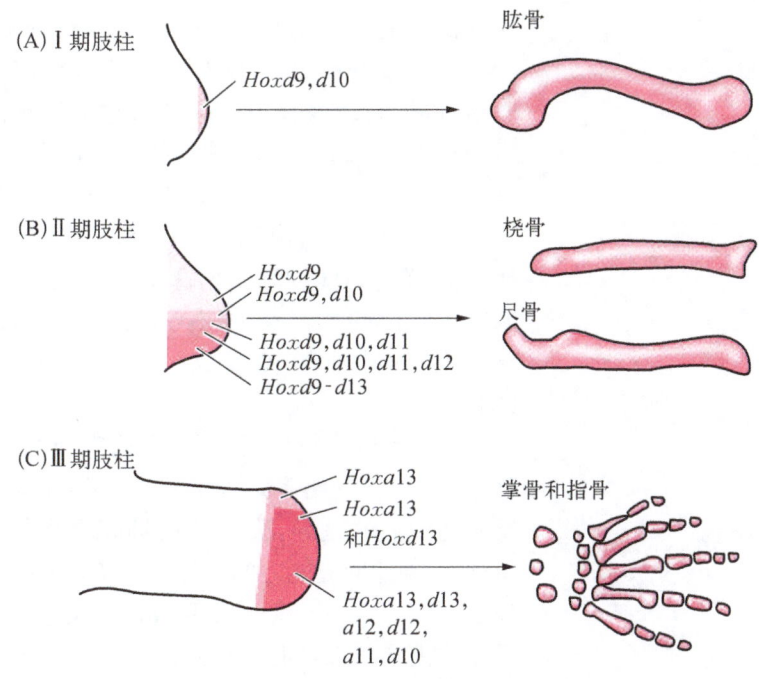

图 7-27　四肢发育过程中，Hox 基因表达的变化与肢体远近轴模式的建成（引自 Shubin，1997）

由于肢体在远近轴向上的图式形成是由 Hox 基因簇决定的，所以当肢芽在延伸过程中，其渐进区的间充质所表达的 Hox 基因图式也是不断变化的。在早期肢芽渐进区的间充质内，只有 $Hoxd9$ 和 $Hoxd10$ 的表达，而这时的肢芽正处于决定肱骨形成的阶段。在随后决定尺骨和桡骨的时期内，渐进区间充质的前半部只表达 $Hoxd9$ 基因，而在后半部中 $Hoxd9\sim 13$ 的表达区域内，其表达模式呈套嵌式。当发育到决定掌骨和指骨的阶段时，则渐进区间充质的最前端只表达 $Hoxa13$，而后 2/3 区域内则共同表达 $Hoxa12$ 和 $Hoxa13$，以及 $Hoxd10\sim 13$ 基因，在上述两个区域之间只有 $Hoxa13$ 和 $Hoxd13$ 具有共同表达的区域。

三、肢体前后轴的图式形成

1. 极性活化区的建立

肢体的前后轴图式形成的决定信息来自肢芽间充质，并在增殖开始时就已经确立了。将刚获得启动信号的肢芽间充质移植到体侧空白区的外胚层下，发育出的肢体结构具有清晰的远近、背腹和前后轴。通过胚胎移植实验还可以发现，在形成肢体前后轴的过程中，起决定作用的部位是肢芽后缘，位于背侧和腹侧外胚层交界处下方的间充质，通常将之称为极性活化区（zone of polarity activity，ZPA）。将鸡胚翅芽的 ZPA 移植到另一翅芽前端外胚层下方，可导致翅的发育出现呈前后镜像对称的结构，即翅尖前后两侧最外边都是第Ⅳ指骨，向中线方向依次是第Ⅲ和第Ⅱ指骨（图 7-28）。

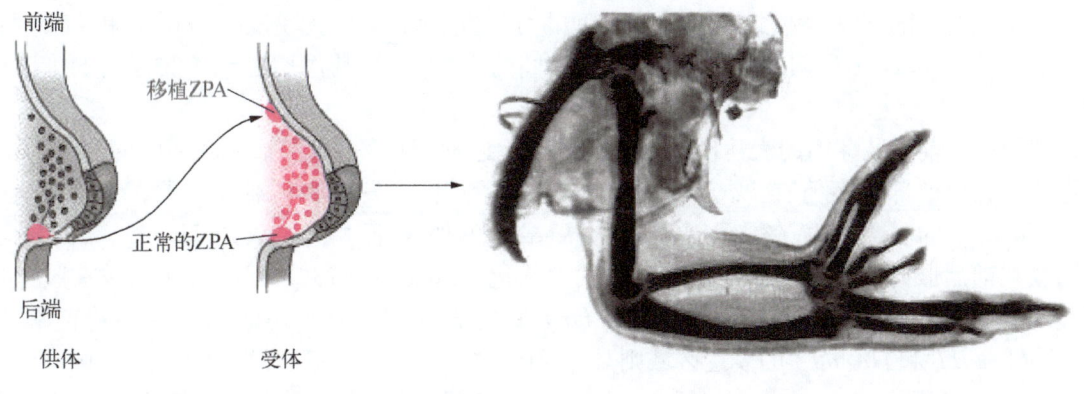

图 7-28　移植 ZPA 到前肢芽中胚层，会导致指以正常指镜像的形式发生复制（引自 Honig 和 Summerbell，1985）

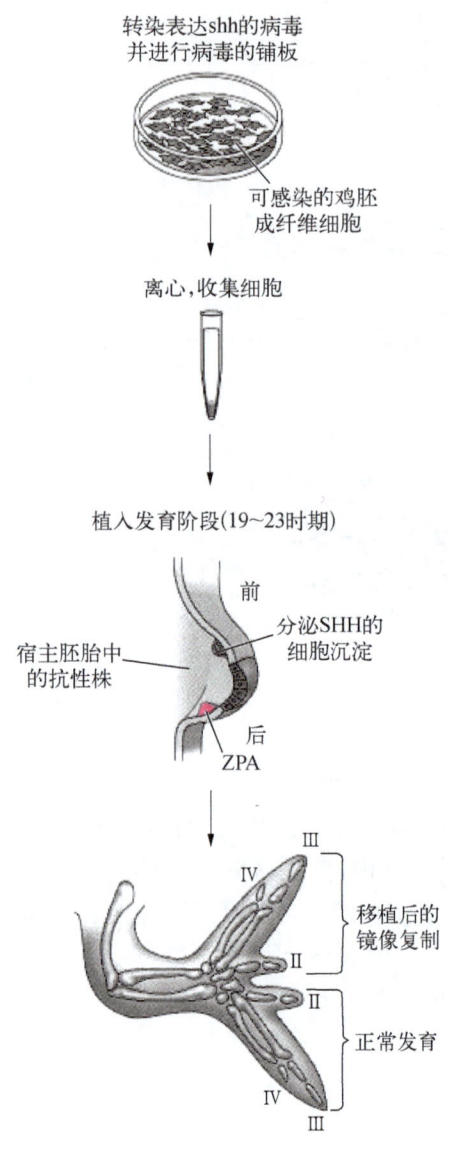

图 7-29 ZPA 中表达的 Sonic hedgehog (SHH)具有极化活性
(引自 Riddle 等,1993)

在决定肢体前后轴的过程中,ZPA 是通过分泌信号分子(Sonic hedgehog,SHH)来发挥其指导作用的。原位杂交的实验结果显示,在肢芽中 *Shh* 的表达区域被限制在肢芽间充质的后缘远端,与 ZPA 的范围一致。用表达 *Shh* 的逆转录病毒感染鸡胚成纤维细胞后,将这些细胞移植入鸡胚翅芽的前端外胚层下,产生的肢体结构和移植了真正 ZPA 的结构完全一致。同样,将含有 SHH 的琼脂糖珠植入鸡胚翅芽的前端外胚层下,也能够诱导出同样镜像的结构。因此,SHH 对于 ZPA 行使其指导肢体前后轴图式形成的功能是充分的,而且是必要的(图 7-29)。

在肢芽发育早期,肢芽后端间充质在新形成的 AER 分泌的 FGF8 诱导下开始表达 SHH。肢芽前端和后端间充质对 FGF8 反应能力上的差异,决定了后端间充质能在 FGF8 诱导下产生 SHH。这种反应能力的差异源于 *Hoxb8* 只在肢芽后端间充质内表达,因为 *Hoxb8* 可以激活 *Shh* 的表达。当 *Hoxb8* 在肢芽前端间充质内异位表达时,会导致新的 ZPA 在肢芽前端形成,最终使生成的前肢在前后轴上产生镜像对称结构。视黄酸能够诱导 *Hoxb8* 基因的表达,从而激活 *Shh* 基因的表达。将含有视黄酸的琼脂糖珠植入鸡胚翅芽的前端外胚层下,可以得到与异位诱导 *Hoxb8* 表达相同的效果。这或许可以解释为何缺少维生素 A 会引起胎儿肢体生长和图式形成的缺陷。

2. 信号分子 SHH 在决定肢体前后轴图式形成中的作用

SHH 在肢芽中的表达区域与 ZPA 的位置完全一致,但 ZPA 在决定肢芽前后轴模式的过程中,SHH 并非是作为一种形态发生子(morphogen)而使肢体在前后方向上产生差异。因为研究发现,SHH 在肢芽中的分布并未超出 ZPA,即 ZPA 产生的 SHH 并未扩散到肢芽的其他部分。目前认为,SHH 通过触发细胞间的信号反应而启动和维持了一系列的其他信号分子的表达,如 BMP2 和 BMP7。ZPA 很可能通过释放多种 BMP 来直接决定肢体前后轴模式。无论是通过何种信号分子起作用,SHH 的确能够调节 5′端 *Hoxd* 基因的在肢芽内的表达,从而决定了肢芽前后轴的图式形成。

3. Hox 基因的表达模式决定肢体远近轴和前后轴位置信息

脊椎动物躯干的前后轴由 Hox 基因的表达模式所决定。哺乳动物和鸟类都拥有四个 Hox 基因簇,其中,*Hoxb* 和 *Hoxc* 基因簇的表达模式具有肢体类型的特异性,即前后肢分别表达 *Hoxb* 和 *Hoxc* 基因簇中不同基因。而 *Hoxa* 和 *Hoxd* 基因簇在前后肢内有相同的表达模式,其作用是赋予肢芽内的细胞以特定的位置信息。

Hoxa 基因簇在前后肢芽内的表达模式是沿肢体的远近轴变化的,即在整个肢芽内的都有 *Hoxa9* 的表达;而在发育为肱骨的部分不但有 *Hoxa9*,还有 *Hoxa10* 的表达;发育为尺骨和桡骨的部分则是 *Hoxa9*,*Hoxa10* 和 *Hoxa11* 的联合表达;在掌骨部分又有 *Hoxa12* 的加入;而指骨则表达 *Hoxa9*～13 的全部基因。*Hoxd* 基因簇在前后肢芽内的表达模式则沿前后轴发生变化。*Hoxd9*～13 基因的表达区域在肢芽近端前缘向远端后缘方向上呈套嵌式,即整个肢芽内都有 *Hoxd9* 的表达,而 *Hoxd13* 只在肢芽后缘前端的 ZPA 表达;*Hoxd10*,*Hoxd11* 和 *Hoxd12* 的表达区域则是以 ZPA 为中心,形成逐步缩小的扇形区域。综合两个基因簇的表达模式可以发现,发育肢芽内的每个区域 *Hoxa* 和 *Hoxd* 的基因簇的表达模式都是完全不同的,因而能够在肢体远近轴和前后轴方向上产生不同的位置信息。

四、肢体背腹轴的图式形成

1. 肢体背腹轴图式的确定

肢体前后轴和远近轴的图式形成是通过确定肢体骨骼的差异来体现的,而肢体背腹轴的差异则主要是体现在肌肉和表皮上的不同。研究认为,肢芽的背部外胚层是肢体背腹轴图式形成的组织者。保持肢芽间充质位置不动,将其表面的外胚层旋转180°后,获得的肢体的背腹轴也将会发生翻转。将肢芽背部外胚层移植到另一肢芽腹侧间充质的表面,或是将肢芽腹侧间充质移植到另一肢芽背部外胚层下方,都可以获得具有双侧背面的肢体。

早期肢芽在决定AER时,*Radical Fringe*在背侧外胚层中表达,而*Engiailed*则在腹侧外胚层内表达,*Engiailed*的表达产物能抑制*Radical Fringe*,从而使*Radical Fringe*的活性受到了抑制。由于*Radical Fringe*的活性依赖于表达*Engiailed*的细胞发出的信号,所以使*Radical Fringe*的表达区最终限制在背腹外胚层的交界处,因而使得此处的细胞获得了对FGF10产生应答并形成AER的能力。敲除*Engiailed*后,不但可以使AER延伸到肢芽腹侧,而且可以使产生的肢体具有双侧背面。这是因为*Engiailed*产生的转录因子可以抑制*Wnt7a*在细胞内的表达,而*Wnt7a*产生的信号分子被认为是促使肢体背侧化的主要成分。正常情况下,*Wnt7a*只在肢芽背侧外胚层内表达,但将*Wnt7a*基因敲除后会产生双侧腹面化的肢体,而在肢芽腹侧外胚层内使*Wnt7a*异位表达,会导致肢体双侧背面化。信号分子WNT7A通过激活肢芽背侧间充质细胞产生转录因子LMX1来实现肢体背腹轴图式形成,敲除了*Lmx1*的小鼠肢体拥有双侧掌面,使*Lmx1*在小鼠肢芽腹侧间充质内异位表达,会使小鼠肢体拥有双侧背面。

2. 三个轴在图式形成过程中的相互影响

肢体的三个轴在形态上是相互独立的,但在图式发生过程中却是相互影响的。从*Wnt7a*和*Lmx1*基因敲除小鼠表型中,可以发现肢体前后轴与背腹轴图式形成间的相互影响作用。该突变小鼠的肢体不但出现双侧腹面化,而且也发生了肢体最后端指骨的缺失。这表明,*Wnt7a*对于肢体前后轴的图式形成也是必需的。肢体最后端的指骨的缺失表明在ZPA内*Shh*表达的缺失,而如果该基因敲除小鼠中诱导*Wnt7a*的表达,则既能恢复*Shh*的表达,又能挽救肢体前后轴的发育图式。因此,可以认为,维持ZPA既需要由AER分泌的FGFs,还需要肢芽背部外胚层分泌的Wnt7a。

肢体远近轴与前后轴图式形成之间的相互影响可以通过切除肢芽AER实验来揭示。如果AER被切除,肢芽不但停止继续生长和延长,而且ZPA及其附近的*Hoxd12*和*Hoxd13*的表达完全消失。这表明SHH无法单独诱导*Hoxd12*和*Hoxd13*的表达,必须在AER分泌的信号分子的协同作用下才能完成这种诱导功能。由于含有FGFs琼脂糖珠在AER缺失的条件下,也能够单独诱导*Hoxd*基因簇在肢芽中的表达,因此,由AER后部特异性分泌的FGF4很可能是协同SHH诱导*Hoxd*基因簇表达的信号分子。AER分泌的FGFs与ZPA分泌的SHH之间具有相互依赖关系,而SHH的作用需要有肢芽背部外胚层分泌的Wnt信号来维持。因此可以认为,肢体三个轴的图式形成过程存在着相互依赖关系。

五、肢芽发育过程中的形态发生

1. 肢体远端结构的形态发生

在肢体发育过程中,形态发生对于肢体骨骼结构在三个轴向上的最终形态起决定性作用,而细胞凋亡在形态发生过程起到关键性作用。通过细胞凋亡,肢体塑造了骨骼的形态并在骨骼间形成了关节。在发育的肢芽内,细胞凋亡过程发生在几个限定的区域内,其中包括指间坏死区(决定蹼的有无和指的分离),内部坏死区(造成尺骨和桡骨的分离),前部和后部坏死区(塑造肢体的末端骨骼结构)(图7-30)。虽然这些区域被称为"坏死区",但其中的细胞并未坏死,而是发生了程序性细胞死亡,即细胞凋亡。

在肢体远端结构中,细胞凋亡信号来源于BMP蛋白家族。BMP2,4和7都在指间间充质中表达,阻断BMP蛋白的活性可以阻止指间区的细胞发生凋亡。由于BMP2,4和7都在整个肢芽渐进区的间充质内表达,所以认为发生凋亡在细胞内是缺省式设定,除非有外源信号抑制BMP蛋白的活性。Noggin,Chordin和Follistatin等抑制BMP活性的蛋白都在肢芽的发育过程中表达,它们通过抑制BMP的活性来调节细胞凋亡的发生。实验证明,敲除*Noggin*的小鼠会发生骨骼融合与关节缺失现象,而诱导整个肢芽间充质表达

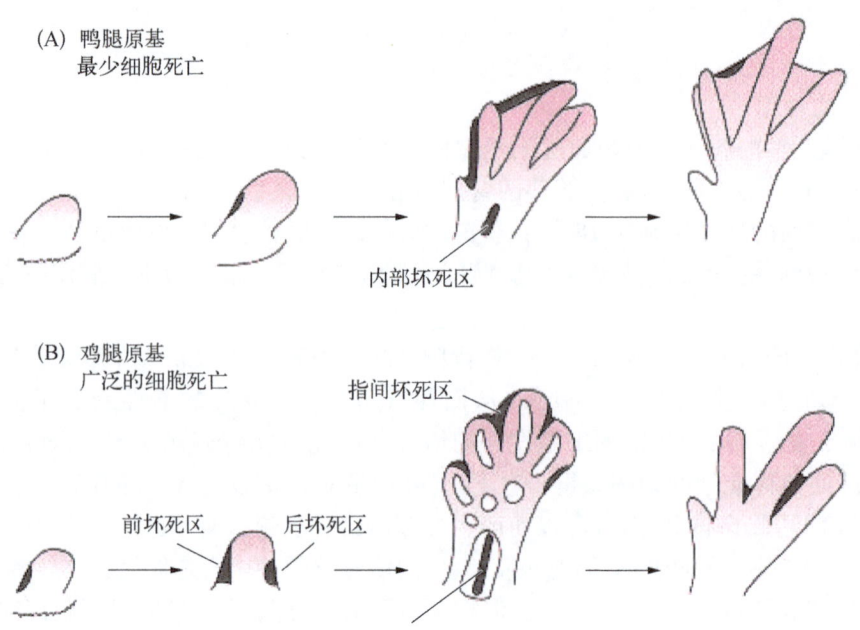

图7-30 鸭(A)和鸡(B)后肢原基中的细胞凋亡(引自 Sauders 和 Fallon,1966)

Noggin 蛋白则会抑制细胞凋亡的发生。Gremlin 是另一种重要的 BMP 拮抗分子,是一种 Cerberus 相关蛋白。肢芽内 *Gremlin* 表达区域与 *Bmp* 表达区域恰好是互补的,在鸡胚肢芽内表达重组 Gremlin 蛋白会阻止细胞凋亡的发生而引起并趾。到了肢芽发育的后期,*Gremlin* 的表达被限制在未来骨骼形成的区域,并参与调节软骨发生。

2. 肢体关节的形态发生

随发育阶段的变化,BMP 蛋白对肢芽间充质细胞表现出迥然不同的诱导作用。含有 BMP2 或 7 的琼脂糖珠会诱导早期肢芽(在肢体软骨形成以前)内的细胞发生凋亡,而当肢体软骨开始形成时,则诱导肢芽间充质细胞形成软骨。信号分子的这种环境依赖性对于肢体关节的形成至关重要。当肢芽内的软骨细胞开始聚集时,其周围的细胞分泌 BMP7 以促使软骨形成。由于敲除 *Noggin* 的小鼠会发生关节缺失,因而认为 BMP7 能够诱导周围细胞进入指间区并分化为软骨细胞。另两种 BMP 蛋白,BMP2 和 GDF5 则在未来形成关节的区域表达,*Gdf5* 突变会导致短肢症(由于缺少关节而使肢体过短)(图7-31)。BMP2 和 GDF5 的功能既包括能诱导间充质细胞的凋亡,以便为关节形成创造空间,又包括能诱导间充质细胞迅速分化成软骨细胞或促使其加入已经形成的软骨结节。

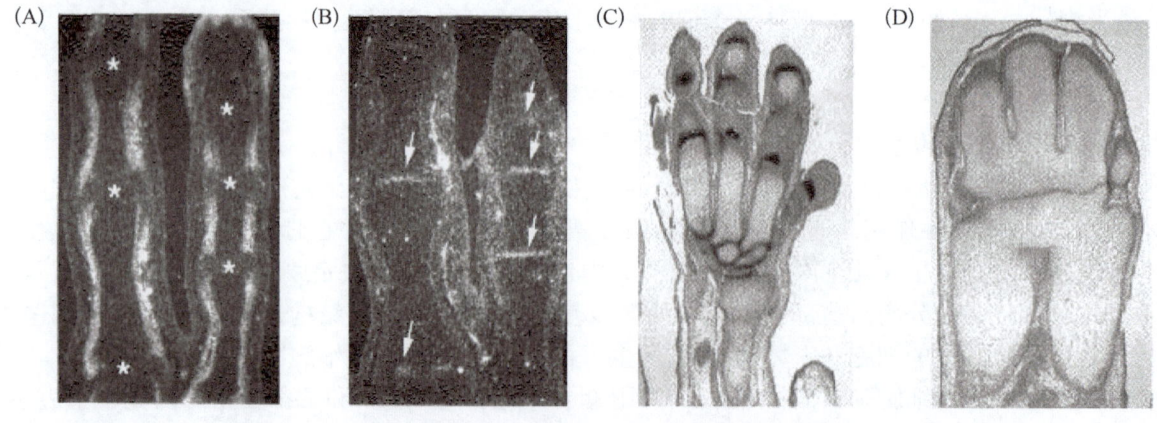

图7-31 BMP 可能参与了稳定软骨和关节形成过程(A 和 B 引自 Macias 等,1997;C 和 D 引自 Brunet 等,1998)

(A) 中的星号和 B 中的箭头表示关节形成的位置;(C) 16.5 d 正常小鼠胚胎前肢中 GDF5 在关节处表达;(D) 16.5 d Noggin 缺失小鼠前肢中没有关节形成,也不表达 GDF5

第三节 心血管系统的发生

心血管系统的发生包括心脏、血管的形成以及血细胞的生成。心血管系统是胚胎发生中功能活动最早的系统,心脏则是首先建立的第一个功能性器官。人胚约在第 3 周末就开始血液循环,使胚胎不仅是单单依靠扩散作用来取得营养与氧气,从而很早即能有效地获得养料和排除废物。心血管系统由中胚层分化而来,首先形成的是原始的心血管系统,经过生长、合并、新生和萎缩而发育完善。

一、血管的形成

1. 原始心血管系统的形成

人胚胎发育至第 2 周左右,在卵黄囊壁的胚外中胚层内出现细胞聚集,称为血岛(blood island)(图 7-32)。血岛中央细胞发育为原始的血细胞,即造血干细胞(hematopoietic stem cells),而血岛周边细胞变成扁平的内皮细胞,构成毛细血管。毛细血管不断向外出芽延伸,与相邻血岛形成的毛细血管互相连接成网。发育至第 3 周,胚体内的间充质细胞分化为血管内皮,形成毛细血管,它们也以出芽方式逐渐形成胚体内的毛细血管网。胚外和胚内的血管网相互连通,建立了卵黄囊、尿囊、胚体三套血循环,形成原始心血管系统。组成原始心血管系统的血管包括:一对心管(位于前肠腹侧),一对连于心管头端的腹主动脉,一对背主动脉(位于原肠的背侧)和连接同侧腹主动脉及背主动脉的第一对弓动脉。

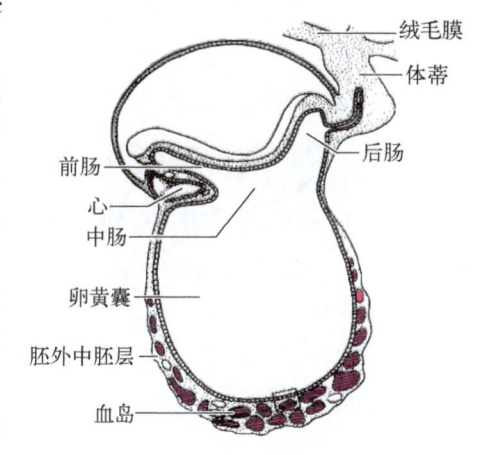

图 7-32 血岛的形成(引自何泽涌,1987)

随着心脏原基的延伸,起源于心脏的大血管就在生长和分化中形成了,与此同时,其他血管在胚胎的不同部位独立地发生着,毛细血管网的发生是独立于心脏和大血管的。人胚第 3 周时已发生 3 对主要静脉。主静脉是收集胚体内毛细血管血液的主要静脉,前主静脉收集上半身的血液,后主静脉收集下半身的血液,两侧的前、后主静脉分别汇合成左、右总主静脉,分别开口于心管尾端静脉窦的左、右角。卵黄静脉(vitelline vein)和脐静脉(umbilical vein)各 1 对,分别收集卵黄囊和绒毛膜毛细血管血液,并回流于静脉窦。

2. 弓动脉的发生和演变

背主动脉是胚体早期的主要动脉,位于原始肠管的背侧,从胚体头端沿中轴平行地向尾端伸展。以后左、右背主动脉合并成为一条,沿途发出许多分支分别与卵黄动脉和脐动脉相连。腹主动脉的一端连与心管,在咽部腹侧向背侧方向先后发出 6 对弓动脉。6 对弓动脉分别穿行于相应的鳃弓内,连接背主动脉与心管头端膨大的动脉球。6 对弓动脉并不同时存在,常常在后一对出现时,前一对已退化消失或发生演变。第 1、2 对弓动脉最早发生,不久即退化。但与第 2 对弓动脉相连的头侧背主动脉并不消失。第 3 对弓动脉参与形成颈总动脉和颈内动脉。同时左、右第 3 弓动脉各发出一个分支,形成左、右颈外动脉。第 4 对弓动脉的左、右侧变化不同,左侧第 4 弓动脉和动脉球左半共同形成主动脉弓,右侧第 4 弓动脉参与组成右锁骨下动脉。第 5 对弓动脉很小并且很快退化消失。左、右第 6 弓动脉各向发育中的肺芽发出分支,形成左、右肺动脉。右第 6 弓动脉的远侧段消失;左第 6 弓动脉的远侧段保留,连接于左肺动脉与主动脉弓之间,即动脉导管(图 7-33)。

3. 血管发生机制

血管内皮细胞的生长过程非常复杂,受多种因素的影响(图 7-34)。内胚层的形成及卵黄囊中胚层等细胞周围环境及细胞间相互作用对内皮细胞的诱导起重要作用,是血管内皮细胞生长分化必须依赖的。研究认为,原始毛细血管的内皮细胞保留着干细胞的特性,具有分裂能力。

细胞外基质对细胞的迁移、增生、分化等无疑起关键作用,其中的许多成分是血管发生必不可少的,胚胎发育早期血管的生长只发生于富含纤连蛋白(fibronectin)的间质中,由内皮细胞产生的纤连蛋白对内皮细

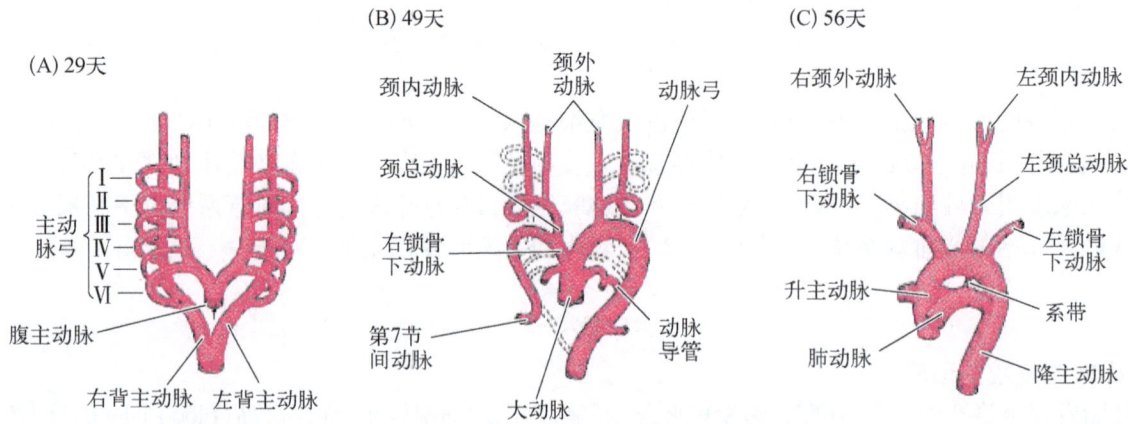

图 7-33　人胚胎弓动脉的发生和演变（引自 Gibert，2010）

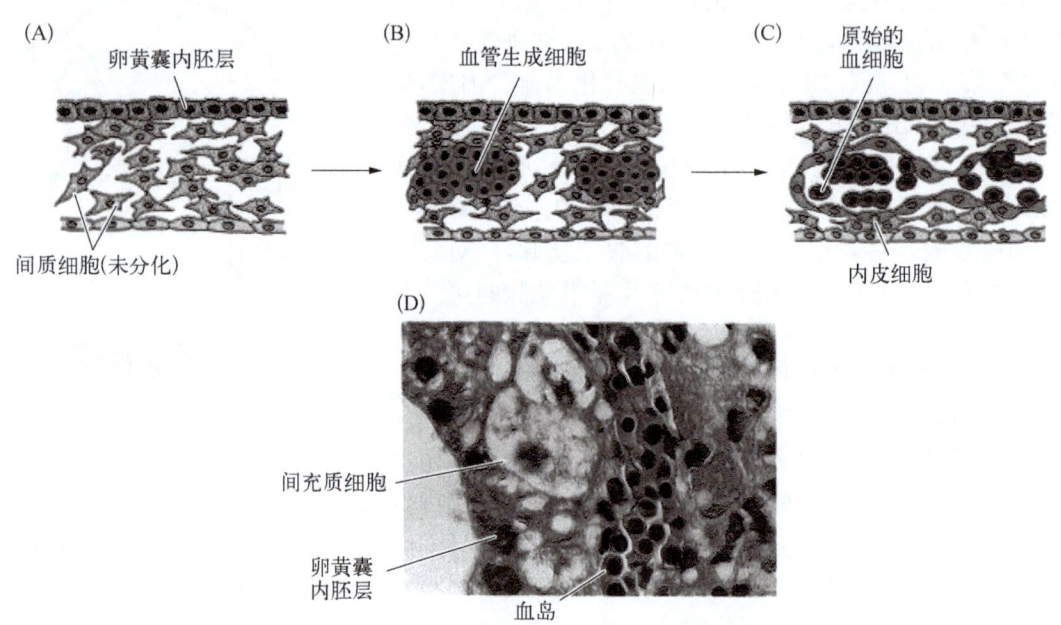

图 7-34　血管形成示意图（A～C 自 Langman，1981；D 自 Katayama 和 Kayamo，1999）

（A）～（C）血管形成最早见于卵黄囊壁，未分化的间质细胞聚集形成血岛。血岛的中央形成血细胞，血岛外围的细胞发育为血管内皮细胞；（D）人的血岛

胞的迁移、增生和管腔形成起重要的促进作用。内皮细胞产生的透明质酸（hyaluronic acid，HA）则有利于内皮细胞芽的发生。生长因子刺激静止的内皮细胞降解细胞外基质，迁移进入间质，增殖形成血管状结构。血管内皮生长因子（vascular endothelial growth factor，VEGF）是血管内皮细胞特异的有丝分裂原，特异地促进内皮细胞的分裂和增殖。胚胎中若缺失 VEGF 受体，血管系统即不能生成。

血管生成主要依赖于血管内皮细胞表型的改变，血管内皮细胞多种基因的表达对这一过程起关键的作用。干细胞白血病P急性T细胞白血病因子1（SCLPtal-1）在血细胞和内皮发育中起重要作用。研究发现，SCL 表达于最初定位于卵黄囊的血岛，在表达时间上与造血及血管生成活性一致，对造血干细胞的形成以及随后红细胞发育、卵黄囊血管生成是很关键的。低氧诱导因子1（HIF-1）与缺氧诱导的促红细胞生成素基因（EPO 基因）的表达有密切关系，在低氧状态下增加糖酵解、红细胞生成、血管生成。

在血管发育过程中，间质细胞分化成血管平滑肌细胞或周细胞，环绕血管，使血管成熟和稳定，形成具有特定功能的血管系统。平滑肌细胞和周细胞可由多种前体形成，包括间质细胞（mecenchymal cells）、胚胎神经嵴细胞（neural crest cells）和心外膜细胞（epicardium）。此外平滑肌细胞也可源于内皮细胞。成纤维细胞生长因子（fibroblast growth factors，FGF）能强烈地促进平滑肌细胞和周细胞的分裂。还有研究表明一些内皮细胞分泌的生长因子如血小板来源的生长因子（platelet derived growth factor，PDGF）和转化生长因子

(transforming growth factorβ,TGFβ)可诱导未分化的间质细胞向内皮细胞迁移并与其结合,之后分化成平滑肌样的细胞。平滑肌的分化、生长和血流的建立、腔内压的增加相一致,血流动力学因素在血管系统形成中起重要作用。

二、心脏的发育

1. 原始心管的发生

心脏发生于胚盘前缘脊索前板(口咽膜)前的中胚层,此区前方的中胚层为原始横膈。人胚第3周,生心区的中胚层内出现一个狭腔——围心腔(pericardial cavity),围心腔腹侧的中胚层细胞增生,形成前后纵行的一对并列管状结构,称为心管,此即心脏发育的原基。由于神经板头端发育快,心管和围心腔伴随着头褶旋转180°到前肠的腹侧,原来在围心腔腹侧的心管则转至它的背侧。而后这一对心管逐渐向中线靠拢,并从头端向尾端融合为一条(但头、尾端仍保持相互分离)。与此同时,心管与周围的间充质一起从围心腔的背侧渐渐陷入,于是在心管的背侧出现了心背系膜,随着心背系膜的退化,心管除头、尾端与血管相连外,其余部分悬垂于围心腔内(图7-35)。心管周围的间充质逐渐密集,将来分化成为心肌内膜和心肌外膜。鸟类心脏的发生与哺乳类极为相似(图7-36)。

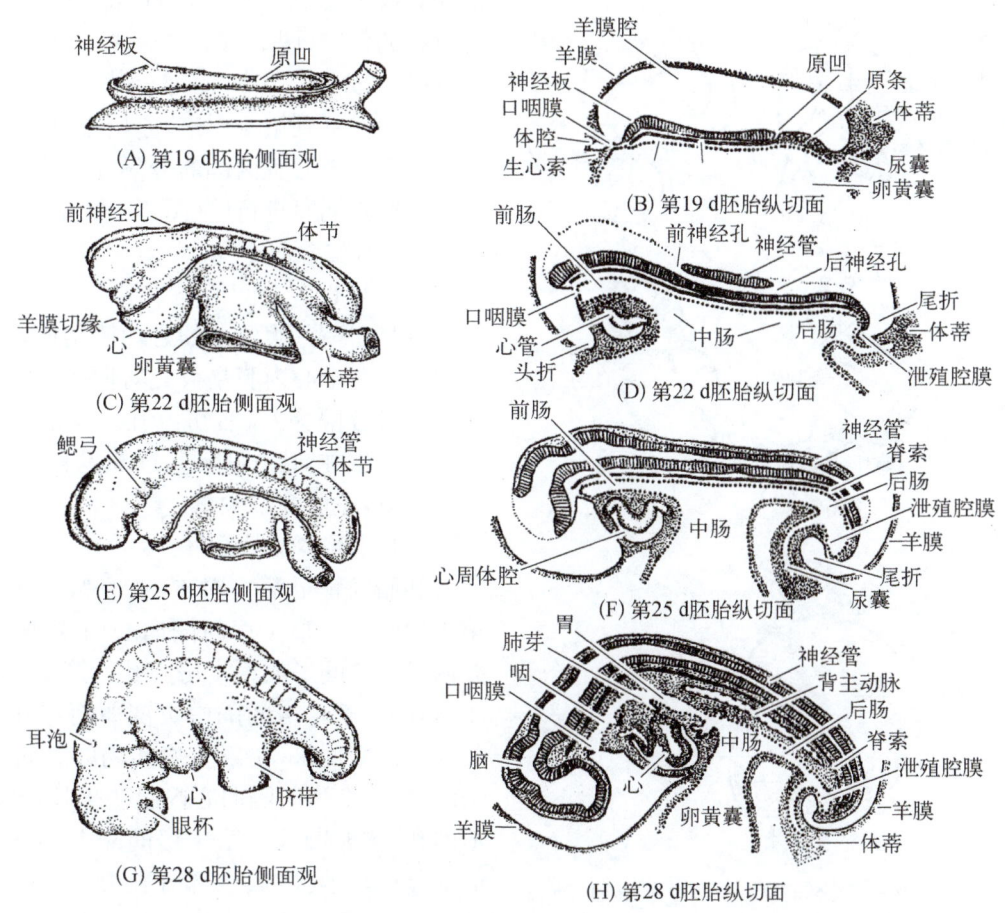

图7-35 人胚的早期发育与心脏的发生(引自何泽涌,1987)

2. 心脏外形的演变

随着胚胎发育,由于心管增长快,且各段生长速度不同,从而使心管从外形上出现三个膨大区,由头端向尾端依次是:心球、原始心室和原始心房。以后原始心房的尾端又出现一个膨大的、末端左右分角的静脉窦,左、右总主静脉、脐静脉和卵黄静脉分别通入两角。而后,心球与心室之间、心室与心房之间分别出现弯曲,使得心房位于心室背侧的上方,心室移至心房的尾侧端,此时心脏外形呈"S"形弯曲。随着心房的扩大,房室沟加深,房室之间形成狭窄的房室管。心球远侧端连接动脉囊,动脉囊为弓动脉的起始部,近侧段则被心室吸收,成为原始的右心室。原来的心室成为原始左心室,左、右心室之间的表面出现室间沟。至此,心脏

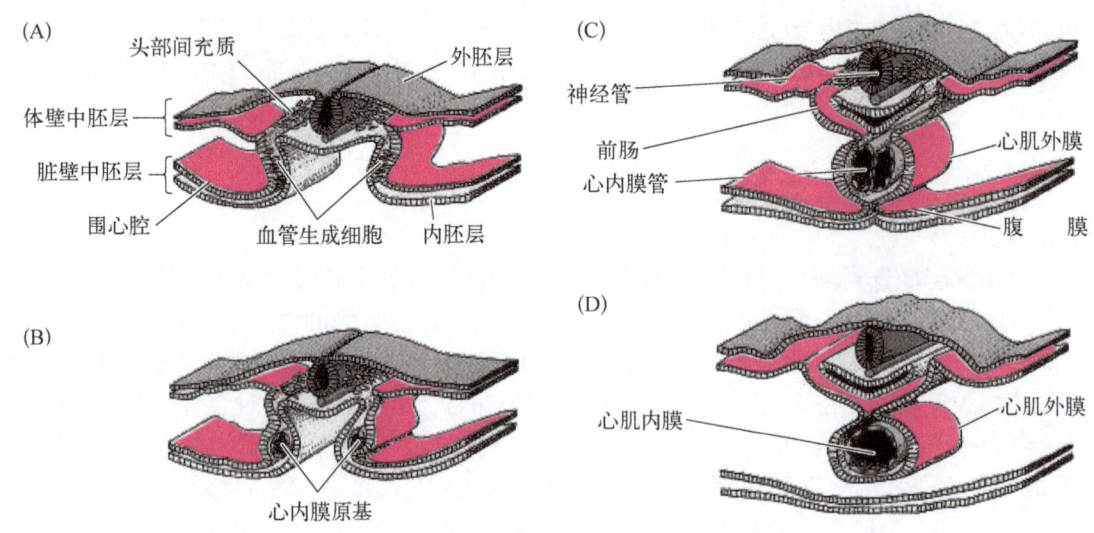

图 7-36　鸡胚心脏的形成（引自 Gilbert，2000）

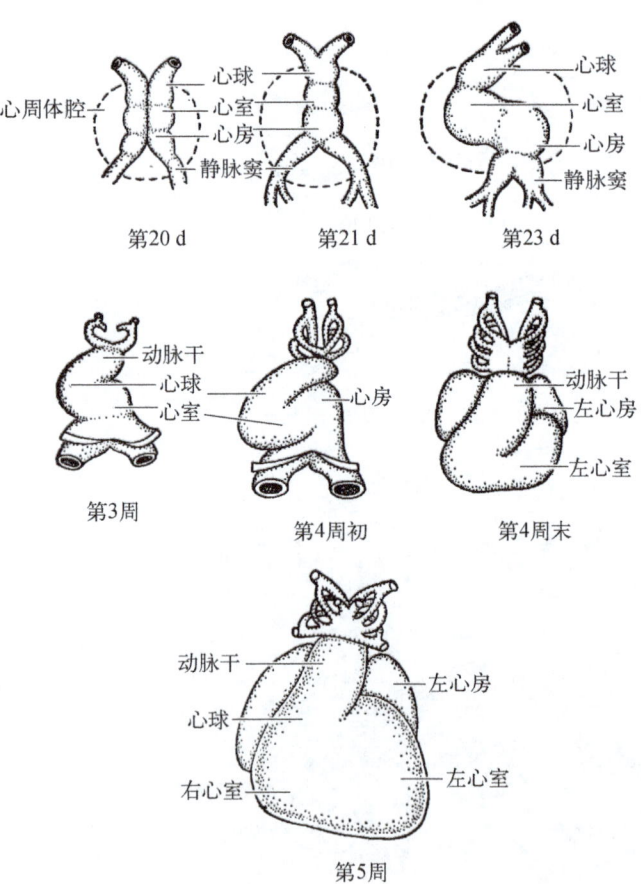

图 7-37　人胚发育过程中心脏外形的变化（引自何泽涌，1987）

已初具成体心脏的外形，但内部仍为一条尚未分隔的直通的管腔（图 7-37）。

3. 心脏的分隔

胚胎发育到第 4 周末，原始心脏就开始分隔了，约在第 5 周末心脏内部的分隔才完成。心脏各部的分隔一般是同时进行的（图 7-38）。

（1）房室管的分隔

心房与心室之间原是以狭窄的房室管通连的。此后，房室管背、腹侧壁的心内膜增厚，形成背、腹心内膜垫。两个心内膜垫彼此对向生长，互相融合，便将房室管分隔为左、右房室孔。围绕房室孔的间充质局部增生并向腔内隆起，逐渐发育成房室瓣，右侧为三尖瓣，左侧为二尖瓣。

（2）原始心房的分隔

胚胎发育至第 4 周末，在原始心房背侧壁出现第 1 房间隔。第 1 房间隔向心内膜垫方向生长，与心内膜垫之间形成第 1 房间孔。第 1 房间孔逐渐变小、封闭。第 1 房间隔中央变薄而穿孔产生第 2 房间孔。第 5 周末，在第 1 房间隔的右侧，再长出第 2 房间隔，第 2 房间隔向心内膜垫生长，形成一个卵圆形的孔，称卵圆孔。第 1 房间隔上部贴于左心房顶的部分逐渐消失，其余部分在继发隔的左侧盖于卵圆孔，称卵圆孔瓣。出生前，由于右心房压力高，加之卵圆孔瓣的存在，右心房的血液可流入左心房，反之则不能。出生后，肺循环开始，左心房压力增大，致使两个隔膜紧密相贴并逐渐愈合，卵圆孔封闭，左、右心房完全分隔。在原始心房分隔过程中常见的畸形是房间隔缺损，最常发生在卵圆孔处。

（3）原始心室的分隔

心室壁凸起形成室间隔肌部，室间隔肌部伸展并与心内垫之间留有一孔，称室间孔，使左、右心室相通。胚胎发育第 7 周末，室间孔封闭。而后，肺动脉与右心室相通，主动脉与左心室相通。

（4）心球的分隔

胚胎发育第 4 周末，心球呈圆锥状，称为动脉圆锥。动脉圆锥内膜下组织局部增厚并在中线融合形成一条螺旋瓣,即主肺动脉隔,进而将动脉圆锥分隔成肺动脉和主动脉。

(5) 静脉窦的演变

静脉窦左、右两个角分别与左、右总主静脉、脐静脉和卵黄静脉通连。以后由于汇入左、右角的血管演变不同,体循环的血液均汇流入静脉窦右角。右角遂逐渐变大,窦房孔也渐渐移向右侧;而左角则渐萎缩变小,其远侧段成为左房斜静脉的根部,近侧段成为冠状窦。胚胎发育第7～8周,原始心房扩展很快,以致静脉窦右角被并入右心房,成为右心房的光滑部,原始右心房则成为右心耳。原始左心房最初只有单独一条肺静脉通入,当原始心房扩展时,肺静脉根部及其左、右属支逐渐被吸收并入左心房,由肺静脉参与形成的部分为永久性左心房的光滑部,原始左心房则成为左心耳。

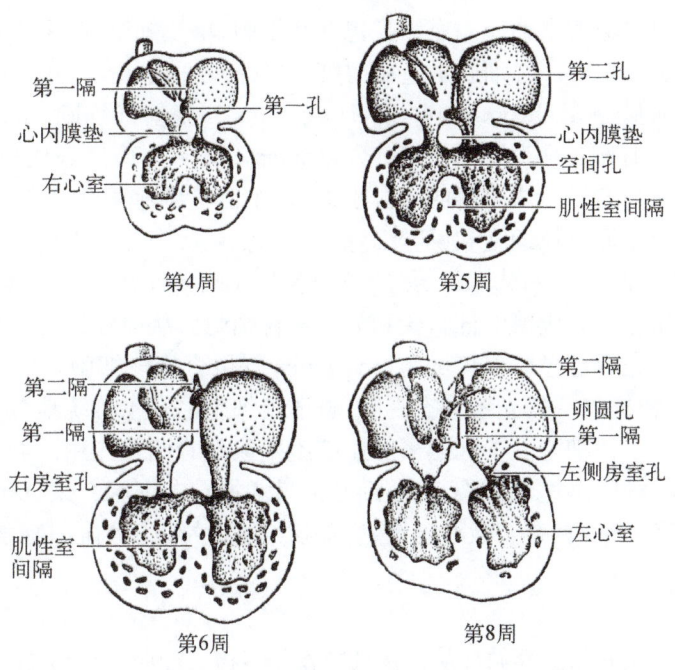

图7-38 人胚发育过程中心脏内部分隔示意图(引自何泽涌,1987)

4. 心脏发育的基因调控

脊椎动物的心脏发育是一个相当复杂的过程,心脏的形成和正常发育都需要特定基因的精确表达,它涉及多个基因在胚胎发育过程中不同时间、不同空间的先后表达和相互作用。目前已经筛选到一些心脏发育相关基因,鉴定了一些特异性调节心脏基因的转录因子。

$GATA$ 基因家系编码的 GATA 是一组组织特异性表达的转录调节因子,具有结合核酸共同序列 W/GATA/R 的特性,并且分享一个含有两个锌指结构(其C端主要结合 DNA)保守的氨基酸同源区。GATA 24 是目前研究最多的与心脏发育密切相关的转录调控因子之一,它对于心脏发育是必需的,是心脏前体细胞的最早期标志之一。GATA 24 因子首先在心前期中胚层中表达,随后在心内膜和心肌中表达,几种心脏基因的控制区存在 GATA 24 结合位点。GATA 24 因子调节心肌细胞的发生、分化以及心肌前体细胞形成线状心管。

脊椎动物和昆虫(果蝇)的心脏在外观和功能上是不同的,但在胚胎发生过程中,它们的中胚层起源及最初组装成线状的心管在许多方面是类似的。在果蝇,背侧中胚层的特化和分化是受同源盒 tin 基因的调节。该基因突变可致果蝇胚胎整个心脏缺失。在脊椎动物中也分离到了 tin 基因的同源基因,如定位于人类染色体 5q35 区域的 $Csx/Nkx2.5$ 基因,具有显著的心脏特异性表达特点,在发育和成熟的心脏中它都有很高水平的表达,是心脏前体细胞分化的最早期标志之一。它参与了心脏前体细胞的分化、心脏的环化、房室分隔、房室流出道、传导系统及成熟心脏正常功能的维持。

$MEF22$ 基因编码肌细胞增强因子 MEF22,在心肌、平滑肌及骨骼肌的前体细胞中表达,对心肌细胞分化、心肌成熟、心脏环化及右心室的发育有重要作用。

三、血细胞的发育

血细胞发生是造血干细胞经增殖、分化、发育成为各种成熟血细胞的过程。血细胞的形成起源于造血干细胞。人的血细胞最早是在胚胎卵黄囊壁的血岛中生成,人胚胎发育第2周,在卵黄囊壁的一些分散的胚外中胚层细胞聚集形成细胞群,即出现许多血岛。血岛中央的细胞逐渐变圆,分化成为原始血细胞(primitive blood cell),即造血干细胞。胚胎发育至第6周,从卵黄囊迁入肝的造血干细胞开始造血,第4~5月脾内造血干细胞增殖分化产生各种血细胞。从胚胎后期至成体,骨髓成为主要的造血器官。鸟类和哺乳类的原始血细胞都是于卵黄囊壁上开始形成;蛙类则主要是在腹外侧的脏壁中胚层中形成血岛;而鱼类在肾的脊索旁区产生血岛,但是到了胚胎发育的后期,血细胞的发生则主要集中于肾区。

造血干细胞是多能干细胞,生成各种血细胞的原始细胞。造血干细胞分化为几种不同的造血祖细胞,造血祖细胞进而再分别分化为形态可辨认的各种幼稚血细胞。造血祖细胞的增殖能力有限,它们依靠造血干细胞的增殖来补充。血细胞包括红细胞、单核细胞、嗜中性粒细胞、嗜酸性粒细胞、嗜碱性粒细胞、巨核细胞、淋巴细胞等。红细胞系造血祖细胞经原红细胞(proerythroblast)、早幼红细胞(basophilic erthroblast)、中幼红细胞(polychromatophilic erythroblast)、晚幼红细胞(normoblast),最终成为成熟红细胞。巨核细胞系造血祖细胞发育为原巨核细胞(megakaryoblast),而后经幼巨核细胞(promegakaryocyte)发育为巨核细胞,巨核细胞的胞质块脱落成为血小板,每个巨核细胞可生成约 2 000 个血小板。粒细胞—巨噬细胞系造血祖细胞分化形成粒细胞和巨噬细胞。粒细胞包括中性粒细胞、嗜酸性粒细胞、嗜碱性粒细胞,它们的发生都经过原粒细胞(myeloblast)、早幼粒细胞(promyelocyte)、中幼粒细胞(myelocyte)、晚幼粒细胞(metamyelocyte)进而分化为成熟的杆状核和分叶核粒细胞。从原粒细胞增殖分化为晚幼粒细胞大约需 4~6 d。单核细胞的发生先后经过原单核细胞(monoblast)和幼单核细胞(promonocyte)变为单核细胞。淋巴细胞的发生较复杂,根据以往的光镜形态观察,将淋巴细胞的发生传统地分为原淋巴细胞、幼淋巴细胞和淋巴细胞三个阶段。

多种细胞因子和激素对血细胞生成起着调控作用。红细胞生成素(erythropoietin)能通过刺激骨髓中的原红细胞迅速地分裂,使红细胞数目增加。白细胞介素(interleukins)是一类对白细胞有趋化和激活功能的细胞因子,具有刺激淋巴细胞、单核细胞、粒细胞等血细胞发育的作用。

四、胎儿血液循环

胎儿的血液循环从富含氧气和营养物质的脐静脉开始。脐静脉由肝门入肝,其中,小部分血液营养肝脏,经肝血窦入下腔静脉,大部分血液经静脉导管进入下腔静脉。由消化管、腹腔、盆腔和下肢等器官来的静脉血也汇入下腔静脉,下腔静脉将混合血(主要是含氧高和营养物质丰富的血)注入右心房。来自头、颈和上肢的静脉血经上腔静脉进入右心房。来自下腔静脉的血液,只有少量与来自上腔静脉的血液混合,大部分血液通过卵圆孔进入左心房,与来自肺静脉的少量血液混合后进入左心室,继而进入主动脉。主动脉的血液大部分经主动脉弓及其三大分支导向头、颈和上肢,只有小部分血液流入降主动脉。因此,胎儿时期头部可得到充分的营养物质和氧。由上腔静脉进入右心房的血液大部分经右心室进入肺动脉。由于胎儿肺尚无呼吸功能,肺动脉的血液除少量(5%~10%)进入发育中的肺脏外,绝大部分(90%以上)经动脉导管注入降主动脉。降主动脉中的血液含氧量约为 58%。降主动脉的血液中有一小部分供应腹腔、盆腔器官和下肢发育,其余大部分经脐动脉运送至胎盘,在胎盘内与母体血进行物质和气体交换后,再由脐静脉运至胎儿体内(图 7-39)。

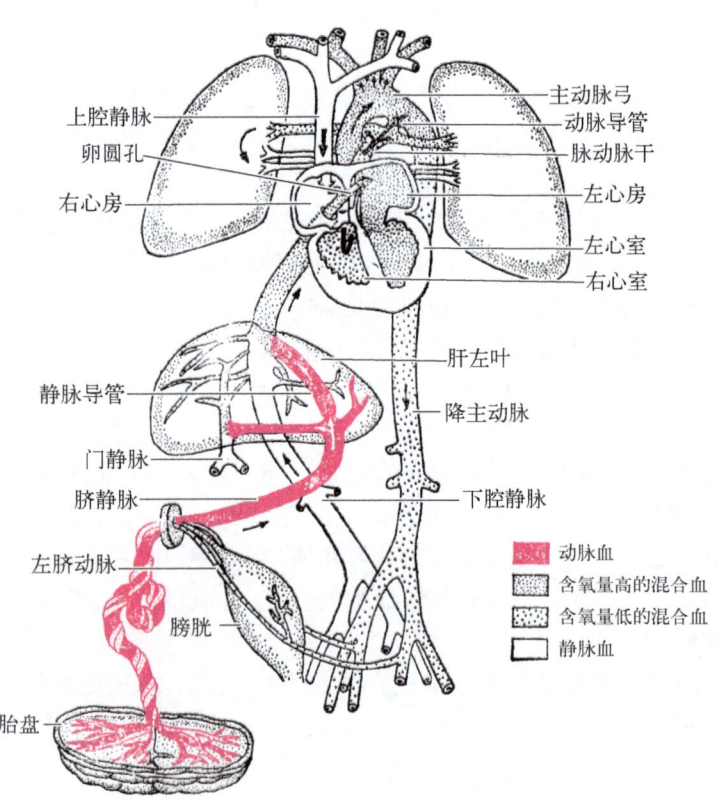

图 7-39 胎儿的血液循环(引自何泽涌,1987)

第四节 肾脏和生殖器官的发生

在个体发育过程中,排泄系统的主要器官肾脏和生殖器官都是起源于间介中胚层,两者在发生上有着密不可分的关系。

一、肾脏的发生

不同脊椎动物的个体发育过程中,肾脏的发生是有所差异的。两栖类、鱼类肾脏的发育过程只经历了前肾和中肾两个阶段,其中中肾发育成熟为成体的排泄器官。而在哺乳类、鸟类、爬行类的胚胎发育过程中重演种系进化的过程,按时间顺序依次经过前肾、中肾、后肾三个连续的发育阶段(图7-40),前肾和中肾是暂时性的,前肾没有生理功能,中肾有一定的生理功能,它们在胚胎发育过程中相继退化,只有后肾发育为永久性肾脏。

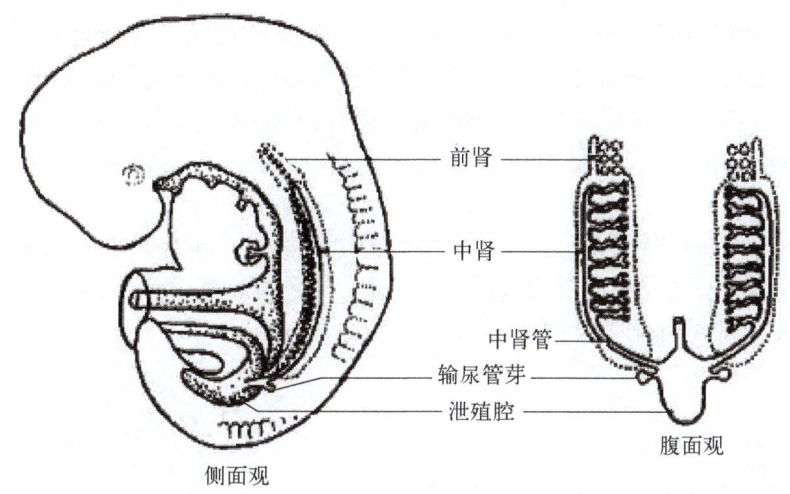

图7-40 第5周人胚前、中、后肾的发育

1. 前肾

前肾(pronephros)是由前肾小管和前肾管组成。人胚在第3周左右,间介中胚层与体节分离,逐渐沿着腹侧形成左右两条分列在体节外侧纵行的索状结构——生肾索(nephrogenic cord)(图7-41)。生肾索的头端部分发生分节形成横行的上皮样小管结构,即前肾小管(pronephric tubule)。前肾小管的内端与体腔相通,另一端则向尾部弯曲相连,并与生肾索形成的纵行前肾管(pronephric duct)相连通。前肾管以后直通向泄殖腔。

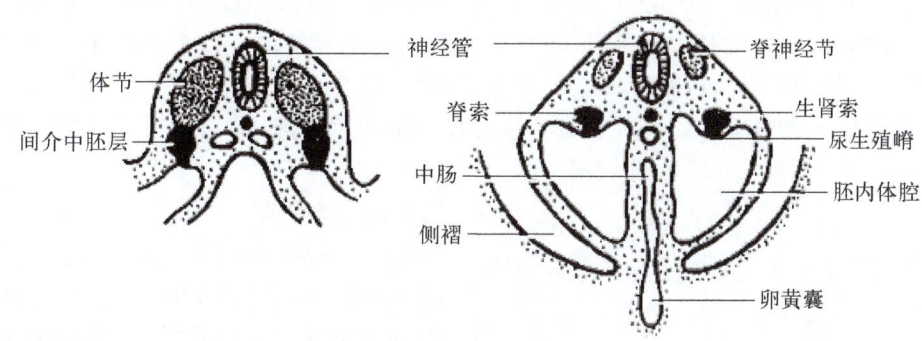

图7-41 生肾索与尿生殖嵴的形成(第4周人胚横切)

人胚中,在最后一对前肾小管发生前,第一对前肾小管已经退化,发育至第4周末时,所有前肾小管均已退化,但前肾管仍然大部分保留。

前肾在人胚胎发育过程中并无生理功能,但在两栖类和鱼类胚胎时期和幼体早期起着排泄作用,在前肾小管与体腔相通的开口处,通过纤毛上皮的摆动使体腔中的排泄物流入肾小管中。

2. 中肾

中肾(mesonephros)由胚胎胸腹部的生肾索发生,胚胎发育至第4周末时,该部分生肾索细胞快速增殖,从胚体后壁突向腹腔,在腹后壁两侧形成左右对称的一对纵行隆起,称为尿生殖嵴(urogenital ridge)。尿生殖嵴进一步发育,正中部出现一条纵沟,将其分成内、外两部分,外侧一条隆起较长而粗,成为中肾嵴(mesonephric ridge);内侧隆起较短而细,为生殖嵴(gonadial ridge)(图7-41)。

继前肾之后,生肾索从头至尾相继发生80多对横行的中肾小管(mesonephric tubule)。中肾小管在中肾嵴内呈"S"形弯曲,其内侧端膨大并向内凹陷成肾小囊,肾小囊内有从背主动脉分支而来的毛细血管球——肾小球,两者共同组成肾小体。中肾小管的外侧端则通入保留下来的向尾侧延伸的前肾管,至此,前肾管发育成为中肾管(mesonephric duct)。中肾管又称为乌尔夫氏管(wolffian duct),其末端通入泄殖腔。

在两栖类和鱼类中，中肾发育成为成体的功能肾脏。但在人类，中肾在胚胎早期有短暂的排泄功能活动，至第9周，中肾大部分退化，仅留下中肾管及尾端小部分中肾小管。保留下来的中肾管及中肾小管在男性发育为附睾管和输精管，中肾管末端形成精囊腺和射精管；在女性中肾管则退化。

3. 后肾

人胚第5周初，当中肾仍在发育中，后肾（metanephros）即开始形成。后肾起源于输尿管芽和生后肾原基（metanephrogenic blastema）。输尿管芽是中肾管末端近泄殖腔部位向背外侧突出一个上皮性盲管，其周围环绕的生肾索末端组织受输尿管芽的诱导形成生后肾原基或后肾间充质（mesenchyme）、后肾胚基（metanephric blastema）。输尿管芽头侧端在生后肾原基诱导下侵入生后肾原基，两者交互诱导，起始了后肾的发育。

输尿管芽从中肾管下端向背侧头段生长，进入生后肾组织后进一步伸长发育为输尿管。输尿管芽头侧的盲端膨大形成肾盂，而后反复分支形成肾大盏、肾小盏及集合管。集合小管的末端呈"T"形分支，它的弓形盲端诱导邻近的生后肾原基分化为肾单位（图7-42）。

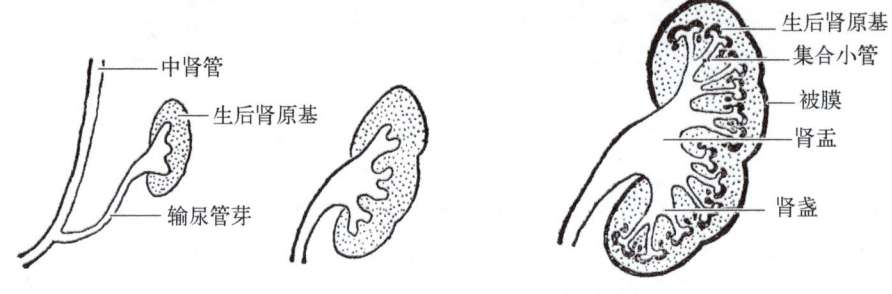

图7-42 人胚后肾的发生（引自何泽涌，1987）

生后肾原基的外周部分演变为肾的被膜，内侧部分形成多个细胞团，并逐渐分化成"S"形弯曲的后肾小管：一端与弓形集合小管的盲端相连，另一端膨大凹陷形成肾小囊，并与伸入囊内的毛细血管球组成肾小体。"S"形小管逐渐增长，分化成肾小管各段，与肾小体共同组成肾单位。每个远端小管曲部与一个弓形集合小管相连接，继而内腔相通连。近髓肾单位发生较早，随着集合小管末端不断向皮质浅层生长并分支，陆续诱导生后肾原基形成浅表肾单位。第11～12周，后肾开始产生尿液，其功能持续于整个胎儿期并发育为成体的永久肾。

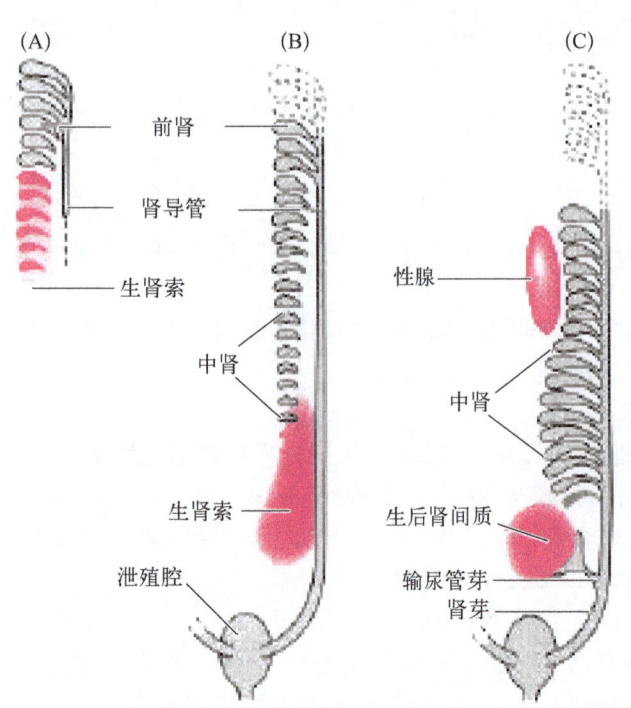

图7-43 脊椎动物肾脏发育的一般模式（引自Saxen，1987）

4. 肾脏的发育机制

哺乳动物肾脏的发育先后经历了前肾、中肾、后肾三个发育阶段。这三个发育阶段遵循相似的发育机制：前肾诱导中肾的发生，中肾诱导后肾的发生（图7-43）。

一般认为，前肾管通向泄殖腔是由前肾管原基本身的细胞通过由前向后迁移而成，中胚层细胞表面存在的碱性磷酸酶可能参与引导前肾管细胞的迁移。而中肾组织必须要在前肾管的诱导下才能产生。

早在20世纪中叶Grobstein就发现后肾的发育依赖于输尿管芽与生后肾原基之间的相互作用、相互诱导。将输尿管芽与生后肾原基彼此分离后单独培养，在缺少生后肾原基的情况下，输尿管芽不分支；而在缺少输尿管芽的情况下，生后肾原基并不形成肾小管。但将两者一起培养时，输尿管芽出现分支，而生后肾原基形成肾小管。

近年来对肾发育过程中的分子调控机制的研究进一步证明，输尿管芽分泌的信号分子诱导生后肾原基分化并维持其生存，而多种生后肾原基分泌的信号参与输尿管芽发生及分支形成的调控,肾脏器官的形成和功能的维持是通过生后肾原基和输尿管芽的交互诱导作用而完成的。

目前运用基因芯片技术筛选出一些与肾脏发育相关的基因,这些基因对后肾的发生起着决定性的作用。$WT-1$ 基因与输尿管芽的生长有重要关系,生后肾原基中 $WT-1$ 的缺失是引起 $WT-1$ 基因变异体个体肾缺失的主要原因。$Pax-2$ 基因在中肾导管、输导管芽以及生后肾原基中表达,研究认为,$Pax-2$ 是肾脏发育的重要调控因子,参与胚胎肾脏各个发育阶段的调控。在肾脏发育的早期,$Pax-2$ 激活后肾原基表达多肽因子 GDNF(glialcell derived neurotrophric factor)。GDNF 基因是一种生后肾原基源因子,它通过其受体 Ret 诱导输尿管芽的出芽和定位,促进后肾发育的起始,并进一步参与随后的输尿管分支调控。Ret 受体基因的正常表达产物还作为发生中的中肾导管及输尿管的标志物而发挥作用。

在生后肾原基形成肾单位过程中,间充质上皮在输尿管芽的诱导下分化为肾单位的各个部分,研究表明输尿管芽源性的一些生长因子对维持生后肾原基生存、促进其增殖和分化起着重要的调控作用。

二、生殖器官的发生

1. 生殖质与生殖细胞的起源

众所周知,任何生物个体的细胞中都含有同样一套基因,但并不是所有细胞都能发育成配子。只有一类特殊的细胞能够形成生殖细胞,至于到底哪些细胞能够成为担负种系延续重任的幸运者,则是一件在受精之初就已经决定的事情:卵子中的一类特殊物质决定了细胞的命运。在线虫、果蝇和两栖动物,这类物质称为生殖质(germ plasm)。生殖质是具有一定形态结构的特殊细胞质,主要由蛋白质和 RNA 构成。由于富含 RNA,可以被嗜碱性染料着色。随着胚胎发育的进行,生殖质逐渐地被分配到一定的细胞中,这些具有生殖质的细胞将分化成为原生殖细胞。

(1) 线虫生殖细胞的起源

线虫的生殖质通常称为 P 颗粒,在未受精的线虫卵中 P 颗粒均分布于卵质中,受精后 P 颗粒集中位于卵质一端。线虫发生第一次卵裂时形成一个较大的 AB 细胞和一个较小的含 P 颗粒的 P_1 细胞。AB 细胞形成体细胞,而 P_1 细胞则再经过连续 3 次有丝分裂,每次分裂形成一个体细胞前体细胞和一个 P 细胞,P_4 细胞是所有生殖细胞的始祖细胞,由 P_4 细胞最终形成两个原生殖细胞 Z_2 和 Z_3(图 7-44)。P_4 细胞质内含有所有原来卵质中的 P 颗粒,表明 P 颗粒可能对生殖细胞的分化具有重要作用。pgl 基因的产物是 P 颗粒的成分之一,对生殖细胞的发育来说是必需的。PGL 蛋白可能通过调节 mRNA 的代谢参与生殖细胞的特化。另外 $pie-1$ 基因参与 P 细胞干细胞特性的维持,PIE-1 蛋白只在生殖细胞谱系的分裂球中出现,但 PIE-1 蛋白并非 P 颗粒的成分。PIE-1 蛋白可抑制 P 分裂球中合子基因的转录,直至胚胎发育到 100 个细胞左右的时期。这种转录的抑制作用会保护生殖细胞免受促进体细胞发育的那些转录因子的影响,使之维持生殖细胞的干细胞特性。

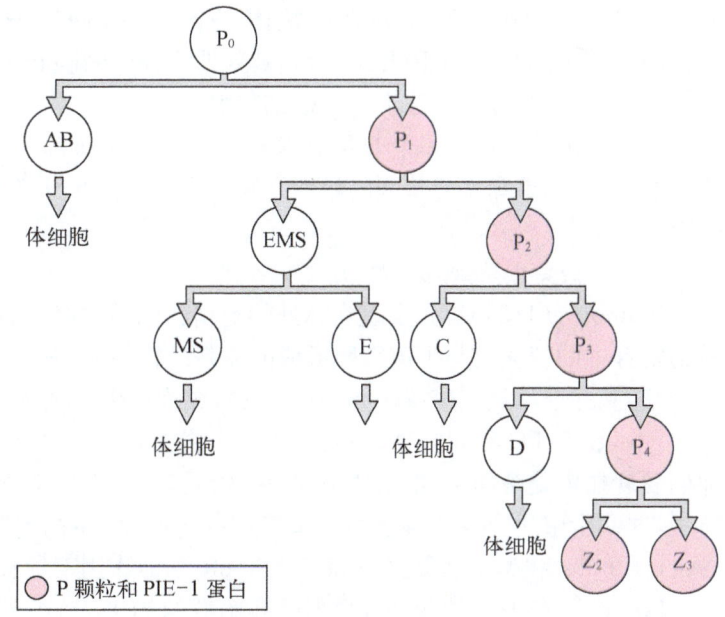

图 7-44 线虫原始生殖细胞的形成(引自 Wolpert,2002)

(2) 果蝇生殖细胞的起源

果蝇的生殖质一般习惯地称为极质(pole plasm),位于果蝇卵的后部。经过受精、卵裂,形成含有极质的细胞称为极细胞,这就是果蝇的原始生殖细胞,位于果蝇胚胎后端,其中含有分散的直径为 0.2~0.5 μm 的致密小体,称为极粒(polar granules)。实验证明,如果用紫外线照射卵的后端,破坏极质的活性,便没有生殖细胞形成。如果将正常卵的极质移到照射卵的后端,则可形成正常的生殖细胞;如果把正常卵的前端细胞质

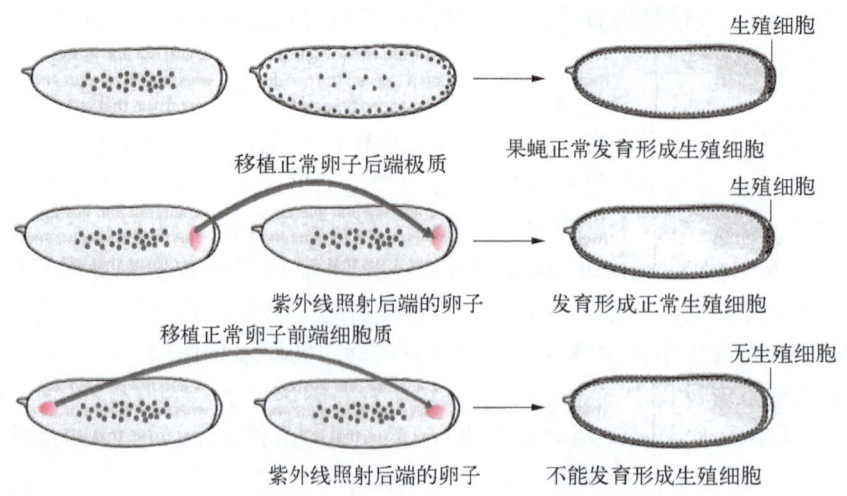

图 7-45　果蝇生殖质移植（仿 Wolpert，2002）

移到照射卵的后端,则不能恢复形成生殖细胞(图 7-45)。该实验进一步证实了极质与生殖细胞之间的关系。如果将卵的极质移植到另一个胚胎的前端胞质内,该受体细胞便分化形成原生殖细胞。如果将卵前端这些细胞移植到将来发育为生殖腺的区域,它们就可以发育为有功能的生殖细胞。

对果蝇极粒成分进行分析,发现极粒是一种蛋白与 RNA 的结合体。1992 年 Jongens 等在极粒中发现一种 *germ cell-less*(*gcl*)基因转录产物即 *gcl* mRNA,定位于卵子的最后端,为极质的组成成分之一,并在早期卵裂时翻译成蛋白质。由 *gcl* 编码的蛋白质可能进入核中,对极细胞的形成有关键作用。该基因的突变可使果蝇失去形成生殖细胞的能力,其反义 RNA 同样也可影响胚胎中生殖细胞的形成。

果蝇极质的第二种成分为 *oskar* mRNA。当将 *oskar* mRNA 注射到果蝇胚胎的其他位置时,则在该位置会形成原始生殖细胞。*oskar* 基因限制定位于卵子的后部,对于生殖质的形成和装配具有重要的调控作用。*oskar* 的异常表达或缺失会导致原生殖细胞的异常形成和胚胎后极不能正常分化。

果蝇极质的第三组组分为线粒体 rRNA（mitochondrial ribosomal RAN,mtrRNA）。Kobayashi 和 Okada(1989)发现将 mtrRNA 注射到被紫外线辐射的胚胎中可恢复其形成极细胞的能力。mtrRNA 可能参与指导极细胞的形成,但并不进入极细胞中。

果蝇生殖质中还有一个非翻译 RNA 组分,称为极粒成分（polar granule component,pgc）,其功能目前还不清楚,但如果利用转基因的雌性果蝇形成的 pgc 的反义 RNA 抑制其活性,则极细胞向生殖腺的迁移将受阻。

(3) 两栖类生殖细胞的起源

Bounoure(1934)首先发现在林蛙的受精卵的植物极含有一种类似果蝇极质的物质,随后对它在两栖类动物发育中的变化及与生殖细胞形成的关系进行一系列研究,发现这种物质只分配到预定内胚层中的少数几个细胞,并迁移到生殖嵴(genital ridge),成为原生殖细胞。此物质即是两栖类生殖质。

Savage 和 Danilchik(1993)利用荧光染料标记生殖质方法详细分析了两栖类生殖质的早期运动过程。他们发现在未受精卵中,生殖质呈"小岛"形式,位于靠近植物极一端皮层的卵黄团区域。在受精后的卵质旋转中,这些生殖质"小岛"与植物极卵黄团一起运动,并在旋转结束后脱离卵黄团,相互融合在一起,在微管(microtubule)和类驱动蛋白(kinesinlike protein)作用下迁移到植物极。

Bounoure(1939)用紫外线照射蛙胚胎的植物极表面,形成的蛙是正常的但是生殖腺中没有生殖细胞。Smith(1966)以相同剂量照射豹蛙受精卵的动物极,结果对生殖细胞的形成没有什么影响。如将正常卵植物极的细胞质注入经紫外线照射植物极的卵中,则可恢复形成生殖细胞;如将正常卵动物极的细胞质注入经照射卵植物极的卵中则无效,不能恢复形成生殖细胞。从而进一步证实了生殖质的部位以及它与生殖细胞的关系。Savage 和 Danilchik(1993)发现紫外线阻止植物极表面的收缩,并抑制生殖质向植物极的迁移。非洲爪蟾 *nanos* 和 *vasa* 的同源物特异性地定位在该生殖质中。像果蝇的生殖质一样,蛙受精卵的植物极细胞质也包含了生殖细胞决定子。

2. 原生殖细胞的迁移

原生殖细胞是生殖细胞的前身,多数动物原生殖细胞起源于性腺外,一般是在获得生殖质形成原生殖细胞后,才迁移到生殖嵴,然后在性腺中分化为卵子或精子。不同物种的原生殖细胞具有不同的迁移路线。

(1) 果蝇原生殖细胞的迁移

果蝇胚胎发生时,原生殖细胞从果蝇的后端移入生殖腺(图7-46)。首先30~40个极细胞通过原肠胚形成移入到中肠的后部;然后肠的内胚层引发 PGCs 的变形运动使它们通过中肠后部盲端迁移到脏壁中胚层;接着 PGCs 分为两组,每一组将成为性腺原始细胞相关的细胞;最后 PGCs 迁移到性腺;性腺与周围的生殖细胞相结合,并使它们分裂并发育为成熟配子。

(2) 两栖类原生殖细胞的迁移

无尾两栖类受精卵经过最初的2次分裂形成4细胞时,生殖质被分到4个分裂球内。从受精到囊胚一般经过10~11次卵裂,但原生殖细胞数量并没有随之明显增加,这是因为生殖质位于纺锤体的一端,所以每次分裂只有1个子细胞含有生殖质。此时,原生殖细胞位于囊胚腔的底部(图7-47)。原肠早期生殖质移向核的四周,因此在随后的分裂中,其子细胞都能得到生殖质,所以原生殖细胞的数量也会随之增加。然后,随原肠胚形成的形态发生运动,原生殖细胞被动移位,到原肠胚期原生殖细胞位于原肠腔底部内胚层中。以后,PGCs 通过肠壁内胚层的侧面迁移并进入背侧肠系膜,它们经背侧肠系膜迁移到两侧的生殖嵴中,两者共同组成了胚胎的生殖腺。生殖嵴细胞内的一些因子是 PGCs 定向迁移的重要因素。同时,有些两栖类动物的 PGCs 也能够主动迁移,如非洲爪蟾的 PGCs 能伸出一个伪足进行运动。PGCs 的迁移途径由含黏着蛋白的细胞外基质构成。

有尾两栖类的生殖细胞发生与无尾两栖类的有一些差别。在蝾螈的卵内似乎没有特殊定位的生殖质,PGCs 的形成受内胚层区域的诱导,并且可能通过不同的途径迁移到生殖嵴。

(3) 鸟类和爬行类动物原生殖细胞的迁移

鸟类和爬行类动物的 PGCs 来源于早期胚胎的胚盘明区的上胚层细胞,然后从明区中心迁移到位于明区前缘的内胚层新月区,此胚外区域称为生殖新月(germinal crescent),PGCs 在生殖新月区内增殖(图7-48)。

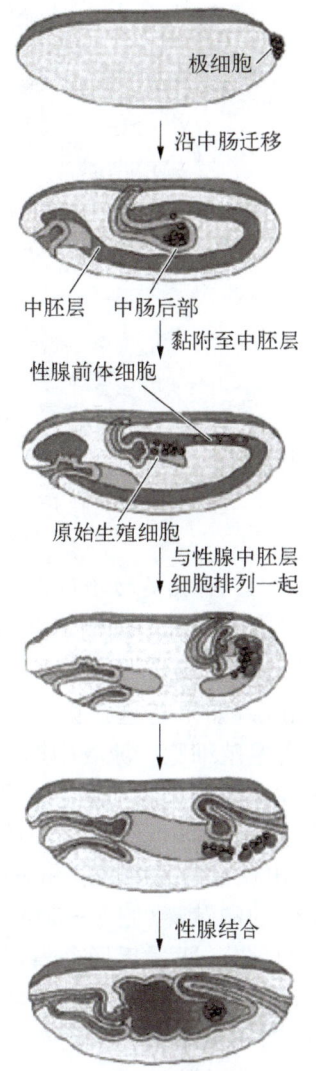

图 7-46 果蝇原生殖细胞的迁移(仿 Howard, 1998)

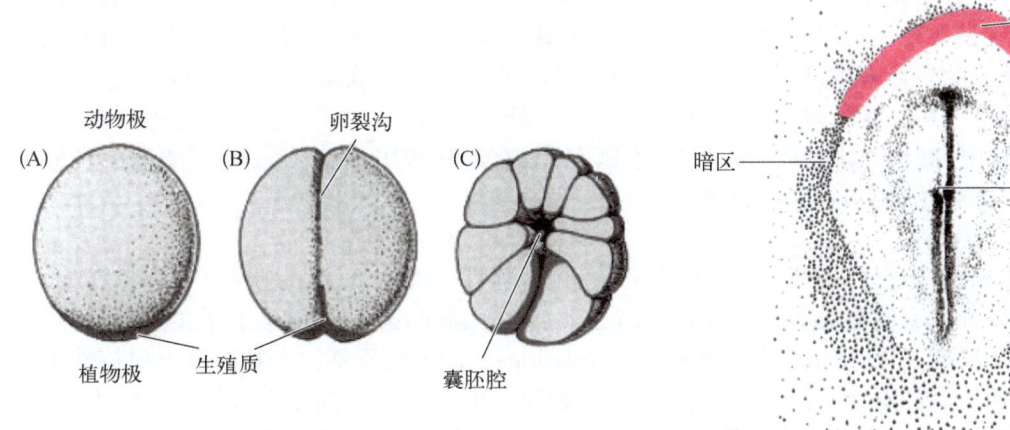

图 7-47 两栖类原生殖细胞的迁移(引自 Bounoure, 1934)

图 7-48 鸡胚原始生殖细胞的迁移(引自 Swift, 1914)
示原始生殖细胞发生的生殖新月区、暗区、明区和亨氏结

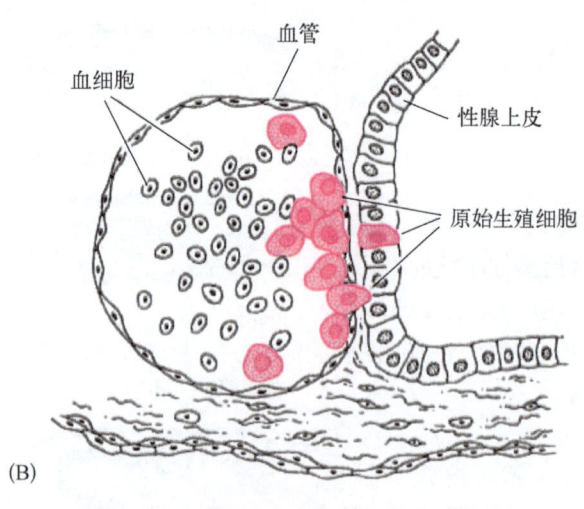

图 7-49 鸡胚 PGCs 离开血管进入性腺示意图(引自 Romanoff,1960)

与两栖类和哺乳类不同,鸟类和爬行类动物的 PGCs 主要借助血液循环进行迁移(图 7-49),当血管发育到达生殖新月区时,PGCs 进入血管并通过血液循环到达后肠形成区。在此,PGCs 离开血液循环到达肠系膜然后迁移到生殖嵴。生殖新月中的 PGCs 以血细胞渗出方式进入血管中,该方式类似于淋巴细胞和巨噬细胞挤压出小血管的内皮细胞的机制(图 7-49)。目前还不清楚是何种机制导致 PGCs 离开血管进入性腺。有证据表明,生殖腺能产生一些化学物质吸引 PGCs,并能使它们停留于生殖腺的毛细血管壁上,生殖腺毛细血管内皮细胞表面可能具备一些特殊的成分使 PGCs 吸附于其表面。有实验证明,鸡生殖腺不仅能吸引血液循环中的鸡 PGCs,甚至也能吸引小鼠 PGCs,这种吸引作用没有种间特异性。

(4) 哺乳类动物原生殖细胞的迁移

有关哺乳类动物 PGCs 的起源,多年来不同学者观点各异。最近 Ginsburg 等研究表明,胚胎发育第 7 d(原肠胚中期),小鼠 PGCs 出现于胚胎后部胚外中胚层,如果将这一区域去掉,发育出的胚胎将没有生殖细胞。原肠中期的 PGCs 为 8 个大的嗜碱性磷酸酶阳性细胞,以后逐渐迁移到胚内,首先进入胚内中胚层,再经尿囊到达内胚层,至第 8 d 出现在后肠内胚层和尿囊基部,然后再迁移到相邻的卵黄囊(图 7-50A)。此时 PGCs 已经分为两部分,通过后肠经背肠系膜分别迁移到左、右两侧的生殖嵴(图 7-50B)。在迁移过程中,PGCs 不断增殖,在第 12 d 的生殖腺中 PGCs 的数目已由最初的 8~100 个增加至 2 500~5 000 个。PGCs 到达生殖嵴后便失去迁移能力,并停滞在有丝分裂期(精巢)或减数分裂期(卵巢)。这一迁移路线已在不同种类的小鼠中得到证实。

小鼠 PGCs 的迁移受多种因子影响,机制尚不十分清楚。目前较为一致的观点是,在后肠形成以前,PGCs 的迁移主要是通过形态发生运动被动地进行的,而由后肠到生殖嵴则是一个主动迁移的过程。这种迁移似乎与其迁移过程中所经过的细胞密切相关,它可通过变形运动伸出线状的伪足来越过下面的单个甚至多个细胞层。体外实验表明,纤连蛋白在 PGCs 迁移过程中具有非常重要的作用。在黏附实验中,看到 PGCs 与纤连蛋白一经黏附,便开始迁出后肠,而且当迁移结束时这种黏附作用便减弱。小鼠胚生殖嵴对 PGCs 具有趋化作用,能产生一种可扩散的转移生长因子 TGF-β1,介导 PGCs 的迁移方向和迁移速度。

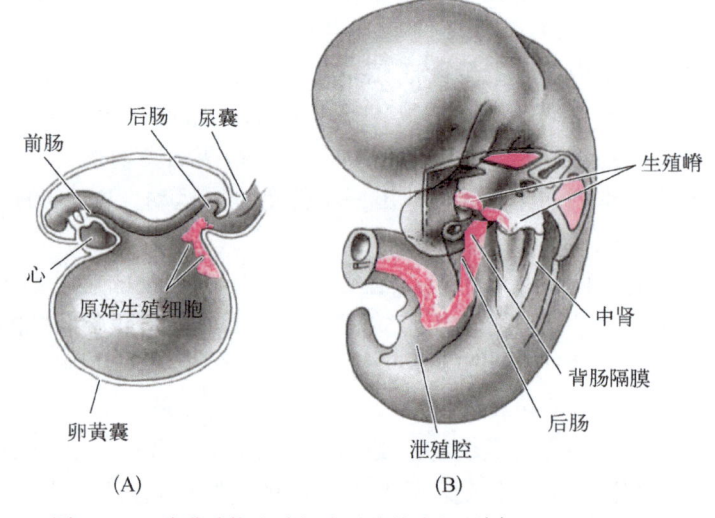

图 7-50 哺乳动物生殖细胞迁移的途径(引自 Langman,1981)

3. 生殖腺的发生

哺乳类胚胎的遗传性别在受精时就已决定,但在胚胎早期,男性和女性的生殖腺发育过程是相似的,直到胚胎第 7 周,生殖腺才开始有性别的形态学特征(图 7-51)。在人胚胎第 4 周,在发育着的中肾内侧,由间介中胚层细胞增殖,向腹膜腔突出,形成两条生殖嵴(genital ridge),即肾腺原基。人胚胎可以保持性未分化状态至第七周,此为性腺发育的双性阶段。在双性阶段,靠近腹侧的性腺原基部分发育为生殖嵴上皮,生殖嵴上皮向其上方疏松的间充质内生长形成性索(sex cord)。在人胚第 6 周时,原生殖细胞迁移进入生殖腺中,被性索细胞包围。在 XX 及 XY 性腺中,性索都与表面上皮相连。

(1) 睾丸的发生

在哺乳动物雄性胎儿中,生殖细胞索持续增殖并向生殖腺深部伸展,生殖腺内许多生殖细胞索相互吻合,

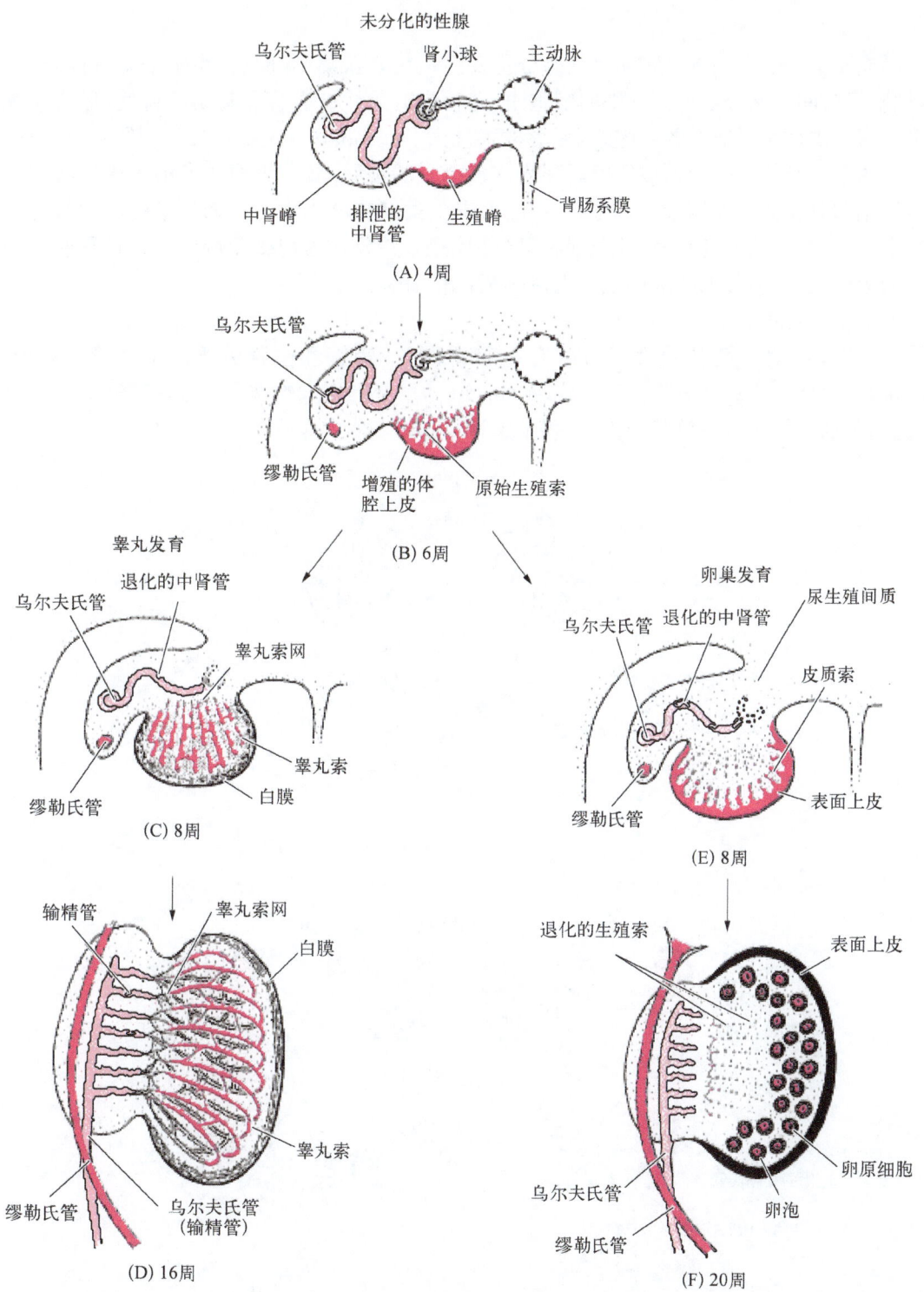

图 7-51　人生殖腺的分化与发育（示横切面）（引自 Langman，1981）

形成生殖索网（sex cord）。而后生殖细胞索与生殖腺表面上皮细胞之间被结缔组织分隔，形成一层纤维膜，称为白膜（tunica albuginea）。睾丸白膜结缔组织在睾丸后缘增厚，形成睾丸纵隔。睾丸纵隔的结缔组织深入到生殖细胞索之间形成睾丸小隔，进一步将睾丸分隔成200多个小叶，每个睾丸小叶内的生殖细胞索分化为1～4条细长弯曲的曲细精管。分散在曲细精管之间的间充质分化为睾丸间质和间质细胞，并分泌雄激素。在人胚14～18周，间质细胞占睾丸体积一半以上，随后数目迅即下降，出生后睾丸内几乎见不到间质细胞，直至青春期才重现。

胚胎时期的曲细精管为实心细胞索，内含两类细胞，即由初级性索分化来的支持细胞和原始生殖细胞分化的精原细胞，曲细精管的这种结构状态持续至青春期前。达到性成熟后，曲细精管才开始出现管腔，发育中的各级生精细胞组成了曲细精管壁。

(2) 卵巢的发生

卵巢的形成比睾丸晚。哺乳动物卵巢开始分化大约是在妊娠第 10 周后，生殖细胞索停止向深部生长，随后，生殖细胞索被间充质分散成不规则的细胞团，进一步退化并被血管和基质所替代，形成卵巢的髓质部分。生殖腺表面上皮增生形成新的细胞索，称为次级性索(secondary sex cord)或皮质索(cortical cord)，分散于皮质内。约在人胚第 16 周时，皮质索断裂成许多孤立的细胞团，即为原始卵泡。原始卵泡的中央是一个由原始生殖细胞分化来的卵原细胞，周围是一层由皮质索细胞分化来的小而扁平的卵泡细胞。卵泡之间的间充质组成卵巢皮质。胚胎时期的卵原细胞可分裂增生，并分化为初级卵母细胞。足月胎儿的卵巢内约有 100 万个初级卵泡，大多数的初级卵泡一直持续至青春期前。

(3) 生殖导管的发育

人胚第 6 周时，男女两性胚胎都具有两套生殖管，即中肾管和中肾旁管。中肾管又称乌尔夫氏管(Wolffian duct)，中肾旁管又称缪勒氏管(Müllerian duct)。胚胎前肾管外侧的体腔壁增生，从而形成一细胞嵴，嵴两边向腹面内卷生成一管状结构，即缪勒氏管(图 7-52)。

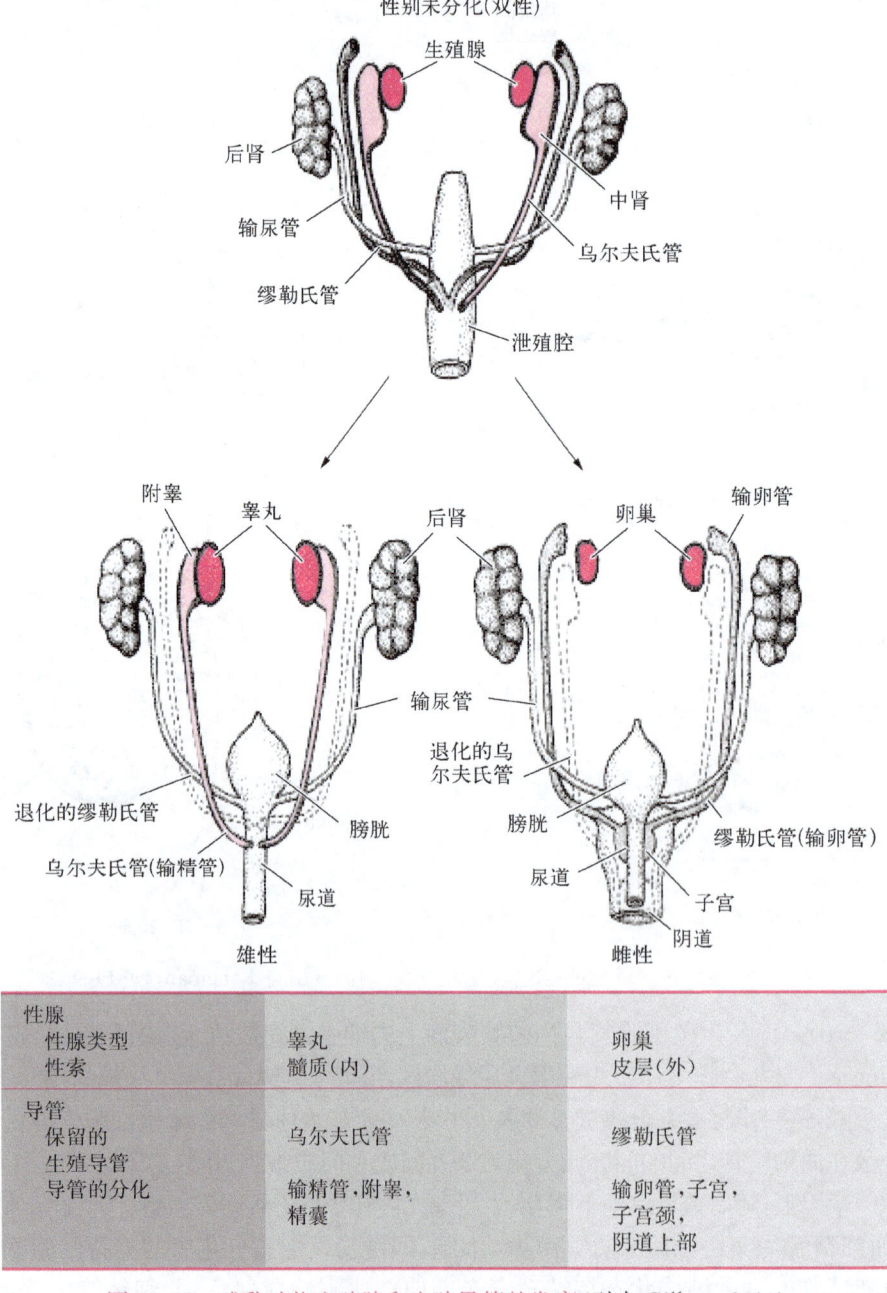

图 7-52 哺乳动物生殖腺和生殖导管的发育(引自 Gilbert，2010)

在未分化性腺中，乌尔夫氏管和缪勒氏管都存在若生殖腺分化为睾丸,间质细胞分泌的雄激素促进中肾管发育,雄激素促使与睾丸相邻的十几条中肾小管发育为睾丸的输出小管,中肾管头端增长弯曲成附睾管,中段变直形成输精管,尾端成为射精管的精囊。同时由于支持细胞产生的抗中肾旁管激素抑制中肾旁管的发育,雄性的缪勒氏管逐渐退化,不具有机能,成体时仅为一痕迹。

输卵管是由胚胎期的缪勒氏管发育而来。在雌性哺乳动物发育过程中,因缺乏睾丸间质细胞分泌雄激素的作用,中肾管逐渐退化。雌性个体中,中肾管仅具有输尿管的作用。同时,因缺乏睾丸支持细胞分泌的抗中肾旁管激素的抑制作用,缪勒氏管则充分发育。缪勒氏管的头端呈漏斗状,开口于腹腔,此即输卵管伞部。上段和中段分化形成输卵管,两侧的下段在中央愈合形成子宫及阴道穹隆部。

(4) 睾丸和卵巢的下降

生殖腺最初由厚而短的尿生殖系膜悬吊于体腔腰部。中肾退化使系膜变得细长,形成头、尾两条韧带。继之,前者退化,消失;后者保留,连于生殖腺尾端与阴唇阴囊隆起之间,不再延长,称引带。其后,生殖腺因胚体生长,腰部直立,引带相对缩短被牵拉下降。第3个月时,卵巢停留在盆腔,睾丸继续下降而停留在腹股沟管内口。第7~8个月时,睾丸与包绕的双层腹膜经腹股沟管降入阴囊。双层腹膜构成鞘突,鞘膜腔与腹腔之间的通路逐渐闭合。

(5) 性别决定

细胞从分化方向确定开始到出现特异形态特征之前的这一时期称为决定。性别决定是指性别分化方向的确立,即决定个体是向雄性或是雌性发育。

受精卵的染色体组成是性别决定的物质基础。多数雌雄异体的动物,雌雄个体的性染色体组成不同,它们的性别由性染色体差异决定,性别就按染色体决定的方向进行性别分化。哺乳动物性别决定就是严格的由染色体所决定,雌性是同配(XX),雄性是异配(XY)。哺乳动物的Y染色体对其性别决定是非常关键的因素,具有Y染色体的,生殖原基发育为精巢,若没有Y染色体存在,则发育为卵巢。也就是说,所有卵子都具有一个X染色体,如果受精卵中精子贡献的是X染色体,产生的个体中形成卵巢,发育为雌性个体;如果精子贡献的是Y染色体,产生的个体则形成精巢,发育为雄性个体。

1990年,Sinclair等利用染色体步移和ZFY(zinc finger protein of Y chromomasm)阴性的XX雄性个体DNA作为探针,分离和克隆到了人类睾丸决定因子(testis determining factor,TDF)的基因,该基因是位于人类Y染色体的一个单拷贝基因,称为 *SRY*(sex determining region of Y chromosome)。小鼠的同源基因 *Sry* 与精巢的发育直接相关,*Sry* 基因在小鼠生殖原基开始分化前以及分化过程中的体细胞中表达。实验显示,一个只含有 *Sry* 而不携带其他基因的14 kb DNA片段,足以使得XX小鼠胚胎形成睾丸。*SRY*(*Sry*)表达合成TDF,TDF含有HMG(高迁移基团,high mobility group)。TDF通过HMG与特异的DNA序列结合,而成为与特异序列DNA结合的转录因子,这种结合是 *SRY* 打开雄性发育通路生化机制的关键,它能引起雄性特异基因及一些尚未发现的结构基因的表达(图7-53)。

人们以 *SRY* 基因为探针,已在多种进化地位的物种中发现了含有共同的HMG盒的基因,这些基因已被命名为 *Sox*(*SRY* box)基因,现已发现了至少30个以上 *Sox* 基因成员。除 *SRY* 基因外,*Sox* 基因家族中还有其他一些基因成员参与了性别决定与分化,目前最引起研究者兴趣的是 *Sox9* 基因,研究发现 *SOX9* 是小鼠的雄性特异基因,*SOX9* 的表达量对性别决定是关键的,在 *SRY* 表达后 *SOX9* 迅速开始表达。

性别决定包括初级性别决定和次级性别决定。涉及生殖腺发育方向的确定称为初级性别决定(primary sex

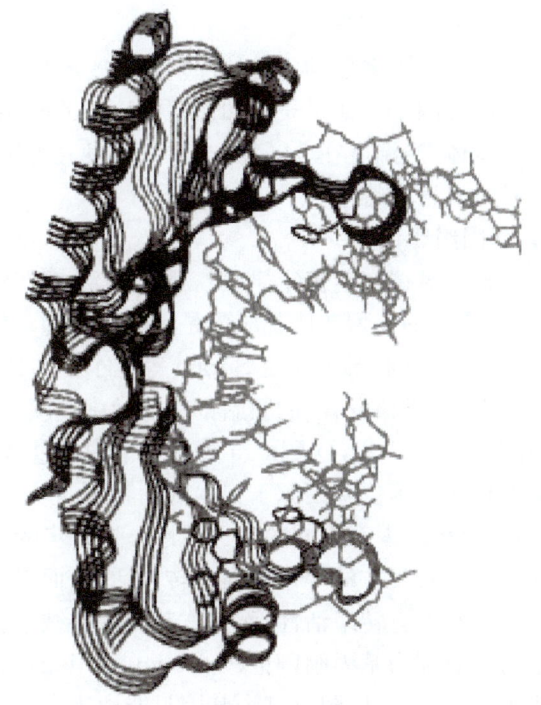

图7-53 SRY蛋白作用于靶基因的机制:SRY致使靶基因的DNA链弯曲70°~80°,黑色的结构代表SRY蛋白的HMG结构域(引自Gilbert,2010)

determination),而次级性别决定(secondary sex determination)则涉及生殖腺之外的性别表现型,包括生殖导管、外生殖器以及其他第二性征的发育。次级性别决定通常是由生殖腺分泌的激素决定的。抗缪勒氏管激素(Anti-Müllerian duct hormone,AMH)是由精巢支持细胞分泌的雄性性别分化中的一个重要因子,如果性腺原基发育为睾丸,产生抗缪勒氏管激素使缪勒氏管退化;由间质细胞分泌的睾丸酮使乌尔夫氏管分化为附睾、输精管。而在雌性胚胎中,由于缺乏睾丸酮的刺激和抗缪勒氏管激素的抑制作用,乌尔夫氏管退化,而缪勒氏管则进一步发育分化为阴道、子宫、输卵管。

果蝇的染色体性别决定系统也是XX/XY,但果蝇的性别决定机制与哺乳动物是完全不同的。在果蝇的性别决定中,Y染色体的作用并不是决定性的,它只是在发育晚期的精子发生过程中具有重要作用。一般认为,果蝇性别决定是通过平衡X染色体上的雌性决定因子和常染色体上的雄性决定因子而实现的。X染色体的数目与二倍体细胞中二套常染色体(AA)之间的比例是决定性别的决定性因素。如果二倍体的细胞中只有一个X染色体,即X/AA,发育为雄性个体;如果在二倍体细胞中存在两个X染色体,即XX/AA,则是雌性个体(表7-1)。

表7-1 果蝇中不同X染色体与常染色体比率产生的不同性别(引自Stickberger,1968)

X染色体数目	常染色体数目	X染色体/常染色体	性　　别
3	2	1.50	超雌
4	3	1.33	超雌
4	4	1.00	正常雌性
3	3	1.00	正常雌性
2	2	1.00	正常雌性
2	3	0.66	中性
1	2	0.50	正常雄性
1	3	0.33	超雄

在生物个体的性别决定模式中,除了性别的遗传决定外,某些动物类型中,受精后的外界条件也会影响到性别决定基因的激活,从而决定了性别选择的方向,即存在着性别的环境决定(environmental sex determination,ESD)。

鳄鱼及大多数的龟类的性别是由受精后的环境决定的。受精卵孵化过程中的环境温度是决定性别类型的关键性因子。如扬子鳄和密西西比鳄的卵在不同的温度下,发育为不同的性别,当在30℃和30℃以下,发育为雌体;当温度在34℃或34℃以上发育为雄体。乌龟的卵在23℃~27℃的温度下发育为雄性,在32℃~33℃时发育为雌性。

4. 基因组印记

根据孟德尔遗传定律,当一种性状从亲代传到子代,涉及这种性状的基因和染色体无论是来自父方或母方,所产生的表型效应都应该是完全相同的。但是人们发现这一普遍规律在哺乳动物中会出现例外。1984年,McGrath和Solter及Surani等在小鼠的核转移实验中发现仅包含母源基因组(孤雌生殖)或者仅包含父源基因组(雄核发育)的胚胎都在怀孕中途就会死亡,表明母源基因组和父源基因组对子代的正常发育都是必需的。1991年,DeChiara等在小鼠中通过基因剔除技术研究胰岛素(insulin)样生长因子Ⅱ(IGF2),发现若被剔除的等位基因源于父本则动物表现为侏儒,相反如来自母本则无特殊表型,这说明两个亲本来源的IGF2等位基因有不同的表达活性。进一步的研究发现,在人和小鼠的若干常染色体基因的传递过程中,有些基因只有父方的等位基因有转录活性,而母方的同一基因则始终处于缄默状态;另一些性状则相反,来自母方的基因有转录活性,而父方基因保持缄默。这种不遵从孟德尔定律、等位基因由于亲源不同而差异性表达的现象称为基因组印记(Gene imprinting),又称遗传印记(Genetic imprinting)。基因组印记是一种表观遗传机制,它可以限制某个基因只能由来自双亲染色体中的一条表达。某些基因在精子生成过程中被印记,另一些基因在卵子生成过程中被印记。对于只表达父本、母本关闭的基因称为母本印记基因,只表达母本、父本关闭的基因称为父本印记基因。在哺乳动物基因组中,大部分基因都在两条染色体中有相同的表达方式,只有约1%的基因属于印记基因范畴。迄今为止,在小鼠和人类基因组中,已发现100多个印记基因,其中很多对胚胎发生、胎盘形成和大脑发育有重要作用。研究表明，基因组印记与 DNA 甲基化，尤其是 CpG 岛(CpG island)的甲基化密切相关。DNA 的甲基化是以 S-腺苷酰-L-甲硫氨酸为甲基供体，在 DNA 甲基转移酶的作用下将 DNA 的胞嘧啶(C)变为 5-甲基胞嘧啶(5-mC)的反应。CpG 岛是富含 CpG 的区域，哺乳类基因中的启动子上，含有约 40% 的 CpG 岛(人类约 70%)。CpG 岛的甲基化，会严重干扰一些转录因子与基因调控区的结合，也会直接抑制 RNA 聚合酶活性，从而抑制基因的表达。

DNA 甲基化如果发生在配子发生时期，而且在体细胞中保持下来，它可能就是印记。如果它是在受精后加到合子基因上，则不会是印记。在哺乳动物发育过程中，有两个重要的全基因组表观遗传重编程时期，分别是配子形成和早期胚胎发育时期，如果在该期间发生去甲基化不充分或者是过早的再甲基化，则会导致胚胎的死亡及多种遗传病的发生。

(1) 配子形成时期

原始生殖细胞发生过程中，通过全基因组表观重编程清除基因印记。小鼠的原始生殖细胞前体的基因组印记在胚胎发育第 6 天时消失，并在 7.5 天后发生特异的表观遗传修饰，同时向生殖嵴迁移。5-甲基胞嘧啶整体水平第 8 天和第 9 天期间开始下降，多数 5-甲基胞嘧啶的去甲基化在 11.5 天前全部完成。

配子发生结束后，获得的卵母细胞和精子是不同类型的细胞。雄性和雌性原始生殖细胞通过不同的路径发育为成熟配子，最终产生不同的表观修饰。小鼠在胚胎发育 16.5 天时有丝分裂已经停止，父源原始生殖细胞全基因组 5-甲基胞嘧啶水平为 30%，母源原始生殖细胞仍基本保持未甲基化状态。精子、卵子的甲基化程度差异显著，精子全基因组 DNA 甲基化水平较高，且分布范围较广，成熟精子 5-甲基胞嘧啶水平的平均值可达到 80%，而成熟的卵母细胞仅有 40%。精子 DNA 甲基化贯穿于精子的整个发生过程，其有序恰当的完成是精子正常发生的保障。

(2) 早期胚胎发育时期

受精后来自父本的 DNA 发生了明显的去甲基化作用，而母本 DNA 的去甲基化作用并不明显。在哺乳动物的发育过程中，精子经历了甲基化重建过程，即表观遗传重建(epigenetic remodeling)：受精前精子 DNA 高度甲基化，受精后精原核迅速第 2 次去甲基化，且低甲基化状态一直维持到胚胎桑椹期。在 8-细胞期至囊胚期的发育期间 DNA 甲基化程度显著下降，这种大规模的去甲基化可能是生物体在体细胞分化过程中去除配子部分"表观遗传修饰"的机制。在胚胎植入时出现 DNA 的全新甲基化，首先在囊胚内细胞团细胞中出现 DNA 甲基化，当胚胎发育到原肠胚时，有一个强烈的重新甲基化过程，甲基化水平逐渐恢复。

基因组印记紊乱会导致多种疾病，其原因常常是由于印记丢失导致两个等位基因同时表达，或突变导致有活性的等位基因失活。Prader-Willi 综合征(PWS)和 Angelman 综合征(AS)是两种先天性神经异常发育综合征，是最先被研究的基因组印记紊乱的例子。PWS 病因为缺失父源的 15q11-q13 上的一个约 5~6 Mb 区域。PWS 发病率约为万分之一，其特征为婴儿期张力减退，发育迟缓，重度肥胖，矮小，第二性征及生殖器发育不全和轻度的认知障碍。AS 是由母源的 15q11-q13 区域缺失造成的。患者具有重度发育迟缓，语言能力极差，运动失调，双手不正常摆动，头小畸形，癫痫及一些异常的外形，如突出的上腭和宽大的嘴。PWS 和 AS 病征的差异说明父源和母源的 15q11-q13 区功能不同。

基因组印记是等位基因依赖双亲性别表达的不符合孟德尔遗传定律的特殊遗传现象，是表观遗传学的重要研究领域，也是后基因组时代研究的热点，必将会受到越来越多的重视。

第五节 人类常见先天性畸形

一、四肢常见先天性畸形

1. 多指(趾)

多指(趾)是最多见的先天性畸形之一。多指(趾)长在大拇指旁边的最为多见，其次为小指旁边长出者，也有自其他指旁长出的。这种先天性畸形有些是遗传的，但大部分与遗传无关。

2. 并指(趾)

并指(趾)也较常见，可分为完全性并指(趾)和部分并指(趾)。仅有软组织合拢又可称为简单并指(趾)，有骨性相连的称复杂并指(趾)。并指(趾)多见于第3和第4指之间。

3. 先天性马蹄内翻足

先天性马蹄内翻足是一种最常见的先天畸形,据国外报道,发病率为1‰~3‰。本病有遗传因素,马蹄内翻足的形成主要是由于足部肌力不平衡所致,即内翻肌(胫前肌及胫后肌)强而短缩,外翻肌(腓骨肌)弱而伸长,跖屈肌(小腿三头肌)强于足背屈肌(胫前肌)。肌肉的不平衡久之形成骨关节畸形,在畸形的基础上负重造成畸形更加严重。

4. 先天性髋关节脱位

先天性髋关节脱位是比较最常见的先天性畸形之一,是由于髋臼、股骨头发育不良引起的病变,累及髋臼、股骨头、关节囊、韧带和附近的肌肉,导致关节松弛,半脱位或脱位。有时可合并有其他畸形,如先天性斜颈、脑积水、脑脊膜膨出以及其他关节先天性脱位或挛缩等。

二、心血管系统常见先天性畸形

1. 房间隔缺损

最常发生在卵圆孔处,常见原因为:① 在形成继发孔时,原发隔过度吸收,不能完全遮盖卵圆孔;② 继发隔发育不全,形成异常大的卵圆孔,以致卵圆孔瓣不能完全将其封闭;③ 既有原发隔过度吸收,同时继发隔又形成大的卵圆孔;④ 卵圆孔瓣出现穿孔。

2. 室间隔缺损

最常发生在膜部,称膜性室间隔缺损,常由于心内膜垫组织未能与左右球嵴和室间隔肌部融合所致。肌性室间隔缺损较少见,常由于肌性隔形成时心肌膜组织过度吸收所致,可出现在肌性隔的各个部位,呈单发性或多发性。另外,若室间隔缺如,将形成两房一室三腔心。

3. 主动脉和肺动脉错位

动脉干和心动脉球分隔时,若主肺动脉隔的螺旋方向与正常相反,致使主动脉发自右心室,肺动脉干发自左心室,称主动脉和肺动脉错位,常伴有室间隔缺损或使肺循环和体循环之间出现多处交通。

4. 主动脉或肺动脉狭窄

由于主肺动脉隔在分隔动脉干和心动脉球时,位置偏向一侧,结果造成主动脉和肺动脉的不均等分隔,形成一侧动脉粗大,另一侧动脉狭小,即主动脉或肺动脉狭窄,常伴有室间隔膜部缺损,主动脉或肺动脉骑跨在膜的缺损部。

5. 动脉干永存

如果主肺动脉隔严重缺损或未发生,动脉干就会保持其单一管道,骑跨在左、右心室之上。这种畸形同时伴有室间隔膜部缺损。由于左、右心室均与动脉干相通,血液不能分流,循环效能极低,故患儿出生后很快死亡。

6. 法洛四联症

法洛四联症是最常见的先天性心脏病,包括4种缺陷,即肺动脉狭窄、主动脉骑跨、室间隔膜部缺损及右心室肥大。发生这种畸形的主要原因是主肺动脉隔偏位,致使肺动脉狭窄。狭窄的肺动脉使右心室排血受阻,引起右心室高压,导致右心室肥大。主肺动脉隔偏位,造成室间隔膜部缺损,粗大的主动脉骑跨在室间缺损处。

三、泌尿系统常见先天性畸形

1. 多囊肾

为常见畸形之一。因远端小管未与集合小管接通,或因集合小管发育异常,管腔阻塞,尿液在肾小管内积聚,使肾内出现许多大小不等的囊泡,称多囊肾。多囊肾好发于肾脏皮质,可致肾功能障碍。

2. 异位肾

肾最初位于盆腔,在上升过程中,未上升到正常位置,常停留在盆腔与肾上腺分离,称异位肾。

3. 马蹄肾

两肾尾端融合呈马蹄形,称马蹄肾。因受阻于肠系膜下动脉根部而使其位置偏低。

4. 肾缺如

输尿管芽未发生或未诱导出生后肾组织则导致肾缺如。单侧者可能无症状。

5. 双输尿管

若输尿管芽过早分支，可致双输尿管，包括完全性和部分性双输尿管。输尿管芽分支不完全可致分隔肾。

6. 脐尿管瘘

脐尿管未闭，出生后腹压增加时，尿液可从脐部溢出，为脐尿管瘘。

7. 膀胱外翻

尿生殖窦与表面外胚层之间间充质缺如，故膀胱腹侧壁与脐下腹壁无肌肉发生，使表皮和膀胱壁破裂，黏膜外翻，可见输尿管开口，称膀胱外翻。

四、生殖系统常见先天性畸形

1. 隐睾

睾丸不完全下降，停留在腹腔或腹股沟处，称隐睾。隐睾有腹腔内和腹腔外，单侧和双侧之分。双侧腹腔内隐睾，因温度高而影响精子的发生，可致男性不育。

2. 先天性腹股沟疝

因腹腔与鞘膜腔之间的通路未闭合，当腹压增加时，部分肠管可突入鞘膜腔，称先天性腹股沟疝。

3. 子宫畸形

左、右中肾旁管靠拢而未融合，即中间隔膜未消失致双子宫；若仅颅侧部分未融合，致子宫颅侧分离，称双角子宫。双子宫伴有阴道纵隔，称双子宫双阴道。

4. 阴道闭锁

窦结节未形成阴道板或形成阴道板后未形成管道，称阴道闭锁。如果处女膜在出生前后未穿通，则外面观不见阴道。

5. 两性畸形

两性畸形患者外生殖器介于男、女两性之间，有真、假两性畸形之分。真两性畸形患者既有睾丸又有卵巢，其细胞核型为 46,XX/46,XY 嵌合型，极罕见。假两性畸形根据生殖腺不同区分为男性假两性畸形和女性假两性畸形。前者生殖腺为睾丸，核型为 46,XY，因雄激素分泌不足所致；后者生殖腺为卵巢，核型为 46,XX，因肾上腺分泌过多的雄激素，使外生殖器向男性方向发育，故也称肾上腺生殖器综合征。

6. 睾丸女性化综合征

患者生殖腺为睾丸，可分泌雄激素，核型为 46,XY，但体细胞与中肾管细胞缺乏雄激素受体，生殖管道和外生殖器均不能向男性方向发育。睾丸支持细胞产生的抗中肾旁管激素，致输卵管和子宫也不发育。在母体雌激素的作用下，患者外阴似女性，表现女性第二性征，称睾丸女性化综合征。

7. 尿道下裂

如果左、右尿生殖褶闭合不全，致阴茎腹侧另有尿道开口，称尿道下裂。

第 8 章 内胚层分化与器官发生

消化系统与呼吸系统的发生关系密切,它们都由内胚层分化而来,其大多数器官均由原肠演变而成(图 8-1)。人胚发育至第 3 周时,胚盘向腹侧卷折,形成圆柱状胚体,内胚层被卷入胚体内,形成一条头尾走向的封闭管道,即原肠。原肠分为前肠、中肠和后肠三部分,头端为口咽膜,尾端为泄殖腔膜,中肠与卵黄囊相通。前肠将分化形成咽至十二指肠总胆管开口之间的消化管及其消化腺和喉以下的呼吸道、肺以及胸腺、甲状腺和甲状旁腺等器官。中肠将分化形成自十二指肠总胆管开口至横结肠右 2/3 之间消化管的上皮。后肠将分化形成自横结肠左 1/3 至肛管上段间的消化管以及膀胱和尿道等泌尿器官。

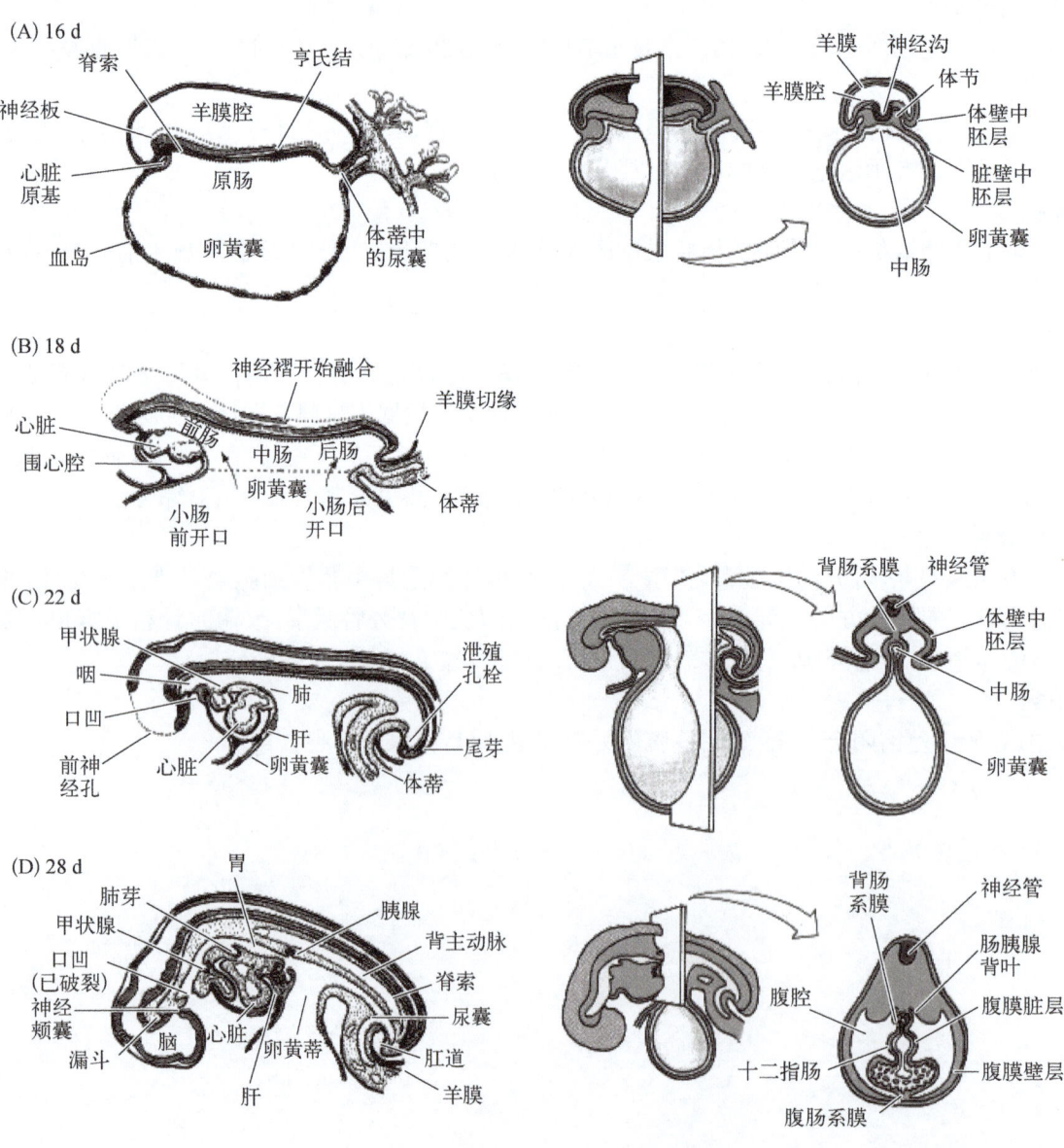

图 8-1 人消化系统和呼吸系统的发生(引自 Gilbert,2000)

示(A) 16 d;(B) 18 d;(C) 22 d;(D) 28 d 的胚胎

第一节 消化系统的发生

一、咽囊的演变

前肠头端的膨大部分为原始咽,其两侧膨出 5 对咽囊。第 1 对咽囊,外侧份膨大,形成中耳鼓室,内侧份伸长,形成咽鼓管,进一步发育为中耳。第 2 对咽囊,外侧份退化,内侧份形成扁桃体窝和扁桃体表面上皮。第 3 对咽囊,腹侧份形成一对向尾侧生长的细胞索,其尾段在胸骨背侧合并,形成胸腺。背侧份上皮细胞增生并迁移至甲状腺背侧,形成下一对甲状旁腺。第 4 对咽囊,腹侧份退化,背侧份上皮细胞增生并迁移至甲状腺背侧,形成上一对甲状旁腺。第 5 对咽囊,形成一小细胞团,称后鳃体。后鳃体的细胞将迁入甲状腺,分化为滤泡旁细胞。

二、食管和胃的发生

食管由前肠的前段和中段分化形成。起初很短,后来随着颈的出现和心、肺的下降而迅速增长。胃由前肠尾段分化形成。第 4 周时为一梭形膨大,位于原始横膈下方。第 5 周时,其背侧壁生长迅速,形成胃大弯;腹侧壁生长缓慢,形成胃小弯。第 7~8 周时,胃大弯头端向上膨出,形成胃底。由于胃背系膜生长迅速以形成突向左侧的网膜囊,致使胃沿头尾轴旋转 90 度,即大弯由背侧转至左侧,胃小弯由腹侧转至右侧。胃的头端因肝的增大而被推向左侧,尾端则因十二指肠贴于腹后壁而被固定。这样胃即由垂直位变成由左上至右下的斜行位。

三、肠的发生

1. 中肠袢的演变

胚胎发育至第 5 周时,由于中肠增长速度比胚体快,致使十二指肠以下的一段中肠向腹侧弯曲,形成一矢状位"U"形肠袢,即中肠袢。中肠袢顶部与卵黄蒂相连并以此为界分为头支和尾支。肠系膜上动脉行于中肠袢背系膜中轴部位。第 6 周时,中肠袢生长迅速,腹腔容积相对较小,迫使中肠袢突入脐腔,形成生理性脐疝。第 6~8 周,中肠袢在脐腔内增长并以肠系膜上动脉为轴,逆时针方向旋转 90 度。这样,中肠袢由矢状位变为水平位,即头支转至右侧,尾支转至左侧。这时尾支出现盲肠突。第 10 周时,腹腔增大,中肠袢从脐腔退回腹腔,脐腔闭锁。中肠袢在退回腹腔时,头支在前、尾支在后并逆时针方向再旋转 180 度,使头支转向左侧,尾支转向右侧。头支形成空肠和回肠的大部,尾支形成回肠末端和横结肠的右 2/3。盲肠突近段形成盲肠,远段形成阑尾。刚退回腹腔时,盲肠和阑尾位于肝右叶下方。后来,它们才下降至右髂窝,升结肠遂形成。

2. 后肠的演变

当中肠袢退回到腹腔时,后肠的大部被推向左侧,形成横结肠的左 1/3、降结肠和乙状结肠。后肠的末段为泄殖腔,其腹侧与尿囊相连,末端以泄殖腔膜封闭。第 6~7 周时,尿囊与后肠间的间充质增生,形成尿直肠隔,将泄殖腔分为腹、背两份。腹侧份为尿生殖窦,将来主要发育为膀胱和尿道。背侧份为肛直肠管,将来发育为直肠和肛管上段。泄殖腔膜被分成腹侧的尿生殖膜和背侧的肛膜。肛膜外方为一浅凹,称肛凹。肛膜第 8 周破裂,肛凹加深并演变为肛管的下段。

四、肝和胆囊的发生

胚胎发育至第 4 周初,前肠末端腹侧壁增生,形成一囊状突起,称肝憩室。肝憩室迅速增大,很快长入原始横膈内,其末端膨大,分为头、尾两支。头支较大,将来发育为肝,上皮细胞分化并形成肝板和肝内各级胆管。穿行于原始横膈内的卵黄静脉和脐静脉的分支形成肝血窦。第 6 周时,造血干细胞迁入肝,肝开始造血。肝造血功能在第 6 个月后逐渐下降,出生时基本停止。尾支较小,将来发育为胆囊和胆囊管。肝憩室根部则发育为胆总管。

五、胰腺的发生

胚胎发育至第 4 周末，前肠末端腹侧壁和背侧壁增生，各形成一个憩室，分别称腹胰芽和背胰芽。腹胰芽体积略小且位置稍低，紧靠肝憩室的尾侧缘。背、腹胰芽各发育为背胰和腹胰，各有一条总导管即背胰管和腹胰管。第 5 周时，肝憩室基部伸长，形成胆总管，腹胰管便成了胆总管的一个分支。后来，腹胰经右侧转向背侧并与背胰融合，形成一个胰腺。腹胰形成胰头下份，背胰形成胰头上份、胰体和胰尾。腹胰管与背胰管远侧段沟通，形成主胰导管。背胰管的近侧段大多退化消失，在少数个体形成副胰管（图 8-2）。

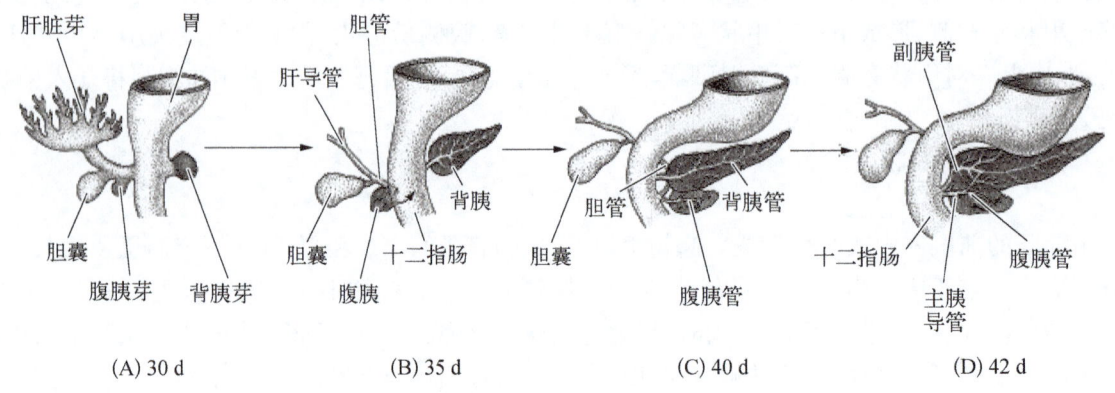

图 8-2　人胰腺的发生过程（引自 Gilbert，2000）

第二节　呼吸系统的发生

一、喉气管憩室的发育

胚胎发育至第 4 周初，原始咽底正中、鳃下隆起尾侧出现一纵沟，称喉气管沟。该沟逐渐加深并从尾端至头端逐步愈合，形成一管状盲囊，称喉气管憩室，是喉、气管、支气管和肺的原基。喉气管憩室位于食管腹侧，两者间的间充质隔称气管食管隔。

二、肺芽的发育

胚胎发育至第 4 周末，喉气管憩室末端膨大并分为左、右两支，称肺芽，是支气管和肺的原基（图 8-3）。至第 5 周，左、右肺芽分别分为 2 支和 3 支，将分别形成左、右肺的肺叶支气管。至第 2 个月末，肺叶支气管分支形成肺段支气管。至第 6 个月末，支气管分支已达 17 级。至第 7 个月，肺泡上皮分化出 Ⅱ 型细胞并开始分泌表面活性物质。出生前数周，肺经历一个快速成熟阶段。此时，Ⅱ 型细胞增多，表面活性物质分泌量增加。

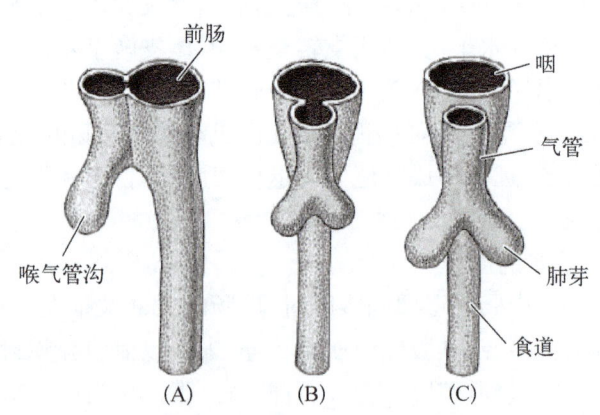

图 8-3　妊娠第三（A 和 B）和第四周（C）呼吸管的发育（引自 Langman，1981）
(A) 三周末，侧面观；(B) 三周末，腹面观；(C) 四周，腹面观

三、人类呼吸系统发育机制

已确定有 50 多种基因参与果蝇气管分支的形成。在气管的芽基周围有 6 个 Branchless 基因的表达区域，以决定初级分支的形成位置。Branchless 编码一种 FGF 样蛋白，此蛋白是一种初级分支形成信号。当初级分支移向 Branchless 源时，基因就会被关闭。随后 Branchless 表达细胞又会刺激初级分支的顶端形成分支。Branchless 可以诱导一系列新基因表达，包括 sprouty。Sprouty 蛋白阻止 Branchless 信号向远离其生成处传播，并且限制顶端分支。

在小鼠中,当肺芽向着 FGF-10 表达区域增长时,FGF-10 很可能是调节肺芽的候选分子。Sonic hedgehog 被认为是一个负反馈调节信号,在间充质中当它接近 FGF-10 表达区域时,能够关闭 *FGF-10* 基因的表达。接着两新芽伸向两侧继续分泌 FGF-10 的区域(图 8-4)。缺失 FGF-10 的胚胎,既不能发育出肺芽也不能发育出肢芽。

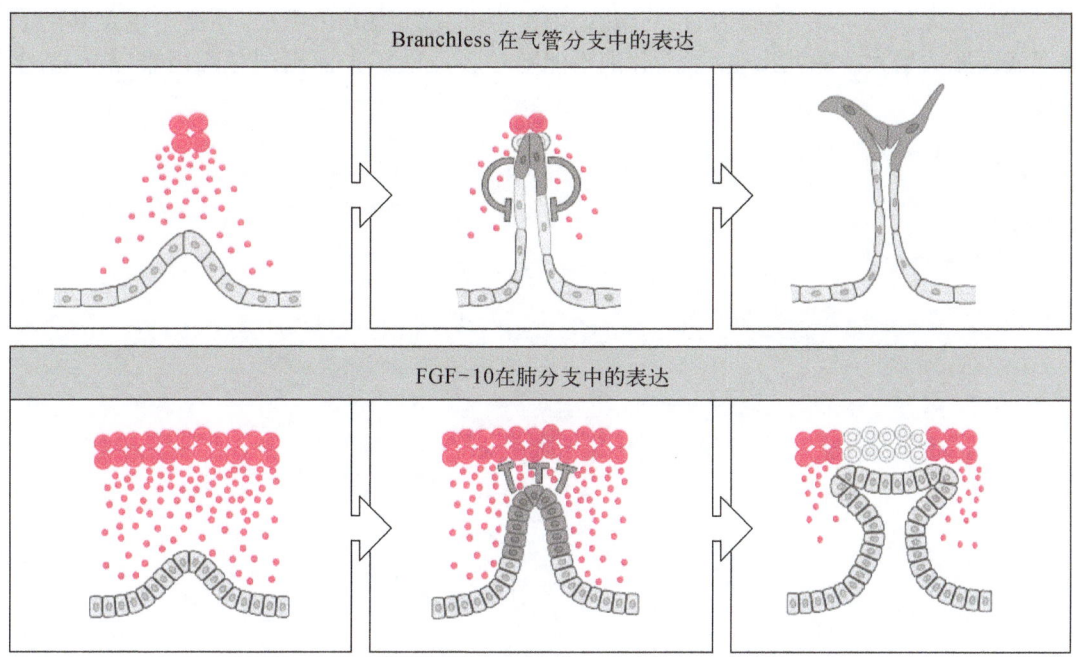

图 8-4　果蝇气管和鼠肺分支图式模型(引自 Wolpert,2000)

上图:在果蝇中,局部 Branchless 蛋白(灰色)的分泌,吸引气管细胞向它运动,形成初级分支(左侧图)。在分支顶端处,*sprouty* 基因被诱导表达,并且 sprouty 蛋白(红色)阻止分支远离 Branchless 蛋白源地(中间图)。Branchless 蛋白也诱导次级分支形成(右侧图)

下图:在小鼠中,FGF-10(灰色)诱导肺气管分支向 FGF-10 处生长,在分支顶端处,*FGF-10* 表达抑制因子(红色)分泌(可能是 Sonic hedgehog)将吸引区分为两部分,形成两个次级分支

第三节　人类常见先天性畸形

一、人类消化道常见先天性畸形

1. 先天性脐疝

表现为肠管从脐部膨出,是因肠袢未从脐腔退回腹腔,或曾退回腹腔,但由于脐腔未闭锁,肠管再次突入其中所致。

2. 卵黄蒂相关畸形

若卵黄蒂全长均未闭锁,则回肠与脐之间会保留一瘘管,称脐瘘。若远段已闭锁,但基部保留一段盲囊连于回肠,则称为梅克尔憩室。若仅远段没有闭锁,就会残留一个与脐相连的凹陷,称卵黄蒂窦。如果仅中段没有闭锁,就会残留一个两端分别以纤维索连于脐和回肠的囊泡,称卵黄蒂囊肿。若卵黄蒂虽已闭锁,但未消失,就会在脐与回肠间残留一纤维索,称卵黄蒂韧带。

3. 先天性无神经节性巨结肠

因神经嵴细胞未能迁移至受损段肠壁内,使肠壁内副交感神经节细胞缺如所致。因受损段结肠不能蠕动,致使近段结肠内粪便淤积,久之造成肠壁极度扩张而成为巨结肠。

4. 不通肛

肛管与外界不通,因肛膜未破或肛凹未形成所致。

二、人类呼吸系统常见先天性畸形

1. 气管食管瘘

若气管食管隔发育不全,致使气管与食管间有瘘管相连,称气管食管瘘。

2. 新生儿呼吸窘迫症

多见于早产儿,尤其是孕期28周前的早产儿。因肺泡Ⅱ型细胞分化不良,不能产生足够的表面活性物质,致使肺泡表面张力增大。胎儿出生后,因肺泡不能随呼吸运动扩张而出现呼吸困难,故称新生儿呼吸窘迫症。

第9章 胚后发育

动物的个体发育可以分为胚胎发育和胚后发育两个阶段。胚胎发育是指由受精卵发育成为幼体的过程，胚后发育是指幼体从卵膜孵化出来或从母体内生出来以后的生长发育过程，包括生长、衰老和死亡等。

许多动物的幼体在形态结构和生活习性上都与成体没有明显差别。因此，幼体不经过明显的变化就逐渐长成成体，如爬行动物、鸟类和哺乳动物。对于这些动物来说，胚后发育主要是指身体的长大和生殖器官的逐渐成熟。但并不是所有动物的成体结构和功能获得都是在胚胎期完成的，许多动物从幼体到成体，动物仍不断地显示出发育过程的继续进行，主要表现为幼体与成体在形态结构和生活习性上都有明显的差异，如昆虫和两栖类，这种类型的胚后发育过程称为变态发育。

第一节 生 长

生长(growth)是指生物个体的体积和重量的增加，它来自组织或者器官中细胞数目的增多、细胞的长大以及细胞间质的积累(例如骨基质成分)。生长的首要方式是通过细胞的增殖以增加细胞数目，第二种方式是通过细胞的增大。在成熟组织中，一旦细胞分化完成，就不再分裂了，但它们在体积上却能增加。神经细胞的生长是通过轴突和树突的延展和伸长完成的，而肌肉的生长则依赖于肌细胞体积的增大。细胞体积的增大同样是植物生长的一种主要方式。生长的第三种方式——附属物的生长，是胞外空间增大的过程，它是通过细胞分泌大量的胞间基质实现的。

癌症可以看作是无控制的生长，它通常是由可以导致细胞过度增殖和阻止细胞分化的突变造成的。

一、动物的生长发育

1. 动物的显著生长期

在胚胎还很小的时候，动物的基本结构图案便普遍构建完成，而个体发育的生长主要发生在以后的阶段。在动物早期胚胎发育阶段，胚体只有微弱的生长，细胞随卵裂的进行变得越来越小。随后，动物陆续在不同的阶段开始了胚体的生长。例如，鸡的这一过程发生在原条形成期，而爪蟾则开始于原肠形成期。人胚胎植入子宫时大约为 150 μm，长到 50 cm 需要经过大约 9 个月的时间。在开始的 8 周，其长轴大约为 1 cm，而个体的基本形态结构建设已经完成，快速生长出现在以后的 4 个月中，其生长速度接近每个月 10 cm。出生以后第一年中，婴儿平均的生长速度是每个月 2 cm，以后生长速度虽然逐渐延缓下来，但是生长过程始终没有停止，直到青春期又出现一次快速生长的高峰(图 9-1)，前后共延续 20 年左右的时间。

在个体的生长过程中，不同的器官或者部分，在不同的发育阶段其生长速率是不一样的，例如 9 周人胎儿的头的长度占整个胚体 1/3 以上，而在出生时减少到大约 1/4，出生以后，身体的其他部分的生长速率加快，到成人，头大约只占整个身高的 1/8(图 9-2)。

2. 生长激素与动物生长

动物在胚胎发育阶段，生长因子(growth factor)对生长起着主要的控制和调节作用，而在胚后阶段，动物的生长则依赖于生长激素(growth hormone)。高等脊椎动物的生长激素产生于垂体中，是胚后生长的最主要的调控因子。在生长激素缺乏或者失效的情况下，幼体的生长显著地减慢，而给予生长激素后可以使个体的生长恢复正常，并且它具有追加效应，即在一定的时期内它可使已经迟后的生长快速达到正常的水平。研究表明，垂体生长激素的产生受下丘脑分泌的生长激素释放激素(growth hormone-releasing hormone)和促生长

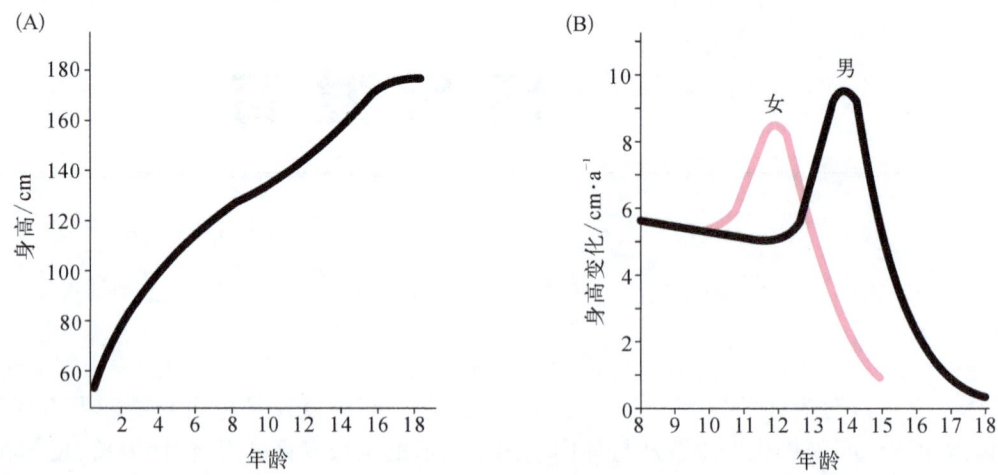

图 9-1 人体生长曲线(引自 Worlpert,2007)

(A)男性出生后的平均生长曲线;(B)男女生长率的比较。在青春期,男女都有一个生长高峰,女性的生长高峰早于男性

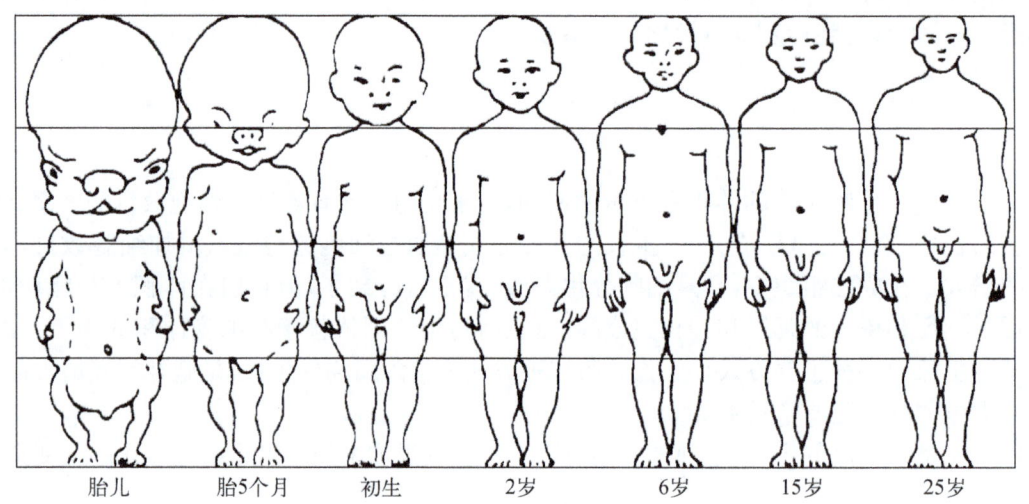

图 9-2 人体生长过程中身体各部分发育比例的变化

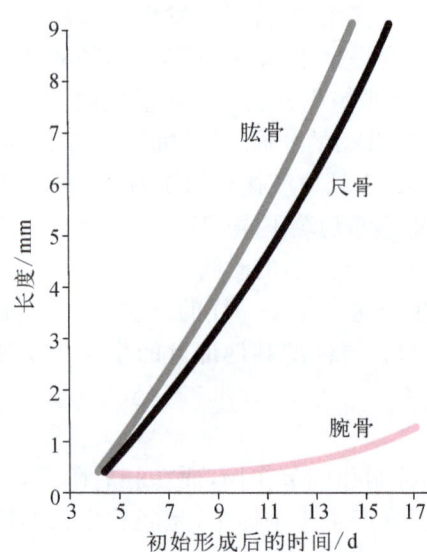

图 9-3 鸡胚胎翅软骨元素生长率的比较(引自 Worlpert,2007)

激素抑制素(somatostatin)的控制。前者可以促进生长激素的合成和分泌,后者可以抑制它的产生和释放。

胚胎所吸取的营养量对于以后的生长也有明显的影响。子宫中的低营养条件易产生个体较小但比例正常的个体,出生后生长期的低营养条件则可能导致器官选择性受损。例如,小鼠断奶后立即进入低营养期,其骨骼生长正常,但是肝脏和脾脏不能正常生长,并且永久性的小于正常器官。通过人类流行病学的研究证明,新生儿的体型偏小与心血管病和非胰岛素依赖的糖尿病所致的死亡率上升有关。这些长期效应的潜在机制人们并不了解,但是研究结果显示其个体的正常生长是极为重要的。

3. 动物不同器官的生长特征

动物器官在初形成时很小。例如,人的肢体在胚胎中还只有 1 cm 长的时候就已经具备了各部分的完整结构,而在以后的生长过程中它至少加大了 100 倍以上,但是不同部分(如上臂骨和指骨)的生长速率是不同的。对鸡翅的研究表明,在开始时,肱骨或尺骨与腕骨的大小相差无几,但是伴随着生长过程的延续,两者生长速度的不同很快地显现出来(图 9-3),这表明两者的生长编程是有区别的。

实验胚胎学证明,将一种大体形蝾螈的肢体原基移植到一种小体形蝾螈身上,移植的肢体表现出明显的大体形蝾螈的特征。对哺乳动物和人长骨发育的研究表明长骨有着自己独特的发育与生长方式,在这一过程中长骨对于生长激素应答也与其他部位的骨骼不同。开始时,肱骨、尺骨和腕骨的大小几乎是一样的,但是在随后的发育过程中,肱骨和尺骨的生长速度比腕骨快得多。

4. 动物的某些器官可以终身生长

动物的一些器官部位或者细胞成分具有终身维持生长更替的性质,其中包括皮肤表皮组织从生发层不断向表层推进及角质化的过程,肠道上皮的持续发生和顶端脱落过程,指甲、毛发的生长,骨骼成分和血液细胞的更新等等。

二、人的生长发育

人出生以后的发育,通常分为婴儿期、幼儿前期、幼儿期、童年期、青春期、青年期、成年期和衰老期等几个时期。

婴儿期至童年期是生长发育速度很快的一段时间。通过这一时期,生长和机能分化基本上已获得平衡。青春期是从童年到成年的过渡阶段,是指生殖器官开始发育到成熟的阶段,也是生长的另一高峰。人体发育的各个时期中,青春期的开始年龄、发育速度、成熟年龄等,各人之间存在着较大的差异。就开始年龄来说,男孩一般比女孩晚两年。初、高中学生的发育一般都进入了青春期。在成年期,绝大部分的组织、器官的生长只局限于对磨损、损伤和废弃组织的修复和更新的代偿性生长,以及疾病后的康复。至老年期,机体各种机能逐渐衰退,甚至连损伤后的修复都难以维持。

1. 青春期的生长突增

人体的生长发育速度除出生后第一年较快外,5岁以后增长的速度一直很缓慢,进入青春期增长的速度又大大加快,称为青春期的生长突增(adolescent growth spurt)。青春期生长突增约与第二性征的发育过程同时进行。此时人体的增长十分惹人注目,其增长几乎涉及全身骨骼、肌肉和绝大多数内脏器官。全身骨骼的增长速度并不完全相同,因此,生长突增后改变了人体的整个骨骼框架。身高是生长突增变化良好的指标,青春期男子每年可增长7~9 cm,最多可达10~12 cm;女子每年也可增长5~7 cm,最多可达9~10 cm。生长突增开始的年龄范围,女孩为8~11岁,男孩为10~14岁。

青春期体重的生长突增不如身高的明显,但增长的时间比身高的长,幅度也较大,同时在性成熟后,体重仍继续增长。在青春期,肌肉的增长非常突出。例如,8~15岁的7年中,肌肉与全身重量之比仅增加5.4%,而在15~18岁的三年中增加达11.6%。男子肌肉一直持续增长到20岁以后才达到高峰。皮下脂肪的增长从1~6岁一直是很缓慢的,女孩从8岁,男孩从10岁起才又开始加快增长。女孩在青春期,皮下脂肪的分布以乳房、臀部、上臂内侧等处为多,皮下脂肪的增长是持续的,有时甚至达到过胖的程度。男孩则在身高、体重生长突增后,皮下脂肪的增长逐渐减少。因此,在青春期,女青年显得较丰满,而男青年则因肌肉发达而显得更加强壮。

2. 青春期性器官的发育

男性在10岁以前性器官发育很慢,进入青春期后发育才开始加速。首先是睾丸的体积开始增大,此时的睾丸不产生睾酮,生精小管为实心的。前列腺发育后,出现遗精现象,首次遗精的年龄多数为14~16岁。此时精液中并无精子。第一次遗精后,体格的增长已由生长突增高峰转到缓慢阶段。附性器官和副性征也随着睾丸的发育而依序迅速的发生和生长。青春期开始后,首先出现阴毛,腋毛比阴毛晚1~2年出现。唇颊部开始长出胡须,额部发际后移。喉结突起一般从12岁开始出现。有1/3~1/2的男孩乳房也发育,经常是一侧,有时两侧都有,表现为乳头突出,偶尔在乳晕下有硬块,少数有轻微触痛,数月后即消失,属正常现象,可能与雌激素在此期分泌相对过多有关。

女性在8岁以前卵巢是很小的,8~10岁发育开始加快。在月经初潮前,卵巢、输卵管及子宫一起下降到展宽的盆腔内达成人的位置。我国女子的月经初潮年龄平均约为14.5岁。月经初潮时,卵巢不发生排卵。在多次无排卵月经周期后,才出现有排卵的月经周期。开始几次月经常不规则,约在一年内才逐步按月来潮。乳房的发育是女性青春期出现最早的指标。腋毛的出现约比阴毛晚半年至一年。

3. 青春期的激素调节

青春期的启动依赖于机体各器官系统的一系列成熟过程,此过程在胚胎期就已开始,与下丘脑促性腺释放激素(gonadotropin-releasing hormone，GnRH)的释放有关。下丘脑—垂体—性腺轴经历了一个延长的、多相激活和失活的过程(图9-4)。在妊娠中期，胎儿血中LH和FSH的浓度达到了成人的水平。推测是由于此时下丘脑GnRH波动发生器被启动，促性腺激素以波动形式被释放。在男性中FSH的水平低于女性，很可能是由于妊娠中期胎儿睾酮的释放受到抑制。随着胎盘类固醇激素水平的增加，对GnRH的释放产生了负反馈影响，在妊娠末期时，LH和FSH的浓度降到相当低的水平。

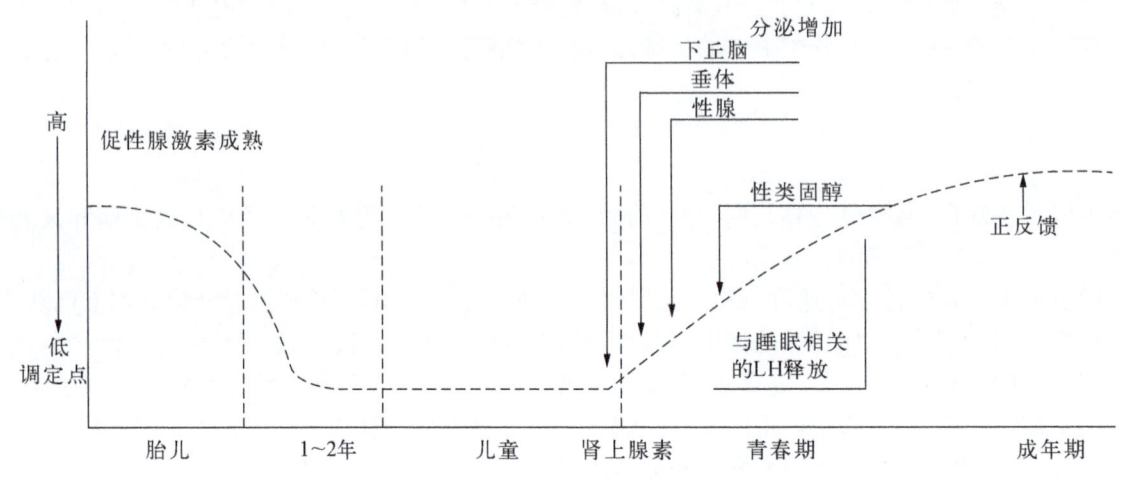

图9-4　人类一生中下丘脑—垂体—性腺轴的敏感性变化及其活动

出生之后，新生儿失去了母体和胎盘中的类固醇激素，类固醇激素负反馈的减少刺激了促性腺激素的释放，在出生头几个月时，促性腺激素出现了较大起伏的波动性释放。这些释放刺激了性腺，引起男性婴儿血中睾酮和女性婴儿雌激素浓度的快速增加，女婴血中FSH的水平通常较男婴高。大约3岁时，促性腺激素和性类固醇的水平较正常成人水平低。在6~7个月的男婴和1~2岁的女婴中，促性腺激素下降到非常低的水平，这种现象一直持续到青春期(图9-5)。

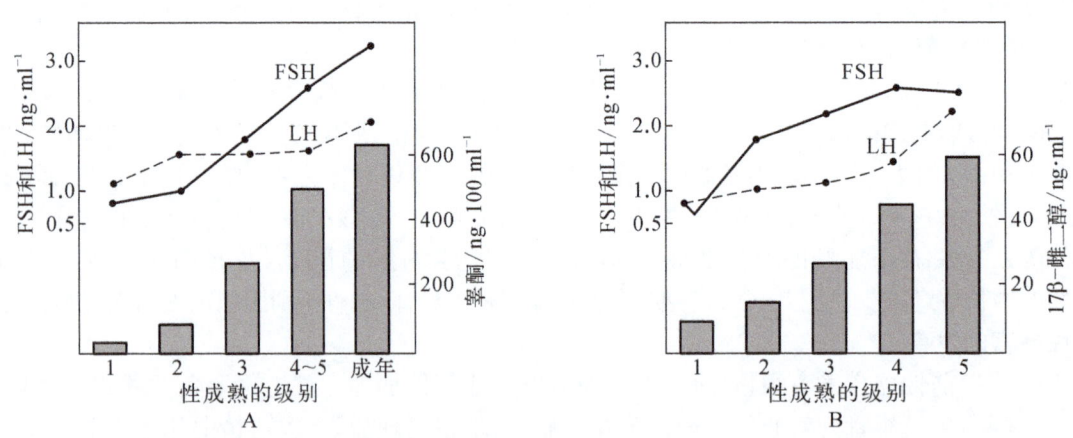

图9-5　青春期男性(A)和女性(B)在不同性成熟阶段的FSH、LH以及睾酮或雌二醇的水平

在整个儿童期，性腺处于不发育状态的静止期，血中类固醇的水平很低，促性腺激素的释放依然受到抑制。进入青春期后，下丘脑对性类固醇激素的敏感性减小，降低了中枢神经系统对GnRH波动发生器的抑制。GnRH作用于神经垂体的促性腺细胞，发挥自我调节的作用，它增加促性腺激素受体的数量，促进其合成、储存和分泌。血中类固醇水平的升高，诱导了第二性征的发育，身体获得快速生长。除性类固醇激素外，青春期还受其他激素的调节。

第二节　变　态

许多动物并不是从胚胎直接发育为成体的，而是经过一个幼虫期，通过变态(metamorphosis)才发育为成体。幼虫具有与成体非常不同的形态和功能特点，在发育中其形态和构造经历明显的阶段性变化，其中有一些器官退化消失，有些得到改造，有些则新生出来，我们很难发现变态前后动物之间的相似性。经典的例子就是毛毛虫变成一只蝴蝶，蛆变成苍蝇，蝌蚪变成青蛙。变态常伴随有生活方式和生活习性的变化，是胚后发育的一种特殊形式。昆虫和两栖动物经变态后的成体往往生活在与幼虫不同的新环境中，或至少利用的营养源与幼虫不同。两栖动物是最早登陆的脊椎动物，它们的幼体在水中生活，以藻类和水生植物为食；而成体则在陆地生活，是肉食性动物。昆虫的幼虫和成虫在形态和食物等方面也是不一样的。

营养、温度、光照等环境因素通过影响大脑中神经分泌细胞分泌不同的激素来控制变态反应的进行。动物体内存在两大类激素，一类是促进变态反应进行的，而另一类则是起抑制作用的。这两种内分泌细胞产生的信号控制着与变态反应相关的细胞的发育。当动物在环境的作用下克服了限制它生活于幼虫期的保幼激素的作用时，变态反应就发生了。

变态现象在动物界普遍存在，在腔肠动物、软体动物、环节动物、棘皮动物、节肢动物、脊椎动物中都发现具有变态现象的物种。变态发育中最具代表性和典型性的是昆虫和两栖类。

一、昆虫的变态

人类对昆虫变态变化的认识开始于许多世纪以前，但对变态的激素调控作用却迟至20世纪30年代初才有所了解。Kopec(1917,1922)首先用实验方法证明牛毒蛾(*Porthetria dispar*)幼虫脑产生的激素能决定蛹化(pupation)的进行。其后，咽侧体(corpus allatum,CA)和其他内分泌器官的发现又导致对变态的生化机制，特别是蜕皮(molting)过程生化机制的研究。从20世纪60年代起，由于激素对基因活动影响或是对基因表达所起作用等问题的提出，昆虫变态的研究更进入了细胞生化和细胞遗传学新领域。

从胚胎学角度看，昆虫变态的出现很可能与其镶嵌型卵子在发育内容和安排上要经历两次决定——二次性决定(dual determination)有关。其中，第一次决定出现于卵子发育早期，这时卵内物质的存在和分布都系针对幼虫形态发生的需要，所以称为幼虫决定(larval determination)。第二次决定发生于卵子发育晚期，这时卵内物质的存在和分布已改为服从成虫形态发生的需要，所以称为成虫决定(imaginal determination)。正是基于以上情形，变态又常被看成是一种重复性胚胎发育(repeated embryonic development)。这两次决定的先后时间性非常明显。实验证明，如用紫外线照射早期卵子，所造成的伤残只加于幼虫而不见于成虫。反之，如果照射时间推迟，则伤残只出现于成虫期。

1. 昆虫变态的形态学特征

以果蝇为例。果蝇属全变态昆虫，其幼虫和成虫之间在形态结构、生活习性上都发生了巨大变化。进入蛹前期时，最后一次的三龄幼虫四处游走寻找适合变蛹的地方。当发现适当的地方后，它用一种自身唾液腺分泌的胶将自己包裹起来，此时，幼虫将最后一次的幼虫表皮软化并膨胀成桶状，膨胀的表皮变硬成为蛹壳。在这层保护壳下，大多数的幼虫组织被放弃。形态学研究表明，在果蝇幼虫阶段，体内存在有各种不同的成体结构的原基，称为成虫盘(imaginal disc)、成虫岛(imaginal islands)或者成虫环(imaginal ring)，它们各自对应于不同的成体结构，如分别称为翅成虫盘、肢体成虫盘、触角成虫盘、中肠成虫岛等等(图9-6)。全变

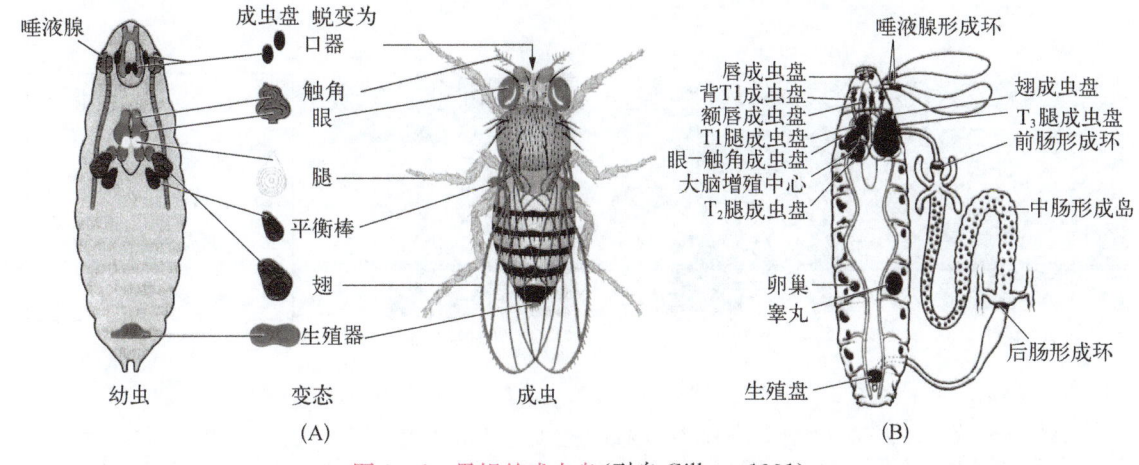

图9-6　果蝇的成虫盘(引自 Gilbert,1991)

(A) 幼虫成虫盘与成虫结构的对应；(B) 果蝇成虫盘

态昆虫有一个特定的变态发育阶段——蛹。这时幼虫原有的结构出现重大的改造和重建,包括各成虫盘(岛、环)迅速发育,显出成体的结构特征,幼体特有的一些组织结构解体消失(如消化道的一些部位),一些器官系统进行了重新改造(如神经系统)。

2. 成虫盘的形成

成虫盘是全变态昆虫特有的一种发育过渡性结构。成虫盘区是贯穿于一些分泌信号分子的细胞带之间的特化区域,它早在胚胎发育的囊胚期就由囊胚细胞分离出来,这团细胞保持二倍体,一直保存在幼虫体内,在那里生长,直到接受蛹中激素的刺激才进一步发育。在蛹壳中,成虫盘反卷外翻并延伸,中央的细胞突出来变成最远轴端的触角、腿、翅膀。其余的大部分细胞像盔甲一样展开,形成头部和胸部的被囊。成虫盘中未来肢体的不同结构已经建立和精确定位(图9-7)。

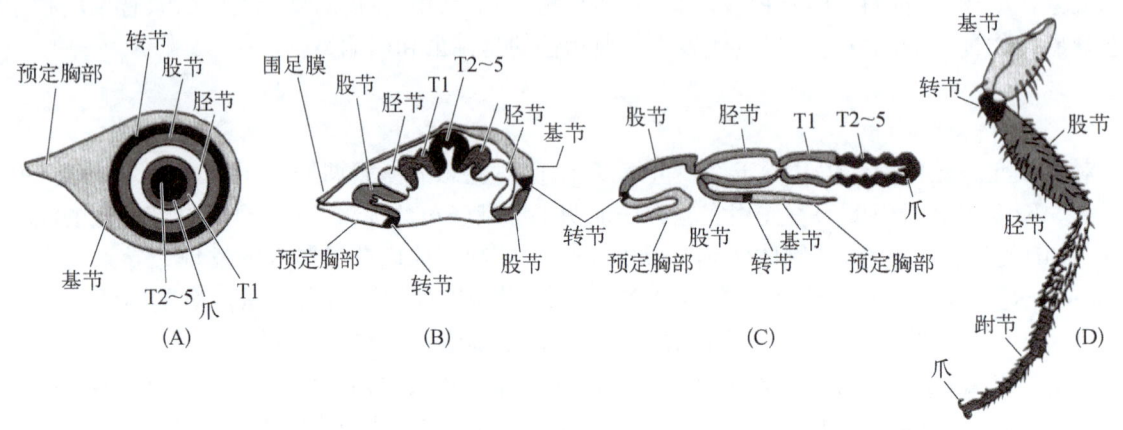

图9-7 果蝇的肢体成虫盘及其伸展(引自 Bryant PJ,1993)

(A) 未伸展的腿成虫盘表面观;(B) 腿成虫盘伸展前的纵切面;(C) 伸展中的腿成虫盘纵切面,可见基跗节(T1)和第2~5跗节(T2~5)等结构;(D) 成虫肢体

成虫盘的决定和发育开始于胚胎体节分化和 *homeobox* 基因表达的阶段。以胸部体节同时出现肢体和翅成虫盘的分化为例,它们的形成过程可以用图9-8来表示。由于前后和背腹体轴信号的相互作用,在 *homeobox* 基因产物的诱导下,在体节中形成了一个水平方向上 Decapentaplegic(Dpp)蛋白和垂直方向上 Wingless(Wg)蛋白的表达条带以及它们的十字交叉区域。两种蛋白表达的交汇处出现一些 *Distal-less* 基因表达的细胞,成为成虫盘形成的前体细胞。随后,Dpp生成细胞向背部移动,并"携带"部分 Distal-less 生成细胞向背部迁移。造成留在原处的 Distal-less 生成细胞发育为肢体成虫盘,而迁移的 Distal-less 生成细胞发育为翅成虫盘。目前对于肢体成虫盘和翅成虫盘分化的基因控制还不清楚,但是已知 *vestigial* 基因对于翅的形成有重要的作用,当此基因表达在眼、触须或肢体原基中时,可诱导这些部位翅样结构的发生。研究发现,与脊椎动物肢体体轴形成的控制相类似,在果蝇翅成虫盘的发育中,*hh*、*dpp*、*wg* 基因在它们的轴向分化上发挥着重要的作用。

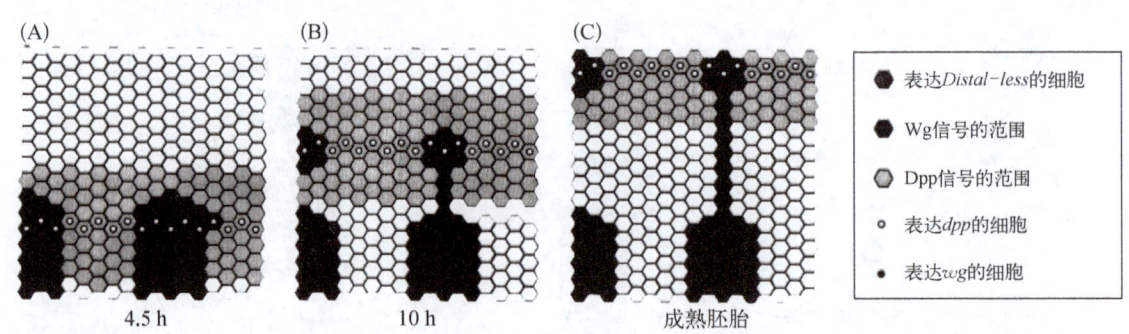

图9-8 果蝇胸部腿成虫盘和翅成虫盘的分化及定位示意模型

(A) 果蝇胚胎细胞分裂成栅格结构,垂直带合成分泌 Wg(黑色圆点),水平带合成分泌 Dpp(白色小圈)。在这两条带交叉的区域,形成初始成虫盘(灰色区域);(B) 分泌 Dpp 的水平细胞带向背部迁移,带走一部分成虫盘初始形成细胞;(C) 迁移的背部成虫盘细胞产生翅成虫盘,留在原地的成虫盘细胞产生肢体成虫盘

3. 变态过程中的组织分解与重建

在昆虫变态中,组织分解(histolysis)是一个非常重要的组织学内容。即使在每次蜕皮时其前后变化不大,但总不可避免地出现表皮的破坏和修补,这时一部分无用细胞死亡分解,另一部分新细胞生成并进行分裂,是一种组织分解与组织重建的过程。在昆虫变态中,组织分解的明显例子就是神经系统的重建,其中包括一些神经细胞凋亡,一些神经组织新建,一些神经组织分化出现新的功能。在一种蛾(manduca)的幼虫中,支配前腿肌肉的神经是单独对蜕皮激素敏感的,并随幼虫靶组织的死亡同时消失。然而,支配幼虫第二斜肌(oblique muscle)上的运动神经元,在靶组织死亡时却存活下来,并支配新形成成虫的第四背外侧肌,这一肌肉是在变态期间分化的。

4. 昆虫变态受激素调控

1934年,Wigglesworth利用一种吸血椿(*Rhodnius prolixus*)证实,昆虫的变态发育是激素调控的结果。该吸血蝽在变态之前具有5个龄虫期。切除一龄幼虫的头部后,将其身体与正在蜕皮的五龄幼虫的头用蜡块连在一起,结果无头一龄幼虫能形成成虫的表皮、身体结构和生殖器,即无头一龄虫发生了过早变态(precocious metamorphosis)。这种过早变态的发生与五龄幼虫头部血液中的激素有关。Wigglesworth还证明昆虫的咽侧体(corpora allata)能分泌一种激素,可以抑制变态的发生。如果将三龄幼虫的咽侧体摘除,则三龄幼虫经过一次蜕皮之后,直接变为成虫;相反,如果将四龄幼虫的咽侧体植入五龄幼虫的体内,则五龄幼虫蜕皮后并不变为成虫,而是变为身体更大的"六龄幼虫"(图9-9)。昆虫咽侧体分泌的这种激素称为保幼激素(juvenile hormone,JH),是一种天然的变态抑制因子。

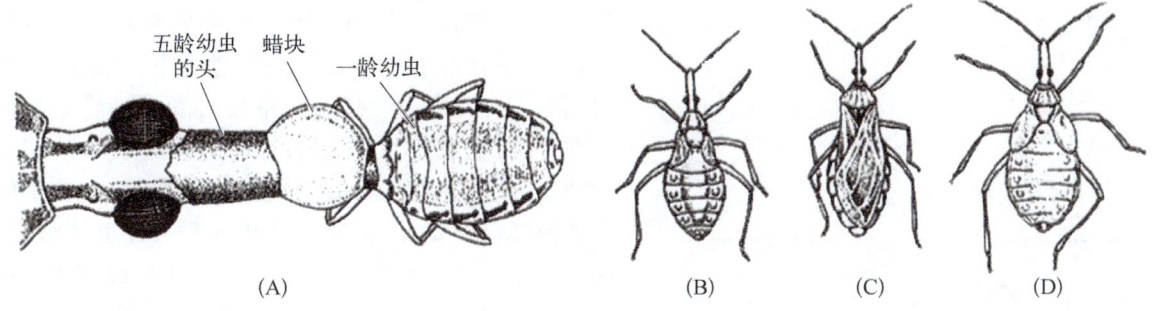

图9-9 激素对吸血椿变态的影响(引自 Gilbert,1991)

(A)将一龄幼虫的身体与五龄幼虫的头部连接,可使一龄幼虫过早"变态"为早熟的"成虫";(B)正常的五龄幼虫;(C)正常成虫;(D)"六龄幼虫"(将一个四龄幼虫体内的咽侧体植入五龄幼虫体内,五龄幼虫不能变态为成虫,继续发育而成为"六龄幼虫")

蜕皮是昆虫和其他节肢动物生长的需要。节肢动物具有坚硬的外骨骼和角质层,这些物质是由表皮细胞分泌的,这就使动物的体型不可能连续地增大。其体型的增大是通过丢弃原有的外骨骼,以一个较大的新外骨骼取代它而完成的。这个过程称为脱皮或蜕皮,两次蜕皮之间的时期称为蜕期。果蝇的幼虫有三个蜕期和三次蜕皮,蜕皮前后动物体型上的差异是十分惊人的。

在蜕皮的初期,表皮层向外分泌含有水解酶的可以流动的物质。表皮层与角质层发生分离,这个过程称为脱落。此时细胞通过增殖和体积扩大来增加表皮的面积,分泌新的角质层,旧的角质层被部分消化,最终破裂,脱落。

蜕皮首先是由脑神经分泌细胞分泌前胸腺向性激素(prothoracico-tropic hormone,PTTH)。PTTH是一种多肽激素,分子质量约45 kDa,可以刺激前胸腺(prothoracic gland)分泌蜕皮激素(ecdysone)。新分泌的蜕皮激素以一种前体激素的形式存在,它必须转变为一种活性激素的形式才有活性。这种转变是由外围组织的线粒体和微体中的血红素氧化酶(heme-containing oxidase)来完成的。经氧化酶的作用,蜕皮激素前体转变为其活性形式——20-羟蜕皮激素(20-hydroxyecdysone,简称蜕皮激素)。

昆虫的每次蜕皮是由20-羟蜕皮激素的一个或多个激素波作用的结果。在蜕皮开始时,淋巴(血液)中只有低浓度的蜕皮激素,此为第一个激素波。随后,一次强大的激素波使激素浓度大大增高,使蜕皮中的各种变化相继发生。在某些情况下,环境条件也能控制蜕皮,如气温对丝蚕蛾(*Hyalophora cecropia*)的蜕皮有很大的影响。

另一种对昆虫发育有重要作用的激素为JH，JH由咽侧体分泌。咽侧体分泌细胞在幼虫蜕皮期具有分泌活性，而在变态蜕皮时却失去分泌功能。JH的功能是抑制变态的发生，只要有JH存在，蜕皮激素刺激幼虫蜕皮后，只能进入下一龄虫阶段，而不能使其变态。在最后一个龄虫期，咽侧体的分泌活性受到抑制，同时虫体能降低已有的JH浓度，因而使得JH降低到临界浓度以下，促使脑释放PTTH。PTTH又刺激前胸腺分泌少量的蜕皮激素，活化后的蜕皮激素在没有JH的存在下，刺激虫体开始蛹化。此时，虫体内有新的mRNA开始合成，其蛋白质产物抑制幼虫基因的表达。第二个激素波出现之后，蛹化所必需的特异蛋白质开始合成，使虫体由幼虫变为蛹。因而，第一个激素波的作用，可能是促使幼虫特异基因表达失活，而为蛹化特异基因的转录做准备，第二个激素波才促进蛹化特异基因的表达。

自20世纪50年代以来，一直认为蜕皮由蜕皮激素所控制，而蜕皮的类型（蜕皮后是进入下一龄虫还是蛹化）是由JH浓度水平所决定的：高水平的JH，使虫体保持幼虫状态；中等水平的JH，使虫体蛹化；而低水平的JH导致成虫的形成。然而，通过对JH浓度的精确测定，发现在最后一个龄虫阶段，JH的浓度有较大的波动，并不是表现为JH浓度的连续下降。激素对变态的控制机制似乎比人们了解的还要复杂得多。

在烟草天蛾（*Manduca sexta*）的研究中，不同的细胞对JH的敏感有其特定的时间。一般来说，在对JH的敏感期间，如果存在有JH，则当前的发育状态就将继续保持；如果不存在JH，则该组织将进入下一成熟发育阶段。细胞对JH敏感性的起始和持续时间是细胞本身的自主特性，而与激素的调控无关。每一龄虫阶段，均存在一个时期，在此期间，由JH阻止幼虫表皮向蛹表皮的转变，使虫体持续保持幼虫状态。如果缺乏JH，虫体将会蛹化。在倒数第二个龄虫阶段，JH的浓度还足以使虫体表皮保持它的幼虫特性；而在最后一个龄虫期间，有两个JH敏感时期。在第一个敏感时期，表皮细胞对JH具有敏感性，由于JH浓度的急剧下降，使昆虫表皮向蛹化方向转变；而在第二个敏感时期，器官芽组织对JH具有敏感性，由于JH的浓度又重新回升，使得器官芽组织仍处于不分化状态，此时，幼虫通过蜕皮后变为蛹。当出现第二个蜕皮激素波时，JH下降至最低浓度，虫体由蛹向成虫转变，器官芽开始外翻和分化，如果此时向蛹虫注射JH，可使虫体第二次蛹化（图9-10）。

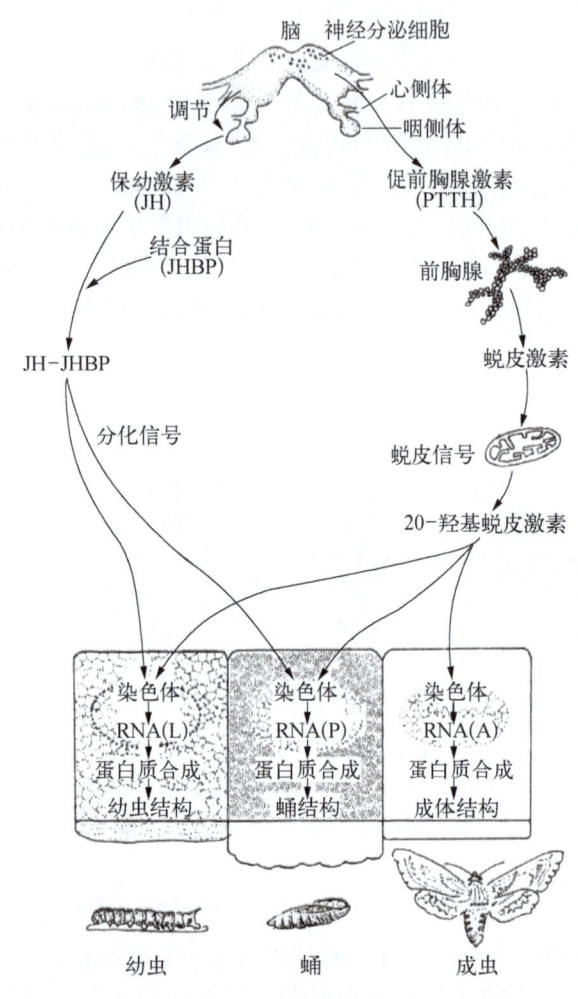

图9-10　烟草天蛾蜕皮和变态的激素控制示意图（引自Gilbert，1991）

昆虫的变态是一个由身体各部位协调活动的过程，变态过程中任何活动的失调，将导致昆虫发育的异常，这种协调性可能是由一个激素链所控制的，由脑分泌羽化激素（eclosion hormone），引起促蜕皮激素（eedysis-triggering hormone）的分泌，并由促蜕皮激素来协调每一体节中腹神经节的活动。

在果蝇中，蜕皮激素是由前脑腺分泌的。由三龄幼虫晚期的一个高蜕皮激素波启动变态的发生，幼虫停止运动，表皮变硬成为蛹壳（puparium），同时，器官芽外翻，形成成虫身体各部分的基本结构，但头部仍处于体腔之中。12 h后（25℃），一短暂的蜕皮激素波使头部外翻，随后一个强大的蜕皮激素波促使成虫最终形成，并从蛹虫羽化出来。

5. 蜕皮激素作用的分子生物学机制

在蜕皮和变态期间，果蝇多线染色体的特异区域开始出现疏松区（puff），这表明该区的DNA已开始转录。如果向早期幼虫的唾液腺中注射蜕皮激素，可以诱导新疏松区的出现和一些原有疏松区的消失。这种新疏松区的出现是由于蜕皮激素与染色体特定区域结合的结果。

根据对蜕皮激素的反应,晚期龄虫组织可粗略地分为3种类型:①"真正"的幼虫组织(如唾液腺、肌肉和肠),它们在蜕皮激素的作用下将会死亡;② 成虫组织,它们在蜕皮激素的作用下将直接发育为成虫结构;③ 经过改造能发育为成虫结构的组织,如脂肪体、中枢神经系统。对于不同的组织是如何对同一激素信号产生不同反应的机制,目前还不清楚,但有研究表明并不是所有组织中的蜕皮激素受体(ecdysone receptor, EcR)都是相同的。蜕皮激素受体基因可以产生3种不同的mRNA,因而能合成3种不同但相关的蛋白质: EcR-A、EcR-B_1和EcR-B_2。它们有相同的DNA结合位点和蜕皮激素结合位点,而氨基酸组成却有很大差异(图9-11)。所有细胞都含有这几种受体,但不同细胞中几种受体的比例不一样,如在"真正的"幼虫组织和正在退化的神经元中有大量的EcR-B_1,而EcR-A的含量却较低;反之,器官芽和分化中的神经元中的EcR-A含量占有绝对优势,而EcR-B_1的含量却较低。不同细胞中基因表达的差异可能是由于蜕皮激素与不同受体结合的结果。

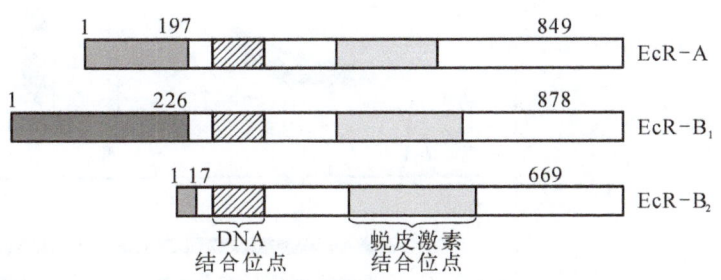

图9-11 蜕皮激素受体蛋白的结构(引自Talbot等,1993)

不同组织对蜕皮激素的特异性反应还有其他转录因子的参与。*Broad-Complex*(BR-C)基因是蜕皮激素作用的早期表达的基因之一。它是一个复合基因,具有几个彼此重叠的转录单位,因而可以通过不同的剪接方式产生几种不同的蛋白质。在一些BR-C基因的突变体中,唾液腺在变态中不能正常死亡;而在其他一些突变体中,头部不能正常外翻或中枢神经系统不能正常重建。有实验表明,细胞核中BR-C蛋白的种类与细胞对蜕皮激素的反应模式之间具有惊人的对应关系,如在变态时注定要死亡的器官(如唾液腺)中,其表达形式为Z_1,器官芽中的表达形式为Z_2,中枢神经系统中所有形式的BR-C蛋白均有合成,但以Z_3为主。对转基因果蝇的研究表明,这种组织表达的特异性对于各种组织发挥其特定功能极为重要。唾液腺中蜕皮激素的依赖性基因的表达产物就包括BR-C基因的早期表达产物Z_1。组织反应的特异性是由蜕皮激素刺激BR-C基因产生特异性产物来调控的。当然,幼虫组织中BR-C基因的产物剪接中,肯定还有其他因子的参与。

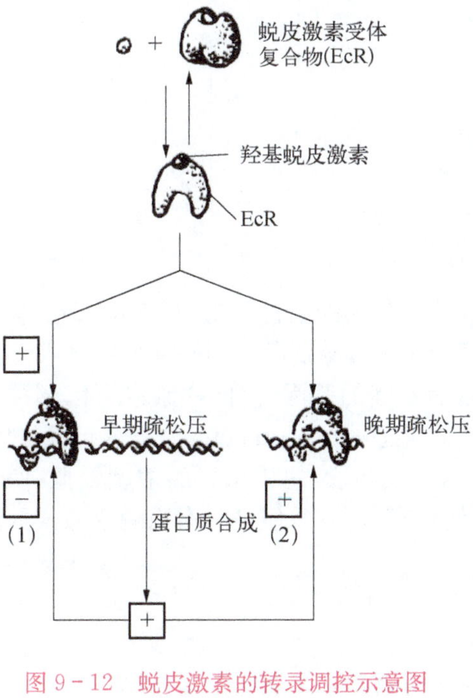

蜕皮激素所引起的反应有其特定的时间性和空间性。除了不同组织间对蜕皮激素有不同的反应外,同一细胞中可能具有不同蜕皮激素受体,对蜕皮激素的反应也有异质性。晚期三龄幼虫中产生的蜕皮激素敏感疏松区(hydroxyecdysone-sensitive puff zone)可大致分为3类:蜕皮激素可使其消失的疏松区、经蜕皮激素作用后快速形成的疏松区和蜕皮激素作用几个小时后才形成的疏松区。例如,在幼虫的唾液腺中,经蜕皮激素处理几分钟后,大约有6个疏松区出现,这些区域的基因的表达不依赖于其他蛋白质的合成。在此之后的发育中,有更多的基因开始表达,而这些基因的表达需要有其他蛋白质的合成。Ashburner(1990)推测,早期基因的表达产物是晚期表达基因所必需的激活因子,并且这些早期基因所产生的蛋白质将会关闭其自身基因的表达(图9-12)。

多种EcR构成了一个转录因子家族,它们是同一个基因的表达产物。这些转录因子与蜕皮激素结合后,将激素携带到DNA的特定区域,但EcR必须先与*ultraspiracle*(USP)基因的产物结合形成异二聚体才有活性,否则它既不能与激素结合,也不能与DNA结合,一旦形成EcR/USP二聚体,它就能结合蜕皮激素,从而激活最早的蜕皮激素反应基因(ecdysone-responsive gene)。

图9-13是这些相互作用机制的图解。在低浓度蜕皮激素条件下,EcR、BR-C和*E74B*基因得以表达。BR-C蛋白对维持

图9-12 蜕皮激素的转录调控示意图
(引自Richards,1992)

蜕皮激素与其受体结合形成的复合物,分别与一个早期表达基因和一个晚期表达基因结合。早期表达基因产物一方面抑制它自身的转录(1),另一方面激活晚期表达基因(2)

glue 基因的转录和抑制幼虫基因的表达是必需的。Glue 蛋白是果蝇蛹化所需的蛋白质；E74B 在保持 *glue* 基因的活性和抑制 L71 等基因的活性方面都有作用。L71 基因所产生的蛋白质有助于幼虫蛹化三龄幼虫晚期的高浓度蜕皮激素波抑制 *glue* 基因的活性，而使 E74 基因由合成 E74B 蛋白转向为合成 E74A 蛋白。与 E74B 的作用不同，E74A 蛋白可以促进 L71 基因的表达，有助于幼虫向蛹的转变。

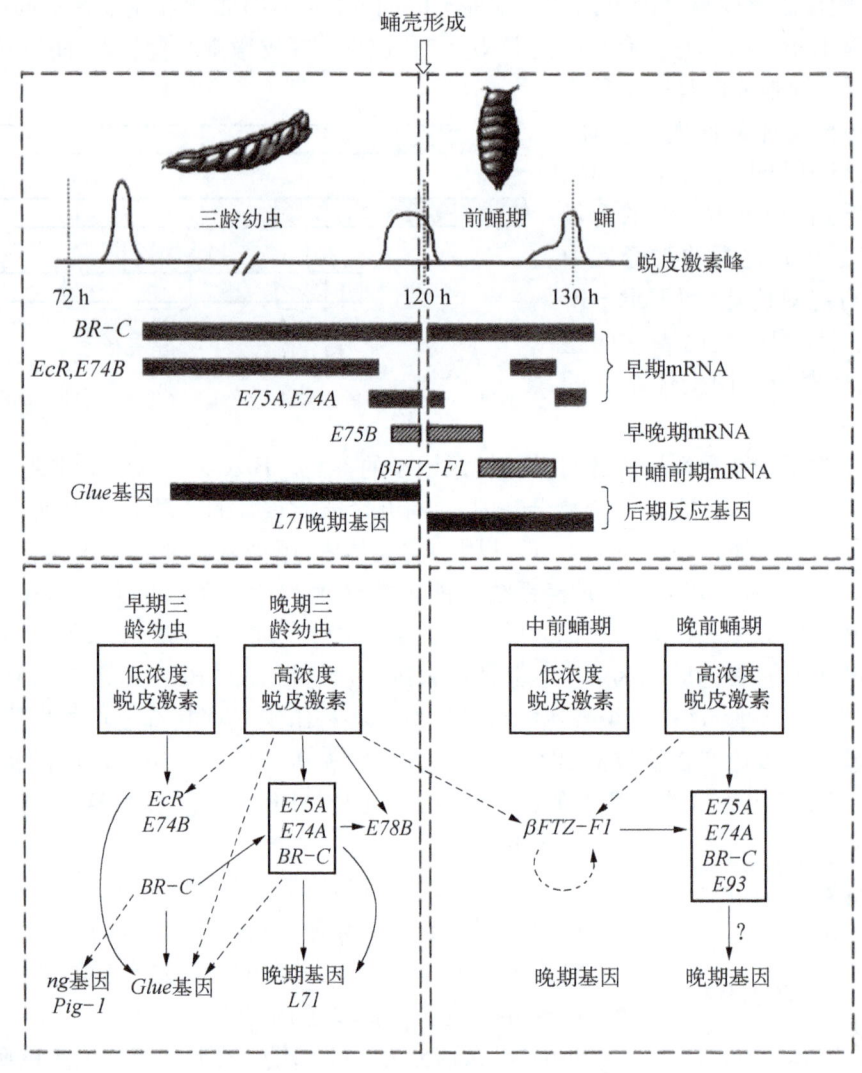

图 9-13　蜕皮激素对果蝇变态中基因表达的调控模式图

另外，还有其他的蜕皮激素受体参与这一调控过程。在蛹化时，EcR 基因的活性降低，E75 或 E78 基因的产物可以接管基因的功能。通过这种途径，蜕皮激素诱导出一系列的受体，分别激活不同系列的基因。

因此，蜕皮激素能诱导一系列基因的活性，而不同的激素浓度激活不同的基因，使同一激素可以调控变态过程中的不同变化。这些调控因子所作用的"靶子"有点类似于"感受态因子（competence factor）"，它们可以赋予其他基因在随后的发育中具有被诱导的能力。例如，在蛹的中期阶段，蜕皮激素的浓度较低，使转录因子 βFT2-F1 得以合成。βFT2-F1 基因的表达对早期的激素波具有依赖性，但又只有当蜕皮激素的浓度下降之后才能被转录。

二、两栖类的变态

在系统发生中，两栖类是脊椎动物从水生到陆栖的过渡类型，因此两栖类的变态通常是与那些使水生的幼虫准备成为陆栖生活成体的变化相联系的。这些变化不仅表现在外部形态的改变，而且包括内部结构的重新改建和体内代谢的改变。

1. 两栖类变态过程中的形态学变化

在有尾目（蝾螈），这些变化包括尾鳍和背鳍的吸收，外鳃的消失和皮肤结构的变化，身体也变得扁平。

在无尾目(蛙和蟾蜍)中,变态变化非常显著,而且几乎每个器官都是修饰改造的对象。退化的变化包括蝌蚪角质齿的脱落,口加宽,颚肌和舌肌发达,以适应从撕裂植物到扑食飞虫的摄食活动的改变。与此同时,感觉器官发生较大的变化,随着蝌蚪的侧线系统退化,眼和耳的结构发生一系列变化。眼球更加突出并移向背部,形成瞬膜和眼睑。蟾蜍蝌蚪分离的内、外角膜在变态初期首先在正对晶状体的中央部位开始愈合,在完成变态时全部愈合,并从此失去了诱导皮肤移植片转变为透明角膜的能力。眼中的色素也发生变化,在蝌蚪,像淡水鱼一样,视网膜中主要的感光色素是视紫质(prophyropsin),在成体中变为视紫红质(rhodopsin),一种陆生和海洋脊椎动物所特有的感光色素。耳也经历了进一步的分化,中耳发育,鼓膜成为蛙和蟾蜍所特有的。由于从植食性向较多的肉食性的转变,特有的较长的消化管变短。内鳃被吸收消失,鳃弓退化,肺发育增大,肌肉和软骨进一步发育,以便将空气泵入和泵出肺。为了适应陆上运动,前肢和后肢发育分化,适于水中游泳的桨状尾部被分解吸收。皮肤的结构发生变化,形成皮肤腺。

2. 两栖类变态过程中的生化变化

早期的组织化学研究发现,在变态期间退化的器官(如尾、鳃)中出现pH降低和自由氮升高。反之,在新生成的器官中pH升高和自由氮降低。这说明在变态期间一些器官代谢情况的变化。现已对变态中以下几方面的生物化学变化进行了较深入的研究。

一是眼内视色素的变化。在变态顶峰期,由蝌蚪期视网膜上的视紫质变为成体的视紫红质。前者是一种由视蛋白(opsin)与维生素A_2的醛基之间结合形成的复合物;而后者是由视蛋白与维生素A_1的醛基组成的。视紫质比视紫红质吸收较长波长的光。

二是血红蛋白在合成和生理功能特点方面的变化。这一情况是随着红细胞生成器官由肾改为脾和骨髓而出现的。在牛蛙(*Rana catesbeiana*)变态时,由蝌蚪的血红蛋白(HbF)完全变为成体的血红蛋白(HbA)的时间,刚好在蝌蚪的尾被完全吸收之前。这两种血红蛋白的生理特点和电泳表现都不相同。蝌蚪的血红蛋白比成体的结合氧要快一些,释放氧慢一些。另外,实验还证明,蝌蚪的血红蛋白结合氧是不依赖pH的,而蛙的血红蛋白(像大多数其他脊椎动物的一样)显示出与氧的结合随pH的升高而增加的效应。

三是皮肤中的生化变化。蝌蚪皮肤的角蛋白(keratin)变为成体皮肤的角蛋白。另外,在整个变态期间有大量透明质酸酶合成,其作用是消化皮肤中的透明质酸。到变态结束时,这种物质已完全被氨基多糖所替代。在变态期间,皮肤中胶原的合成和沉积方式也发生改变。以上变化与适应陆栖生活有关。

最后,变态中最明显的生化变化可能是产生尿素所需酶的诱导。两栖类蝌蚪像大多数淡水鱼一样是排氨的(ammonotelic),而成体的蛙和蟾蜍像大多数陆生脊椎动物那样,是排尿素的(ureotelic)。在两栖类变态过程中,氨代谢转变为尿素代谢。尿素生成后可暂时贮存于血液中,然后由肾排出。以排出同量含氮废物为准,排尿素比排氨可以减少水分损失,有利于陆上生活。在变态期间,肝形成促进二氧化碳和氨产生尿素所需的酶,如甲氨酰磷酸合成酶、鸟氨酸氨甲酰基转移酶、精氨基琥珀酸合成酶和精氨基琥珀酸裂解酶,它们在肝中构成尿素循环(urea cycle)。

3. 两栖类变态受激素调控

有关两栖类变态由激素控制的研究始自20世纪初。最先由Gurdernatch(1912)发现,用羊的甲状腺组织喂养蝌蚪可引起提前或加快变态。此后另外一些实验的结果证明,如果切除早期蝌蚪的甲状腺原基,则这些蝌蚪永远不会变态,而是发育成大的蝌蚪;如果蝌蚪的生活环境严重缺碘,变态也不能进行。这表明甲状腺和碘在两栖类变态中起重要的作用。

现已证明,两栖类变态期间发生的形形色色的变化,都是由甲状腺分泌的激素——甲状腺素(thyroxine,T_4)和三碘甲腺原氨酸(triiodothyronine,T_3)引起的。

T_3是极活跃的一种激素,它以比T_4低得多的浓度,在切除甲状腺的蝌蚪中引起变态的变化。在有尾类和无尾类中,幼体期甲状腺只产生少量的T_3和T_4,在变态前期约1.3 nmol/L。尽管在幼虫发育后期浓度持续增加,但终究达不到使幼体进入变态所需的水平,这是因为在垂体分泌的催乳激素(prolactin)的作用下,抑制了甲状腺激素的作用。催乳激素是一种幼虫生长激素,促进幼虫的生长,但它又通过抑制甲状腺激素而抑制两栖类的变态。在变态期间,甲状腺激素T_3和T_4的浓度增加,变态初期仅约4~26 nmol/L,到变态顶峰期其浓度高达326 nmol/L。在绿红东美螈(*Diemyctylus viridescens*)中,甲状腺激素在发育晚期被催乳激素所抑制,所以引起成体动物返回水中产卵。因此在一些蝾螈中存在两次变态:第一次是由甲状腺激素刺激的；第二次则是由催乳激素诱导的。

T_3 的释放还受下丘脑合成的激素控制。在幼虫变态前的生长期，脑的这一部分是发育不完全的，所以下丘脑对腺垂体不产生控制。在缺少下丘脑的调节时，神经垂体分泌高水平的催乳素，而腺垂体很少或不分泌促甲状腺激素(thyroid stimulating hormone, TSH)。因此，T_3 的水平是低的，而催乳素的水平是高的。随着下丘脑的发育，它分泌的促甲状腺激素释放激素(thyrotropin-releasing hormone, TRH)引起垂体中 TSH 水平的升高，TSH 的升高又引起甲状腺增加 T_3 的合成。因此，由甲状腺分泌的 T_3 的浓度逐渐增加，直到变态的第一批变化（初变态期）出现。T_3 水平的升高也刺激垂体的正中隆起进一步发育，它调节 TRH 流向腺垂体。这是在 T_3 生成中由 T_3 的增多引起的一种正反馈(positive feedback)作用。另外，下丘脑开始分泌催乳素释放抑制因子(PRIF)，抑制垂体合成催乳素。因此，T_3 对催乳素的比率就大大增加，这导致变态的顶峰期的出现（图9-14）。此时与变态相关的大多数发育事件发生。变态对甲状腺的影响是它部分的退化，另外高水平的 T_3 可能对 TSH 或 TRH 产生抑制性影响。上述这种相互作用的方式，使与变态相关的各种激素的合成和分泌得到不断的平衡。两栖类的变态过程实际上是甲状腺受垂体和下丘脑的抑制和反抑制间不断出现新平衡的过程，不管甲状腺激素和催乳素是在高水平或是低水平上进行，变态总是受正负两种因素的动态平衡所调控。

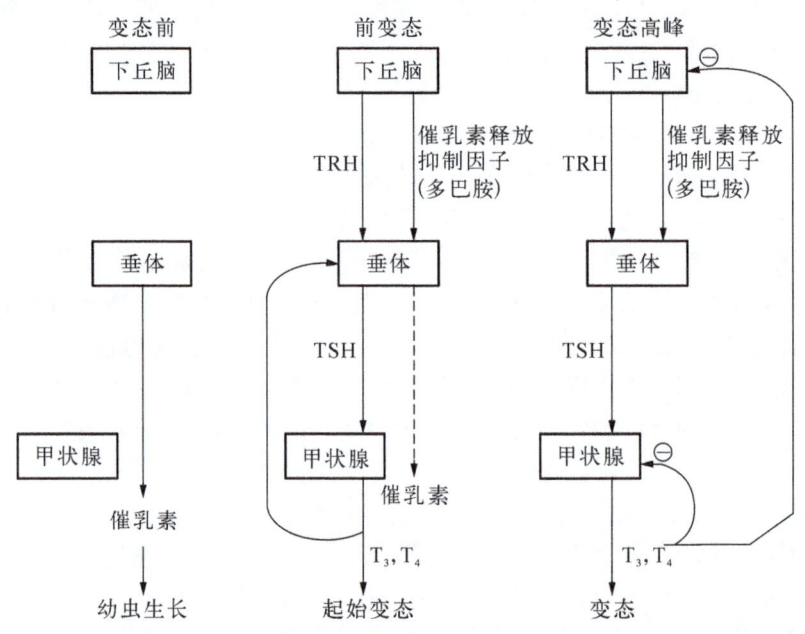

图9-14 无尾两栖类变态过程中下丘脑—垂体—
　　　　甲状腺轴的变化（引自 Gilbert, 1991）

随着下丘脑的发育，逐渐具备了刺激垂体甲状腺激素分泌，抑制催乳激素分泌的能力
T_3：三碘甲腺原氨酸；T_4：四碘甲腺原氨酸（甲状腺素）；TSH：促甲状腺激素；TRH：
促甲状腺激素释放激素

身体的不同器官对激素的刺激产生不同的反应。相同的刺激，在不同的激素浓度，或不同量的积累的情况下，将引起某些组织退化，而引起另一些组织发育和分化。

两栖类变态中，尾的退化明显是与甲状腺激素的增加相关。由于此时骨骼还没有长入尾中，尾只是被脊索支持着，因此尾部结构的退化是相对迅速的。体外培养实验证明，将分离的尾部片段置于凝胶覆盖的培养皿中，那些生长于未经化学物质处理的培养基中的尾是健康的，而那些在用甲状腺激素处理过的培养基中的尾经历了特有的退化过程。另外，催乳素能抑制由甲状腺激素诱导的尾部的退化。

尾的退化分四个阶段发生：第一，在尾的肌细胞中蛋白质的合成减少。第二，溶酶体酶增加，如细胞自溶素D（一种组织蛋白酶）、RNA酶、DNA酶、胶原酶、磷酸酶和一些糖苷酶的浓度，在表皮、脊索和神经索细胞中都增加了。第三，这些酶被释放到细胞质中引起细胞死亡。表皮可能通过释放这些消化酶帮助消化肌组织，如将表皮从尾部顶端除去，并培养于甲状腺激素中时，它将不退化。第四，在细胞死亡以后，巨噬细胞将聚集于尾区，用自身的蛋白水解酶消化这些被破坏的碎片。结果尾成了一个蛋白水解酶的大囊（图9-15）。

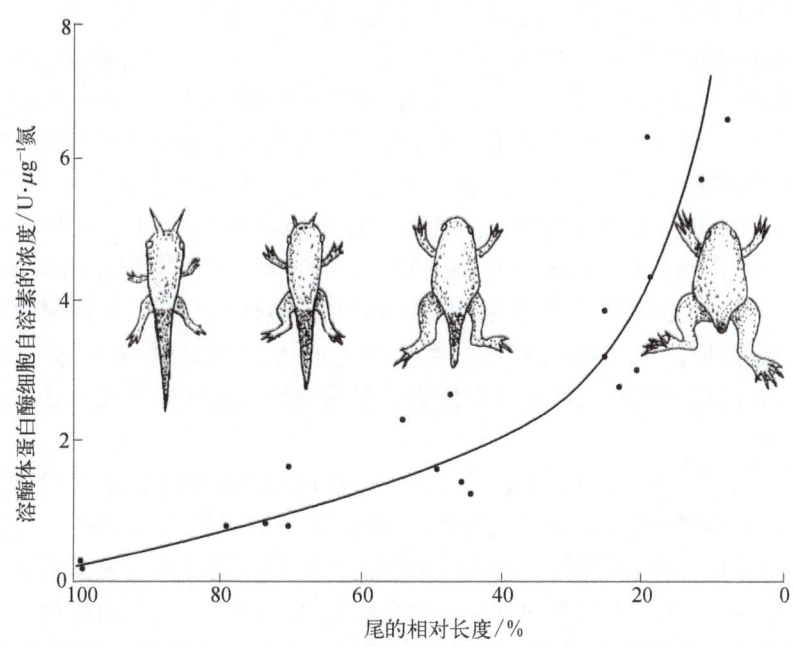

图 9-15　爪蟾（*Xenopus laevis*）蝌蚪尾退化期间溶酶体蛋白酶细胞自溶素逐渐增加（引自 Gilbert，1991）

移植实验清楚地证实，尾对甲状腺激素具有特异性反应。当将尾端移植到躯干部或将视杯移植到尾部时，置于躯干部的尾不会停止退化，而置于尾部的视杯保持其完整性（图 9-16）。

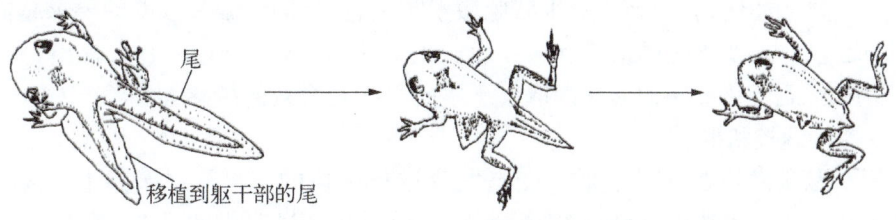

图 9-16　蛙变态期间器官的特异性（引自 Gilbert，1991）
尾部即使被移植到躯干部仍然退化

表皮对甲状腺激素的反应依赖于身体被此表皮覆盖的部分。T_3 并不改变头部和身体的表皮细胞的分化和分裂速率。然而，在尾部，T_3 既能引起表皮细胞的角质化作用和死亡迅速增加，也能抑制表皮干细胞的分裂。结果是尾部的表皮细胞死亡，而头部和身体的表皮细胞继续生长。这表明甲状腺激素的反应只限于器官本身，而不依赖周围的组织。移植实验证明，这些局部的表皮细胞的反应好像是被真皮中胚层的区域特异性所控制的。当移植尾部的生皮节细胞（它们产生尾部的真皮）到躯干部时，接触的表皮将在变态时退化；相反，当移植躯干部的生皮节到尾部时，尾部的皮肤却未发生退化。改变外胚层并不会改变对甲状腺激素的区域性反应。

变态过程中肝的变化与其他器官不同，幼虫期间的肝细胞并不死亡，而是在变态后被保留下来并继续增殖。变态期间，肝内许多显微和亚显微构造进行了重组。实验证明，经甲状腺激素处理后，肝内既有大量新核糖体的合成，又有相当数量的旧核糖体被分解，因而在一定时间内肝中核糖体只保持总量的恒定而无积累。通过这一途径，旧的核糖体最后完全被新的核糖体取代。与此同时，与核糖体合成有关的糙面内质网相应增加。在构造上也发生相应变化，当用甲状腺激素处理后，糙面内质网不像变态前那样呈单层结构，而变成双层结构。再则，通过增殖，其分布亦由核周围区域扩散到遍及细胞质各处。在变态期间，肝细胞核也由变态前的常染色质，变为变态开始后的异染色质。另外，肝细胞内还有一些细胞器发生变化，其中以线粒体的变化较突出，它们不但体积增大，而且数量也增多。在早期的蝌蚪中，其线粒体嵴为宽片状，变态开始后变为细管状，同时整个线粒体也由长形变为圆形或卵圆形。这些新型的线粒体多与新形成的糙面内质网紧密相连,推测此连接处可能就是甲氨酰磷酸盐合成酶和鸟氨酸转甲氨酰酶的合成位点。

肝在变态期间核糖体和信使 RNA 合成明显增加,许多新的 mRNA 是编码成体肝新的功能所需要的。在变态期间,作为尿循环的关键性酶,甲胺酰磷酸盐合成酶(carbamylphosphate synthetase)的比活性增加 30 倍。甲氨酰磷酸盐合成酶在合成之初是没有活性的,其活力是在变态变化即将开始之前出现的,而后逐渐增加。体外培养和体内的实验结果表明,此酶活力的出现与激素刺激有直接关系。

变态期间神经系统的变化也受甲状腺激素的调控。在无尾类变态期间一个很容易直接观察到的变化是,眼从它起初的体侧部移向背前方。同时,其视网膜神经节细胞的神经支配在蝌蚪期只投射到对侧的脑,而不投射到同侧脑。然而在变态期间,形成了附加的同侧神经投射的新途径,从而使两眼来的输入能到达相同的脑区。在爪蟾中,这些神经支配的新途径不是由已存在的神经元调整的结果,而是由于对甲状腺激素反应新分化形成的神经元。眼移动到它的新位置和伸出突起到同侧脑的新神经元的分化两者都是依赖甲状腺激素的变化。

另外一些神经元在变态期间也经历了明显的变化。一些神经支配到尾部肌肉的神经元死亡了。这些神经元的死亡并不类似于由于靶组织丧失而引起的死亡,而好像是对甲状腺激素的一种独立的反应。另一些神经元,如支配到蝌蚪颚中的运动神经元,神经支配的肌肉由蝌蚪的肌肉改变为新形成的成体肌肉。脑在变态期也经历了结构上的一些变化。无尾类的神经系统在变态期间经历了巨大的重组,一些神经元死亡了,另一些神经元诞生了,而其他一些则改变了它们的神经支配特性。通过这些方式机体能更好地适应改变了的新的生活环境。

最后,变态过程中涉及的一个主要问题是发育事件的相互协调。如尾在其他运动器官附肢已发育时才退化,而鳃在动物能利用新发育的肺时才退化。在变态开始后,一系列形态变化,如后肢长大、肠缩短、前肢生出、角质颚脱落、尾部萎缩和口变阔等,均按一定程序进行。其原因也在于这些器官对甲状腺激素有不同的感受水平。其中,越居上述序列之前者,对甲状腺激素越敏感,从而对激素浓度的要求越低。因此,对激素要求低阈值者必然反应在先,要求高阈值者反应在后。正是从这一情况出发,有人提出,变态的时空问题受控于甲状腺激素的浓度,而变化程序的形成则取决于不同组织对激素的敏感性。

4. 甲状腺激素对变态的调控机制

有实验表明,甲状腺激素是在转录水平对变态发育进行调控的。将放线菌素 D 注射到未变态的蝌蚪中,可以抑制尾的消退和头型的改变,经甲状腺激素处理后的变态过程中的肝脏,蛋白质的合成速率在 4 h 后可增加 100 倍。

分子杂交实验表明,对甲状腺激素有 3 种类型的应答方式。在变态中,有一组基因的转录活性是增加的,而另一组基因的转录活性却下降。同时还有一组基因对甲状腺激素的作用没有明显的反应。白蛋白、成体球蛋白、成体皮肤角蛋白和爪蟾 Sonic hedgehog 基因的同源基因的 mRNA 的合成都是由 T_3 调控的。

然而,由 T_3 信号所引起的最早的基因活性并不是这些基因,而是甲状腺激素受体(thyroid hormone receptor, TR)基因。TR 是甾类激素受体家族的成员,主要有两种存在形式:TRα 和 TRβ。在变态之前,TRα 和 TRβ mRNA 的浓度都很低。然而,当变态开始后,TR mRNA 的合成量大大增加,如果注射外源 T_3,可使 TRα mRNA 量增加 2~5 倍,使 TRβ mRNA 量增加 20~50 倍。T_3 受体信使的"自体诱导(autoinduction)"在变态发育的快速进行中具有重要作用。组织中 T_3 受体分子越多,对 T_3 分子的反应能力就越强,使所有变态变化都达到最快速度,即达到变态顶峰期。T_3 分子诱导 TR 的分子机制目前尚不清楚,但 Kanamori 和 Brown(1992)发现 TRβ mRNA 的合成可被蛋白质合成抑制剂所抑制,因而可能还有其他的蛋白质参与诱导 TR 基因的表达。另外,TR 必须与另外一种受体(retinoid receptor)结合,形成二聚体,才具有活性,这种二聚体与甲状腺素结合后,能进入到细胞核中调控转录。

催乳素对 TRα 和 TRβ mRNA 的合成有抑制作用。如果 TR 的合成被催乳素所抑制,蝌蚪尾将不能被吸收,成体角蛋白基因也不能被激活。注射催乳素可刺激幼体的生长,对变态具有抑制作用,但这是否为催乳素的自然作用方式,仍存在着争论。我们既不清楚甲状腺激素调节蝌蚪变态的确切机制,也不知道甲状腺激素受体是如何在不同的组织中,引起(生长、分化、细胞死亡等)不同的反应途径的。

第三节 再 生

再生(regeneration)是指已发育成熟的个体在受损后重新形成已失去部分的现象。早在1712年，法国科学家Reaumur就观察到龙虾可以长出失去的附肢和螯。18世纪40年代，瑞士科学家Trembley开始研究水螅，观察到被截断的头部和尾部都可以独立再生形成既有头又有尾的完整个体。后来，Pallas发现涡虫也可以像水螅一样进行头尾的双向再生。意大利科学家Spallanzani在18世纪60年代第一次观察到有尾两栖类蝾螈的附肢、尾和颌都能再生，并第一次注意到无尾两栖类蝌蚪的尾巴可以再生。植物有着非凡的再生能力，单个的植物体细胞就可以长成一株新的完整植物。有一些无脊椎动物也有很强的再生能力，海星、涡虫和水螅身体的很小的碎片可以长成完整的动物个体，昆虫和其他节肢动物可以再生出失去的附肢。在脊椎动物中，蝾螈等有尾两栖类的再生能力最强，能再生出完整的肢、颌、鳃、晶状体和尾。无尾两栖类仅在蝌蚪期能再生正常的肢，成体期则不能。蜥蜴能再生尾，鱼能再生鳍，鸟能再生部分喙。哺乳动物的再生能力则受到了更大的限制，只有部分器官具有再生能力，例如哺乳动物肝脏的一部分被切除后可以再生恢复。

再生主要包括变形再生(morphallaxis)和新建再生(eplmorphosis)两种类型。变形再生几乎没有新的生长，它主要通过改变已经存在组织的模式以及边界的重新建立。水螅的再生即是变形再生的一个极好的例子。新建再生则依赖于新的、模式正确的结构的生长，例如蝾螈肢和晶状体的再生。

一、变形再生

水螅是一种两胚层的淡水腔肠动物，大约0.5 cm长。在它身体前端有一个头区，身体另一端有一个基部区域(基盘)，可以将身体固定在物体表面。水螅的头由一个小小的圆锥形开口构成，这即是它的口。口周围有许多触手，可以用来捕食小的动物。水螅的体壁由外壁的一层相当于外胚层的上皮细胞和内层一层相当于内胚层的上皮细胞构成。这两层细胞由一层基膜隔开。水螅大约有20多种细胞，包括神经细胞、肌肉细胞和用于捕食猎物的刺细胞。

营养良好的水螅处于一个持续生长和图式形成的动态状态下。两层上皮细胞稳定地增生扩散，而且，伴随着组织的生长，细胞的位置由柱状的身体移向头部或基底部。为了维持成体水螅身体的大小恒定，多余的细胞必须被不断地清除。细胞的丢失发生在触手的尖端以及在基底部的芽体处。绝大多数多余细胞的产生是通过从水螅圆柱状的身体上无性产生芽体。出芽一般发生在从头部向下大约身体的2/3处；在出芽区产生细胞以形成一个新的柱状体，然后在一端发育出头部，最后作为一个新的小水螅脱离。

水螅的不断生长意味着细胞不停地改变它们的相对位置，在它们从柱状身体向上或向下移动过程中形成新的结构。另外，通过无性地从体壁上产生芽体形成了新的水螅。因此，在这个动态过程中必定有重新建立细胞模式的机制，正是这些机制使水螅具有了非凡的再生能力。

1. 水螅的再生

如果将水螅的柱状身体横切，下半部分可以再生出头，而上半部分可以再生出基盘。因此，切面上的细胞再生出什么样的结构取决于它们在再生部分的相对位置。离原来头部位置最近的切面将产生头——这表明水螅具有明确的全身性极化。

将水螅的一小片垂唇移植到另一只水螅的胃区可以诱导产生一个新的长有触手的完整的头，还可以产生一个体轴(图9-17)。移植水螅基盘的部分组织可以诱导出一个基部长有基盘的新体轴。这表明水螅有两个组织者区，垂唇和基盘，位于躯体两端，赋予水螅整体的极性。

移植实验还表明，作为组织功能的一部分，垂唇产生一种头部形成的抑制信号，其有效性随与头部距离的增加而减弱(图9-18)。这一抑制信号通常可以防止在完整的动物体上不恰当的头部形成。当把紧挨头部之下的组织移植到胃区时，很少会诱导产生一个新的头部，而通常仅仅是被身体吸收。但是如果移植的同时切除受体的头部，移植的组织将会诱导出一个新的体轴和一个新的头。这一现象表明，切去头部导致某些抑制头部形成的因子丢失。这一抑制作用随离头部的距离增加而减弱：即使仍保留受体原来的头，当同样

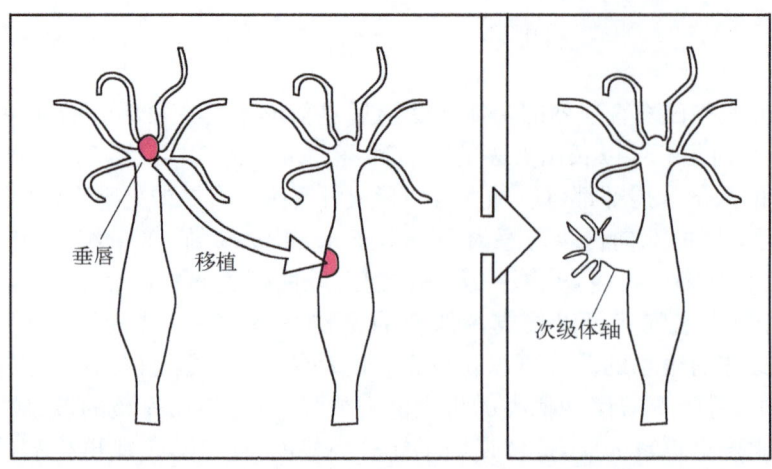

图9-17 水螅的垂唇可以诱导形成新的头部和体部(引自Worlpert,2007)

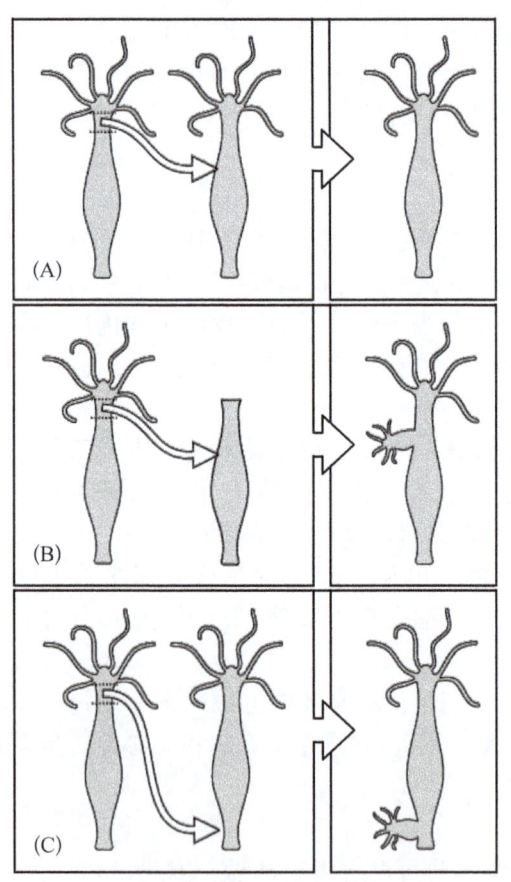

图9-18 水螅的头部区域可以产生抑制信号,随着与头部距离的增加而减弱
(引自Worlpert,2007)

(A)将水螅头部下方的组织移植到另一个完整的水螅的胃部,不能诱导次级体轴的形成;(B)将水螅头部下方组织移植到一个去掉头部的水螅胃部,可以诱导次级体轴的形成;(C)将水螅头部下方的组织移植到一个完整水螅的基部,也能诱导次级体轴的形成

的组织被移植到接近基部时也可以诱导产生一个头(图9-18C)。这些实验表明水螅额外头部的形成受抑制信号梯度控制,该信号在头端浓度最高。与此相反,抑制足部再生的信号梯度是由基盘产生的。

水螅头部再生过程中信号转导系统蛋白激酶C(PKC)起关键作用,如果周期性的使用PKC的激活因子(如肿瘤促成因子、花生四烯酸、二酰甘油)处理水螅,水螅会再生出两个头而失去再生基盘的能力。用不同的信号通路抑制因子(如锂离子)可抑制头部再生但不能抑制基盘的再生。

2. 水螅再生的基因调控

Hox基因在许多动物的发育中可以调控身体的发育模式,在水螅的发育中也同样起作用。Hox家族的有些基因沿着腔肠动物的体轴表达,可能与头—足位置值的确定有关。在果蝇头部表达的 *aristaless* 基因在水螅头部决定时的内胚层中也有表达,果蝇的Hox同源盒上游的基因 *Cnox-1* 和 *Cnox-2*,分别在发育的早期和晚期表达。水螅的 *budhead* 与脊椎动物的HNF-3b具有同源性,HNF-3b 在脊椎动物的组织者区域表达,而 *budhead* 基因在水螅中的表达位于发育期头部。这些结果表明Hox基因在数百万年的进化中一直扮演着组织者的角色。

Wnt和β-catenin信号通路参与水螅再生过程,其中Wnt信号通路起着重要作用。水螅中β-catenin的同源基因 Hyβ-Cat,在水螅的Wnt通路中表现出高度的保守性。将Hyβ-Cat mRNA注入到爪蟾8细胞囊胚期,能够诱导形成完整的次级体轴,形成水螅最前端的结构如眼和黏腺,上述结构与爪蟾的β-catenin诱导出的结构完全相同。原位杂交实验显示HyWnt表达形成的Wnt同源物,位于成体水螅体轴的顶端,这些顶端组织以后形成水螅头部的组织者(图9-19)。在水螅头部的再生中,水螅的catenin和Wnt基因在头部切除后一个小时内即可表达,出芽过程中,Hyβ-Cat基因表达的上调主要在组织外翻形成芽的环样区,可以一直维持至芽离开母体。这些结果表明,Wnt信号通路参与了水螅体轴的形成,同时也表明在早期多细胞动物体轴的分化中,Wnt也起到重要的作用。

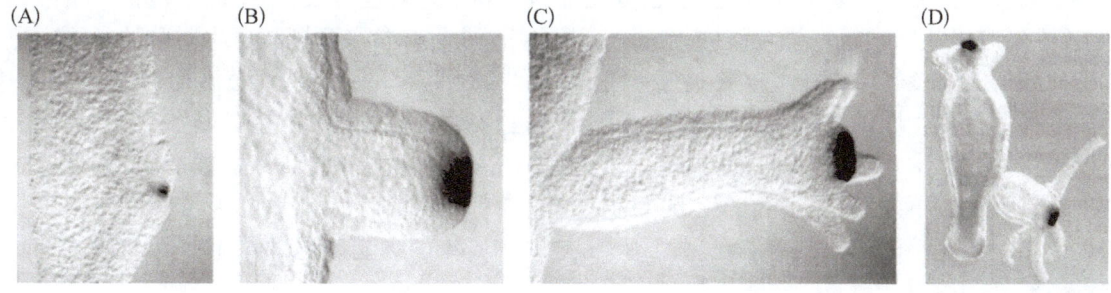

图 9-19　Wnt 同源基因在水螅出芽繁殖过程中的表达（引自 Hobmayer，2000）

二、新建再生

有尾两栖类，例如蝾螈表现出非凡的再生身体部位的能力，如尾、四肢、颌，以及眼睛的晶体。所有这些结构的再生包括了新的生长，因此是一种新建再生类型。

1. 肢体再生

脊椎动物中成体附肢能再生的只有有尾两栖类的蝾螈和钝口螈。蝾螈的附肢再生过程可以分为伤口愈合、去分化和再发育三个阶段。当蝾螈附肢（前肢或后肢）被切除后，表皮收缩使伤口愈合，表皮细胞迅速迁移，形成伤愈表皮。同时，伤处会发生组织自溶，将细胞从器官组织中释放出来，被释放的细胞丧失特化的表型，去分化为间充质细胞并重新进入细胞周期，分裂增殖形成再生芽基。当再生芽基形成之后，它会以与胚胎发育时附肢原基发育相类似的过程重新形成完整的附肢（图 9-20）。

再生芽基细胞由切除后的残余间充质衍生，紧靠着切除的位置。它们绝大多数来源于真皮，也有来源于软骨的。这就提出一个问题，在芽基中的软骨和肌肉细胞，是由残存细胞直接增殖而来，还是通过去分化，然后在再生过程中生成其他类型的细胞？以蝾螈为材料进行的实验给出了答案。将培养的多核的、已经停止分裂的蝾螈肌管在培养基中用一种细胞内罗丹明—葡聚糖标记，然后植入再生中的肢体，一周后可见芽基中有标记明显的单核细胞。由于是被罗丹明—葡聚糖标记被限制在细胞内，这些单核细胞只能是由被植入的肌管衍生而来。这些单核细胞可以增生，并可以分化生成软骨和肌肉。

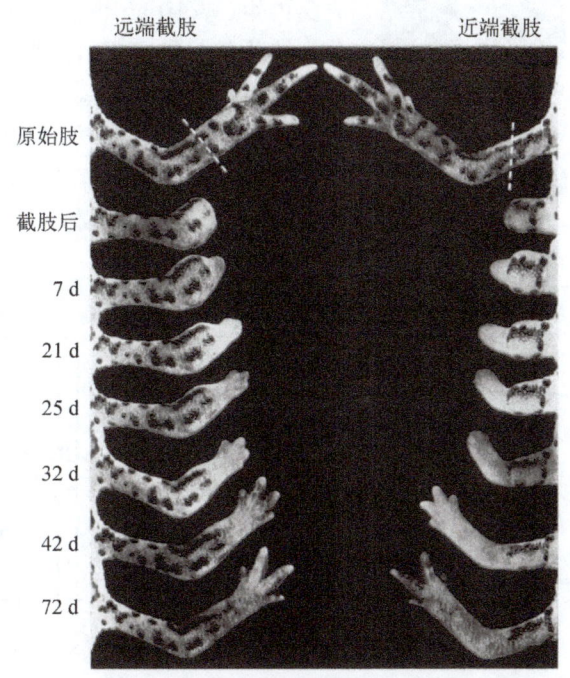

图 9-20　蝾螈的前肢再生（引自 Goss，1969）

再生芽基的生长依赖于神经供给。在切除之前去掉神经的肢体中，可以形成芽基但无法生长。神经对再生结构的性质和模式无影响。因此，神经细胞看起来提供了一些关键的生长因子，可能是胶质细胞生长因子或成纤维细胞生长因子。

尽管每个再生芽基中的细胞在再生过程中具有可塑性，即并不完全按照去分化前的细胞类型发育，但整个再生芽基的发育过程却是由再生起始位置决定的，即再生出的组织可以自主的调整其形态和体积使其与失去的部分的形态和体积保持一致。

再生总是发生在切割表面远侧的一个位置，使肢的损失部位得以被替换。如果前肢在腕处被切断，仅有腕骨和指可以再生。而如果切割发生在肱部中央，切割处、末端的所有结构（包括肱部末端）都可以再生。沿轴的位置值因此显得格外重要。肢芽有着相当的形态建成自主性，如果它被移植到一个允许其生长的神经系统的位置，例如眼睛的前房，它可以生长成肢芽的再生结构。肢的芽基在切割处的远侧产生伴有位置值的结构，芽基的生长依赖于切割的位置而不依赖于更接近的组织的性质。位置值是在胚胎发育过程中形成的。在某种程度上，再生的肢体在切割位置上读取位置值，然后再生出远侧的所有位置值。

附肢再生过程中可能有许多因子参与,使已分化细胞重新进入有丝分裂,这些因子包括视黄酸、凝血酶、胰岛素、生长激素和甲状腺素等。视黄酸(retionic acid,RA)是所有参与两栖类再生附肢的分子中研究的最清楚的。视黄酸通过与核转录因子受体结合并识别特异的 DNA 序列来启动视黄酸应答基因的表达,从而调控再生的过程。在再生肢的胚基中视黄酸有一个远—近梯度,远端胚基比近端胚基视黄酸浓度大。视黄酸能在附肢再生的过程中重新确定近/远端位置值,例如,一个肢在桡骨或尺骨处被切割,视黄酸处理后将不仅仅产生切割部位以下的结构,还会产生额外的完整的桡骨和尺骨。大剂量的视黄酸可以使仅仅切除手部的肢上再生出一个完整的肢。在有些无尾两栖类的蝌蚪中,视黄酸能使尾部再生芽基的位置信息近端化使其再发育出额外的后腿。

图 9-21 RA 处理蝌蚪的尾巴引起肢的再生(引自 Mohanty-Hejmadi 等,1992)

视黄酸的另一个显著的作用,是在爪蟾的蝌蚪中它有使尾同源异型转化为肢的能力。如果将蝌蚪的尾切除它可以再生出尾,用视黄酸处理再生过程中的尾将导致一个额外后肢的出现,而不是再生的尾(图 9-21)。对此结果还没有满意的解释,推测可能是视黄酸改变了再生尾胚基的前—后位置值,使其与沿前—后轴后肢正常发育位置的值相同。

2. 晶状体的再生

将蝾螈的晶状体切除后,虹膜背缘的上皮细胞可再生出晶状体,这种现象称为乌尔夫氏再生(Wolffian lens regeneration)(图 9-22)。晶状体再生过程中发生细胞转分化。摘除晶状体可促进虹膜上皮细胞脱去色素,进入增殖状态,转化为晶状体细胞并合成晶体蛋白。移植实验证明,只有虹膜背缘的组织具有再生晶状体的能力。摘除晶状体后,即便将虹膜背缘的组织移植到身体的其他部位,也能再生出晶状体,但是其他部位的组织即使移植到摘除晶状体的眼组织中也不能再生出晶状体。进一步的研究发现,组织中只有含有晶体蛋白 mRNA 才能向晶状体转化。

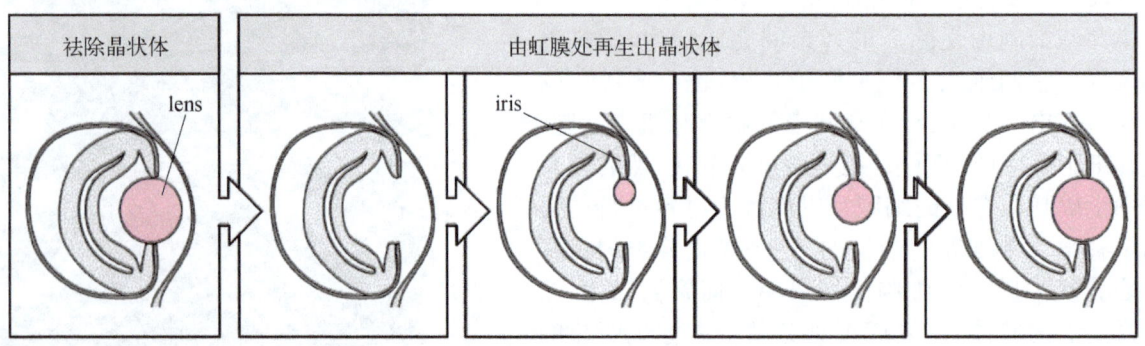

图 9-22 蝾螈的晶状体再生(引自 Wolpert,2002)

3. 植物的再生

植物具有非凡的再生能力。从一棵植株上截下的一段茎往往可以再生出新的茎干(苗)和根。一般来说,根由原本靠近根的茎末端生成,而茎干(苗)由最接近茎干的休眠芽生成。这一极化的再生与维管的分化以及植物生长激素的极化运输有关。植物生长激素在茎尖产生,由茎尖向根的运输导致了生长激素在切断的茎靠近根的一端积聚,在该处诱导根的形成。有一个假设认为极性是被有方向的生长素流所诱导和表达。

第四节 衰 老

任何生物都不能永生,随着年龄的增长,衰老就不可避免地发生了。衰老是由于年龄的增长而造成的生理功能上的减退,结果造成生物体承受压力的能力降低,对疾病的易感性增加。每个个体在老化出现的时间上有所差异,但总的来看,绝大多数动物中包括人类,随着年龄的增长,死亡的可能性也越来越大。对于衰老产生的原因,人们进行了多方面的研究,形成了不少的理论和假说,可归结为两类:一类为遗传衰老研究,另一类为环境影响衰老研究。

一、衰老由遗传决定

不同动物的最长寿命相差极大。人类最长可以活 120 年,猫头鹰为 68 年,猫为 28 年,非洲爪蟾为 15 年,小鼠为 3 年半,线虫的最长寿命只有 25 d 左右。

1. 基因与衰老

衰老是受基因控制的,能够影响线虫和人类寿命的一些基因突变已得到确定,为我们探索其机制提供了线索。人类某隐性基因缺陷的纯合体会患一种 Werner 综合征,这是一种后果严重的未老先衰疾病。患这种病的人在青春期的生长就开始迟缓,患者在二十几岁之前头发就花白了,同时受到多种疾病的困扰如心脏病,这是典型的老年期特点。绝大多数患者 50 岁以前就去世了。影响 Werner 综合征的基因已经分离出来,现在认为它编码一种使 DNA 解链的蛋白质,而这种解链对于 DNA 的复制、修复和表达都是必需的。Werner 综合征患者不能正确地进行 DNA 修复,其遗传物质受损的概率比正常人的要高。Werner 综合征同 DNA 之间的联系证明了老化同 DNA 损伤的积累是相关的。

DNA 损伤积累学说认为,细胞中的 DNA 在内环境(如自由基)和外环境(如自然环境中的紫外线、化学物质等)损伤因素的作用下,会受损而导致 DNA 链断裂,使亲代和子代间遗传信息的传递发生错误。但细胞借助于一整套 DNA 修复系统,不断地纠正复制错误,修补断裂的 DNA 链,使遗传信息能准确地从亲代传至子代。这种修复能力随着分裂次数的增多而降低,从而导致损伤积累,引起基因变异和表达异常,最终使生物衰老。

2. 细胞与衰老

人们可能会认为,当我们将细胞从动物体中取出,放在培养基和生长因子丰富的条件下进行培养时,它们就会无限制地增殖下去,但事实并不是这样。例如,哺乳动物的成纤维细胞(一种结缔组织细胞)在体外培养过程中只进行有限的几次分裂,不管再培养多长时间,它们都不再进行分裂。对于正常的成纤维细胞来说,细胞分裂的次数与提供细胞的动物的种类和年龄有关。从人类胎儿中取得的成纤维细胞大约可以分裂 60 次,80 岁的人约为 30 次,成年小鼠为 12~15 次。停止分裂的细胞是健康的,但它们常常停留在细胞周期的某个时期,通常是停在 G_0 期。从已经表现出衰老特征的 Werner 综合征患者体内取出细胞进行培养,其分裂次数要比正常细胞少得多。培养细胞的这种行为对于机体老化究竟有多大的意义以及这些行为能在多大程度上反映培养细胞的状况也不是非常明确。不少研究表明,细胞凋亡和体细胞突变也与衰老相关。

体外培养细胞和体内衰老细胞的一个共同特点就是端粒变得越来越短。端粒是位于染色体末端的重复序列,它可以保证染色体的完整性,同时保证染色体能够完整地复制自己,不丢失任何位于末端的 DNA 信息。在人类老化的细胞中,端粒的长度变短了。每次复制时端粒的长度都会减少,说明它们在细胞分裂时并不是完全复制的,这些可能与衰老有关。端粒酶可以维持端粒的长度,但培养的细胞中通常缺乏端粒酶。在培养的细胞中表达端粒酶,这些细胞就不会发生衰老。

3. 孕期长短与衰老

大象的胚胎期为 21 个月,出生后几乎没有任何衰老的迹象,而 21 个月大的小鼠就已经进入了它的中年期,开始出现衰老的迹象。小鼠在几个月大的时候就开始繁殖后代,而大象要到 13 岁左右才能繁殖。有人认为,自然选择对有机体的生命历程进行微调,结果是充足的资源被用于保持修复机制,以阻止衰老的产生;至少让生物体在衰老之前完成繁殖和养育后代的任务。按照这个理论,小鼠比大象保持修复机制的时间要短得多,因此寿命也短得多表 9-1。

表 9-1 各种不同动物的寿命、怀孕期长度以及进入青春期的年龄(引自 Worlpert, 2002)

不同哺乳动物的寿命及达到繁殖成熟期的时间		
最长寿命(月)	怀孕期长度(月)	青春期年龄(月)
人 1 440	9	144
长须鲸 960	12	—
印度象(亚洲象) 840	21	156
马 744	11	12
黑猩猩 534	8	120
棕熊 442	7	72

续 表

不同哺乳动物的寿命及达到繁殖成熟期的时间			
	最长寿命(月)	怀孕期长度(月)	青春期年龄(月)
狗	408	2	7
牛	360	9	6
猕猴	348	5.5	36
猫	336	2	15
猪	324	4	4
松鼠猴	252	5	36
绵羊	240	5	7
灰松鼠	180	1.5	12
欧洲兔	156	1	12
豚鼠	90	2	2
家鼠	56	0.7	2
金黄仓鼠	48	0.5	2
小鼠	42	0.7	1.5

二、环境影响衰老

1. 代谢产物与衰老

生物代谢过程中产生大量的自由基等有害物质，这些会对DNA、蛋白质以及细胞器的结构造成影响，进而对细胞产生毒害，导致生物衰老的发生。Denham Harman 于 1955 年提出了衰老的自由基(free radicals)学说，认为体内许多物质代谢中产生过氧化的自由基，使机体内的自由基处于不平衡状态，过量的自由基导致不饱和脂肪酸氧化成超氧化物，破坏细胞膜及其他重要成分，使蛋白质和酶变性，当自由基引起的损伤积累战胜了机体的修复能力，就会造成细胞分化状态的改变，甚至丧失，从而导致和加速衰老。

有证据表明，减少摄食量可以延长寿命。以最小摄食量进行饲喂的大鼠，其寿命要比按最大摄食量饲喂的长 40%，一部分原因是少食减少了自由基的产生。这些自由基是在对食物进行氧化分解的过程中产生的，它们的活性很高，可以破坏 DNA 和蛋白质。长寿的啮齿类动物比在实验室饲养的小鼠产生的活性氧要少，$p66^{SHC}$ 基因突变可以提高小鼠对活性氧基团的抵抗作用，从而使其寿命延长 30%。研究表明，适度饥饿在减少自由基的同时，还可以诱导小鼠长寿相关基因的表达。

利用线虫进行的实验证明代谢速率与寿命相关。线虫在营养丰富、个体密度不高的环境中，孵化的第一龄幼虫生长至成体，能够存活 25 d 左右。然而，如果在个体密度高和食物短缺的环境中，幼虫会进入发育停滞状态。在这个时期，线虫的幼虫既不摄食也不生长而且也不繁殖，直到有充足的食物时才开始生长。这个过程可能会持续 60 多天。线虫幼虫的发育停滞状态受线虫的胰岛素/IGF-1 系统的调控。编码胰岛素/IGF-1 途径中的一个受体 DAF-2 基因的突变，能使动物保持年轻状态，而且比正常个体存活的时间长一倍。DAF-2 基因的突变如何影响寿命还不完全清楚，可能是通过降低代谢率来实现的。令人吃惊的是，仅仅恢复神经元的 DAF-2 途径就足以恢复野生型的寿命，这说明神经系统在寿命调节中发挥非常关键的作用。果蝇中也存在一个类似的年龄调节系统，胰岛素/IGF-1 途径缺陷型可以使寿命延长一倍。突变的果蝇也进入一个发育停滞状态，与线虫幼虫非常相似。

自由基学说影响很大，受到了普遍的重视，在此基础上，人们又相继提出了羰基毒化衰老学说、糖基化衰老学说、交联学说、线粒体衰老学说等多种学说。

羰基毒化衰老学说认为，从非酶基化、脂质过氧化以及氨基酸的代谢等过程中产生的活性羰基化合物与蛋白质氨基酸残基的羰—氨交联反应，是生物体内典型的和最重要的老化进程，造成体内脂褐素的逐渐聚积、多种蛋白质的氧化糖基化应激，并最终导致机体衰老。自由基和氧化造成的早期伤害大部分容易被生物体辨认、吞噬、降解、去弃或修复，而羰—氨反应产生的后果，尤其是组织结构的老化往往难以修复。

糖基化衰老学说认为，糖基化造成的蛋白质的交联损伤是衰老的主要原因。糖基化造成的蛋白质的交联硬化、逐渐变性是造成血管、肾脏、肺叶和关节提前老化的关键因素。氧化和糖基化既互相独立，又互相联系。所以，有人又提出了自由基氧化糖基化衰老学说。

交联学说认为，体内甲醛、自由基等物质可以引起体内生物大分子胶原纤维、弹性纤维的交联导致衰老。还有蛋白质和 DNA 的交联也导致衰老。DNA 双链的交联可在 DNA 解链时形成"Y"形结构，使转录不能顺利进行。胶原纤维的交联可使纤维结缔组织在正常交联的基础上过度交联，使对小分子物质的通透性降低，影响了结缔组织的张力及韧性，引起组织失水、皮肤发皱、骨骼变脆、水晶体改变、动脉硬化等多种病变，进而导致衰老。

线粒体衰老学说认为，线粒体 DNA 氧化率高于核内 DNA，易受氧化损伤，当足够数量的线粒体受到严重损伤后，细胞的功能严重受损。当器官有足够数量的细胞受损时这个器官的功能就会减弱。Ⅱ-型糖尿病、帕金森氏病和阿尔茨海默病等老年常见病可能与线粒体功能减弱有关。

2. 免疫、内分泌功能退化与衰老

免疫功能退化学说认为，随着年龄的增加，机体免疫系统防御功能和自我调节功能逐渐减弱，导致机体对疾病的抵抗力降低，而自身免疫能力增强，使机体产生自身免疫性疾病，从而加速机体的衰老与死亡。

内分泌功能减退学说认为，神经内分泌系统功能降低与机体衰老有密切关系，随着年龄的增加，机体靶组织对某些激素或活性物质的反应性发生改变或明显降低（如受体表达的降低）。内分泌系统合成功能以及分泌、调节功能等都发生某些衰老性改变。这些因素促使机体整个内分泌系统功能的紊乱和减退，从而加速了机体衰老过程。

衰老是机体损伤积累的结果，最后超过了机体自身修复的能力，导致许多重要功能的丧失。衰老过程是生物机体内部环境各因素间、机体与外环境各因素间在生命活动的过程中不断相互作用、相互影响的综合性结果，衰老的原因是多方面的，衰老的机制也是极为复杂的。

第10章 植物发育

植物发育与动物发育在过程上是相似的,也要经历受精、胚胎发生、生长、衰老和死亡等阶段,但是在发育模式上却有很大差别。动物的组织与器官的发育基本上都在胚胎期完成,而植物组织与器官的发育却贯穿于整个生命周期。成熟的动物胚胎已具备了成体组织和器官的基本形态和功能,而植物胚胎则缺乏成熟植物的大部分组织与器官。高等植物的成熟结构——枝条、根、茎、叶和花,都是在胚后发育中由分生组织(meristem)分化产生。植物器官的发育模式建成不仅仅发生在胚中,而是贯穿于一生的分生组织中。

植物区别于动物的最重要的特征是细胞被一个相对严密的细胞壁所包围,因此在植物发育中细胞不可能发生迁移,形态的变化不能像动物早期胚胎那样通过细胞运动和胚层的折叠来完成。在植物发育中,形态主要是通过细胞分裂速率的不同和分裂面不同来产生的。

植物由于不能主动运动,因而环境对植物的影响比动物要大得多。

第一节 植物的胚胎发育

与动物一样,受精的植物卵细胞经历重复的细胞分裂、细胞生长和分化来形成一个多细胞的胚。所有存在有性过程的植物都从一个单细胞——受精卵或合子开始生长发育,最终长成成熟的个体。控制发育的程序在个体发育的早期阶段——胚胎发生中已经形成。在动物中,胚胎发生的同时伴随器官发生过程,而植物的器官发生则主要在胚胎发生后、按照胚胎发生中形成的发育程序进行,由特有的分生组织不断重复产生。因此,胚胎发生不仅包含了植物发育的原初模型,也是连接配子体世代与孢子体世代胚后分化的桥梁。

一、植物胚胎发生过程

植物自苔藓植物开始才有胚出现,因此植物的胚胎发育应特指有胚植物的早期发育。

有胚植物的生活周期分为配子体世代与孢子体世代。配子体世代从孢子母细胞减数分裂开始,到形成花粉粒(雄配子体)或胚囊(雌配子体)止。孢子体世代则从卵细胞受精后开始,由合子发育形成成熟植株。两个世代相互依存和转变(图10-1)。

1. 生殖细胞—配子体的形成

(1) 雄配子体(花粉)的发育

雄配子体(花粉)是在雄蕊的花药中发育成熟的。发育初期的花药结构简单,外面是一层表皮,表皮以内是一群分裂活跃的分生组织细胞。在表皮以内花药四角各出现一至几列的分生细胞(孢原细胞),经一次平周分裂形成内外两层细胞,外层叫初生壁细胞(primary wall cell),将来经分裂分化形成花粉囊壁;内层为造孢细胞(sporogenous cell),经几次有丝分裂(或直接长大)形成花粉母细胞(图10-2)。花粉母细胞经减数分裂形成4个单倍体细胞,称小孢子。小孢子进行第一次有丝分裂,形成一大一小两个细胞,大的叫营养细胞(vegetative cell),小的是生殖细胞(generative cell)(图10-3)。生殖细胞仅含少量原生质,其形状呈半球形,位于花粉粒的壁附近。两个子细胞间的细胞壁不含纤维素,主要由胼胝质组成。此时生殖细胞紧贴花粉粒的内壁,以后,逐渐沿壁向内推移,最终生殖细胞完全脱离花粉粒的壁,游离在营养细胞之中,出现了细胞中有细胞的独特现象。胼胝质壁消失,生殖细胞仅为其自身的质膜和营养细胞的质膜所包围,即由双层质膜包围,成为一裸露的细胞。其后,有些植物的生殖细胞进行第二次有丝分裂,形成2个精子;但也有些植物,精子的形成是在花粉管中进行的。因此,成熟的花粉粒有两种形式:3细胞花粉和2细胞花粉。

第10章 植物发育

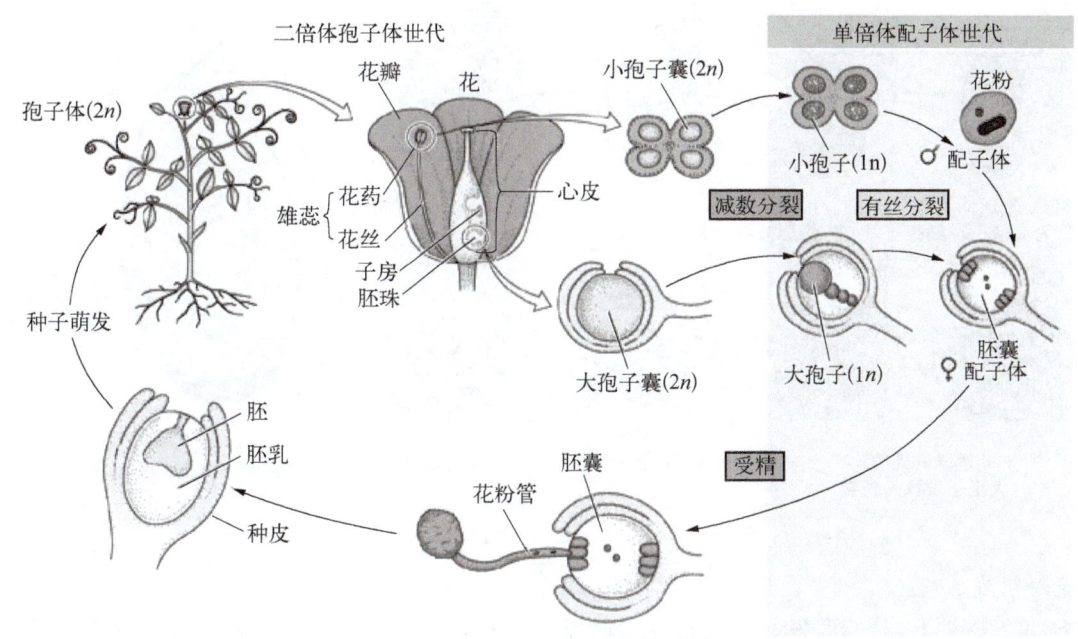

图 10-1 被子植物(豌豆)生活史(引自 Gilbert,2010)

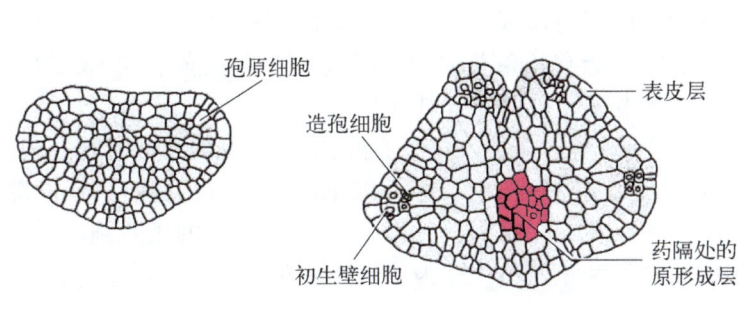

图 10-2 花药的早期发育(引自马炜梁,2009)

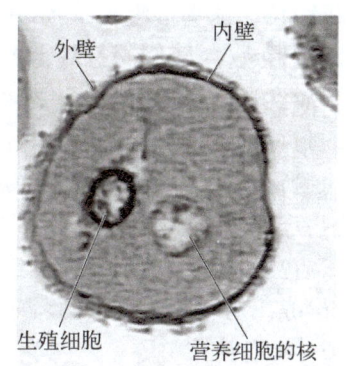

图 10-3 花粉的结构(引自马炜梁,2009)

(2) 雌配子体(胚囊)的发育

雌配子体(胚囊)是在雌蕊的子房里的胚珠中发育成熟的。胚珠由珠心、珠被、珠孔、珠柄及合点等几部分组成。胚珠在子房内壁腹缝线的胎座处发育,最初,组成珠心的细胞体积大小一致,以后,在靠近珠孔端的表皮下有一细胞长大,并形成与周围细胞不同的细胞——孢原细胞,其特点是细胞体积大、细胞质浓、细胞核大、细胞器丰富。在有些植物中孢原细胞直接长大形成大孢子母细胞,如向日葵、百合、水稻、小麦等。在有些植物中孢原细胞经一次平周分裂形成一个大孢子母细胞和一个周缘细胞,周缘细胞经有丝分裂形成珠心细胞,大孢子母细胞经减数分裂形成4个单倍体的大孢子(megaspore),仅合点端的一个大孢子发育为胚囊,其余三个退化。大孢子增大到一定程度时,细胞核有丝分裂三次,不发生细胞质分裂,形成8个游离核。胚囊两端最初各有4个游离核。以后各端都有一核向中部移动,当细胞壁形成时,成为一个大的细胞,称中央细胞(central cell),胞内有2个核,称极核(polar nuclei)。珠孔端所余的3个核形成3个细胞,其中1个是卵(egg),另2个是助细胞(synergid)。在合点端的3个核形成3个反足细胞(antipodal cell)。这样,就形成了具有7个细胞及8个核的成熟胚囊,即雌配子体(图 10-4)。

2. 受精

当雄蕊中的花粉和雌蕊中的胚囊达到成熟的时期,或是两者之一已经成熟,这时原来由花被紧紧包住的花张开,露出雌、雄蕊,花粉散放,完成传粉过程。

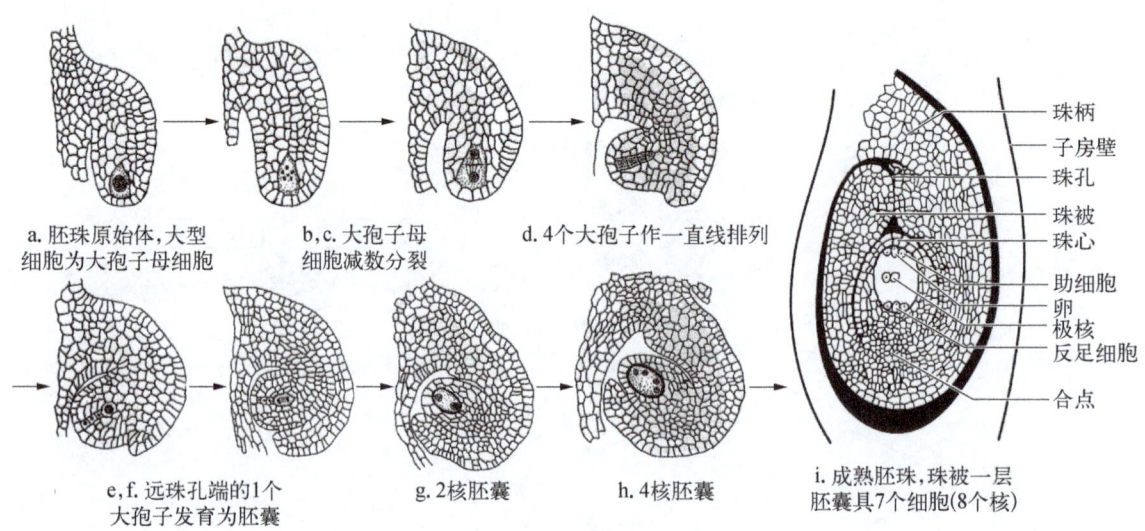

图10-4 胚珠的发育(引自马炜梁,2009)

(1) 花粉萌发

花粉粒落在柱头上,开始萌发。柱头是花粉萌发的场所,也是花粉粒与柱头进行细胞识别的部位之一。花粉表面的蛋白质和柱头表膜的蛋白质与识别有关。亲缘关系过远或过近的花粉在柱头上不能萌发或萌发后花粉管不能进入柱头,或在花柱甚至是子房中受到抑制。

花粉粒在柱头上吸水膨胀,在酶的作用下花粉内壁从萌发孔处向外突出,形成细长的花粉管。大多数花粉萌发时形成一条花粉管,具多个萌发孔的花粉粒可同时形成多条花粉管,如锦葵科植物,但最终只有一条花粉管能到达胚囊,其余的在中途停止生长。有时可能有几条花粉管同时进入一个胚囊中,造成多精入卵,但卵细胞总是选择遗传上最合适的精子受精,多余的精子被胚及胚乳同化。

花粉管从柱头的细胞壁之间进入柱头,向下生长,进入花柱。在空心的花柱内,花粉管沿着花柱道,在通道细胞分泌的黏液中向下生长。在多数实心的闭合型花柱中,引导组织的细胞狭长,排列疏松,胞间隙中充满基质,花粉管就沿充满基质的细胞间隙向下生长。在花粉管生长过程中,2细胞花粉的生殖细胞进行有丝分裂,形成1对精子。由一对精子与营养核构成的雄性生殖单位作为一整体从花粉粒中移到花粉管的前端。

(2) 双受精

花粉管到达胚珠后进入胚囊,发生双受精(double fertilization)。双受精是被子植物花粉粒中的一对精子分别与卵细胞和中央细胞结合的过程,一个精子与卵结合形成受精卵,成为二倍体的合子,合子将来发育成为产生新个体的胚。另一个精子与中央细胞极核结合,成为三倍体的受精极核并进一步发育成为胚乳。双受精是被子植物特有的现象,也是植物有性生殖中最进化的形式,具有重要的生物学意义。首先,2个单倍体的雌、雄配子融合在一起,成为二倍体的合子,恢复了植物原有的染色体数目,保持了物种的相对稳定性。其次,双受精的极核发育成的胚乳是三倍体的,同样兼有父、母本的遗传特性,生理上更活跃,并作为营养物质被胚吸收,使子代的生活力更强,适应性更广。

3. 胚的发育

胚(embryo)的发生是从合子(zygote)开始的,经过原胚(proembryo)和胚的分化发育阶段,最后成为成熟的胚(图10-5)。

(1) 原胚期

合子通常需经过一段休眠期,休眠时间在不同植物中长短不一。水稻合子休眠6 h,小叶杨合子休眠期有6~10天,少数植物如秋水仙的休眠期长达4~5个月。

极性的出现是分化的前提。超微结构的研究表明,合子细胞的内含物分布是不均匀的。大液泡位于合子珠孔端一侧,合点端一侧则富含细胞质。合子第一次分裂一般是横分裂,靠近珠孔端的称为基细胞,体积较大,具大液泡,胞质稀少;靠近合点端的称为顶细胞,体积较小,胞质浓厚富含核糖体。由顶细胞发育成原胚,基细胞发育成胚柄,从而建立起纵轴的极性。顶细胞接着进行两次纵向分裂,产生四细胞原胚,然后横向分裂,形成两列细胞,成为8细胞的原胚。

第10章 植物发育

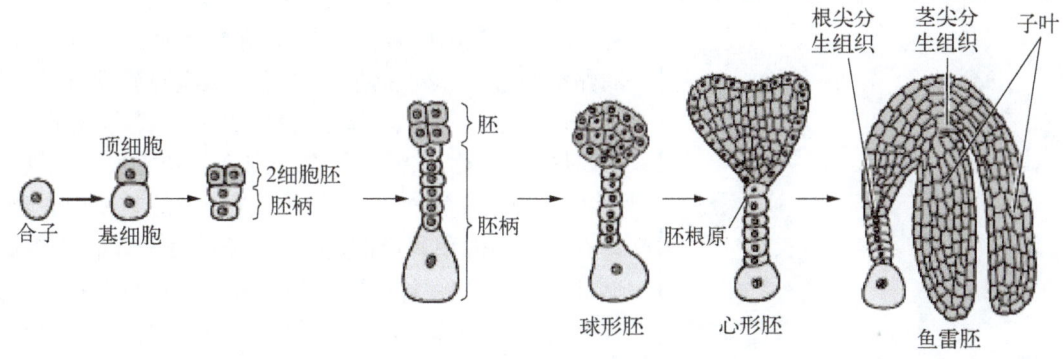

图10-5 植物胚胎发育（引自 Gilbert，2010）

（2）球形胚—心形胚

8细胞期原胚再进行平周分裂（沿与原胚表面平行的方向分裂），产生16个细胞的第一个组织学可检测的组织类型——原表皮层，形成球形胚。原表皮层垂周分裂，内部细胞先纵向、再横向分裂，使球形胚的细胞数目与体积均增加。细胞继续分化，产生内部的原形成层与中间的基本分生组织层，加上原表皮层三者构成了辐射对称轴。球形胚的分裂在胚胎中心部位产生特征性的长细胞，将原形成层和基本分生组织分隔开来。从单细胞原胚到四细胞原胚期，细胞大小几乎没有增加，而细胞内的液泡数不断增多，液泡也逐渐变小。

与此同时，基细胞连续进行横向分裂，形成胚根原（hypophysis）与胚柄。胚根原位于胚柄最顶端，透镜状，为根皮层原始细胞（cortex initials）与根冠中心区的前体。胚柄似乎是一种暂时性的结构，分裂很快，通常在球形胚期达到最高度的发育。胚柄的功能是将胚推入到营养丰富的胚乳中，或者作为从母体组织运输营养成分与生长因子到胚中的通道。

当球形的胚体体积达一定程度时，胚体中间的部位生长变慢，两侧生长快，渐渐突起形成了子叶原基，使胚呈心形。胚胎形态从球形胚过渡到心形胚时发生巨大变化。子叶从顶端的两侧区域特化出来，细胞平周分裂，分裂频率增加，形成子叶的两个突起，胚胎由辐射对称变为两侧对称。同时，轴中央将形成分生组织的顶端细胞生长缓慢，产生相对凹陷，使胚胎变为心脏形。根分生组织也从胚根原区分化。胚轴与胚根中心细胞分裂形成原生维管组织，被三层薄壁组织细胞包围。淀粉粒开始在原表皮层细胞与胚根的内层组织中出现，细胞内质体开始变绿。原形成层、基本分生组织分化的这些变化明显是由细胞分裂与增大速率不同以及不对称分裂引起的，并无细胞迁移。

（3）心形胚—鱼雷胚

心形胚原表皮和基本分生组织细胞的质体也开始出现片层。心形胚的子叶原基进一步发育伸长成为子叶，使胚的形状类似鱼雷，故称鱼雷胚。这个时期，胚根端中出现了原形成层，子叶内部出现了初步的组织分化，细胞中出现了叶绿体，胚呈绿色。在以后发育中胚的细胞分裂、增大和分化，胚进一步发育形成胚根和茎端生长点，胚根、胚轴、子叶等继续生长，胚柄开始退化。胚受到胚囊空间的限制，发生弯曲。成熟时胚内积累了丰富的营养物质。

二、植物胚胎发育机制

1. 植物胚胎极性的确定

植物的茎向上生长、根向下生长，表现出明显的极性。那么，极性是如何产生的呢？一种简单的形式便是不对称。植物胚胎发生的第一次分裂是合子的不对称分裂，从而产生极性，最后导致顶—基轴形成。在果蝇和线虫等动物的合子胚发生中，第一次分裂同样是不对称的，可见这种极性表达的机制在进化上是保守的。追本溯源，造成植物极性生长的茎端分生组织和根分生组织的分化就起源于合子胚的第一次不对称分裂。但是，极性的表达并不是单纯的不对称分裂那么简单，它涉及生长发育中多个因素的协调作用。是什么信号诱导不对称分裂的呢？这信号又是如何产生的呢？

为了深入地研究合子的极性发育，发育生物学家利用100多年前发现的一种褐藻——墨角藻（*Fucus*

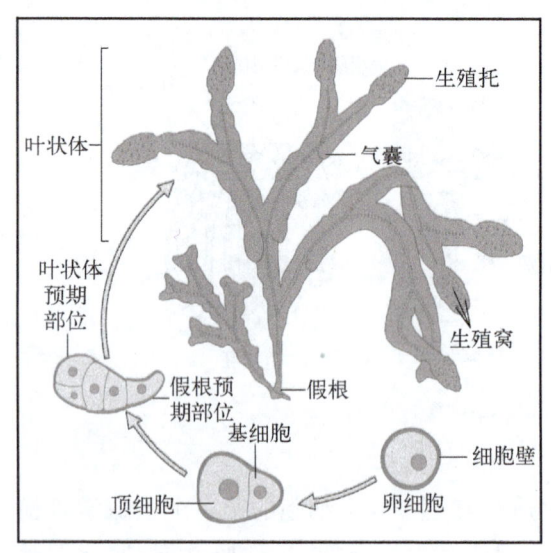

图 10-6　多细胞褐藻 *Fucus spiralis* 的生活史（引自 Wolpert, 2002）

spiralis)作为研究材料。墨角藻的卵细胞较大，胚胎在体外发育，便于实验操作，被广泛用于植物胚胎极性的研究。墨角藻的卵细胞进行体外受精，合子随水漂流直到遇到适宜固着生长的表面为止。一旦固着，发育就开始。墨角藻的卵细胞为球形，呈辐射对称。受精后，合子细胞起初并没有极性，但在受精后 4~10 h 后已开始形成极性，合子中的某些内含物开始不均匀分布并局部积累，细胞极性生长。合子在背光侧隆起，呈梨形，像长出假根一样，胶粘剂开始在此端局部分泌，导致假根向外生长。受精后 1 天左右，合子的第一次分裂开始，产生两个大小不等的子细胞，小一点的为基细胞，在背光侧将发育为假根；较大的是顶细胞，在向光侧，最终形成叶柄和藻体(图 10-6)。假根是避光生长的，总是往岩缝中长，最终形成固着器。

实验证明，光照等环境信号诱导了墨角藻合子的极性形成。将一些墨角藻的合子放入一个细毛细管中，避免其转动，然后自管的一端照光，其结果所有假根都从卵的背光面长出，而与精子进入的位置无关。

细胞壁也是极性产生的重要因素，实验证据来自对顶细胞的实验(图 10-7)。一个从 2 细胞团中分离出来的带有完整细胞壁的顶细胞至少到 8 细胞期阶段是继续按正常的叶状体方式进行分裂(图 10-7B)。如果分离时带上一部分基细胞的壁，与基细胞壁接触的叶状体细胞则发育成假根细胞，而其余细胞还是发育成叶状体，所以假根细胞的发育取决于基细胞的接触与否(图 10-7C)。这一有力的证据表明，墨角藻早期的 2 细胞团的位置决定分化的机制可能与细胞壁内表面上的因子相关。

细胞骨架与极性的确定也有关。肌动蛋白微丝分布在假根处，外加细胞松弛素 B，能抑制假根处的肌动蛋白丝并阻止顶—基轴的形成。

卵的极性还与发育时沿轴向流动的电流有关。部分电流是由钙离子携带的，即局部的钙离子导体引发细胞内的局部钙离子流，它导致这部位假根的生长。所有的环境信号能够起作用使局部钙通道开通，致使引发更多钙通道的电流聚集在顶—基轴的一端，而钙泵位于轴的另一端，它们把钙离子泵出细胞外。这种正反馈机制维持着电流方向。离子流影响卵的内部成分，使它们局限在钙离子进入细胞的那个区域。

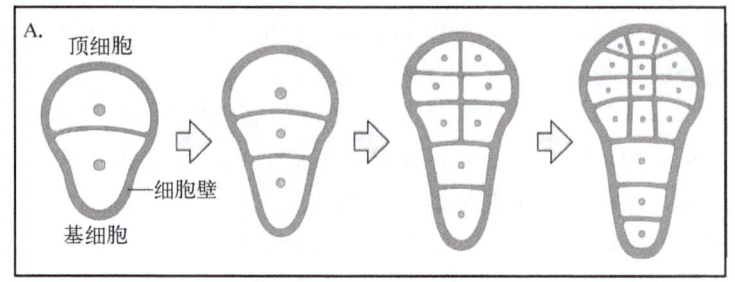

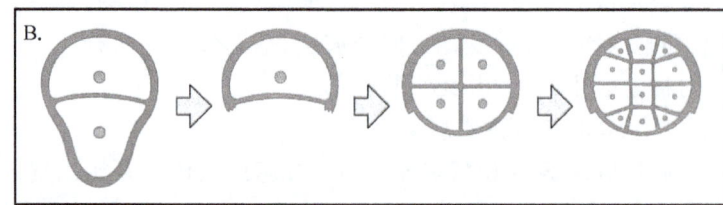

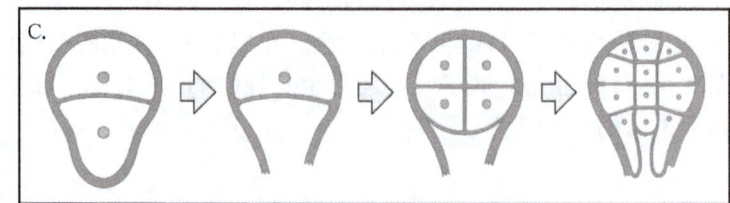

图 10-7　细胞壁对细胞发育命运的影响（引自 Wolpert, 2002）

2. 植物发育图式的建成

所有高等植物胚胎都是通过类似的阶段产生高度成型的幼苗，幼苗的主体组织结构实际上是顶—基轴向图式(axial pattern)和辐射径向图式(radial pattern)的叠加。顶—基轴向的元件包括茎分生组织、子叶、下胚轴、根分生组织；辐射径向的元件由三种组织组成：表皮、基本组织、维管链。当我们把拟南芥的胚胎整体固定在解剖镜下观察时，可以很清楚地看到胚胎上的细胞排列，得到幼苗模式的胚胎来源。受精 1 天内，沿顶基轴已建立起 3 个空间区域：顶部区，包括茎分生组织与大部分子叶；中部区，由部分子叶、胚轴、胚根和部分根分生组织构成；基部区则包括静止中心、柱(columella)根冠原始细胞和根分生组织的其他部分。这些区域的划分是根据突变体的表型确定的。顶部区和中部区分别对应原胚中的上、下列细胞(心形胚中的A、C区),在双子叶植物中,胚根作为初生根的组成部分,而单子叶的胚根并不含有根分生组织,初生根由胚柄远端衍生的茎出根组成。顶部细胞分裂比较随机,中部细胞产生细胞列,使胚轴延伸,但是这种细胞分裂的规律性对于模式建成并不重要,因为在 fass 突变体中,细胞分裂的模式完全改变,细胞形态也发生很大变化,然而图式建成却不受影响,萌发的苗仍可以形成正常的组织器官。幼苗结构的原基在心形胚可以区分,心形胚的 A、C、B 区可以追溯到八细胞期的 A′、C′、B′ 三列细胞(图 10-8)。

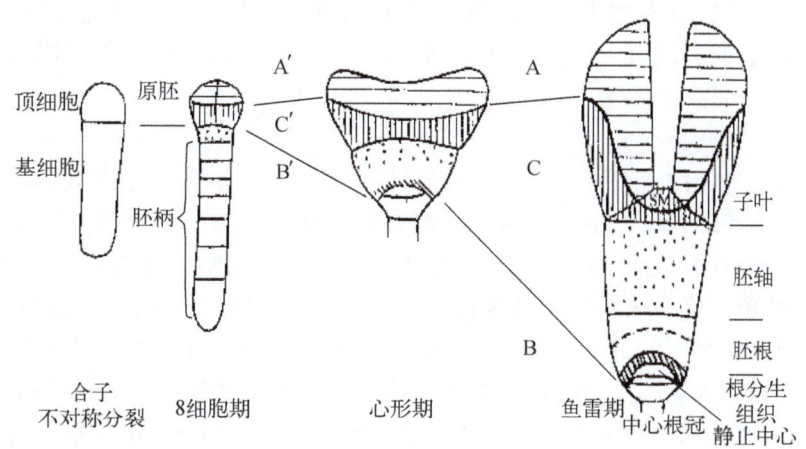

图 10-8　拟南芥胚中顶基轴形成的模式图(引自 Jurgens,1995)

幼苗的辐射径向元件在球形胚亦有对应的来源。因此,幼苗的主体模式是在心形胚中奠定的。Lydon(1990)举出三个例子来说明细胞决定发生在球形期末至心形期:第一,有些裸子植物胚起先是没有核的,直到对应于晚球形期才变成细胞;第二,胚的早期发育并不总是精确的,如棉花的胚胎发生类似体胚发生,没有精确的分裂模式,但最终的形态结构是正常的,片蕊木科(Degeneraceae)植物的合子在第一次横向分裂后,原胚与胚柄的分裂模式就变得不规则,甚至在不同植物中变化,但最终都能正常生长发育;第三,番茄突变体缺少子叶、叶和有功能的茎端,胚胎发生在心形胚开始形成时出现变异。

对有花植物的胚进行显微操作是很不容易的,但是它们的发育进程却可藉突变来改变。为了进一步说明幼苗主体组织结构和胚胎图式形成之间的联系,Mayer 等根据幼苗和早期胚胎发育表型选择一些突变体,然后进行互补群的分析,获得 9 个影响主体组织结构的互补群(基因),每个互补群以 2～15 个等位基因突变体代表,它们在三个方面影响主体组织结构。

(1) 轴向图式缺失突变

轴向图式缺失有 4 个基因突变影响轴向(顶基)图式区的四个部分。它们是顶部区、基部区、中部区和末端区。顶部区缺失和基部区缺失形成一种互补关系,中央区缺失和末端区缺失形成另一种互补关系,这两类互补叠合起来便是完整的顶基模式,说明这些缺失的表型是沿纵轴定界的。其中 gurke 基因突变影响子叶和茎分生组织形成,内部维管束顶部终止而不分叉。monopteros 基因突变缺失下胚轴和根,突变体只显示一小部分轴顶茎分生组织和子叶,内部结构显示子叶分化良好,形成不成网的维管束。gurke 和 monpteros 两个基因功能互补。fackel 突变体的胚缺失中部胚轴,使子叶直接连到根上,其内部维管束在根顶端上分开,直接分叉到子叶中,子叶有些不正常;gnom 基因突变缺失根和子叶,产生锥形或球形幼苗,内部结构亦缺陷,虽然有分化的维管细胞但不形成维管链,仍显示良好的径向模式:在表皮组织之下,一圆形的基本组织围绕一堆中央的维管细胞团。由于幼苗结构原基在心形期可以显示,因此这四种突变体的胚亦显示这些基本特点。

(2) 径向图式缺陷突变

径向图式缺陷 knolle 和 keule 基因突变影响径向图式,涉及三种组织。大多数 knolle 突变体幼苗呈圆形或管形,表面粗糙,因为缺乏形成良好的表皮层细胞,在球形胚阶段不能区分外层细胞和内层细胞,变成一些无规则分布的延长细胞团。keule 突变使表皮层缺陷,表面变得粗糙,成长管状结构,子叶很少,缺陷似乎限于外层组织,内部结构如基本组织和维管细胞正常。

(3) 形状改变图式突变

形状改变图式突变体影响幼苗图式的特异元件。分离到的形状突变体是根据其幼苗整体不正常但图式元件正常来划分的。例如 *fass* 等位基因突变体使幼苗变得粗而短，顶基轴紧凑，所有图式元件都存在，子叶数有时增至 3～4 片。在细胞水平上，细胞圆形或不规则，无法像野生型细胞那样堆叠，因而幼苗整体形状有异。*knopf* 和 *mickey* 基因突变只引起幼苗某个部位细胞不正常。如 *knopf* 突变体幼苗小而宽，色白，表皮细胞呈柱状而不是正常的扁平状，内部有的无维管链而代之以整个基本组织。*mickey* 基因突变产生厚盘形子叶，且不成比例增大；下胚轴含有增大的表皮细胞和模糊的维管束。显然，形状突变体不影响图式建成。初步的遗传学分析显示，总共大约有 40 个合子胚活动的基因涉及拟南芥等植物主体组织结构。

三、体细胞胚的发生

许多植物体细胞保留全能性，来自根、茎和叶的体细胞，甚至某些种的一个单独分离的原生质体，在培养条件下通过生长激素的诱导能长成一个新植株。仔细观察培养的植物细胞增殖，可发现一些分离的细胞通过与正常胚胎发育十分相似的过程长成细胞团（称为胚状体），虽然细胞分裂的方式与胚的分裂方式不完全相同，但它仍能发育成幼苗。许多植物都能以这种方法从单细胞发育到胚状体，形成植株。单个体细胞长成完整植株的能力对植物发育有两个重要的意义：首先，植物体胚胎发生中母体的决定作用很小或不重要，每个体细胞不一定都携带这种决定因子；其次，表明成年植物体中的多数细胞并没有完全确定它们的命运，还保留全能性，虽然这种全能性仅在特定条件下才能表达出来。这与动物细胞的特性十分不同，好像植物细胞没有长时期发育上的记忆。

1. 愈伤生长

一段外植体（植物组织或器官的一部分）置于含生长调节物质 2,4-D 的化学合成培养基上培养，外植体中的细胞便以随机组织化的细胞群来繁殖形成愈伤组织。愈伤组织细胞较大，排列比较随机，在液体培养时高密度的培养物促进愈伤生长，这是由于细胞在生长中能够合成和分泌吲哚乙酸到培养基中，而且除了吲哚乙酸以外，还有一些未明的愈伤生长因子分泌到培养基中，这种培养基通常称为愈伤组织条件化培养基，一般培养 5～6 d 才具有这种性质。此条件化培养基可促进其他培养物的愈伤组织生长。

愈伤组织合成一些特异蛋白，在低密度培养物和条件培养基的作用下，合成两种愈伤特异蛋白 C1、C2，在条件培养基中可以加入 2,4-D 来取代。当愈伤生长转变为胚胎发生时，愈伤特异蛋白消失。

2. 体胚发生

1958 年，Steward 首先从胡萝卜愈伤组织获得体细胞胚胎，继而在多种植物如豆科、茄科植物甚至一些单子叶植物亦成功地获得体胚。

体胚发生具有合子胚相类似的进程：愈伤培养物转移到无 2,4-D 的培养基中马上启动胚胎发生，第一天就观察到原来比较松散的细胞团转变成比较紧凑的富含细胞质的细胞团；第 6～7 天进入到球形胚阶段，继而心形胚，鱼雷胚，合子胚发生的形态学各个阶段都能在体胚发生中找到，而且有的变化十分一致。处于早期发育阶段合子胚是很小的，研究起来很困难，早期体胚虽然也很少，但通过大规模培养可以获得很多。由于两者的形态发生阶段很相似，因此，对于了解胚胎发育的重要问题如细胞组织化的生化基础、早期胚胎发生过程的空间分化、从辐射对称过渡到两侧对称的模式建成、从一个分裂单位如何转变为两个分裂单位（分生组织），以及这个过程中的基因表达及调控机制等，体细胞胚胎都具有重要价值。

第二节 植物器官发育

植物各种成年器官的结构都是由顶端分生组织在植物生命活动的各个阶段逐渐分化、发育而成的。顶端分生组织在植物胚胎发育中沿纵轴向两端分别形成茎端分生组织和根端分生组织。顶端分生组织通过调节细胞增殖和分化的进程，使其细胞按特定的方式不断分裂和分化，一方面维持其自身作为顶端分生组织，另一方面形成植物的各种器官及发育成特定的形态。

大多数植物的顶端是一群原分生组织细胞，通常可以明显地区分出不同的细胞层及分区。可以利用植物嵌合体（chimeras）来判定每层细胞的命运。嵌合体的组织是由两种不同基因型的细胞组成，可以藉明显的特征将其区分开,如多倍性的核(核中含有超量的染色体)或色素沉积;分生组织经辐射或化学处理,例如用秋水仙素可以诱导多倍体,可以产生嵌合体。这样可产生所谓平周嵌合体——三层分生组织中的一层具有遗传标记,可以把这层细胞及其衍生后代同其他两层明确区分开。追踪标记细胞的命运,就可以看到每一层长成什么结构。

一、根的发育

植物的根由根尖分生组织发育而成,它的发生可以追踪到球形胚时期。在球形胚胚柄的基部有一团具分裂活性的初始细胞(initials),它们围绕在由几个不分裂的顶端细胞组成的静止中心(quiescent center, QC)周围。在拟南芥中,QC 由 4 个细胞组成。通过大量突变体及其组织细胞学的研究,已揭示 QC 细胞维持其周围的初始细胞作为"干细胞"的功能,控制着它们的分裂及其子细胞的分化。没有 QC 的存在,组织原始细胞的状态即不能维持。显然,根尖分生组织中 QC 细胞与其周围的各类组织原始细胞之间的信息物质的运输及作用,以及与从成熟的正在分化的细胞来的信息之间的平衡,在根的形态建成过程中具有重要的作用。

在心形胚时期,胚柄退化,其基部的初始细胞进一步发育。细胞系分析表明根尖分生组织中的每组细胞都分别来源于心形胚特定的初始细胞(图 10-9)。根尖分生组织的结构相对较为简单,根尖分生组织及根的形态发生已成为发育分子生物学一个很好的研究系统。

根的生长分为初生生长和次生生长。由根顶端分生组织的活动所进行的生长称为初生生长(primary growth)。经初生生长形成的结构称为根的初生结构(primary structure),包括表皮(epidermis)、皮层(cortex)和维管柱(vascular

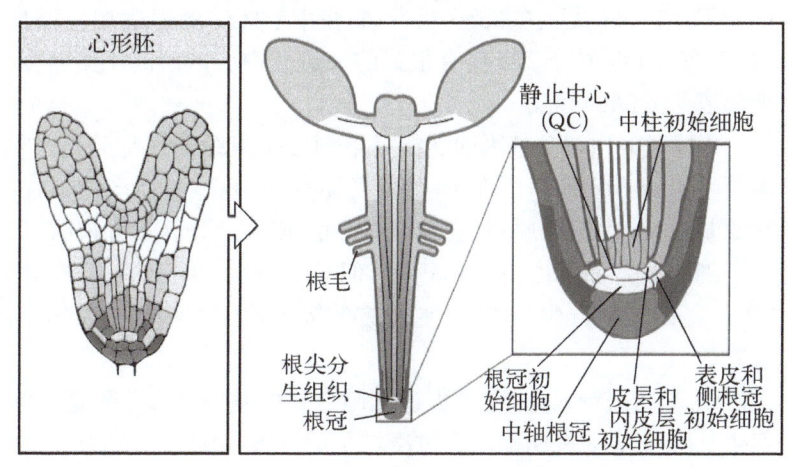

图 10-9 拟南芥根的发育命运图(引自 Wolpert, 2002)

cylinder)。根的次生生长(secondary growth)是由根的侧生分生组织活动的结果,侧生分生组织一般分为两类:维管形成层和木栓形成层。形成层的细胞保持旺盛的分裂能力,细胞分裂、生长和分化,维管形成层产生次生维管组织,木栓形成层形成周皮,结果使根加粗。一般一年生草本双子叶植物和单子叶植物的根无次生生长,而裸子植物和木本双子叶植物的根,在初生生长结束后,经过次生生长,形成次生结构(secondary structure)。

侧根的形成并不起源于根尖分生组织的活动,而是通常由离根尖一定距离的中柱鞘产生的。侧根的这种内起源特性与茎干的侧生器官的外起源特性明显不同。

二、茎的发育

茎由茎端分生组织发育而来。茎端分生组织形成于胚胎发生的心形期,位于两片子叶之间,随着子叶的生长而显现其轮廓。

从形态结构上看,茎尖与根尖之间存在一些明显的差异。首先,茎尖缺乏根冠那样的帽状结构;其次,茎尖的顶端分生组织不仅形成茎的初生结构,而且与叶原基和芽原基的发生有关,因而,茎顶端分生组织的结构比根要复杂。被子植物茎尖的顶端分生组织中有明显的分层现象,最外边的一层(L1)仅具有一层细胞厚,与下面的一层细胞(L2)组成原套,L1 和 L2 细胞进行垂周分裂。最里面的一层细胞(L3)为原体,细胞能够在各个面上分裂。每一层的细胞的命运可以通过植物嵌合技术加以确定。嵌合体能够通过放射或化学方法而获得,如用秋水仙素阻断核分裂而诱导多核产生(图 10-10)。通过跟踪标记细胞的命运,发现在被子植物中,L1 层产生植物的表皮,L2 和 L3 均可以分化为皮层和维管结构。叶和花主要由 L2 层细胞分化而来,L3 层细胞主要分化为茎。

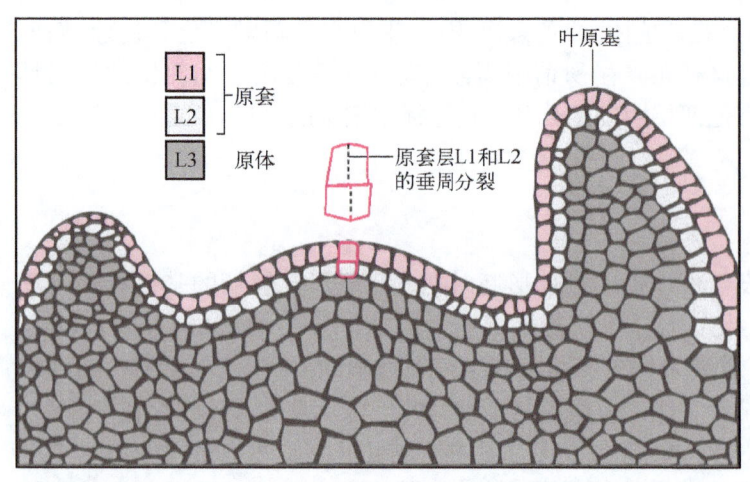

图 10-10　拟南芥的顶端分生组织(引自 Wolpert,2002)

目前已知至少有几个基因参与胚胎发生过程中茎端分生组织的发育。

STM(*shoot meristemless*)基因是起始和维持胚胎茎端分生组织所必需的。在 *STM* 突变体中,子叶和其他胚结构可以形成,但不形成自我更新的干细胞,茎端分生组织的三个前体细胞层 L1、L2、L3 不能进行正常的细胞分裂产生原套和原体,子叶基部部分融合。*STM* 基因在球形胚晚期开始表达,一直持续到胚胎发生的整个过程,但在幼苗子叶中不表达;进一步的分析表明,*STM* 在心形胚的子叶之间形成一个连续的表达带,起先始于外周区,然后延伸到中心区。随着胚胎的发育,*STM* 在外周区中的表达减少,而在中心区中的表达相应增加;到胚胎完全发育时,在外周区中已没有表达,而在中心区中 *STM* 仍有很强的表达。中心区中的细胞将参与形成分生组织的拱顶,而外周区中的细胞则形成子叶间的间隔。

WUS(*wuschel*)基因的功能是限制分生组织的细胞分化,维持干细胞库。*WUS* 突变体形成有缺陷的茎端分生组织,*WUS* 基因在 16 细胞胚胎期开始表达,但产物只在顶部区内部 4 个细胞中积累。在心形期,子叶原基、茎分生组织原基、胚轴原基和胚根在组织学上可辨时,*WUS* 基因只在 L3 层子细胞中表达,且只有一个细胞的范围深度,而且,*WUS* 似乎存在一种不对称分布,总是只在一个子细胞中出现。在胚胎后期,*WUS* 基因在茎分生组织 L3 层下方的极少数中心细胞中表达。研究表明,*WUS* 和 *STM* 基因的表达是相互独立的。

CLV(*clavata*1)是一个促进细胞分化的基因,*CLV* 突变体分生组织中产生过量增殖细胞,该突变体在营养生长和生殖生长期都产生过度增殖的硕大茎端分生组织,而根的发育不受影响。*CLV* 基因的表达也始于心形胚期,在发育中的茎端分生组织的 L2、L3 细胞层中可以检测到其 mRNA 的积累,随着胚胎发生的进行,也一直局限在中心区中表达。*CLV* 的起始表达不需要 *STM*,但 *STM* 是其维持表达必需的。

ANT(*aintegumenta*)基因在 32 细胞的球形胚期就开始表达,在未来的茎端分生组织中不表达,只在发育中的子叶中表达。在 *STM* 突变体中,*ANT* 并不会在中心区中异位表达,表明 *STM* 并不抑制 *ANT* 的表达。

根据这些突变体基因的不同表达模式,可以解释胚胎顶端的发育。在正常条件下,细胞增殖和细胞分化步调是一致的,在产生新的侧器官的同时维持分生组织,*STM* 在整个分生组织的拱顶区表达,但不在原基形成处表达,因而 *STM* 为维持茎端分生组织的细胞增殖并延缓细胞分化所需,*CLV* 则在整个分生组织中心表达,促进细胞分化,因为在 *CLV* 突变体中积累未分化的细胞。*WUS* 的功能可能是减慢细胞分化的步伐。这几个基因通过相互作用维持茎端分生组织中细胞增殖和分化的平衡(图 10-11)。

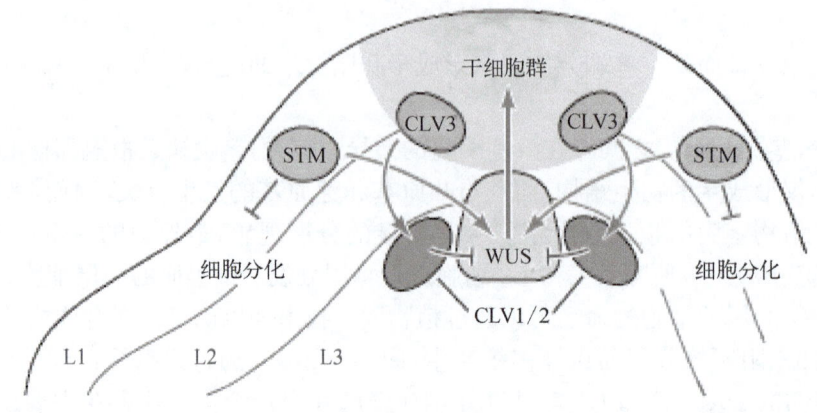

图 10-11　基因相互作用维持 SAM 中细胞增殖和分化的平衡(引自 Gilbert,2010)

三、叶 的 发 育

1. 叶原基的形成

叶的发育开始于茎尖的叶原基。在顶端分生组织的周边区里,有一些成簇的基细胞(founder cell)开始发生变化,分裂速度加快,形成了叶原基(leaf primordium)。

叶原基的向上生长一般由顶端的原始细胞和近顶端原始细胞分裂。顶端原始细胞进行垂周分裂,形成表皮层;近顶端的原始细胞进行平周分裂和垂周分裂,形成表面下层和里面层。这些细胞平周分裂增加了叶原基的厚度,垂周分裂增加了叶原基的长度,形成了一个木钉状的结构。

在叶原基形成的过程中,一定浓度的生长素诱导是必需的。用生长素极性运输的抑制剂NPA(N-1-naph-thylphthalamic acid)处理番茄茎顶端,番茄茎的生长和顶端分生组织的维持都不受影响,但是叶原基的形成完全停止了,茎顶端呈针状。此时,如果用天然生长素IAA点在针状的茎顶端,有IAA的地方就被诱导长出叶原基。这种现象似乎在双子叶植物中普遍存在。

研究发现,叶原基形成过程中,顶端分生组织中一些基因停止表达。*OX*(*KNOTTED1-like homeobox*)家族的基因对顶端分生组织的维持至关重要,如果这些基因持续表达,顶端分生组织的特征将会一直保持下去。原位杂交实验表明,*KNOTTID1*基因在基细胞形成的时候表达已经停止。在随后的叶原基发育和叶片的发育过程中,该基因一直处于沉默状态。有人用异位表达的方法,把玉米中的*KNOTTID1*基因和拟南芥中*KNAT1*基因分别在番茄和拟南芥中表达,结果叶的发育受到严重影响,除了叶片深度开裂外,有时叶片上面还长出茎端分生组织。

2. 叶的居间生长

叶的顶端生长时期比较短,因此长度的增加主要靠上述衍生细胞的居间生长和以后边缘分生组织、板状分生组织的居间生长。

在原基伸长的早期,局部分生组织沿原基的两侧活动,这些两侧的分生组织称边缘分生组织,包括一层边缘原始细胞和近边缘原始细胞。边缘原始细胞经垂周分裂产生原表皮;近边缘原始细胞平周分裂和垂周分裂交替进行形成了基本分生组织和原形成层,平周分裂决定了叶肉细胞的层数,在一种植物中叶肉的层数基本是恒定的。等到各层都已形成,细胞只进行垂周分裂,增加叶面积而细胞层数不变,这种只进行垂周分裂的平行层细胞称为板状分生组织。在原形成层分化的区域,板状分生组织的活动受到了干扰,细胞进行垂周分裂和平周分裂。在板状分生组织垂周分裂的同时,叶肉细胞开始分化。将来形成栅栏组织的细胞垂周延伸,并伴有垂周分裂;海绵组织的细胞也有垂周分裂,但没有栅栏组织多,形状上依然为等径。当栅栏组织细胞继续分裂时,临近的表皮细胞停止分裂而增大,因此出现几个栅栏细胞附着在一个表皮细胞上的结果。栅栏组织细胞分裂的时间最长,分裂完成以后栅栏细胞沿着垂周壁彼此分离,这种细胞间的部分分离和胞间隙的形成,在海绵组织中要早于栅栏组织,海绵组织细胞的分离伴有细胞的局部生长,常发育出具分支的细胞。

3. 叶极性轴的建立

典型的叶有3个极性轴:基—顶轴(Proximo-distal axis),背—腹轴(Adaxial-abaxial axis)和中—边轴(Centro-lateral axis)。

基—顶轴是由叶的基部指向尖部的。尽管*KNOX*基因在顶端分生组织中表达,在叶原基中不表达,但它们能影响叶片基—顶轴的发育。*LG3*是*KNOX*基因家族成员之一,若在早期叶发育过程中发生异位表达可使叶片发育成叶鞘。水稻中*KNOX*同源基因的突变体表型都发生叶鞘向叶片的延伸,或者叶耳/叶舌也发生移位,出现在叶片的腹面。目前关于*KNOX*基因在叶片与叶鞘分界处发生异常表达的具体机制尚不清楚。

背—腹轴亦称近—远轴,面向茎的为近轴面,背向茎的为远轴面。叶的背—腹轴非对称发育是叶发育中非常关键的过程之一。第一个与背—腹轴分化有关的突变体是金鱼草突变体*phantastica*(*phan*)。*phan*突变体在较早生长的叶片(叶位较低的叶)腹面出现一些成簇的带有背面特征的细胞;在后期生长出来的一些叶中,叶的细胞特征完全背面化,形成针状叶。*PHAN*基因编码一个MYB转录因子,在叶原基中表达。但是PHAN本身并不提供背—腹轴信息,而是在建立背—腹轴极性的基因调控网络中,同其他蛋白(如AS2)

相互作用形成空间限制性表达模式。近年来，通过遗传学方法研究发现，背—腹轴的建立受到多层调控网络的作用，这个网络涉及了众多转录因子、小分子 RNA、生长素以及 26S 蛋白酶体降解的作用，它们之间的互作十分复杂。

中—边轴从叶的主脉指向边缘，发育的特征是叶片沿中脉向两侧发育，中—边轴的非对称性在玉米叶片发育早期就很明显，即在环状分生组织的一侧形成中脉初始原基，在另一侧形成边缘初始原基，目前对于中—边轴发育的机制研究还不多。烟草 *lam1* 突变体的叶原基在背—腹性建立的早期与野生型没有区别，但进一步发育时，在近轴面形成远轴类型的细胞，只有下表皮和海绵组织而没有上表皮和栅栏组织。由于 *lam1* 突变体的叶只有远轴类型的细胞，中—边轴的发育受阻。

四、花的发育

花发育的过程可分为开花决定（flowering determination）、花的发端（flower evocation）和花器官的发育（floral organ development）三个阶段。

1. 开花决定

开花决定又称成花诱导，是植物生殖生长启动的第一个阶段，决定开花时间。该阶段茎端分生组织在形态上没有变化，但在生理生化和基因表达等方面却发生了明显的变化。不同植物在进化过程中演化出不同的生殖策略：一些植物的开花时间主要受光照、温度、水分、营养条件等环境因子的影响，以使植物能在最适条件下开花结果；另一些植物则对环境变化不敏感，由营养生长的积累量等内部信号引起开花，缺乏营养和干旱、过分密植等胁迫条件也可引起开花结果。

2. 花的发端

花的发端，即茎端分生组织向花分生组织的转变，由花分生组织特性基因（floral meristem identity genes）控制，这类基因在成花转变中被激活，又控制着下游花器官特性基因和级联基因的表达。LFY 是控制茎向花转变的一个主要基因，其强突变体基部花完全转变为叶芽，顶部花表现出部分花的特性。即使在 LFY 基因失活的情况下，最终还是会成花，表明还有其他基因促进花序向花的转变。

3. 花器官的形成

被子植物营养生长至一定阶段，在光照、温度等因素达到一定要求时，就能转入生殖生长阶段，一部分或全部茎的顶端分生组织不再形成叶原基和芽原基，转而形成花原基或花序原基。这时的芽称为花芽，花芽形成花的各种结构。在花的生长发育过程中产生大小孢子，进一步发育形成雌雄配子，通过受精形成合子。

双子叶植物花器官发育的基本单位是轮。在野生型中，由外向内依次为：第 1 轮萼片、第 2 轮花瓣、第 3 轮雄蕊和第 4 轮心皮（图 10-12）。通过对拟南芥和金鱼草花同源异型突变的研究，Coen 和 Meyerowitz 于 1991 年提出了花发育的 ABC 模型，认为，在花中存在 A、B、C 三种类型的器官特异性基因功能区，每个功能区分别控制相邻两轮花器官的发育，即第 1 轮萼片的特性单独由 A 功能基因决定，第 2 轮花瓣的特性由 A 和 B 功能基因共同控制，第 3 轮雄蕊由 B 和 C 功能基因共同控制，而第 4 轮心皮单独由 C 功能基因决定。这样，每一个基因或基因对控制花器官相邻两个轮的特征。据此，ABC 模型提出如下假设：(1) 出现在每个花器官轮中的同源异型基因的产物相组合，决定该轮器官的发育命运；(2) A 和 C 的功能相互拮抗，即 A 功能基因能够抑制 C 功能基因在轮 1 和轮 2 中的表达，C 功能基因反过来也能抑制 A 功能基因在轮 3 和轮 4 中的表达。基于 A 和 C 功能基因相互拮抗的假设，人们作出如下推论：若去除 C 功能基因，A 功能基因将在整个花分生组织中起作用；反之，若去除 A 功能基因，C 功能基因将在整个花分生组织中起作用。B 功能基因的丧失，将阻止其在中间轮中对 A 和 C 功能基因的修饰作用。后来 Angenent 和 Colombo 提出将 ABC 模型延伸为 ABCD 模型，把控制胚珠发育的基因列为 D 功能基因。

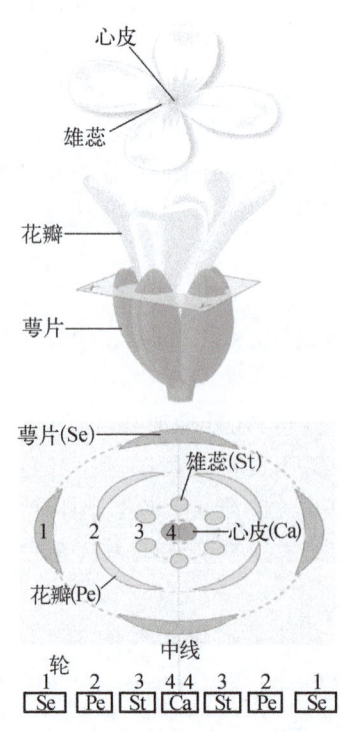

图 10-12 拟南芥花的结构
（引自 Wolpert，2002）

一系列的花突变表型可以被一种相当简单的基因行为模式解释。让我们假设花分生组织分成三个重叠区域 A、B、C。每个区域与三类同源异型突变之一的活动位点相呼应(图 10-13)。那么区域 A 将盖住第一轮和第二轮,B 覆盖第二轮和第三轮,C 则覆盖第三轮和第四轮。下面我们再假设有三种调控功能 a、b、c,每一个功能分别和 A、B、C 区域对立,但它们联合作用可以赋予每个轮一个独具的特征,因而特化了器官特征(图 10-14A)。a 在第一轮和第二轮中表达。b 在第二轮和第三轮中表达。c 在第三轮和第四轮中表达。在第一轮和第二轮中 a 功能抑制 c 的功能。c 功能抑制第三轮和第四轮中的 a 功能。也就是说,a 和 c 功能互相排斥。a 活性单独存在的花分生组织第一轮将发育成萼片。a 和 b 一起活动指导第二轮中的花瓣发育,b 和 c 一起控制第三轮发育为雄蕊,c 则单独特化第四轮中的心皮的发育。a 功能基因 *apetala2* 突变使 c 在所有轮中均表达。产生心皮、花萼、花萼、心皮的表型(图 10-14B)。b 功能基因 *apetala3* 的突变会影响第一轮和第二轮中的 a 功能和第三轮和第四轮中的 c 功能,产生花萼、花萼、心皮、心皮的表型。c 功能基因的突变(比如,*agamous*),使 a 在所有轮中都具活性,产生花萼、花瓣、花萼、花瓣的表型(图 10-14C)。

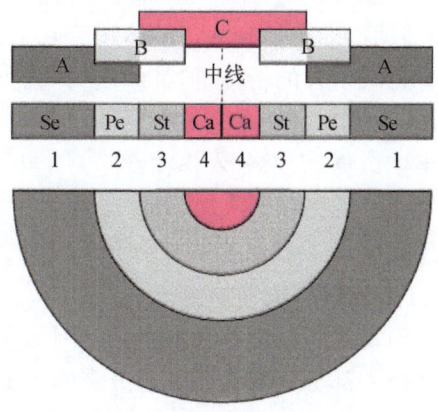

图 10-13　拟南芥花分生组织的 ABC 模型(引自 Wolpert,2002)

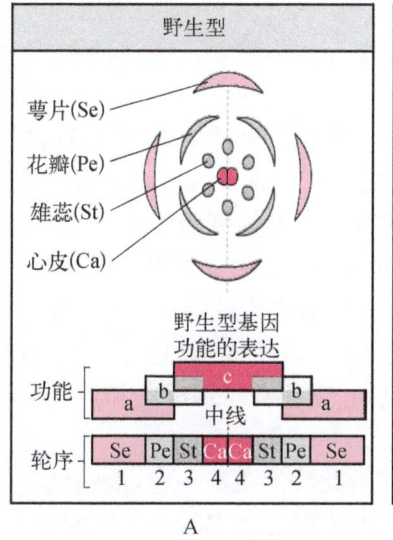
A

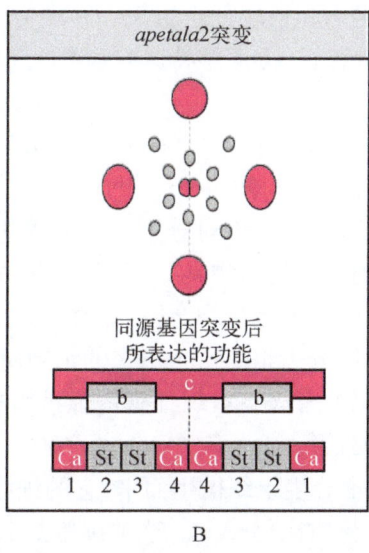
B

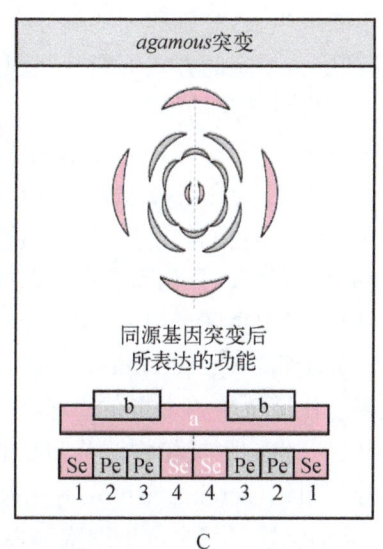
C

图 10-14　拟南芥花的基因突变型及其基因功能分析(引自 Wolpert,2002)

AP1 和 *AP2* 是两个 A 功能基因,控制花萼和花瓣的发育。*AP2* 在各轮花器官和营养器官中均有转录,转录过程不受花分生组织特性基因的调节,转录后调控使其表达局限于花的第一、二轮。*AP2* 还具有抑制 *AG* 基因在外两轮表达的功能。*AP1* 受 *LFY* 的激活,在花发育早期具有决定花分生组织特性的功能,其 mRNA 在整个花分生组织表达,后期受 *AG*、*HUA1*、*HUA2* 等基因的抑制而局限于花器官第一、二轮,从而控制花萼、花瓣的发育,它对 *AG* 基因没有抑制作用。*AP3* 和 *PI* 是拟南芥中的两个 B 功能基因,它们的突变体表型相似,均为第二轮变为花萼,第三轮变为心皮。B 类基因的表达需要 *LFY*、*AP1*、*UFO* 等多个因子的作用。*AG* 是最早分离鉴定出的 C 功能基因,在三、四轮中表达,其主要功能是抑制 *AP2* 的表达,该基因的强突变体使花的第三、四轮发生突变,以(花萼、花瓣、花瓣)n 的模式不断重复,共产生 70 多个花器官,变为重瓣花。

ABC 三类基因已从遗传学和分子生物学的角度阐明,其空间表达特异性与 ABC 模型预测的相吻合。在第一轮中产生萼片需要有 *AP2* 基因的表达;在第二轮中产生花瓣需要 *AP2* 基因和 *PI/AP3* 基因的协同表达;在第三轮中产生雄蕊需要 *PI/AP3* 基因与 *AG* 基因的协同表达;最后,在第四轮产生雌蕊群需要 *AG* 基因的表达。

花发育的过程十分复杂,各阶段紧密联系,一个基因往往具有多个功能,基因间的互作现象普遍存在,调控机制多种多样,需要进行不断深入的研究与探索。

第三节 植物的生长

大多数植物在一生中都可保持连续地生长，或称为无限生长。相比之下，大多数动物的生长则是有限的，即动物的个体到一定的体积后其生长就停止了。因此，动物个体不可能无限制地长高。尽管整个植物体具有无限生长的特性，但某些植物的器官，如叶片和花，生长也是有限的。植物无限生长并不意味其长生不老，各种植物都有一定的生活期。在一年之内完成从种子萌发到开花、结果、形成种子然后死亡的植物称为一年生植物，大部分农作物都是一年生植物。两年生植物是指那些在第一年完成营养生长，第二年开花结果然后死亡的植物。大多数树木、草本植物都是多年生植物。北美洲平原的一种小草从上一个冰川期开始，已经持续生长了一万年。

1. 分生组织与植物的生长

植物之所以能够无限生长是因为在植物体的生长部位具有分生组织（meristem）。在成熟的植物体内，总保留一部分不分化并具有分裂能力的细胞，从分生组织分裂产生的细胞中，有的能持续分裂，保持着很强的分裂能力，它们被称为原生分生组织；有的生长并初步分化，形成初生分生组织，这些初生分生组织以后逐渐失去分裂能力，形成植物器官中的其他成熟组织。

顶端分生组织是植物在胚胎发育中由胚的纵轴向两端分别形成的特殊区域，它们在生长发育过程中可以连续不断地生长，分别称为茎端分生组织和根端分生组织。顶端分生组织通过调节细胞增殖和分化的进程，使其细胞按特定的方式不断分裂和分化，一方面维持其自身作为顶端分生组织，另一方面形成植物的各种器官及发育成特定的形态。

顶端分生组织的中央区域通常称为原分生组织（promeristem）。这个中央区的细胞称为原始细胞（initials），它的行为在某种意义上像动物的干细胞（stem cell），能自我更新并长成分生组织细胞。原始细胞通常分裂较慢，而它们的衍生物分裂较快，并逐步移向分生组织的周边部分。原始细胞细胞质浓厚，核质比很大，液泡小而分散，分化程度很低，它的存在使植物具有"无限"生长的能力。它大致相当于顶端原始细胞，或原套、原体或中央区母细胞。在苗端，原始细胞最终会被一些行为像原始细胞的另类细胞所替代。

基本分生组织（generalmeristem）由原分生组织衍生出来的细胞所组成，具有很活跃的分生能力，其细胞的分化程度比原分生组织高一些，但是仍具备分生组织细胞的显著特征。它相当于周缘区和形成层状细胞区（过渡区）。由它形成植物体茎和叶的雏形。

半分生组织（semimeristem）是由基本分生组织衍生而来，它的细胞分化程度更高一些，液泡已聚集成为大液泡，但细胞核仍基本位于细胞中央，核质比仍较大。这类细胞是分生组织与基本组织的中间状态，是分化前途明确但还没有分化成薄壁细胞的组织。叶原基将来分化为叶，原形成层将来分化出茎和叶的维管系统，肋状分生组织将来分化成为髓。

根的初生生长发生在根尖。在根的初生生长过程中，根冠外层细胞不断死亡脱落，由内侧的顶端分生组织不断分裂出的细胞补充到根冠，保持根冠的厚度。大多数双子叶植物的根在初生结构成熟后，还进行次生生长。维管形成层（vascular cambium）和木栓形成层（cork cambium）是造成根次生加粗生长的侧分生组织。维管形成层源于初生木质部和初生韧皮部之间薄壁细胞的分裂，它向内产生次生木质部，向外产生次生韧皮部。

茎的顶端分生组织位于茎的最顶端。叶产生于茎的顶端分生组织两侧的叶原基（leaf primordium），而芽则产生于叶腋处的芽原基。叶原基和芽原基都起源于茎的顶端分生组织。由茎的顶端分生组织衍生出的细胞经过分裂、延长生长和分化，形成了由表皮、皮层和维管柱3部分组成的茎的初生结构。大部分单子叶植物仅有初生生长，没有次生结构。双子叶植物的茎除了初生生长外，还具有次生生长。当加粗生长时，茎的维管束内木质部与韧皮部间的形成层开始分裂，向外产生次生韧皮部，向内产生次生木质部，使茎不断加粗。对于多年生木本植物来说，每年春季，形成层细胞分裂快，生长快，形成的结构疏松；每年秋季，形成层活动减弱，产生的木质部量少，细胞排列紧密，形成结构致密。在茎的横切面上，便形成了年轮，分析植物的年轮可以推算其生长年龄。

2. 细胞体积增大与植物的生长

植物的生长一般是通过分生组织和原生器官的细胞分裂,继而是不可逆的细胞体积增大来完成的,这就基本达到了个体大小增长的要求。有控制的细胞体积增大会使组织的体积增加 50 倍。细胞体积膨胀的动力来源于水通过渗透作用进入液胞造成的体细胞的膨胀而在细胞壁上产生的流体静力压。细胞体积的膨胀涉及细胞壁的合成和沉积,同时伴有蛋白质和 RNA 合成的增加。

细胞体积的增大首先发生在与光照成直角的纤维部位,因为这里的细胞壁是最薄弱的环节。细胞壁中纤维素纤维的方向性是由细胞骨架中微管的方向决定的,微管在用于合成细胞壁中纤维素的酶的定位中起作用。

细胞扩展性上的变异能够明显地降低根的伸展。植物生长激素,例如乙烯和赤霉素可以改变已确定的纤维的方向,因此它们能够改变植物体延展的方向。生长素有助于植物体的延展,可能是由于它活化了细胞壁中的棒曲霉素,从而使细胞壁结构变得松散。

3. 激素和外界环境对植物生长的影响

同动物体中蛋白生长激素不同,植物激素是典型的小分子。生长素是调节植物生长的一种主要激素,它在许多发育过程中起作用,包括向光性、组织的极性、维管组织分化和顶端优势。顶端优势是顶芽抑制它下面的侧芽生长的现象,它是由于枝条顶端的芽在生长时产生的一种可以扩散的抑制因素而引起的。将顶芽放在一块琼脂块上,然后这个琼脂块就具有了顶芽抑制侧芽生长的作用。这种抑制因素就是生长素,它是由顶芽产生的,沿茎向下运输,在它的影响范围内可以抑制芽的生长。如果将顶芽去掉,顶端优势也就不存在了,侧芽便开始生长。将生长素涂在切掉顶芽处,就可以替代顶芽起到对侧芽的抑制作用。

另一类植物激素是赤霉素,它可以调节茎的延长,同时具有类似于生长素的作用。细胞培养中可以促进细胞增殖的细胞因子,其本质是腺嘌呤的衍生物。而植物激素的化学本质同动物的激素有很大差别,不过,它们都是通过与特异的激素受体相作用,产生胞内的信号传导起作用的。

植物生长是受到多种外界环境因素影响的,例如温度、湿度和光照。在黑暗中发芽生长的幼苗会由于不能形成叶绿体而长成白化苗,它的节间可以充分生长,但它的叶子不舒展。光照作用于植物的生长是通过一个被称作光敏素的跨膜蛋白受体介导的,它对红光发生反应,可以调节植物发育和生长的诸多方面。

第11章 发育和进化

生物的进化和发育是两个密切联系的生物学概念，生物的系统发育实际上就是某一类群生物的进化。早在达尔文的进化论诞生之前，人们就是将进化和发育结合在一起进行分析研究的。科学家从个体胚胎发育中发现了许多系统发育留下的痕迹，为生物进化学说提供了重要的证据，而这些证据化石是保存不下来的。对于生物进化机制，拉马克的理论有着明显的思辨和哲学的意味，而缺乏自然科学应该基本具有的研究的可操作性。达尔文的理论强调的是在生物进化过程中，生物与环境间的作用关系。尽管今天看来这一点仍是十分重要的，并且他提出的竞争与选择的思想具有其广泛的意义。但是就生物进化现象而言，他对于生物体内部存在的竞争与选择机制基本没有涉及。

综合进化论从世代遗传现象入手，进入了对生物自身具有进化能力领域的研究，揭示了有性过程对于进化的干预和影响。但是，今天看来，它只是生物进化能力表达的一个非常有限的方面。生物大分子进化的中性理论基本上还是追踪进化的轨迹，而不是探察进化的机制，在这一点上，它与化石分析的方法极为相似，只不过是从对形态的考察转向对分子序列的比较方面。

进入分子生物学时代以后，发育生物学进行了一系列生物进化机制的研究，大大推进了人类对生物进化的认识。可以这样说，生物进化论的诞生离不开生物发育的研究，现代生物进化理论的发展更需要发育生物学的深入研究。

第一节 胚胎发育与动物进化

所有脊椎动物的早期胚胎发育都是很相似的。例如，人、兔、鸡、龟、蝾螈、鱼等的胚胎发育都是开始于受精卵，经过卵裂、囊胚、原肠胚、神经胚，随后三胚层奠定的相应的器官原基在发育中才逐渐出现大的差别（图11-1）。凡是在分类地位上越相近的动物，相似的程度也越大。对相近种类的胚胎进行比较就会发现，所有成员都具有的共同特征，在胚胎发育时出现的要早于某些特殊的特征，并且在进化过程中出现的时间也较早。例如，脊索在所有的脊索动物中普遍存在，是脊索动物的共同特征。而附肢只出现于脊椎动物，因此它就不是脊索动物的共同特征。在脊椎动物胚胎发育中，脊索的发育要早于附肢。

早在19世纪初，有些胚胎学家就注意到了胚胎发育与进化的关系，俄罗斯胚胎学家冯贝尔（Ernst von Baer）通过比较多种脊椎动物的胚胎发育之后，发现脊椎动物的早期胚胎具有如下共同特征：在一组动物中，属于所有动物共有的结构总是比用以区分不同种类动物的特征结构优先发生，如脑、脊髓、脊索、体节及主动脉弓等都优先发生；而不同纲的特征结构（如四足类的肢、鸟类的羽毛和哺乳类的毛发）则滞后发生。因而，鱼类、两栖类、爬行类、鸟类及哺乳类的原肠胚及神经胚之后的早期胚胎都很相似，随着胚胎进一步发育，它们走向各自不同的发育途径，胚胎开始依次具有各纲、目、属的特征，最终具有种的特征。达尔文也曾作过一些论证，认为动物胚胎发育的相似性说明它们彼此有亲缘关系，起源于共同的祖先，个体发育的渐进性是系统发展中渐进性的表现。达尔文指出胚胎结构重演其过去祖先的结构，"它重演了它们祖先发育中的一个形象"。德国胚胎学家海克尔（E. H. Haeckel）用生物进化论的观点总结了当时胚胎学方面的工作，于1866年在《有机体普通形态学》书中明确地论述了生物重演律（recapitulation law）或生物发生律（biogenetic law），指出："生物发展史可分为两个相互密切联系的部分，即个体发育和系统发育，也就是个体的发育历史和由同一起源所产生的生物群的发展历史。个体发育史是系统发展史的简单而迅速的重演。"例如，所有脊索动物，无论是水生还是陆生的，在胚胎发育期间都有鳃裂。鳃裂在水生脊椎动物中成为呼吸器官的一部

第11章 发育和进化

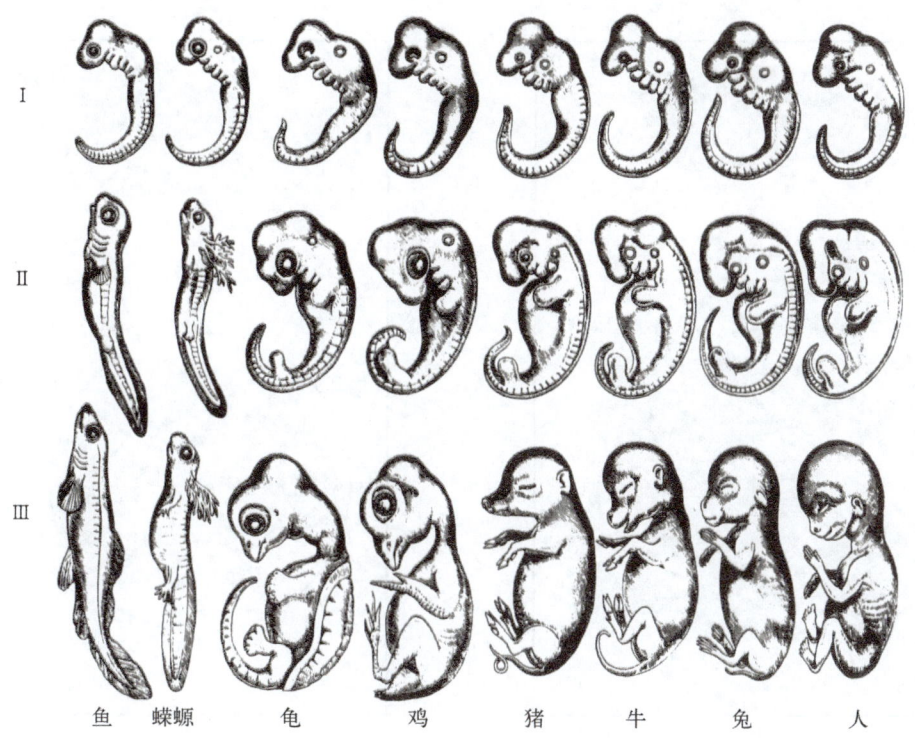

图11-1 几种不同脊椎动物的胚胎发育

I为早期胚胎发育阶段,可见脊椎动物在胚胎发育的早期具有相似的结构,如腮裂、神经管和体节等结构；II为中期发育阶段,各种动物开始出现不同的门类特征；III为胚胎发育晚期,各门类动物的发育已明显不同

分；对于陆生脊椎动物来说,鳃裂的出现似乎是无意义的,但若从进化的观点来看,它就显示出在陆生脊椎动物的进化历程中,曾经历过鱼的阶段。由蝌蚪到成体蛙的个体发育过程反映两栖类在系统发育过程中由水栖到陆栖类型的过渡。青蛙的个体发育,由受精卵开始,经过囊胚、原肠胚、三胚层的胚,无腿蝌蚪、有腿蝌蚪,到成体青蛙。这反映了它在系统发展过程中经历了像单细胞动物、单细胞的球状群体、腔肠动物、原始三胚层动物、鱼类,发展到有尾两栖类到无尾两栖类动物的基本过程,说明青蛙的个体发育重演了其祖先的进化过程。生物重演律对了解各动物类群的亲缘关系及其发展线索极为重要,当对许多动物的亲缘关系和分类位置不能确定时,常通过胚胎发育研究得到解决。

第二节　同源器官与动物进化

同源器官(homologous organ)指不同生物的某些器官在基本结构、各部分和生物体的相互关系以及胚胎发育的过程彼此相同,但在外形上有时并不相似,功能上也有差别。例如,脊椎动物的前肢：如鸟的翅膀、蝙蝠的翼手、鲸的胸鳍、狗的前肢以及人的上肢,虽然具有不同的外形,功能也并不尽同,但却有相同的基本结构,内部骨骼都是由肱骨、前臂骨(桡骨、尺骨)、腕骨、掌骨和指骨组成；各部分骨块与动物身体的相对位置相同；在胚胎发育上从相同的胚胎原基以相似的过程发育而来。它们的一致性证明这些动物是从共同的祖先进化来的,但是由于这些动物在不同的环境中生活,向着不同的方向进化发展,为了适应于不同的功能,因而产生了表面形态上的差异。陆生脊椎动物的肺和鱼鳔也是同源器官。从胚胎发育来看,肺和鳔同出于胚胎期原肠管的突出；从进化上来看,两栖类的肺是从古代总鳍鱼的鳔演变而来。植物也同样有同源器官,例如,马铃薯的块茎和葡萄的卷须都是茎的变态；豌豆的卷须和小檗的刺都与叶是同源器官。

进化很少产生原来未存在的结构,解剖学上新的结构通常是在已有结构的基础上演变而来的。同源器官可以看作是生物在长期进化过程中对已有结构不断进行改造的结果。哺乳类动物中耳的进化就是对现有结构进行改造的一个很好的例子。中耳是由三块听小骨构成的,它可以将听觉信号从鼓膜传至内耳。在哺乳动物的爬行类祖先中,头骨和下颌由头骨的方骨和下颌骨的关节骨连接的,方骨和关节骨除了作为上下颌的关节外,也在声音的传导中起作用(图11-2)。在哺乳类的进化过程中,上、下颌骨分别合并成两块完整骨骼,不再需要方骨和

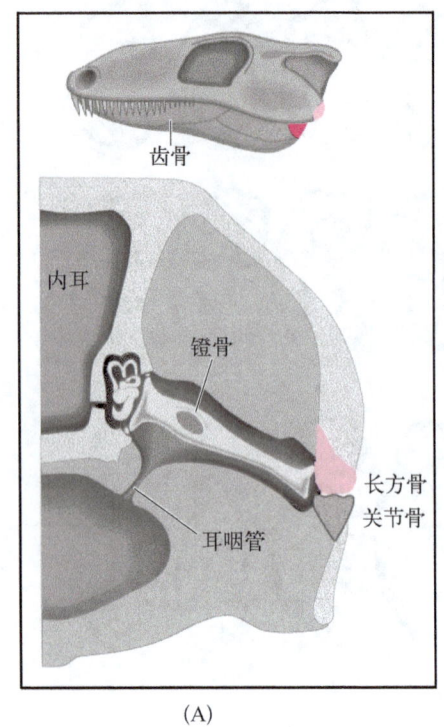 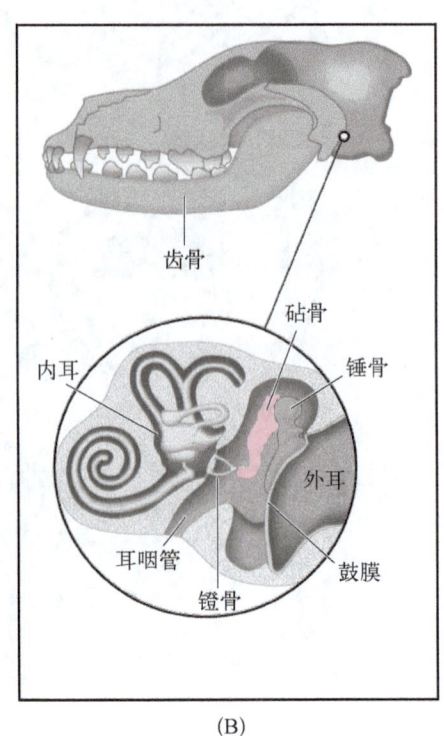

图 11-2　哺乳动物中耳骨的进化(引自 Romero A S, 1949)

(A) 爬行类祖先的关节骨和方骨是下颌连接的一部分,声音经两者以及它们与镫骨的连接传至内耳;(B) 哺乳动物的下颌骨合并成一块(齿骨)以后,关节骨和方骨分别形成中耳的锤骨和砧骨,将声音由鼓膜传至内耳,两者也获得了新的功能。第一和第二鳃弓之间的部分形成咽鼓管

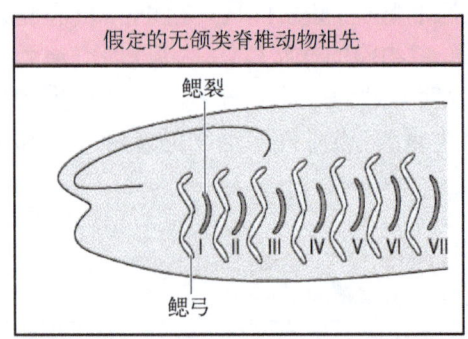
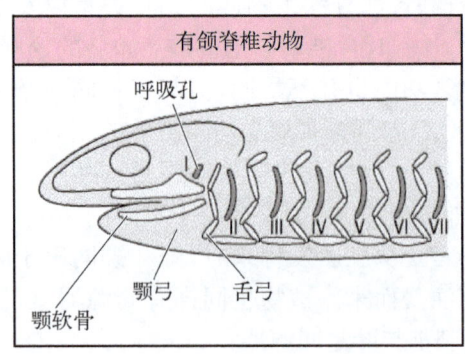

图 11-3　脊椎动物上下颌的进化过程中鳃弓的变化(引自 Worlpert, 2002)

(上图)古老的无颌类有一系列(至少7个)的鳃裂,并由软骨或骨性的鳃弓支持。(下图)颌弓由第一对鳃弓进化而来,并形成了下颌弓,下颌弓的后面有软骨和舌弓生成。

关节骨的辅助就能运动,方骨和关节骨逐步失去了原来的关节功能,演化成了锤骨和砧骨,来司声音传导功能。

另一个对已存在器官进行改造的例子就是脊椎动物肾脏的进化。在鸟和哺乳类中,在发育过程中出现了三种类似于肾的结构——前肾、中肾和后肾。前肾和中肾是暂时的,只有后肾是具有功能的肾。中肾在性腺的发育中起到关键性的作用,它可以促进睾丸和卵巢体细胞的发育。在低等的脊椎动物如鱼类和两栖类中,在未成熟期,前肾是作为功能肾起作用的,而在成体中功能肾是中肾。在鸟类和哺乳类中它们的祖先的胚胎中的肾脏中肾作为胚胎结构保留下来,但是已被修饰,进一步发育为性腺。

同源器官在进化中获得了新的功能。鳃弓和鳃裂存在于所有脊椎动物的胚胎中,也包括人类。在进化的过程中,鳃弓演化为原始的无颌鱼的鳃,再进一步演化为下颌(图11-3)。当陆生脊椎动物的祖先离开大海,鳃就不再需要了。随着时间的流逝,它们演变成了哺乳类包括人类面部和颈部不同的结构(图11-4)。第一和第二个鳃弓之间后裂缝开放为咽鼓管,裂缝中的内胚层细胞形成了各种各样的腺体,例如甲状腺和胸腺。

痕迹器官也是生物进化中最有价值的证据。痕迹器官是指动物或人体上已经失去用处、但仍然残存着的一些器官。例如,次生性转变为水栖的哺乳动物——鲸和海牛,虽然后肢已退化,但还保留着腰带骨和股骨的痕迹,这些痕迹器官证明鲸和海牛是起源于陆生动物的。一种生活在南美洲及非洲的穴居爬行动物,四肢消失,但还保留有残存的带骨。蛇是没有四肢的,但蟒蛇在泄殖腔孔两侧就有一对角质的爪状物,即退化的后肢遗迹,解剖后可以看到还有退化的腰带骨和股骨,证明爬行类中这些无足类型是由四足类型的祖先演变而来的。草食动物具有发达的盲肠,而人的盲肠连同其末端的蚓突(阑尾)都极度退化,已经完全失去消化的功能。类似盲肠这样的痕迹器官在人体还有很多,如腹直肌保留着残遗的肌肉分节现象,此外如动耳肌、尾椎骨、瞬膜、尖形犬牙(俗称虎牙)、体毛等不胜枚举。所有这些痕迹器官的存在只有用进化论的观点才能作合理的解释,即这些器官在它们的祖先体内曾经是有用而存在的,后来渐渐变为无用而退化了。人类痕迹器官的存在说明人类正是从具有这些器官的动物进化而来。

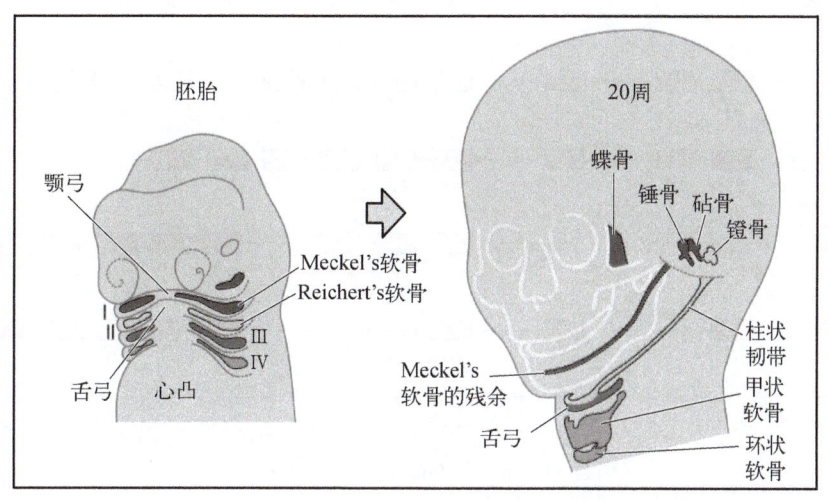

图 11-4　人类鳃弓软骨的发育命运(引自 Larsen, 1993)

人胚胎中的软骨形成鳃弓,后者形成了三对听小骨、舌骨以及咽骨中的某些成分。各部分的发育命运以不同的颜色表示

第三节　同源异型框基因与动物进化

随着分子生物学的深入研究,人们发现不同生物间的分子调控机制极为相似。在一种生物中的发现,对了解其他生物的发育也具有重要的意义。从某种程度上来说,进化是一个懒惰的过程,当发现一个有用的发育机制后,它就可以在不同的生物体、相同生物体的不同时间与部位被一次次地应用。同源异型框基因(homeobox gene)是在研究黑腹果蝇发育时发现的,它与果蝇胚胎分节特异性有关,其突变可使身体的一部分结构转变为相似的另一部分结构,产生同源异型现象。同源异型框基因中有一个保守的核苷酸序列,称为同源框(homeobox)。同源框含有 180 个碱基对,编码 60 个氨基酸,在蛋白质中的这段氨基酸序列叫做同源域(homeodomain)。现在已知同源域的功能是识别所调节的基因中特定的 DNA 序列并与之结合,当同源域与靶基因结合时,同源域蛋白能激活或抑制靶基因的表达。同源框广泛存在于真核生物的调节基因中,在进化上十分保守。在果蝇中,同源异型框基因几乎参与了胚胎早期发育的所有事件。

一、Hox 基因倍增与动物进化

在分子水平上,生物进化的重要机制之一就是基因倍增。基因的前后重复,使胚胎获得了此基因的一个额外的拷贝。这个拷贝在核苷酸序列上可能有所差异,因此就获得了一个新的功能区和调节区。研究发现,对动物发育起着重要调节作用的同源异型框基因家族成员 Hox 基因出现倍增现象,并且 Hox 基因表达的调节系统也相应地表现出复杂化的趋势。

我们将不同物种的 Hox 基因进行比较,发现似乎所有种类的 Hox 基因都是从一个共同祖先的一个简单的由 7 个基因组成的基因组演化而来的(图 11-5)。祖先基因(Hox)的倍增产生了果蝇和文昌鱼中额外的基因。脊椎动物的脊索动物祖先整个 Hox 基因簇的两轮倍增形成了脊椎动物 4 个分离的 Hox 基因簇。脊椎动物中还发生了倍增基因丢失的现象。文昌鱼是一种类似脊椎动物的脊索动物,它具有初级脊椎动物的基本特征:背部中空的神经索、脊索以及由体节进化而来的分节的肌肉。它只具有一个 *Hox* 基因簇,我们可以认为它的这个

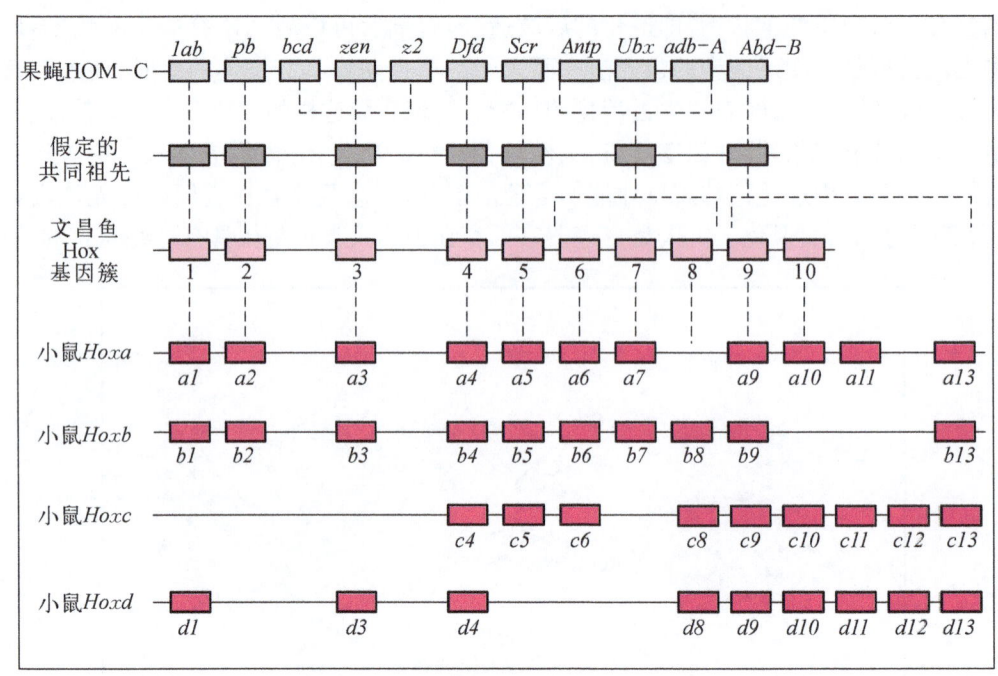

图11-5 基因倍增与Hox基因的进化
（引自 Holland 和 Garcia-Fernandez, 1996）

基因簇最接近于四个Hox基因$Hoxa$、$Hoxb$、$Hoxc$、$Hoxd$的共同祖先（图11-5）。有可能脊椎动物和果蝇的Hox基因复合体是由一个简单的复合体通过基因重复而得到的。在果蝇中，重复产生了$abd-A$、Ubx和$Antp$。在脊椎动物中，Hox基因可被分为四大类，每一类都位于不同的染色体上，并且它们之间互无联系。这些分离的基因簇可能是由于整个染色体区的重复而产生的，而新的Hox基因则由于前后重复而产生。例如，通过基因序列的比较，我们可以看出，小鼠Hox基因同果蝇$Abd-B$基因复合体有相似之处，但与果蝇bithorax复合体无直接的同源性（图9-5）；这可能是因为前后重复出现于昆虫和脊椎动物分化之后，但在脊椎动物的整个基因簇重复之前。我们可以据此来分析这些基因在体轴进化中所起的作用。

二、Hox基因与附肢的进化

基因拷贝数的增加意味着发育"设计"和控制能力的急速提高，不同的Hox基因形成了复杂表达图案，更提供了建立多样的下游基因控制选择的可能性。可以设想，Hox基因的倍增，造就了发育多样化发展的广阔空间。例如，化石发掘表明，鱼类鳍向四足的进化大约发生在4亿～3.6亿年前的泥盆纪。比较泥盆纪Panderichthys鱼叶状鳍和四足动物Tulerpeton的肢体的化石，发现它们的主要区别在于Tulerpeton的肢体中出现了远端指部的骨骼（图11-6）。如果指掌部发育的建立在由鳍向四足进化的过程中起着重要的作用，那么这一发育上的变化是如何发生的呢？近年发育生物学的研究表明，鳍和肢体的形态发生都与Hox基因有着密切的关系。

泥盆纪鱼类Panderichthys的叶状鳍中，有对应于肱骨、桡骨和尺骨的骨，但没有末端的指（趾）骨。泥盆纪的四足兽Tulerpeton有相似的近端骨成分，而且已有指骨形成。

斑马鱼胚胎鳍的幼芽同四足动物的

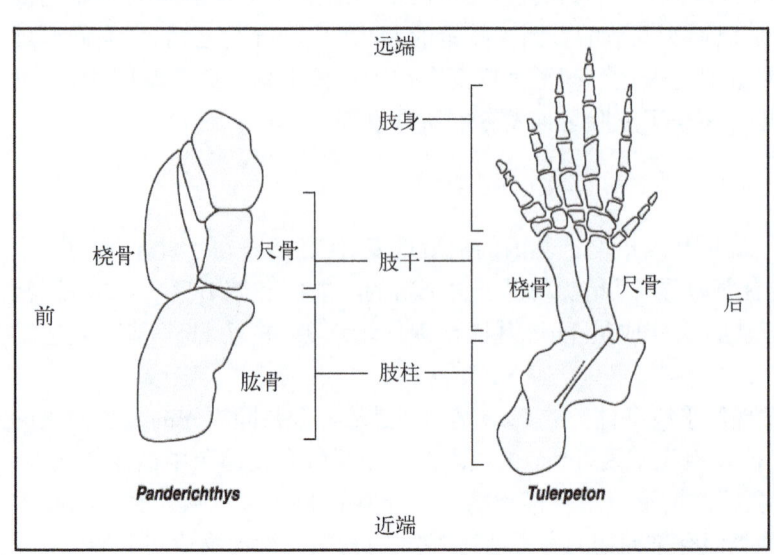

图11-6 鳍向四肢的转变（引自Worlpert, 2002）

肢芽在刚开始时非常相似,但随着发育的进行就出现了许多重大的差异。就像在四足动物的肢芽中一样,*Sonic hedgehog* 的关键信号基因在斑马鱼鳍的边缘区表达,并且 *Hoxd* 和 *Hoxa* 基因的表达模式同四足动物的十分相似。然而,在肢芽发育的后期,Hox 基因就只在鳍芽的后部表达,在鳍条发育的远端部位没有表达。从另一方面来说,在四足动物的肢芽中,远端区域中 Hox 基因附加区的表达形成了指或趾(图 11-7)。如果斑马鱼鳍的发育反映出它原始祖先的话,那么四足动物的指或趾就是新生的构造,因为它们的出现是同 Hox 基因一个新区的表达相关的,其肢体发育的远端又出现了一次 Hox 基因的额外表达峰,就好像是鱼类鳍的发育程序被再次重复利用,延伸并诱导了新的远端结构的建立,由此形成了四足动物的肢体。

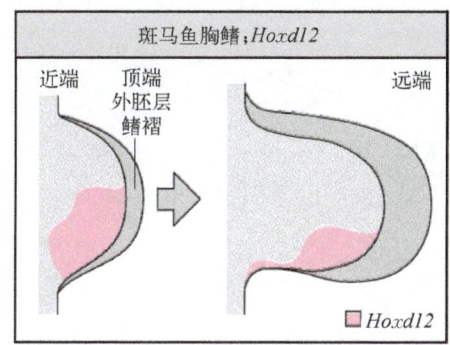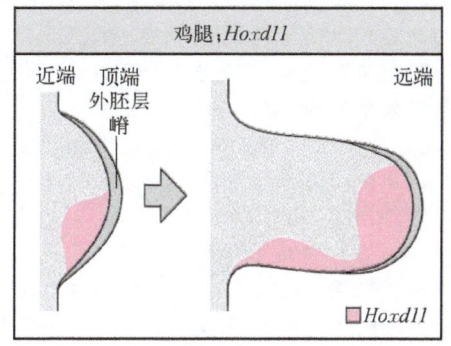

图 11-7　鸡后肢和斑马鱼胸鳍中 Hox 基因的表达区域(引自 Coates,1995)

左图:斑马鱼鳍芽中,顶外胚层褶从下面的中胚层突出。*Hoxd12* 基因持续在中胚层表达,中胚层形成近端的软骨成分。右图:鸡后肢中胚层向外突起生长,*Hoxd11* 基因在早期的肢芽中表达,在以后的发育阶段中在远端表达

三、Hox 基因与躯体发育模式的进化

脊椎动物前后体轴具有明显的模式特征,如颈部、胸部、腰部和尾部。构成每一部分的骨骼数目也不尽相同,哺乳类有 7 块颈椎,而鸟则有 13~15 块。这些差异是如何产生的呢?将小鼠和鸡进行比较发现,Hox 基因功能区表达的差异同脊椎骨的数目是一致的。例如,*Hoxc6* 在小鼠胚胎中胚层的第 12/13 体节和鸡胚胎的第 19/20 体节中表达,这正好与它们的颈部和胸部体节分化相一致,说明 *Hoxc6* 空间表达上的变化同颈椎的数目是相关的(图 5-22)。

Hox 基因表达模式的改变也同样有助于解释节肢动物身体模式的进化。昆虫和甲壳类是节肢动物的不同种类,它们是从同一个节肢动物祖先进化而来的,此祖先可能具有或多或少的体节数。我们将一种昆虫——蝗虫和一种甲壳类动物——海虾 *Artemia* 的 Hox 基因表达进行比较,结果表明在这两种现存的节肢动物的躯干部是同源的,即这两种不同的身体模式可能是由一个原始的身体模式演化而来的(图 11-8)。Hox 基因的表达模式和与 Hox 基因相关的身体部分在有共同起源的两种节肢动物的进化过程中都发生了变化。*Artemia* 的三个 Hox 基因 *antennapedia*、*Ultrabithorax* 和 *abdominal-A* 在整个胸部表达,使大部分的胸节相似。而这些基因在蝗虫的胸部和腹部分别表达,造成了蝗虫胸腹各体节的不同。

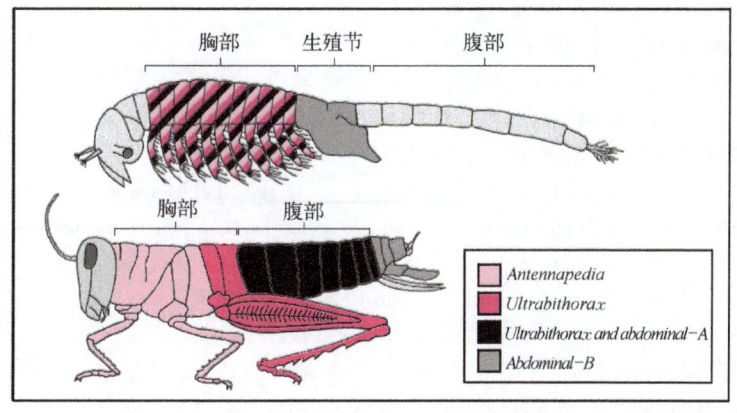

图 11-8　两种节肢动物 Hox 基因表达和躯体蓝图的比较(引自 Akam,1995)

主要参考书目

安靓. 2002. 医学发育生物学. 北京：人民卫生出版社.
蔡文琴. 2007. 发育神经生物学. 北京：科学出版社.
蔡玉文. 2007. 组织学与胚胎学. 北京：中国中医药出版社.
陈大元. 2000. 受精生物学. 北京：科学出版社.
陈吉龙, 马海飞. 1994. 发育生物学进展. 北京：高等教育出版社.
崔克明. 2007. 植物发育生物学. 北京：北京大学出版社.
丁汉波, 仝允栩, 黄哲. 1987. 发育生物学. 北京：高等教育出版社.
樊启昶, 白书农. 2002. 发育生物学原理. 北京：高等教育出版社.
高英茂. 2004. 组织学与胚胎学. 北京：高等教育出版社.
桂建芳, 易梅生. 2002. 发育生物学. 北京：科学出版社.
郭筠秋, 金连弘, 刘强. 1993. 组织学与胚胎学. 北京：中国中医药出版社.
何泽涌, 成令忠. 1987. 组织学与胚胎学. 北京：人民卫生出版社.
胡捍卫. 2006. 组织胚胎学. 南京：东南大学出版社.
李继承. 2003. 组织学与胚胎学. 杭州：浙江大学出版社.
李云龙, 刘春巧. 2003. 动物发育生物学. 济南：山东科学技术出版社.
刘厚奇, 蔡文琴. 2007. 医学发育生物学(第二版). 北京：科学出版社.
楼允东. 1996. 组织胚胎学. 北京：中国农业出版社.
孟繁静. 2000. 植物花发育的分子生物学. 北京：中国农业出版社.
欧叶涛. 2009. 医用发育生物学. 哈尔滨：黑龙江人民出版社.
史瀛仙. 1988. 发育生物学. 北京：知识出版社.
孙宝利, 王燕蓉, 武玉玲. 2003. 组织胚胎学. 北京：人民军医出版社.
谈华. 2004. 发育生物学. 哈尔滨：东北林业大学出版社.
唐平, 张荣德, 郭兴. 2008. 组织学与胚胎学. 西安：世界图书出版西安公司.
王秀琴, 瓦龙美, 姜俭. 2003. 组织学与胚胎学. 北京：中国协和医科大学出版社.
王忠华等. 2000. 发育分子生物学. 上海：第二军医大学出版社.
吴国平, 程辉龙. 2006. 人体解剖与组织胚胎学. 南昌：江西科学技术出版社.
吴秀山. 2007. 现代发育生物学实验指南. 北京：化学工业出版社.
肖传斌, 张玲, 程会昌. 2001. 动物解剖学与组织胚胎学. 北京：中国科学技术出版社.
肖日东. 2006. 组织学与胚胎学. 北京：中国科学技术出版社.
徐昌芬, 陈永珍, 王晓冬. 2006. 组织胚胎学. 南京：东南大学出版社.
徐信. 1986. 发育生物学. 上海：华东师范大学出版社.
许智宏, 刘春明. 1998. 植物发育的分子机理. 北京：科学出版社.
杨增明, 孙青原, 夏国良. 2005 生殖生物学. 北京：科学出版社.
叶鑫生. 2000. 干细胞和发育生物学. 北京：军事医学科学出版社.
余鸿, 程基焱. 2006. 医学发育生物学. 北京：科学出版社.
曾冰冰, 宋效丹. 2008. 解剖学及组织胚胎学. 北京：中国科学技术出版社.
曾园山. 2005. 组织学与胚胎学. 北京：科学技术文献出版社.
张红卫. 2006. 发育生物学(第二版). 北京：高等教育出版社.
张天荫. 1996. 动物胚胎学. 济南：山东科学出版社.
张永森. 2005. 组织学与胚胎学. 上海：第二军医大学出版社.
张远强. 2007. 发育生物学. 北京：人民卫生出版社.
周荣家等主译. 2009. 发育原理(Wolpert L. 等第二版). 北京：高等教育出版社.
Alberts B et al. 1994. Molecular Biology of the Cell. 3rd ed. New York：Garland Publishing Inc.
Anderson D T et al. 1973. Embryology and phylogeny in annelids and arthropods. Oxford：Pergamon Press.
Austin C R and Short R V. 1982. Reproduction in mammals. Cambridge：Cambridge University Press.
Balinsky B I. 1981. An Introduction to Embryology. 5th ed. Philadelphia：Holt-Sounders.
Beck F et al. 1973. Human embryology and genetics. Oxford：Blackwell Scientific.
Browder L W. et al. 1991. Developmental Biology. 3th ed. Sunderland：Sunders College Publishing.
Gilbert S F. 2013. Developmental Biology. 10th ed. Sunderland：Sinauer Associates Inc.
Kalthoff K. 1996. Analysis of Biological Development. New York：McGraw-Hill.

Langman J. 1981. Medical Embryology. 4th ed. Baltimore: Williams & Wilkins.

Müller W A. 1995. Developmental Biology. New York: Sprin-Verlag New York Inc.

Saunders J W Jr. 1970. Patterns and Principles of Animal Development. New York: Macmillan.

Sweeney Lauren J. 2003. Basic Concepts in Embryology. Beijing: Peking University Medical Press.

Twyman R M. 2001. Instant Notes in Developmental Biology. London: BIOS Scientific Publishers Limited.

Watterson Ray L. 1973. Laboratory studies of chick, pig, and frog embryos. Minneapolis, Minn. : Burgess Pub. Co.

Wolpert L. et al. 2002. Principles of Development. 2nd ed. London: Oxford university Press.

英文专业名词索引

A

acrosomal process 顶体突起 28
acrosomal reaction 顶体反应 28,34
acrosome 顶体 15,24
adolescent growth spurt 生长突增 159
allantois 尿囊 59
ammonotelic 排氨的 167
amniotic sac 羊膜囊 59
anencephaly 无脑畸形 92
animal pole 动物极 1,7
animal region 动物区 7
antipodal cell 反足细胞 179
archenteron 原肠 51
area opaca 暗区 44
area pellucida 明区 44

B

bilateral holoblastic cleavage 两侧对称式卵裂 37
biogenetic law 生物发生律 192
blastocoel 囊胚腔 1
blastocyst 胚泡 42
blastodisc 胚盘 44
blastomere 分裂球 1
blastomere 卵裂球 37
blastopore 胚孔 51
blastula 囊胚 1,37
blood island 血岛 133
body plan 躯体蓝图 3
bottle cell 瓶状细胞 54

C

capacitation 获能 25,32
cell differentiation 细胞分化 3,62
cellular blastoderm 细胞囊胚 46
central cell 中央细胞 179
centrolecithal 中黄卵 26
chemotaxis 趋化性 28
chimeras 嵌合体 184
chordal mesoderm 脊索中胚层 55
chorion 绒毛膜 42,59
cleavage 卵裂 1,37
coeloblastula 腔囊胚 37
competence 感受性 115
convergent extension 集中延伸 52
cork cambium 木栓形成层 190
corona radiata 放射冠 26
corpora allata 咽侧体 163
cortex 皮层 26
cortical cord 皮质索 146
cortical granule reaction 皮层颗粒反应 30
cortical granules,CGs 皮层颗粒 34
craniorachischisis 颅脊柱裂 92
cystoblast 成胞囊细胞 19
cytokinesis 细胞质分裂 47
cytostotic factor,CSF 细胞静止因子 19

D

delamination 分层 50
deep involuting marginal zone,IMZ 深层缘区 56
development 发育 1
discoidal blastula 盘状囊胚 42
discoidal cleavage 盘状卵裂 42
dorsal lip 背唇 54
double fertilization 双受精 180
dual determination 二次性决定 161

E

ecdysone receptor,EcR 蜕皮激素受体 165
ecdysone 蜕皮激素 163
eclosion hormone 羽化激素 164
ectoderm 外胚层 50
ectodermal placode 外胚层板 111
eedysis-triggering hormone 促蜕皮激素 164
egg axis 卵轴 20
egg chamber 卵室 19
embryonic induction 胚胎诱导 115
endoderm 内胚层 50
energids 活质体 46
epiboly 外包 50
epigenesis 后成论 8
eplmorphosis 新建再生 171
external fertilization 体外受精 27

F

female pronucleus 雌原核 32,34
fertiliation bridge 受精桥 29
fertilization cone 受精锥 29
fertilization membrane 受精膜 30
fertilization 受精 1,24
fertilized ovum 受精卵 34
fibroblast growth factors,FGF 成纤维细胞生长因子 134
fibronectin 纤连蛋白 133
floral organ development 花器官的发育 188
flower evocation 花的发端 188
flowering determination 开花决定 188
follicle cell 滤泡细胞 26
follicle-stimulating hormone,FSH 促卵泡激素 21

G

gametogenesis 配子发生 13
gap gene 缺口基因 119
gap junctions 间隙连接 41
gastrocoel 原肠腔 50
gastrula 原肠胚 7,50
gastrulation 原肠胚形成 50
generalmeristem 基本分生组织 190
generative cell 生殖细胞 178
genital ridge 生殖嵴 142
genotype 基因型 9
germ cells 生殖细胞 9
germ plasm 生殖质 26,141
germinal crescent 生殖新月 143

英文专业名词索引

germinal epithelium　增殖上皮　99
germinal vesical　生发泡　18
gonadial ridge　生殖嵴　139
gray crescent　灰色新月区　35
growth cone　生长锥　102
growth factor　生长因子　157
growth hormone　生长激素　157
growth hormone-releasing hormone　生长激素释放激素　157
growth　生长　157

H

hematopoietic stem cells　造血干细胞　133
Hensen's node　亨氏结　59
histolysis　组织分解　163
holoblastic cleavage　完全卵裂　37
homeobox gene　同源异型框基因　195
homeobox　同源框　195
homologous organ　同源器官　193
hyaline layer　透明层　31
hyaluronic acid，HA　透明质酸　134

I

imaginal determination　成虫决定　161
imaginal disc　成虫盘　161
imaginal islands　成虫岛　161
imaginal ring　成虫环　161
inductor　诱导者　115
ingression　内移　50
initials　原始细胞　190
inner cell mass，ICM　内细胞团　42
intermediate or mantle layer　套层　99
internal fertilization　体内受精　27
invagination　内陷　50
involution　内卷　50
isolecithal egg　均黄卵　26

J

juvenile hormone，JH　保幼激素　163

K

karyokinesis　细胞核分裂　47
kinesinlike protein　类驱动蛋白　142

L

lateral geniculate nucleus　侧膝状核　108
latitudinal cleavage　纬裂　37
leaf primordium　叶原基　187,190
luteinizing hormone，LH　黄体生成素　21

M

macromere　大卵裂球　37
male pronucleus　雄原核　32,34
marginal belt　边缘带　44
marginal layer　边缘层　99
marginal zone　边缘区　44
maternal-effect gene　母体效应基因　19
maternal-effect mutations　母源效应突变　79
maturation-promoting factor，MPF　促成熟因子　18
mecenchymal cells　间质细胞　134

megaspore　大孢子　179
meridional cleavage　经裂　37
meristem　分生组织　178,190
meroblastic cleavage　不完全卵裂　37,42
mesomere　中卵裂球　37
mesonephric duct　中肾管　139
mesonephric ridge　中肾嵴　139
mesonephros　中肾　139
metammorphosis　变态　6
metamorphosis　变态　160
metanephrogenic blastema　生后肾原基　140
metanephros　后肾　140
micromere　小卵裂球　37
microtubule　微管　142
midblastula transition　中期囊胚转换　44,46
model organism　模式生物　4
molting　蜕皮　161
monospermy　单精受精　29
morphallaxis　变形再生　171
morphogen　形态发生子　130
morula　桑椹胚　37
Müllerian duct　缪勒氏管　146

N

nasal placode　嗅基板　111
nephrogenic cord　生肾索　139
neural crest cells　神经嵴细胞　134
neural crest　神经嵴　96
neural fold　神经褶　92
neural folds　神经褶　7
neural plate　神经板　89
neural tube　神经管　7,89
neuro-epithelium　神经上皮　99
neurula　神经胚　89
neurulation　神经胚形成　89

O

ocular dominance colunms　视觉优势柱　109
oligolecithal egg　少黄卵　26
ontogeny　个体发育　1
oogenesis　卵子发生　13,17
oogonium　卵原细胞　17
optic tectum　视顶盖　108
organizer　组织者　9
otic placode　听基板　111
ovulation　排卵　20

P

pair-rule gene　成对控制基因　119
pattern formation　图式形成　3
pericardial cavity　围心腔　135
perivitelline space　卵周隙　30
phenotype　表现型　9
phylogeny　系统发育　1
platelet derived growth factor，PDGF　血小板来源的生长因子　134
polar body　极体　7
polar granules　极粒　141
polar nuclei　极核　179
pole cell　极细胞　46

pole plasm	极质 141	species-specific sperm activation	精子活化机制 27
polyspermy	多精受精 29	sperm	精子 24
prechordal plate	脊索前板 55	spermatogenesis	精子发生 13
precocious metamorphosis	过早变态 163	spermiogenesis	精子形成 15
prefomation	先成论 8	spina bifida	脊髓裂 92
primany spermatocyte	初级精母细胞 14	spiral holoblastic cleavage	螺旋式卵裂 37
primary growth	初生生长 185	sporogenous cell	造孢细胞 178
primary mesenchyme cells	初级间质细胞 51	subgerminal cavity	胚下腔 44
primary neurulation	初级神经胚形成 89	superficial blastula	表面囊胚 42
primary sex determination	初级性别决定 147	superficial cleavage	表面卵裂 42
primary structure	初生结构 185	syncytial blastoderm	合胞体囊胚 46
primary wall cell	初生壁细胞 178	syncytial blastoderm	合胞性胚盘 5
primitive blood cell	原始血细胞 137	syncytium	合胞体 5
primitive groove	原沟 60	synergid	助细胞 179

T

primitive knot	原结 60	telolecithal egg	端黄卵 26
primitive pit	原凹 60	testis determining factor,TDF	睾丸决定因子 147
primitive streak	原条 58	thyroid stimulating hormone,TSH	促甲状腺激素 168
primordial germ cells,PGCs	原生殖细胞 13	thyroxine,T_4	甲状腺素 167
proembryo	原胚 180	transforming growth factorβ,TGFβ	转化生长因子 134
progress zone	渐进区 127	triiodothyronine,T_3	三碘甲腺原氨酸 167
promeristem	原分生组织 190	trophoblast cell	滋养层细胞 42
pronephric duct	前肾管 139	tunica albuginea	白膜 145

U

pronephric tubule	前肾小管 139	umbilical vein	脐静脉 133
pronephros	前肾 139	urea cycle	尿素循环 167
prothoracic gland	前胸腺 163	ureotelic	排尿素的 167
prothoracico-tropic hormone,PTTH	前胸腺向性激素 163	urogenital ridge	尿生殖嵴 139
pupation	蛹化 161		

Q

V

quiescent center,QC	静止中心 185	vascular cambium	维管形成层 190

R

		vascular endothelial growth factor,VEGF	血管内皮生长因子 134
radial holoblastic	辐射式卵裂 37	vegetal pole	植物极 1
recapitulation law	生物重演律 192	vegetal region	植物区 7
regeneration	再生 171	vegetative cell	营养细胞 178
repeated embryonic development	重复性胚胎发育 161	ventricular or ependymal layer	室管膜层 99
responding tissue	反应组织 115	vitelline membrane	卵黄膜 7
rotational cleavage	旋转式卵裂 37	vitelline vein	卵黄静脉 133

S

W

second spermatocyte	次级精母细胞 14	wolffian duct	乌尔夫氏管 139
secondary growth	次生生长 185		

Y

secondary mesenchyme cells	次级间质细胞 52		
secondary neurulation	次级神经胚形成 89	yolk plug	卵黄栓 55
secondary sex cord	次级性索 146	yolk syncytial layer,YSL	卵黄合胞体层 44
secondary sex determination	次级性别决定 148		

Z

secondary structure	次生结构 185		
segment polarity gene	体节极性基因 119	zona pellucida	透明带 26,42
semimeristem	半分生组织 190	zona pellucida,ZP	透明带 33
seminiferous tubules	曲精小管 13	zone of polarity activity,ZPA	极性活化区 129
sertoli cell	支持细胞 13	zygote	合子 9,34
sex cord	生殖索网 145	zygotic gene	合子基因 19
somatic cells	体细胞 9		痕迹器官 194
somatostatin	促生长激素抑制素 157		
somite	体节 114		
species-species sperm attraction	精子吸引机制 27		